国家"十二五"重点规划图书

"机械基础件、基础制造工艺和基础材料"系列丛书

法兰用密封垫片
实　用　手　册

机械科学研究总院　编

中国质检出版社

中国标准出版社

北　京

图书在版编目(CIP)数据

法兰用密封垫片实用手册/机械科学研究总院编.
—北京:中国标准出版社,2014.6
ISBN 978-7-5066-7462-1

Ⅰ.①法… Ⅱ.①机… Ⅲ.①法兰—机械密封—垫圈—技术手册 Ⅳ.①TH136-62

中国版本图书馆 CIP 数据核字(2014)第 319432 号

中国质检出版社
中国标准出版社 出版发行
北京市朝阳区和平里西街甲 2 号(100029)
北京市西城区三里河北街 16 号(100045)
网址 www.spc.net.cn
总编室:(010)64275323 发行中心:(010)51780235
读者服务部:(010)68523946
中国标准出版社秦皇岛印刷厂印刷
各地新华书店经销
*
开本 787×1092 1/16 印张 23.5 字数 595 千字
2014 年 6 月第二版 2014 年 6 月第二次印刷
*
定价 105.00 元

《法兰用密封垫片实用手册》

编写委员会

主　　编　李新华

副主编　田　争　薛　靖　赵　霞　黄　栩

编写人员　（以姓氏拼音为序）

常颜芹　陈　兵　冯　峰　顾玉欣　何　磊

何　杉　洪甜甜　侯长革　江　浩　孔祥东

李春年　李三原　李　烨　刘禄颖　刘　洋

卢　君　陆　明　陆　翔　沈　佳　沈云清

沈志伟　孙晓芬　王长会　王江蓉　王俊梅

王雅红　王自成　薛恩臣　周玉雯　朱咸平

前　言

法兰是机械、石油、化工、石油化工、水利、电力、轻工、纺织、城建、航舶、制药及核工业等部门管道系统和装置中应用最为广泛的一种管道连接件，它通常和垫片、螺栓连接共同组成一个密封接头，俗称法兰接头，起着连接管子、泵、阀、压力容器及各种承压设备的重要作用。据统计，在石油化工领域，仅一个大型炼油厂的法兰接头就达到20万个以上。

垫片是法兰接头的主要密封元件，它是借助连接螺栓穿过法兰的螺栓孔，在螺栓预紧力的作用下对法兰密封面施加压紧力，从而填塞住法兰密封面凹凸不平的微观几何间隙来实现密封连接的。由于法兰密封接头预紧工况和工作（受压）工况都是靠密封垫片建立初始密封力和工作密封力为前提条件，因而从法兰接头设计计算的观点出发，应该自始致终将连接法兰的螺栓与起密封作用的垫片相互联系起来进行整体考虑，其中最要考虑的是密封垫片。

法兰接头的密封失效主要表现为泄漏。泄漏轻则造成能源、原材料的大量浪费，重则导致设备报废、停工停产、人员伤亡和严重的环境污染。近年来，随着现代化工、石油、原子能、航天及深海技术的迅速发展，对管道及管道装置的密封提出了更严格的要求。

在垫片密封中，泄漏是无法避免的，但可以控制在一定的范围内。严格定量控制泄漏率是保证现代工业装备安全运行的重要条件，从环境保护的观点出发，决不允行机器及系统内部的油料、燃料、有害液体及气体等流体介质向周围环境泄漏；如对可燃性气体及核辐射的密封，允许的泄漏率定量指标应控制在 $10^{-5}\ cm^3/s$ 以下；对于某些石油、化学和原子能工业，泄漏率则应控制在 $10^{-7} cm^3/s$。这些指标目前已被世界众多国家所认同。然而，流体的密封是一个复杂而又较难解决的问题。垫片密封的可靠性与连接结构型式、介质特性、工况条件等储多因素有关；而且最主要的是与所采用的垫片材料和其结构型式有关。

为使广大读者快速、准确、系统、全面地了解、掌握和选用垫片密封件，我们组织有关行业技术力量编写了本手册。本手册以现行最新的国内外垫片标准为依据，分五篇 23 章重点介绍了垫片密封的基本概念；垫片的一般结构型式和种类；垫片的性能、参数和设计选用；非金属平垫片；金属复合垫片；金属垫片；管法兰用垫片压缩率和回弹率试验方法；管法兰用垫片应力松弛试验方法；管法兰用垫片密封性能试验方法；非金属垫片材料分类体系；垫片材料拉伸强度试验方法；垫片材料压缩率回弹率试验方法；垫片材料耐液性试验方法；垫片材料密封性试验方法；垫片材料蠕变松弛率试验方法；垫片材料柔软性试验方法；垫片材料与金属表面黏附性试验方法；

软木垫片材料胶结物耐久性试验方法；合成聚合材料抗霉性测定方法；垫片材料导热系数测定方法；ISO 法兰用垫片标准（含非金属扁平垫片；金属复合垫片及金属垫片等）；美国管法兰用垫片标准（含非金属平垫片；环连接式、缠绕式及夹套式金属垫片等）和欧共体法兰用垫片标准（含从属于欧洲法兰垫片体系的非金属平垫片；缠绕式垫片；非金属聚四氟乙烯包覆垫片；波纹形、平形或齿形金属垫片和带填充料的金属垫片；锯齿形金属复合垫片；金属夹套式包覆垫片、有槽法兰用氯丁橡胶 O 形环垫片等；并含从属于美洲法兰垫片体系的非金属聚四氟乙烯包覆垫片；波纹形、平形或齿形金属垫片和带填充物的金属垫片、锯齿金属复合垫片等）。

本手册可供机械、石油、化工、石油化工等相关行业的工程技术人员及大专院校师生使用。

由于编者水平有限，书中难免有错误之处，恳请读者批评指正。

编者

2014 年 3 月

目　录

第一篇　密封垫片基础

第二篇　垫片结构及标准尺寸

第五篇　国外典型法兰用垫片标准介绍

第一篇

密封垫片基础

管路用密封垫片是机械、石油、化工、石油化工、水利、电力、轻工、纺织、船舶、制药及核工业等部门管路系统和管道装置中应用最为广泛的一种密封元件,它通常附属在螺栓法兰接头中,作为一种连接件出现,起着连接管子、泵、阀、压力容器及各种承压设备的重要作用。据统计,在石油化工一个领域,仅一个大型炼油厂的法兰密封接头就达到20万个以上。足以证明密封垫片的使用量非常大。

密封垫片是法兰接头的主要密封元件。它是借助连接螺栓穿过法兰螺栓孔,在螺栓预紧力的作用下对法兰密封面施加压紧力,从而填塞住法兰密封面间凹凸不平的微观几何间隙来实现密封目的的。由于法兰接头预紧工况和工作(受压)工况都是靠密封垫片建立初始密封力和工作密封力为前提条件,因而从法兰接头设计计算的观点出发,应该自始至终将连接法兰的螺栓与起密封作用的垫片相互联系起来进行整体考虑,其中首要考虑的是密封垫片。垫片虽小,但关系重大。

法兰接头的密封失效主要表现为泄漏。密封失效轻则造成能源、原材料的大量浪费,重则导致设备报废、停工停产、人员伤亡和严重的环境污染。

在垫片密封中,泄漏是无法避免的,但必须控制在一定的范围内。垫片密封的可靠性不仅与连接件的结构型式、流体介质特性及工况条件等诸多因素有关,同时也与密封垫片的材料、型式、尺寸及性能有关。影响垫片密封的因素很多,且至今还是一个未能定量的问题,需不断地进行深入研究。

本篇由垫片密封的基本概念;垫片的一般结构型式和种类;垫片的性能、参数和设计选用 3 章组成。

第 1 章　垫片密封的基本概念

垫片密封是工业装置中压力容器、工艺设备、动力机器和连接管路或管道等可拆连接处最主要的密封型式，通常由法兰、螺栓、螺母和密封垫片组成，称为法兰密封接头，见图 1-1。

1.1　垫片密封机理、垫片应力与变形关系

泄漏是指介质从有限空间内部流到外部，或从外部进入有限空间内部（人们不希望发生）的现象。介质通过内外空间的交界面即密封面发生泄漏。造成泄漏的根本原因是由于接触面上存在间隙，而接触面两侧的压力差、浓度差则是泄漏的推动力。因密封面的形式及其加工精度等因素的影响，密封面上存在间隙在所难免，这就会造成彼此连接的两密封面达不到完全吻合，从而发生泄漏。

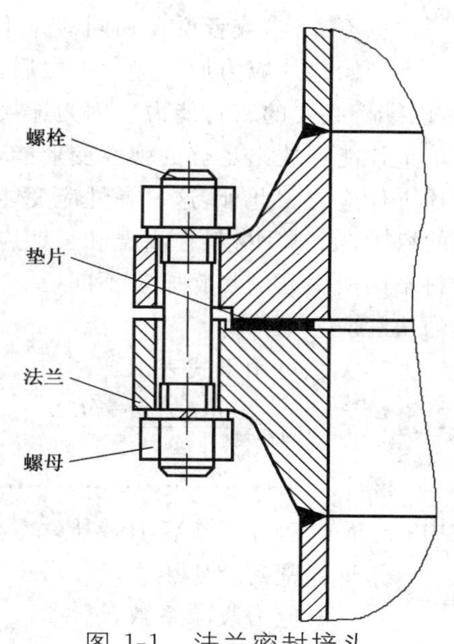

图 1-1　法兰密封接头

要减少泄漏，就必须使接触面最大程度地嵌合，即减小泄漏通道的截面积、增加泄漏阻力，并使之大于泄漏推动力。对密封面施加压紧载荷，以产生压紧应力，可提高密封面的接触程度，当应力增大到足以引起表面产生明显的塑性变形时，就可填补密封面的间隙，堵塞泄漏通道。使用垫片的目的就是利用垫片材料在压紧载荷的作用下较容易产生塑性变形的特性，使之填平法兰密封面的微小凹凸不平以实现密封的目的。

在螺栓-法兰-垫片连接的组合密封接头中，压紧垫片的力使垫片材料产生变形从而填满法兰密封面间的微间隙。垫片预紧应力的大小取决于螺栓的数量、拧紧螺栓的转矩、螺栓系统的润滑状态和垫片的压缩面积，即

$$M = kFd \qquad \cdots\cdots(1\text{-}1)$$

或

$$F=\frac{M}{kd}$$

$$\sigma_{gi}=\frac{nF}{A_g} \qquad \cdots\cdots(1\text{-}2)$$

式中：M——转矩，N·m；

　　F——垫片压紧力，N；

d——螺栓的公称直径，m；

k——系数；

σ_{gi}——垫片预紧应力，MPa；

n——螺栓数量；

A_g——垫片压缩面积，m^2。

系数 k 的变化范围很大，与螺栓系统的润滑状态有关，设计时一般取 $k=0.16\sim0.20$，前者用于润滑良好的螺纹，后者用于润滑较差的螺纹。

上述垫片预紧应力是否能够实现初始密封，与所使用的垫片材料密切相关。不同的垫片材料在相同的压缩量下，垫片的应力是不同的，即在同样的密封要求下所能密封的介质压力也不一样，或者说在相同的介质压力下，得到的连接密封性能亦不一样。

当初始垫片应力加在垫片上之后，必须在装置的设计寿命内保持足够的垫片工作应力，以维持必要的密封能力。因为连接受到流体压力作用时，密封面被迫发生分离，此时要求垫片能释放出足够的弹性变形能，以补偿这一分离量，并且留下足以保持密封所需的垫片工作应力。此外，这一弹性应变能还要补偿装置长期运行过程中可能发生的连接结构的松弛，如垫片材料在高温和长期应力作用下引起的垫片应力的降低，连接件与紧固件材料不同所引起的热膨胀量不同，从而导致垫片的应力降低或升高，高温下紧固件蠕变引起的垫片应力下降等。

上述关系可用下式表示：

$$\sigma_{go}=\frac{\eta(\sigma_{gi}A_g-pB)}{A_g} \qquad \cdots\cdots(1\text{-}3)$$

式中：σ_{go}——垫片工作应力，MPa；

p——密封介质压力，MPa；

η——应力衰减系数，$\eta<1$；

B——介质静压力作用面积，mm^2。

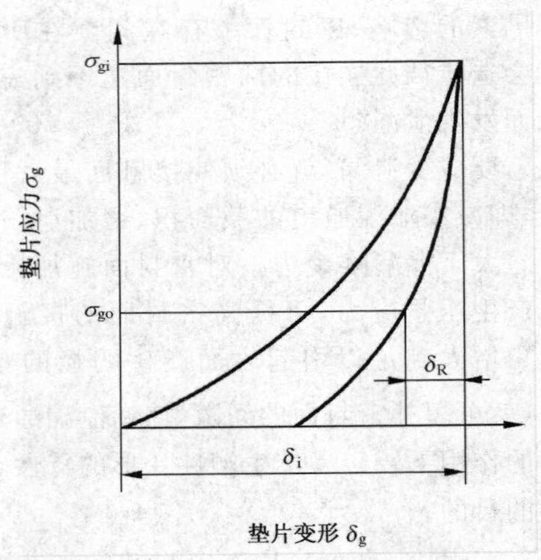

图 1-2　垫片应力与变形的关系

图 1-2 中的曲线表示上述两个过程中垫片的应力与变形的关系，图中 δ_i 和 δ_R 分别对应于垫片预紧至 σ_{gi} 时的压缩量和工作时 σ_{go} 下的回弹量。可见，任何形式的垫片密封，首先要在被连接件的密封面与垫片表面之间产生一定的垫片预紧应力，其大小与装配垫片时的预压缩量以及垫片的变形特性有关，而其分布状况与垫片截面的几何形状以及法兰的变形有关。从理论上讲，垫片预紧应力越大，垫片中贮存的弹性应变能也越大，因而补偿法兰面分离和连接松弛的能力也越强。但就实际使用而言，垫片预紧应力的合理取值与密封材料和结构、密封要求、环境因素、使用寿命以及经济性等有关。

1.2　垫片密封的泄漏形式

螺栓-法兰-垫片连接中，垫片是最主要的密封元件。对于非金属垫片来说，连接的密封是通过拧紧螺栓，造成法兰与垫片接触表面及垫片内部较大的压紧应力，从而一方面使垫片表面与法兰表面紧密贴合、填满法兰表面的微间隙，另一方面减小垫片材料的孔隙率，亦即减小被密封流体的泄漏通道。由于任何制造或加工方法都不可能形成绝对光滑的理想表面，也不可能实现密封面间的完全嵌合以及密封件本身孔隙的完全阻塞，所以在相互接触的密封面间和密封件的内部总是存在着微小的间隙或通道。因而，对垫片密封来说，泄漏总是不可避免的。当介质以一定的压力通过螺栓-法兰连接时，总会在密封点处出现泄漏，分析这种现象可以发现：它是以两种形式出现的，即“界面泄漏”和“渗透泄漏”，见图 1-3。

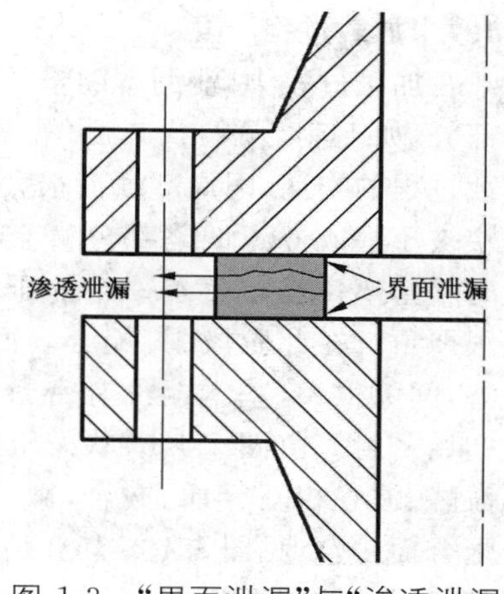

图 1-3 “界面泄漏”与“渗透泄漏”

1.2.1 界面泄漏

垫片压紧应力不足、法兰密封面粗糙、管道的热变形、机械变形以及振动等都会造成垫片与法兰密封面之间贴合不严密，从而发生泄漏。此外，螺栓-法兰连接在操作工况下，由于温度、压力的作用，螺栓变形伸长，垫片蠕变松弛、回弹能力下降，垫片材料的老化、变质等亦会造成垫片与法兰密封面之间的泄漏。这种发生在垫片与法兰密封面之间的泄漏称为“界面泄漏”。

1.2.2 渗透泄漏

非金属垫片通常由植物纤维、动物纤维、矿物纤维或化学纤维与橡胶粘结压制而成，或由柔性石墨等多孔材料制作而成。由于其组织疏松，致密性差，纤维与纤维之间存在无数微小间隙，很容易被介质浸透，特别是在压力作用下，介质会通过材料内部的孔隙渗透出来。这种发生在垫片材料内部的泄漏称为“渗透泄漏”。

1.3 垫片的微观密封过程

在加载过程中，泄漏率随垫片的压缩变形量而变化。当轴向压紧载荷小于一定的值时，尽管垫片已产生了一定的压缩变形量，但泄漏仍很严重，基本上没有密封能力；继续增加压紧载荷，垫片的压缩变形量随之增大，泄漏率逐渐减小；但当轴向压紧载荷大到一定程度时，泄漏率几乎不变。在卸载过程中，垫片的压缩变形量随压紧载荷的减小而减小，相应的泄漏率随之而增大，但在同一轴向载荷下，卸载时的泄漏率远较加载时所对应垫片应力下的泄漏率小。当轴向载荷减小到一定程度时，尽管垫片的弹性变形尚未完全消失，仍具有一定的回弹能力，但泄漏率已急剧增大。

加载和卸载时泄漏率的变化情况可通过分析密封面的微观结构来解释。密封面微观结构见图 1-4。初始表面由以下几部分组成，其中：

A——法兰面的最大不平度；

B——法兰面的缺陷(裂纹、划伤等)；

a——垫片表面的最大不平度；

b——垫片表面缺陷；

c——密封面间的杂质、毛刺等。

1.3.1　加载过程

在加载过程中，泄漏率随垫片的压缩变形而变化。配合面间首先接触的是表面最突出部分，如毛刺、颗粒状杂质等，见图1-4 a)。在加载过程的初期，因局部载荷很大，这些凸出部分很快被压平或嵌入凹陷部分直至图1-4 b)状态，此时尽管垫片已产生了一定的压缩变形，但泄漏仍很严重。在此阶段中，配合表面大部分呈自由状态，间隙很大，基本上没有密封能力，尚不能形成初始密封。由图1-4 b)状态继续加载，配合面间波峰、波谷相互穿插、嵌合，微间隙逐渐减小直至配合面吻合，见图1-4 c)。在该阶段中，流道截面随压紧力增加而减小，流道阻力随之增大，泄漏率相应减小，即增加压紧载荷可以有效地控制泄漏，故通常称该阶段为正常密封阶段。从图1-4 c)可以看出，当配合面基本吻合后，若继续增加压紧载荷，垫片的压缩变形增加甚微，泄漏率则几乎不变。此时由初始表面的不平度所形成的微间隙基本上已被堵死，配合面大部分已嵌合，泄漏通道主要由表面缺陷如裂纹、划伤等组成，而要进一步消除这部分间隙则十分困难。

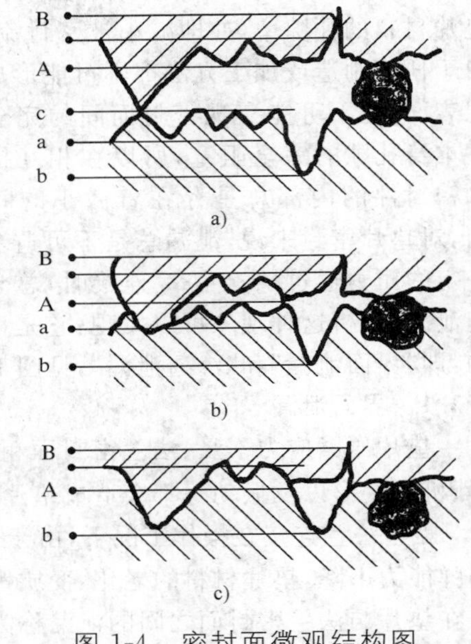

图1-4　密封面微观结构图

1.3.2　卸载过程

在卸载过程中，密封面上由于相互嵌合而产生的塑性变形不因卸载而恢复，此时，只要垫片未被完全压实，垫片的回弹量足以补偿由于介质压力所引起的密封面间的互相分离，连接总是具有一定的密封能力。

上述即是在同一压紧载荷下，卸载时的泄漏率远小于加载时的泄漏率的原因。但是，由于初始表面的不平度，密封面上应力分布是很不均匀的，嵌合过程中并非垫片的整个表面都形成了与法兰面相吻合的塑性变形，其中一部分受力较小的波谷处仍处于弹性状态。这部分弹性变形将随压紧载荷的减小而恢复，于是卸载过程中一部分微间隙又重新出现，泄漏率又随压紧载荷的减小而渐渐增大。

1.4　影响垫片密封连接，导致泄漏的主要因素

对垫片密封来说，其泄漏状况与被密封介质的物理性能、工况条件、法兰密封面的粗糙度、压紧应力以及垫片的基本特性、尺寸、加载卸载历程等诸多因素有关。

1.4.1　被密封介质物理性能的影响

采用同样的密封连接形式，在同样的工况条件下，气体的泄漏率大于液体的泄漏率，氢气的泄漏率大于氮气的泄漏率。这主要是由于被密封介质的物理性能参数不同造成的。在被密封介质的物理性质中，黏性的影响最大。黏度是流体内摩擦力的量度，对于黏度大的介质，其泄漏阻力大，泄漏率就小；对于黏度小的介质，其泄漏阻力小，泄漏率就大。

1.4.2　工况的影响

垫片密封的工况条件包括介质的压力、温度等。不同的压力、温度下，其泄漏率的大

小不同。密封面两侧的压力差是泄漏的主要推动力，压力差越大，介质就越易克服泄漏通道的阻力，泄漏就越容易。温度对连接结构的密封性能有很大的影响。研究表明，垫片的弹、塑性变形量均随温度升高而增大，而回弹性能随温度升高而下降，蠕变量则随温度的升高而增大。且随着温度的升高，垫片的老化、失重、蠕变、松弛现象就会越来越严重。此外，温度对介质的黏度也有很大的影响，随着温度的升高，液体的黏度降低，而气体的黏度增加。温度越高，泄漏越容易发生。

1.4.3 法兰表面粗糙度的影响

相同的垫片预紧应力下，法兰表面粗糙度不同，泄漏率亦不一样。通常，表面粗糙度越小，泄漏量越小。研磨过的法兰密封面的密封效果要比未研磨的法兰密封面的密封效果好。这主要是由于粗糙度小的密封表面，其凹凸不平易被填平，从而使得界面泄漏大为减少。

1.4.4 垫片压紧应力的影响

垫片上的压紧应力越大，其变形量就越大。垫片的变形一方面有效地填补了法兰表面的不平度，使得界面泄漏大为减少；另一方面使得垫片本身内部毛细孔被压缩，泄漏通道的截面减小，泄漏阻力增加，从而泄漏率大大减小。但如果垫片的压紧应力过大，则易将垫片压溃，从而失去回弹能力，无法补偿由于温度、压力引起的法兰面的分离，导致泄漏率急剧增大。因此要维持良好的密封，必须使垫片的压紧应力保持在一定的范围内。

1.4.5 垫片几何尺寸的影响

1.4.5.1 垫片厚度的影响

在同样的压紧载荷、同样的介质压力作用下，泄漏率随垫片厚度的增加而减小。这是由于在同样的轴向载荷作用下，厚垫片具有较大的压缩回弹量，在初始密封条件已经达到的情况下，弹性储备较大的厚垫片比薄垫片更能补偿由于介质压力引起的密封面间的相对分离，并使垫片表面保留较大的残余压紧应力，从而使泄漏率减少。但不能说垫片越厚，其密封性能越好。这是因为，垫片厚度不同，建立初始密封的条件也不同，由于端面上摩擦力的影响，垫片表面呈三向受压的应力状态，材料的变形抗力较大；而垫片中部，受端部的影响较小，其变形抗力也较小。在同样的预紧载荷下，垫片中部较垫片表面更易产生塑性变形，此时，建立初始密封也越困难，故当垫片厚度达到一定数值以后，密封性能并无改变，甚至恶化。此外，垫片越厚，渗透泄漏的截面积越大，渗透泄漏率也就越大。

1.4.5.2 垫片宽度的影响

在一定的范围内，随着垫片宽度的增加，泄漏率呈线性递减。这是因为，在垫片有效宽度内介质泄漏阻力与泄漏通道的长度（正比于垫片宽度）成正比。但不能说垫片越宽越好，因为垫片越宽，垫片的表面积就越大，这样要在垫片上产生同样的压紧应力，宽垫片的螺栓力就要比窄垫片大得多。

第 2 章　垫片的一般结构型式和种类

2.1　垫片的一般结构型式

工业上使用的平垫片一般由密封元件及内、外加强环组成，但有的垫片并无加强环。密封元件或称垫片本体是阻止泄漏的关键部分。其常用的材料有非金属材料，如柔性石墨、聚四氟乙烯、纤维增强橡胶基复合板等。此外，密封元件材料也可以是刚性或柔性的金属，通常用于压力和温度较高的场合。对于非金属材料制造的密封元件，通常插入金属材料予以增强，同时也方便了如石墨等易破碎材料密封元件的制造加工。增强材料可以是金属薄板或丝网，金属薄板常常采用冲刺孔的方式以提高增强效果和增加弹性，并通过粘结剂和辊压将它们贴合在一起。密封元件也可设一表面层或抗粘结处理层来增加密封效果和防止与法兰密封面粘结。表面层材料可以是聚四氟乙烯(PTFE)或屈服强度低的金属材料(如金、黄铜、软钢、镍、蒙乃尔等)，也可以是表面镀层：如铅、锡、金、银、PTFE等。密封元件还可以用 PTFE 或金属保护套包覆，其作用是使内芯材料免受化学侵蚀，同时又保留了内芯材料的弹性。

外加强环或外环材料均为实体金属，其作用是：帮助密封元件安装时对中；防止密封元件过分压缩而破坏；防止垫片吹出和减少法兰转动等。外加强环不与密封介质接触，因此不要求耐介质腐蚀，故常常由碳钢材料制成。外加强环还可以与密封元件制成一体，例如金属齿形垫片、波齿复合垫片等。

内加强环或内环接触流体，其材料应能抵御密封介质的腐蚀。内加强环的作用是：防止密封元件本体因刚性不足发生向内屈曲；填补密封件与容器或管道法兰面之间的空隙，以避免此空隙干扰流体的流动以及由此引起的流体对垫片的冲蚀。

典型平垫片的一般结构型式见图 2-1。

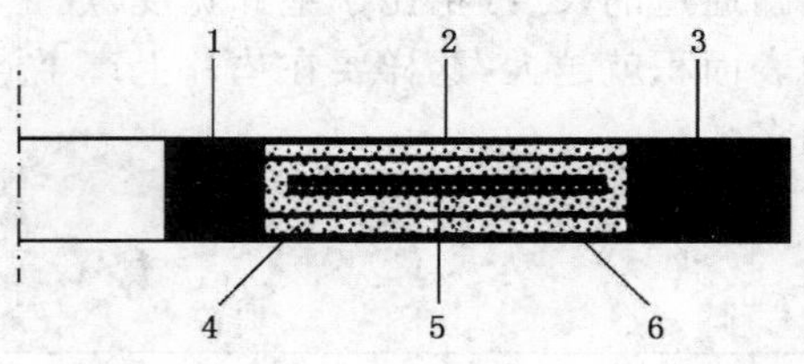

1—内环；2—密封件本体；3—外环；
4—表面层；5—增强层；6—抗粘结处理层

图 2-1　垫片的一般结构型式

2.2　垫片的种类

法兰用密封垫片的种类繁多，按其密封元件本体材料和其结构特征一般可分为非金属平垫片、金属复合垫片（或半金属垫片）及金属垫片 3 大类，各类又可细分成若干种，见图 2-2。

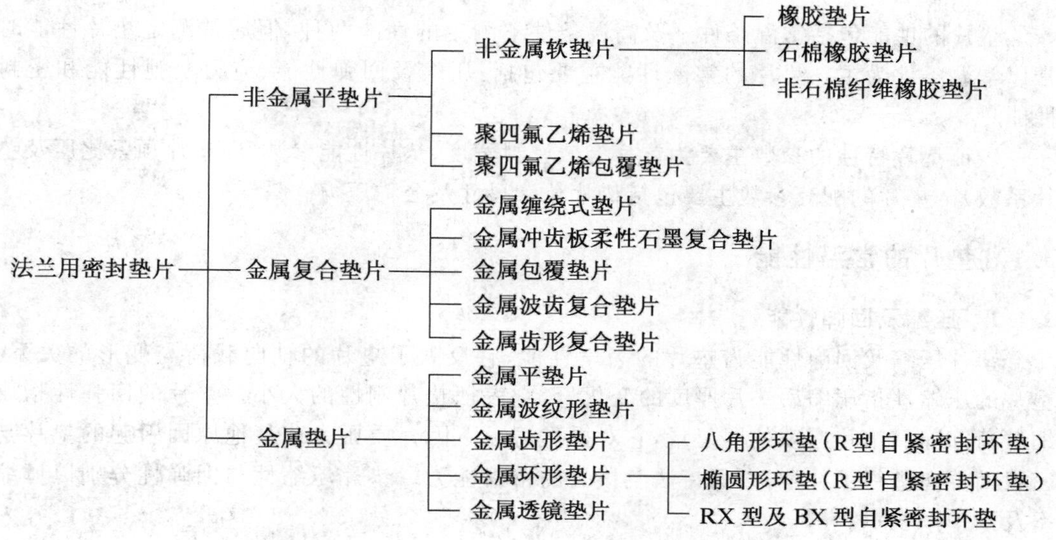

图 2-2　法兰用密封垫片的分类

第3章　垫片的性能、参数和设计选用

垫片的性能包括常温条件下及高温条件下测定的性能两种，但通常测定垫片性能时常以常温条件为主。垫片的常温性能主要包括：压缩及回弹性能、应力松弛性能和密封性能。

表征垫片特性的参数主要为垫片有效密封宽度、垫片性能参数（即垫片预紧比压及垫片系数）。垫片的配套参数主要包括垫片公称尺寸及公称压力。

3.1　垫片的常温性能

3.1.1　压缩及回弹性能

垫片压缩及回弹性能为垫片的力学性能，它反映了垫片的轴向载荷与变形的关系。垫片的压缩性指压缩后垫片厚度的变化量，它表征垫片刚性的大小。垫片的回弹性指压缩载荷卸除后垫片厚度的回复量，它对操作情况下因介质压力或其他原因引起的垫片与密封面分离进行了补偿，以保持法兰接头的密封能力。垫片压缩性与回弹性分别以压缩率及回弹率表示。

不同材料和结构型式的垫片，其压缩率和回弹率各不相同，试验标准中通常按照规定的垫片厚度和垫片应力在室温条件下进行测试获得。对垫片的压缩及回弹性，除了评价其数值大小外，还应从不同形状的压缩-回弹曲线，特别是卸载部分回弹曲线的斜率观察，斜率越小，垫片的弹性补偿能力越大，垫片应力的损失越小，即越容易适应载荷的循环作用。在评价垫片的压缩性和回弹性时，不但要求合适的压缩率和最大的回弹率，还要求有最佳形状的压缩-回弹曲线。

以垫片压缩变形量为横坐标，以垫片全面积计算的残余压紧应力为纵坐标，如果垫片在加载与卸载时，变形量与压紧应力的关系曲线即压缩-回弹曲线重复，如图3-1所示，则认为垫片是理想的完全弹性体。但是，无论哪种结构型式的垫片都有一定的塑性，即在压缩过程中，当垫片的载荷超过一定限度，垫片除产生弹性变形外，还会产生部分塑性变形或永久变形。即使是弹性最好的橡胶垫片也会产生5%～10%的塑性变形，因此无法恢复到压缩前的厚度，将会产生如图3-2所示的实际压缩曲线，加载时垫片压紧应力沿OA线上升；卸载时则沿AB线下降。在图3-2中，h_1为塑性变形量，h_2为回弹量，h_1+h_2为总的压缩量。

螺栓-法兰-垫片连接的密封，本质上是通过垫片变形，减小法兰与垫片之间及垫片本体的毛细孔截面积，增加流体泄漏阻力来实现密封的。因而，在预紧条件下，垫片的压缩性能部分地反映了垫片表面与法兰密封面嵌合程度，形成初始密封能力。在操作条件下，由于螺栓的伸长和法兰的变形，使法兰密封面和垫片间产生相对分离，垫片压紧应力减小，这时连接的紧密性很大程度上取决于垫片的回弹能力。可见，垫片的压缩及回弹性能对连接的紧密性影响很大。

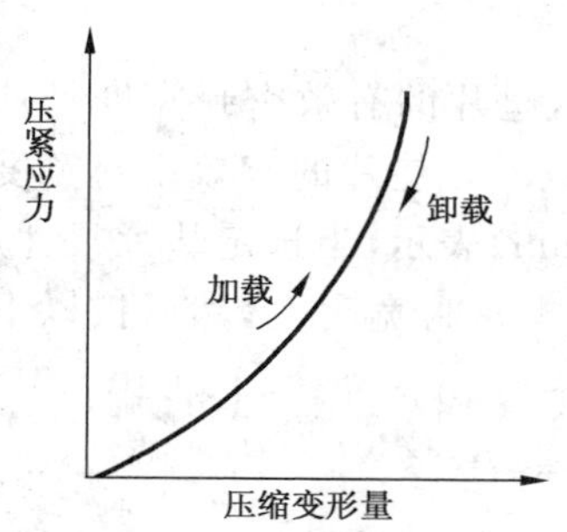

图 3-1 理想的压缩-回弹曲线

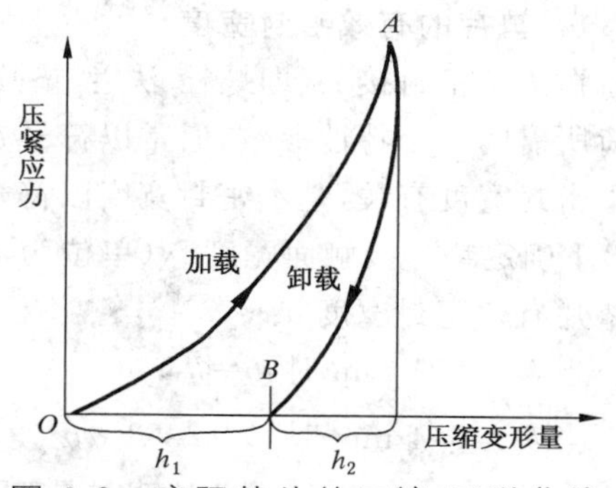

图 3-2 实际垫片的压缩-回弹曲线

3.1.2 应力松弛性能

对螺栓-法兰-垫片密封连接施加螺栓载荷时，作用在垫片上的压紧应力会使垫片变薄，经运转一段时间后，垫片厚度将继续减小，垫片上的应力也会逐渐减小，这种应力减小的现象被称为应力松弛。垫片应力随时间的变化规律就是应力松弛特性。实际上垫片的应力松弛是应力松弛和蠕变两个因素的联合作用。应力松弛是恒应变下垫片应力的改变，以初始载荷下垫片应力改变量的百分率表示；蠕变是恒应力下的应变的改变，通常以初始载荷下垫片厚度改变量的百分率表示。对螺栓-法兰-垫片连接这样的预应力静不定系统，垫片应力是由螺栓伸长转换成垫片应力的，因而垫片蠕变不发生在恒应力下，垫片厚度的任何改变都会引起螺栓伸长的变化，同时也改变了垫片应力，这种垫片与螺栓的相互作用被称为垫片的“蠕变松弛”。螺栓伸长的大小受螺栓刚度的影响，进而影响垫片应力的松弛程度。垫片的蠕变松弛性能是影响法兰接头密封性能的一项十分重要的力学性能，它能导致垫片应力的下降，使接头最终趋向泄漏。

按不同的试验标准，表征垫片应力松弛或蠕变松弛性能的方法有两种，一是根据螺栓伸长改变量(相当于改变螺栓载荷)表示垫片应力的变化，以蠕变松弛率来表示应力松弛特性；二是直接测量蠕变前后垫片应力的变化，以应力松弛率来表示垫片应力松弛特性。

3.1.3 密封性能

垫片密封性能是指在某一特定的操作条件下，垫片密封所能达到的泄漏率低于某一规定的指标泄漏率；或在某一规定的泄漏率指标下，垫片密封所能承受特定的操作条件，如温度、压力等。所谓泄漏率是指标准试验条件下，介质流体每秒钟通过垫片的泄漏量。

垫片泄漏率是评定垫片密封性能的一个综合性指标，通常用标准垫片试样在室温或高温条件下进行测试，可获得在一定垫片应力和试验介质压力下垫片的泄漏率。这一泄漏率的大小表征了垫片对介质流体的密封能力。

各种垫片的泄漏率可通过密封性能试验得到。试验通常可在专用垫片综合试验机上进行。测试结果可获得泄漏率与垫片预紧应力和介质压力关系，其一般规律为：泄漏率和介质压力基本成线性关系(即介质压力越高，泄漏率越大)；泄漏率和残余预紧应力成负指数关系(即残余预紧应力越大，泄漏率越小)。

3.2　垫片参数

3.2.1　垫片的有效密封宽度

在法兰密封接头（即螺栓-法兰-垫片密封连接）中，垫片的有效密封宽度是计算螺栓载荷所需的一个特性参数，通常以符号 b（单位为 mm）表示，垫片的有效密封宽度与垫片基本密封宽度有关，基本密封宽度以符号 b_0（单位为 mm）表示，当选定垫片尺寸后，可按表 3-1 确定垫片接触面宽度 N（单位为 mm）和垫片基本密封宽度 b_0，然后按以下规定确定垫片有效密封宽度 b：

当 $b_0 \leqslant 6.4$ mm 时，$b = b_0$；

当 $b_0 > 6.4$ mm 时，$b = 2.53\sqrt{b_0}$。

表 3-1　垫片基本密封宽度（GB/T 17186—1997）　　mm

压紧面形状（简图）		垫片基本密封宽度 b_0	
		Ⅰ	Ⅱ
1a	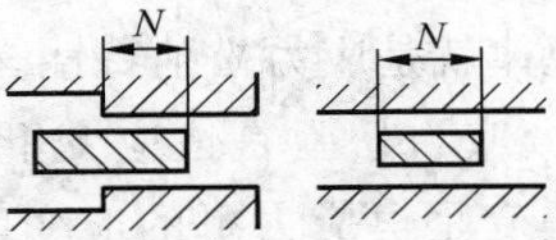	$\frac{N}{2}$	$\frac{N}{2}$
1b			
1c	$w \leqslant N$	$\frac{w+T}{2}$ $\left(\frac{w+N}{4}\text{最大}\right)$	$\frac{w+T}{2}$ $\left(\frac{w+N}{4}\text{最大}\right)$
1d	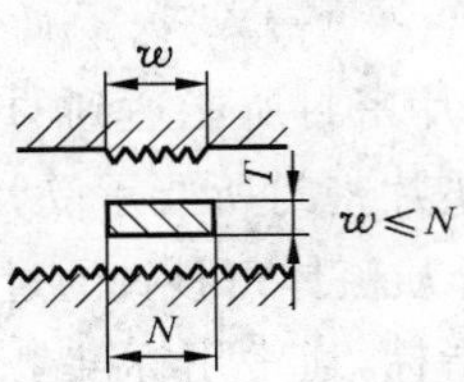 $w \leqslant N$		
2	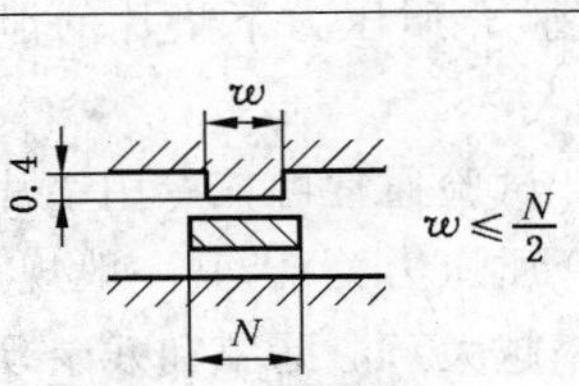 $w \leqslant \frac{N}{2}$	$\frac{w+N}{4}$	$\frac{w+3N}{8}$

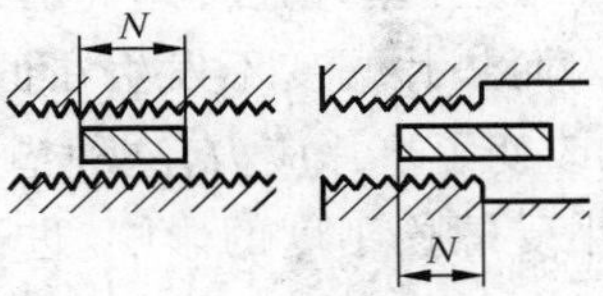

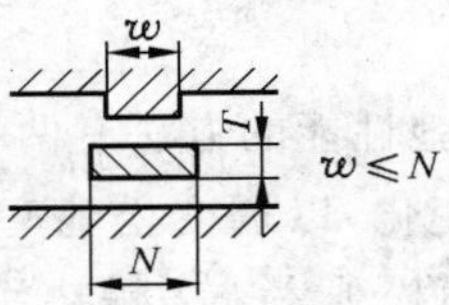

续表 3-1　　mm

压紧面形状(简图)	垫片基本密封宽度 b_0	
	Ⅰ	Ⅱ
3　$w \leqslant \frac{N}{2}$	$\frac{N}{4}$	$\frac{3N}{8}$
4[1]	$\frac{3N}{8}$	$\frac{7N}{16}$
5[1]	$\frac{N}{4}$	$\frac{3N}{8}$
6	$\frac{w}{8}$	—
1）当锯齿深度不超过 0.4 mm，齿距不超过 0.8 mm 时，应采用 1a 或 1b 的压紧面形状。		

3.2.2　垫片的性能参数

国内外最有影响的有关螺栓法兰连接的规范设计方法，即 ASME《锅炉和压力容器规范》第八篇第一分篇中所规定的方法，其所推荐的“具有环形垫片的螺栓法兰连接计算规程”规定，一个紧密的螺栓-法兰-垫片连接，必须在安装时将垫片预紧到一定的载荷，操作时垫片上必须保持足够的最低载荷。这些预紧和操作要求的载荷都是基于规范推荐的两个垫片密封系数“y”及“m”。对于每种类型和材质的垫片，有一个或一组这样的简单系数。系数与密封介质性质、压力、温度等无关。因此，按此规范方法计算，如果垫片在安装时被螺栓载荷 $L_a=3.14D_Gby$（式中 D_G 为垫片压紧力作用中心直径；b 为垫片有效密封宽度；y 为垫片比压力）预紧，则在操作状态下（即有内压时）保持紧密连接所需的螺栓载荷为 $L_p=0.785\ D_G^2p+6.28D_G\ bmp$（式中 p 为介质内压；m 为垫片系数）。显然“y”代表最小预紧垫片应力或垫片比压力，而“m”代表最低操作垫片应力是介质压力的 m 倍，藉此增加螺栓载荷，不致出现由于流体静压在容器端部引起的载荷将密封面分离，从而导致连接泄漏。需要的螺栓大小和数量取决于 $L_a/[\sigma]_b$ 和 $L_p/[\sigma]_b^t$（式中$[\sigma]_b$ 为常温下螺栓材料的许用应力；$[\sigma]_b^t$ 为设计温度下螺栓材料的许用应力）中的较大值。据此，按照“y”和“m”代表的概念，规范考虑连接主要是“不漏”或是“漏”，即考虑所设计的螺栓-法兰-垫片连接在结构上能否保证安全。

垫片的特性参数就是指规范设计法中所涉及到的“y”及“m”两个密封系数。

3.2.2.1 垫片比压力或垫片最小预紧比压

在法兰密封接头中，压紧垫片所需的最小应力被称为垫片比压力。垫片比压力系指在安装中没有内压情况下，要求提供密封连接的垫片接触面积上的压力，其表达式为：

$$y=\frac{L_a}{A_g} \qquad \cdots\cdots(3\text{-}1)$$

式中：y——垫片比压力，MPa；

L_a——螺栓预紧载荷，N；

A_g——垫片受压面积，mm^2。

3.2.2.2 垫片系数

压紧垫片时，螺栓伸长，当介质压力作用后，螺栓由于承受介质压力作用产生的载荷而更加伸长，致使两密封法兰面之间的间隙增大，使垫片的应力降低，产生泄漏。

为了保证在工作状态下的密封性能，垫片上应有一定的比压，即工作状态下的压紧比压，或称残余压紧应力，以符号 y_1 表示。垫片系数定义为工作状态下垫片上的残余压紧应力与介质压力之比值，其表达式为：

$$m=\frac{y_1}{p} \qquad \cdots\cdots(3\text{-}2)$$

式中：m——垫片系数；

y_1——残余压紧应力，MPa；

p——介质压力，MPa。

垫片比压力和垫片系数由实验确定，它们是仅与垫片材料及法兰密封面型式有关的特性参数。规范垫片特性参数 m 及 y 值见表 3-2。

表 3-2 垫片性能参数（GB/T 17186—1997）

垫片材料		垫片系数 m	比压力 y/MPa	垫片形状（简图）	压紧面形状（见表 3-1）	垫片基本密封宽度列号（见表 3-1）
自紧式垫片（O形环，金属的，合成橡胶及其他被认为是自紧密封的垫片）		0	0	—	—	—
无织物或无高含量石棉纤维的合成橡胶					1a、1b 1c、1d 4、5	Ⅱ
	<肖氏硬度 75	0.50	0			
	≥肖氏硬度 75	1.00	1.4			
具有适当粘结剂的石棉（石棉橡胶板）	厚度 3 mm	2.00	11.2			
	厚度 1.5 mm	2.75	26.0			
	厚度 0.75 mm	3.50	45.7			
含有棉纤维的橡胶		1.25	2.8			

续表 3-2

垫片材料		垫片系数 m	比压力 y/MPa	垫片形状（简图）	压紧面形状（见表3-1）	垫片基本密封宽度列号（见表3-1）
含有石棉纤维的橡胶（带有或没有金属加强丝）	3层	2.25	15.5		1a、1b 1c、1d 4，5	Ⅱ
	2层	2.50	20.4			
	1层	2.75	26.0			
植物纤维		1.75	7.7			
缠绕式垫片（内填石棉）	碳钢	2.50	70.0		1a、1b	
	不锈钢或蒙乃尔合金	3.00	70.0			
内填石棉的波纹状金属或充填夹层石棉的波纹状金属	软铝	2.50	20.4		1a、1b	
	软铜或黄铜	2.75	26.0			
	铁或软钢	3.00	31.6			
	蒙乃尔合金或4%～6%铬钢	3.25	38.7			
	不锈钢	3.50	45.7			
金属波纹形垫片	软铝	2.75	26.0		1a、1b 1c、1d	
	软铜或黄铜	3.00	31.6			
	铁或软钢	3.25	38.7			
	蒙乃尔合金或4%～6%铬钢	3.50	45.7			
	不锈钢	3.75	53.4			
平金属夹壳填石棉垫片（金属包覆垫片）	软铝	3.25	38.7		1a、1b 1c[1]、1d[1] 2[1]	
	软铜或黄铜	3.50	45.7			
	铁或软钢	3.75	53.4			
	蒙乃尔合金	3.50	56.2			
	4%～6%铬铜	3.75	63.3			
	不锈钢	3.75	63.3			
槽形金属垫片	软铝	3.25	38.7		1a、1b 1c、1d 2，3	
	软铜或黄铜	3.50	45.7			
	铁或软钢	3.75	53.4			
	蒙乃尔合金或4%～6%铬钢	3.75	63.3			
	不锈钢	4.25	71.0			

续表 3-2

垫　片　材　料		垫片系数 m	比压力 y/MPa	垫片形状（简图）	压紧面形状（见表 3-1）	垫片基本密封宽度列号（见表 3-1）
实心金属平垫片	软铝	4.00	61.9		1a、1b 1c、1d 2,3 4,5	Ⅰ
	软铜或黄铜	4.75	91.4			
	铁或软钢	5.50	126.6			
	蒙乃尔合金或 4%～6%铬钢	6.00	153.3			
	不锈钢	6.50	182.8			
环连接垫片	铁或软钢	5.50	126.6		6	
	蒙乃尔合金或 4%～6%铬钢	6.00	153.3			
	不锈钢	6.50	182.8			
1）垫片表面的折叠处不应放在法兰的密封面上。						

3.2.3　垫片公称尺寸及公称压力

垫片公称尺寸及公称压力是配套参数。公称尺寸(GB/T 1047)是管路附件的一个基本参数，它并不是某一个实际结构尺寸，而仅仅是与制造尺寸密切相关的经过圆整后的一个名义尺寸，其标记方法是在代号“DN”后紧跟一个适当的数字。垫片公称尺寸与法兰所规定的相同。公称压力(GB/T 1048)是指与管道元件(如法兰、管件等)机械强度有关的设计给定压力，是一个经过圆整后的名义值，其标记方法是在代号“PN”后紧跟一个适当的数字。垫片公称压力亦与法兰所规定的相同。

3.3　垫片的设计选用

3.3.1　选用垫片的基本原则

(1) 选用或订购垫片时应了解的数据

a. 相配法兰的密封面型式和尺寸；

b. 法兰及垫片公称尺寸；

c. 法兰及垫片公称压力；

d. 流体介质的温度；

e. 流体介质的性质。

(2) 选用垫片时应考虑的因素

a. 有良好的压缩及回弹性能，能适应温度和压力的波动；

b. 有良好的可塑性，能与法兰密封面很好地贴合；

c. 对有应力腐蚀开裂倾向的某些金属(如奥氏体不锈耐酸钢)法兰，应保证垫片材料不含会引起各种腐蚀的超量杂质，如控制垫片氯离子含量以防对法兰腐蚀；

d. 不污染介质(指密封介质是饮用水、血浆、药品、食品、啤酒等)；

e. 对密封有高度毒性的化学品，要求垫片应具有更大的安全性；对于输送易燃液体的管道系统，要求垫片用于法兰上的最高使用压力和最高使用温度在限制范围内；

f. 低温时不易硬化，收缩量小，高温时不易软化，抗蠕变性能好；

g. 加工性能好，安装及压紧方便；

h. 不粘结法兰密封面，拆卸容易。

3.3.2 标准垫片的选用

常用标准垫片的选用见表 3-3。

表 3-3 标准垫片的选用

<table>
<tr><th colspan="2" rowspan="2">垫片型式</th><th colspan="2" rowspan="2">垫片材料</th><th colspan="2">使用条件</th><th rowspan="2">适用密封面型式</th><th rowspan="2">用 途</th></tr>
<tr><th>PN/MPa</th><th>t/℃</th></tr>
<tr><td rowspan="10">非金属平垫片</td><td rowspan="3">石棉橡胶垫片</td><td colspan="2">XB 200</td><td>≤12.5</td><td>≤200</td><td rowspan="3">全平面
突面
凹凸面
榫槽面</td><td rowspan="3">用于水、蒸汽、空气、氨(气态或液态)及惰性气体</td></tr>
<tr><td colspan="2">XB 350</td><td>≤4.0</td><td>≤350</td></tr>
<tr><td colspan="2">XB 450</td><td>≤6.0</td><td>≤450</td></tr>
<tr><td rowspan="3">耐油石棉橡胶垫片</td><td colspan="2">NY 150</td><td>≤1.5</td><td>≤150</td><td rowspan="3">全平面
突面
凹凸面
榫槽面</td><td rowspan="3">用于油品、液化石油气、溶剂、石油化工、原料等介质。对于汽油及航空汽油不适用</td></tr>
<tr><td colspan="2">NY 250</td><td>≤2.5</td><td>≤250</td></tr>
<tr><td colspan="2">NY 400</td><td>≤4.0</td><td>≤400</td></tr>
<tr><td rowspan="2">非石棉纤维橡胶垫片</td><td colspan="2">有机纤维增强</td><td>≤14</td><td>370
(连续 205)</td><td rowspan="2">全平面
突面
凹凸面
榫槽面</td><td rowspan="2">视粘结剂(SBR、NBR、CR及 EPDM 等)而定</td></tr>
<tr><td colspan="2">无机纤维增强</td><td>≤14</td><td>425
(连续 290)</td></tr>
<tr><td>聚四氟乙烯包覆垫片</td><td colspan="2">包覆层：
聚四氟乙烯
嵌入层：
石棉橡胶板</td><td>≤5.0</td><td>≤150</td><td>全平面
突面</td><td>用于各种腐蚀性介质及有清洁要求的介质</td></tr>
<tr><td colspan="7"></td></tr>
<tr><td rowspan="5">金属复合垫片</td><td rowspan="3">缠绕式垫片</td><td rowspan="3">填充带材料</td><td>特制石棉</td><td rowspan="3">≤26.0</td><td>≤500</td><td rowspan="3">突面
凹凸面
榫槽面</td><td rowspan="3">用于各种液体及气体介质。若用于氢氟酸介质，应采用石墨带配蒙乃尔合金钢带材料</td></tr>
<tr><td>聚四氟乙烯</td><td>−200～260</td></tr>
<tr><td>柔性石墨</td><td>≤600
(对于非氧化性介质≤800)</td></tr>
<tr><td rowspan="2">金属冲齿板柔性石墨复合垫片</td><td rowspan="2">芯板材料</td><td>低碳钢</td><td rowspan="2">≤6.3</td><td>≤450</td><td rowspan="2">突面
凹凸面
榫槽面</td><td rowspan="2">用于蒸汽及各种腐蚀性介质。不适于有洁净要求的管线</td></tr>
<tr><td>0Cr19Ni9</td><td>≤650</td></tr>
</table>

续表 3-3

垫片型式		垫片材料		使用条件		适用密封面型式	用　途
				PN/MPa	t/℃		
金属复合垫片	金属包覆垫片	包覆层材料	纯铝板 L3	≤11.0	≤200	突面	用于蒸汽、煤气、油品、汽油、溶剂及一般工艺介质
			纯铜板 T3		≤300		
			低碳钢		≤400		
			不锈钢		≤500		
	金属波齿复合垫片	齿形环和覆盖层材料	10 和 08/柔性石墨	≤26.0	≤450	突面 凹凸面 榫槽面	用于中、高压管道
			0Cr13/柔性石墨		≤540		
			0Cr19Ni9/柔性石墨		≤650		
金属垫片	环形垫片	08 或 10		≤42.0	≤450	环连接面	用于高温、高压管道
		0Cr13			≤540		
		0Cr19Ni9			≤600		
		00Cr17Ni14Mo2			≤600		
	齿形垫片	08 或 10 0Cr13 0Cr19Ni9 0Cr17Ni12Mo2		≤16.0	≤450	突面 凹凸面	用于高温、高压管道
					≤540		
					≤600		
					≤600		
	透镜垫	20		≤32.0	−50～200	锥形面	用于高压及含氢含酸介质的密封
		18Cr3MoWVA			≤400		
		1Cr18Ni9Ti			−50～200 （含酸介质）		

3.3.3　垫片公称压力级的标注

在垫片尺寸的标记示例中，关于垫片公称压力的标注有用 bar 或用 MPa 为单位两种方法，这是由于标准不统一造成的，选用垫片时应注意到这一点，换算关系为 $1\text{bar}=1\times10^{-1}\text{MPa}$。在国际标准 ISO 7483：1991 中，垫片公称压力级的标注是采用以 bar 为单位的标注方法。

第二篇

垫片结构及标准尺寸

本篇主要介绍我国目前已经标准化的非金属平垫片、金属复合垫片及金属垫片3大类法兰用密封垫片的结构、尺寸以及有关垫片的选用。这3大类垫片的具体内容主要包括非金属软垫片、聚四氟乙烯包覆垫片、缠绕式垫片、金属包覆垫片、金属冲齿板柔性石墨复合垫片、柔性石墨金属波齿复合垫片、通用金属环形垫片、金属齿形垫片、R型和RX型以及BX型专用自紧密封金属环垫、金属透镜垫等。

第4章　非金属平垫片

非金属材料制成的平垫片，在垫片品种中占有很大的地位。按照构成非金属垫片材料的基本组分(基质)可分为以下7类：

a. 植物质：如纸、棉、软木等；

b. 动物质：如皮革、羊毛毡等；

c. 矿物质：如石棉、玻璃、陶瓷等纤维；

d. 橡胶质：如天然橡胶(NR)及各种合成橡胶，诸如丁腈橡胶、氯丁橡胶、丁苯橡胶、氟橡胶、硅橡胶等；

e. 合成树脂质：如纯聚四氟乙烯(PTFE)、膨胀聚四氟乙烯、填充聚四氟乙烯等；

f. 石墨质：如柔性石墨、碳纤维和石墨纤维等；

g. 短纤维增强弹性体(橡胶、塑料)：如石棉、矿棉等无机纤维、有机纤维、碳或石墨纤维增强弹性体等。

按照目前工业上常用的垫片(板材)品种，可分为以下6种：

a. 橡胶垫片(弹性体板)；

b. 石棉橡胶垫片；

c. 非石棉纤维橡胶垫片；

d. 聚四氟乙烯垫片：包括纯聚四氟乙烯、填充聚四氟乙烯或膨胀聚四氟乙烯垫片等；

e. 聚四氟乙烯包覆垫片：包括聚四氟乙烯包覆的橡胶或石棉橡胶或非石棉纤维橡胶垫片；

f. 纯柔性石墨垫片。

本章主要介绍标准非金属软垫片及聚四氟乙烯包覆垫片。

4.1　非金属软垫片

非金属软垫片是指用非金属密封材料加工制作的垫片。非金属材料中有石棉橡胶密封板、聚四氟乙烯和橡胶等。近几年又出现了非石棉纤维橡胶密封板作为垫片的材料。就管法兰用非金属软垫片而言，石棉橡胶密封板垫片的用量占大多数。石棉橡胶密封板，简称CAF(Compressed asbestos fibre)。由于其主要成分石棉纤维对人体有危害，并且在生产使用过程中的石棉粉尘也会对环境造成污染导致对人体的毒害，因此国外发达国家从20世纪80年代就已禁止石棉制品的生产和使用。随着我国经济建设的发展与进步，对环境保护以及人民生命安全的重视，石棉制品生产和使用被严加控制。

聚四氟乙烯垫片一般用在腐蚀性介质条件下；而橡胶做的管法兰垫片则适用于法兰螺栓预紧力较小的场合，例如：玻璃管道法兰或其他低强度管道法兰，使其在较小螺栓预紧力下，垫片仍可产生较大的压缩变形以紧贴法兰。橡胶垫片只能在较低的介质压力和温度不太高的条件下使用。

石棉橡胶密封板以石棉纤维为骨架材料，以橡胶为粘结剂，辅以无机硅酸盐填充物制成。如果不用石棉纤维而用其他纤维代替石棉生产的密封材料即构成非石棉橡胶密封板。代替石棉的纤维有有机纤维和无机纤维两大类。有机纤维中应用最多、且性能最好的首推芳纶（Kevlar）纤维，其他还有碳纤维、聚丙烯腈纤维、酚醛纤维等；无机纤维则有硅酸铝纤维、陶瓷纤维、玻璃纤维、岩棉等。

非石棉橡胶密封垫片的开发和应用为时不长，因此国内外现今没有统一的国家标准和行业标准。非石棉橡胶密封板在我国少数密封材料生产企业已经批量生产，可用于裁制管法兰用垫片。另外除了 CAF 生产工艺的材料外，我国还有一种用造纸法生产的非石棉胶乳抄取板，也部分地用于管法兰垫片。

4.1.1　型式与尺寸

4.1.1.1　垫片与法兰密封面的配合型式

垫片与法兰密封面的配合型式有以下 4 种，见图 4-1。

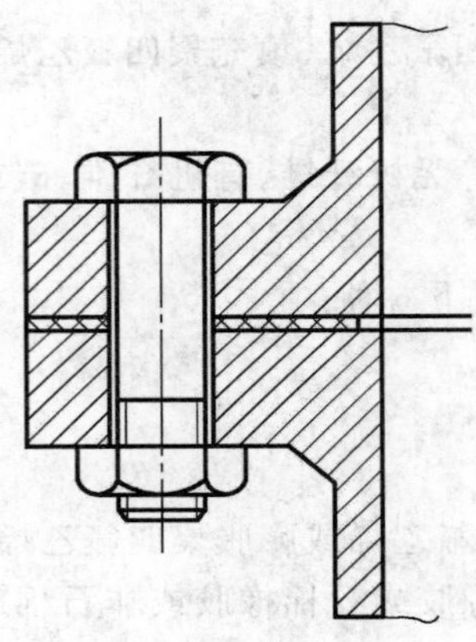

a) 全平面（FF 型）法兰密封面及适用的垫片

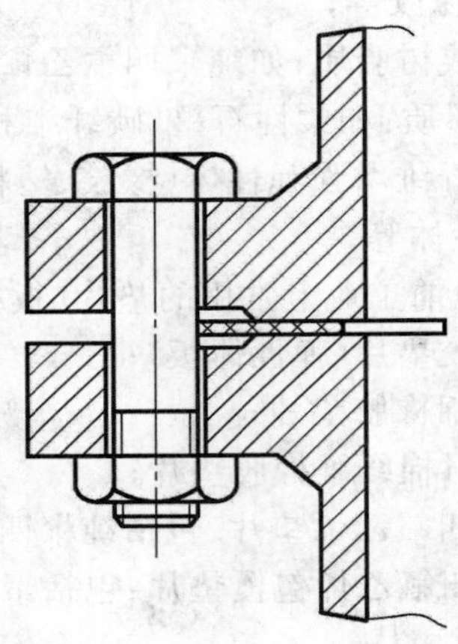

b) 突面（RF 型）法兰密封面及适用的垫片

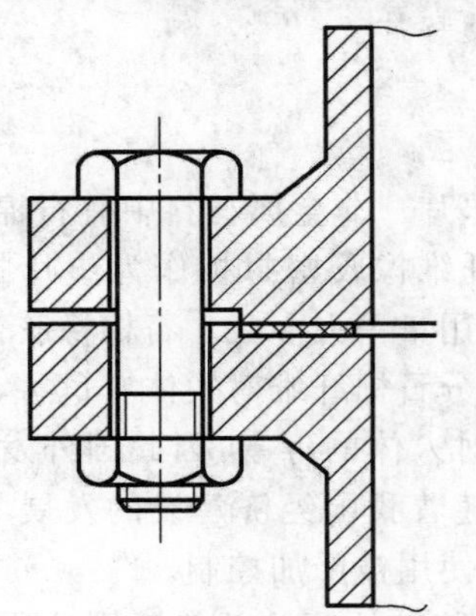

c) 凹凸面（MF型）法兰密封面及适用的垫片

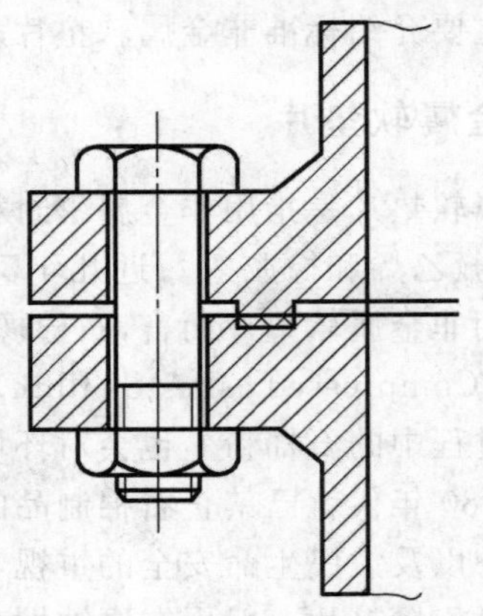

d) 榫槽面（TG 型）法兰封面及适用的垫片

图 4-1　垫片与法兰密封面的配合型式

4.1.1.2 垫片型式

垫片型式分为以下 2 种：

① 全平面(FF 型)管法兰用垫片型式见图 4-2；

② 突面(RF 型)、凹凸面(MF 型)及榫槽面(TG 型)管法兰用垫片型式见图 4-3。

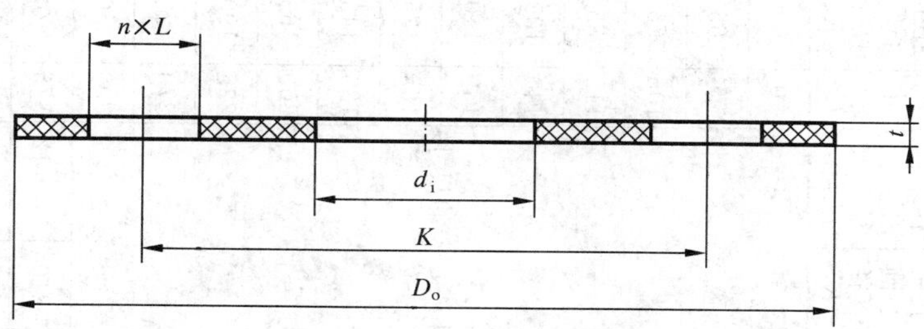

图 4-2 FF 型全平面管法兰用垫片

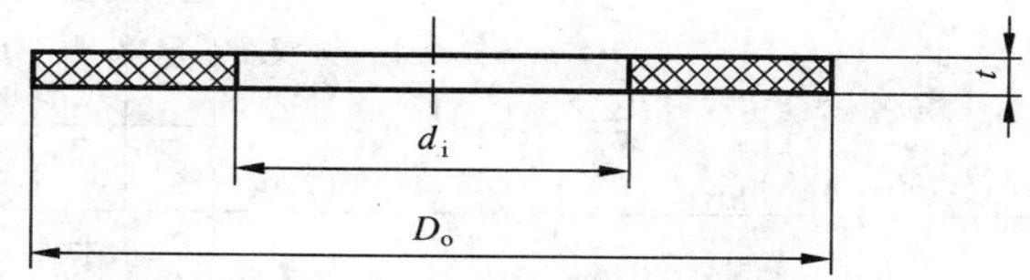

图 4-3 RF 型、MF 型及 TG 型管法兰用垫片

4.1.1.3 垫片尺寸

(1) 公称压力用 PN 标记的管法兰用垫片尺寸

① 全平面管法兰用垫片尺寸见图 4-2 和表 4-1；

② 突面管法兰用垫片尺寸见图 4-3 和表 4-2；

③ 凹凸面管法兰用垫片尺寸见图 4-3 和表 4-3；

④ 榫槽面管法兰用垫片尺寸见图 4-3 和表 4-4。

(2) 公称压力用 Class 标记的管法兰用垫片尺寸。

① 全平面管法兰用垫片尺寸见图 4-2 和表 4-5；

② 突面管法兰用垫片尺寸见图 4-3 和表 4-6；

③ 凹凸面管法兰用垫片尺寸见图 4-3 和表 4-7；

④ 榫槽面管法兰用垫片尺寸见图 4-3 和表 4-8。

4.1.1.4 垫片尺寸的极限偏差

(1) 全平面和突面管法兰用垫片尺寸的极限偏差见表 4-9。

(2) 凹凸面和榫槽面管法兰用垫片尺寸的极限偏差见表 4-10。

4.1.2 技术要求

4.1.2.1 材料

非金属平垫片材料可以采用石棉橡胶板、聚四氟乙烯、非石棉纤维橡胶板和橡胶等。但生产和使用石棉材料的板材时，应采取措施，以确保不会对健康造成损害。

表 4-1　全平面管法兰用垫片尺寸(GB/T 9126—2008)　mm

公称尺寸 DN	垫片内径 d_i	公称压力																								垫片厚度 t
		PN 2.5				PN 6				PN 10				PN 16				PN 25				PN 40				
		垫片外径 D_o	螺栓孔中心圆直径 K	螺栓孔径 L	螺栓孔数 n	垫片外径 D_o	螺栓孔中心圆直径 K	螺栓孔径 L	螺栓孔数 n	垫片外径 D_o	螺栓孔中心圆直径 K	螺栓孔径 L	螺栓孔数 n	垫片外径 D_o	螺栓孔中心圆直径 K	螺栓孔径 L	螺栓孔数 n	垫片外径 D_o	螺栓孔中心圆直径 K	螺栓孔径 L	螺栓孔数 n	垫片外径 D_o	螺栓孔中心圆直径 K	螺栓孔径 L	螺栓孔数 n	
10	18	使用 PN 6 的尺寸				75	50	11	4	使用 PN 40 的尺寸				使用 PN 40 的尺寸				使用 PN 40 的尺寸				90	60	14	4	0.8～3.0
15	22					80	55	11	4													95	65	14	4	
20	27					90	65	11	4													105	75	14	4	
25	34					100	75	11	4													115	85	14	4	
32	43					120	90	14	4													140	100	18	4	
40	49					130	100	14	4													150	110	18	4	
50	61					140	110	14	4													165	125	18	4	
65	77					160	130	14	4													185	145	18	8	
80	89					190	150	18	4													200	160	18	8	
100	115					210	170	18	4	使用 PN 16 的尺寸				220	180	18	8					235	190	22	8	
125	141					240	200	18	8					250	210	18	8					270	220	26	8	
150	169					265	225	18	8					285	240	22	8					300	250	26	8	
200	220					320	280	18	8	340	295	22	8	340	295	22	12	360	310	26	12	375	320	30	12	
250	273					375	335	18	12	395	350	22	12	405	355	26	12	425	370	30	12	450	385	33	12	
300	324					440	395	22	12	445	400	22	12	460	410	26	12	485	430	30	16	515	450	33	16	
350	356					490	445	22	16	505	460	22	16	520	470	26	16	555	490	33	16	580	510	36	16	
400	407					540	495	22	16	565	515	26	16	580	525	30	16	620	550	36	16	660	585	39	16	

续表 4-1

mm

公称尺寸 DN	垫片内径 d_i	公称压力																						垫片厚度 t
		PN 2.5				PN 6				PN 10				PN 16				PN 25				PN 40				
		垫片外径 D_o	螺栓孔中心圆直径 K	螺栓孔径 L	螺栓孔数 n	垫片外径 D_o	螺栓孔中心圆直径 K	螺栓孔径 L	螺栓孔数 n	垫片外径 D_o	螺栓孔中心圆直径 K	螺栓孔径 L	螺栓孔数 n	垫片外径 D_o	螺栓孔中心圆直径 K	螺栓孔径 L	螺栓孔数 n	垫片外径 D_o	螺栓孔中心圆直径 K	螺栓孔径 L	螺栓孔数 n	垫片外径 D_o	螺栓孔中心圆直径 K	螺栓孔径 L	螺栓孔数 n	
450	458	使用 PN 6 的尺寸				595	550	22	16	615	565	26	20	640	585	30	20	670	600	36	20	685	610	39	20	0.8～3.0
500	508					645	600	22	20	670	620	26	20	715	650	33	20	730	660	36	20	755	670	42	20	
600	610					755	705	26	20	780	725	30	20	840	770	36	20	845	770	39	20	890	795	48	20	
700	712	—				—				895	840	30	24	910	840	36	24	960	875	42	24	—				
800	813									1 015	950	33	24	1 025	950	39	24	1 085	990	48	24					
900	915									1 115	1 050	33	28	1 125	1 050	39	28	1 185	1 090	48	28					
1 000	1 016									1 230	1 160	36	28	1 255	1 170	42	28	1 320	1 210	56	28					
1 200	1 220									1 455	1 380	39	32	1 485	1 390	48	32	1 530	1 420	56	32					
1 400	1 420									1 675	1 590	42	36	1 685	1 590	48	36	1 755	1 640	62	36					
1 600	1 620									1 915	1 820	48	40	1 930	1 820	56	40	1 975	1 860	62	40					
1 800	1 820									2 115	2 020	48	44	2 130	2 020	56	44	2 195	2 070	70	44					
2 000	2 020									2 325	2 230	48	48	2 345	2 230	62	48	2 425	2 300	70	48					

表 4-2 突面管法兰用垫片尺寸(GB/T 9126—2008) mm

<table>
<tr><th rowspan="3">公称尺寸 DN</th><th rowspan="3">垫片内径 d_i</th><th colspan="6">公称压力</th><th rowspan="3">垫片厚度 t</th></tr>
<tr><th>PN 2.5</th><th>PN 6</th><th>PN 10</th><th>PN 16</th><th>PN 25</th><th>PN 40</th></tr>
<tr><th colspan="6">垫片外径 D_o</th></tr>
<tr><td>10</td><td>18</td><td rowspan="24">使用 PN 6 的尺寸</td><td>39</td><td rowspan="9">使用 PN 40 的尺寸</td><td rowspan="9">使用 PN 40 的尺寸</td><td rowspan="12">使用 PN 40 的尺寸</td><td>46</td><td rowspan="29">0.8～3.0</td></tr>
<tr><td>15</td><td>22</td><td>44</td><td>51</td></tr>
<tr><td>20</td><td>27</td><td>54</td><td>61</td></tr>
<tr><td>25</td><td>34</td><td>64</td><td>71</td></tr>
<tr><td>32</td><td>43</td><td>76</td><td>82</td></tr>
<tr><td>40</td><td>49</td><td>86</td><td>92</td></tr>
<tr><td>50</td><td>61</td><td>96</td><td>107</td></tr>
<tr><td>65</td><td>77</td><td>116</td><td>127</td></tr>
<tr><td>80</td><td>89</td><td>132</td><td>142</td></tr>
<tr><td>100</td><td>115</td><td>152</td><td>162</td><td>162</td><td>168</td></tr>
<tr><td>125</td><td>141</td><td>182</td><td>192</td><td>192</td><td>194</td></tr>
<tr><td>150</td><td>169</td><td>207</td><td>218</td><td>218</td><td>224</td></tr>
<tr><td>(175)[1)]</td><td>141</td><td>182</td><td>192</td><td>192</td><td>194</td><td>—</td></tr>
<tr><td>200</td><td>220</td><td>262</td><td>273</td><td>273</td><td>284</td><td>290</td></tr>
<tr><td>(225)[1)]</td><td>194</td><td>237</td><td>248</td><td>248</td><td>254</td><td>—</td></tr>
<tr><td>250</td><td>273</td><td>317</td><td>328</td><td>329</td><td>340</td><td>352</td></tr>
<tr><td>300</td><td>324</td><td>373</td><td>378</td><td>384</td><td>400</td><td>417</td></tr>
<tr><td>350</td><td>356</td><td>423</td><td>438</td><td>444</td><td>457</td><td>474</td></tr>
<tr><td>400</td><td>407</td><td>473</td><td>489</td><td>495</td><td>514</td><td>546</td></tr>
<tr><td>450</td><td>458</td><td>528</td><td>539</td><td>555</td><td>564</td><td>571</td></tr>
<tr><td>500</td><td>508</td><td>578</td><td>594</td><td>617</td><td>624</td><td>628</td></tr>
<tr><td>600</td><td>610</td><td>679</td><td>695</td><td>734</td><td>731</td><td>747</td></tr>
<tr><td>700</td><td>712</td><td>784</td><td>810</td><td>804</td><td>833</td><td rowspan="7">—</td></tr>
<tr><td>800</td><td>813</td><td>890</td><td>917</td><td>911</td><td>942</td></tr>
<tr><td>900</td><td>915</td><td>990</td><td>1 017</td><td>1 011</td><td>1 042</td></tr>
<tr><td>1 000</td><td>1 016</td><td>1 090</td><td>1 124</td><td>1 128</td><td>1 154</td></tr>
<tr><td>1 200</td><td>1 220</td><td>1 290</td><td>1 307</td><td>1 341</td><td>1 342</td><td>1 364</td></tr>
<tr><td>1 400</td><td>1 420</td><td>1 490</td><td>1 524</td><td>1 548</td><td>1 542</td><td>1 578</td></tr>
<tr><td>1 600</td><td>1 620</td><td>1 700</td><td>1 724</td><td>1 772</td><td>1 764</td><td>1 798</td></tr>
</table>

续表 4-2

mm

公称尺寸 DN	垫片内径 d_i	公称压力						垫片厚度 t
		PN 2.5	PN 6	PN 10	PN 16	PN 25	PN 40	
		垫片外径 D_o						
1 800	1 820	1 900	1 931	1 972	1 964	2 000	—	0.8～3.0
2 000	2 020	2 100	2 138	2 182	2 168	2 230		
2 200	2 220	2 307	2 348	3 384	—	—		
2 400	2 420	2 507	2 558	2 594				
2 600	2 620	2 707	2 762	2 794				
2 800	2 820	2 924	2 972	3 014				
3 000	3 020	3 124	3 172	3 228				
3 200	3 220	3 324	3 382	—				
3 400	3 420	3 524	3 592	—				
3 600	3 620	3 734	3 804	—				
3 800	3 820	3 931	—	—				
4 000	4 020	4 131	—	—				
1)为船舶法兰专用垫片尺寸。								

表 4-3 凹凸面管法兰用垫片尺寸(GB/T 9126—2008)

mm

公称尺寸 DN	垫片内径 d_i	公称压力					垫片厚度 t
		PN 10	PN 16	PN 25	PN 40	PN 63	
		垫片外径 D_o					
10	18	34	34	34	34	34	0.8～3.0
15	22	39	39	39	39	39	
20	27	50	50	50	50	50	
25	34	57	57	57	57	57	
32	43	65	65	65	65	65	
40	49	75	75	75	75	75	
50	61	87	87	87	87	87	
65	77	109	109	109	109	109	
80	89	120	120	120	120	120	
100	115	149	149	149	149	149	
125	141	175	175	175	175	175	

续表 4-3

mm

公称尺寸 DN	垫片内径 d_i	公称压力					垫片厚度 t
		PN 10	PN 16	PN 25	PN 40	PN 63	
		垫片外径 D_o					
150	169	203	203	203	203	203	0.8～3.0
(175)[1)]	194	—	—	—	—	233	
200	220	259	259	259	259	259	
(225)[1)]	245	—	—	—	—	286	
250	273	312	312	312	312	312	
300	324	363	363	363	363	363	
350	356	421	421	421	421	421	
400	407	473	473	473	473	473	
450	458	523	523	523	523	523	
500	508	575	575	575	575	575	
600	610	675	675	675	675	—	1.5～3.0
700	712	777	777	777	—		
800	813	882	882	882			
900	915	987	987	987			
1 000	1 016	1 092	1 092	1 092			

1)为船舶法兰专用垫片尺寸。

表 4-4　榫槽面管法兰用垫片尺寸(GB/T 9126—2008)

mm

公称尺寸 DN	垫片内径 d_i	公称压力					垫片厚度 t
		PN 10	PN 16	PN 25	PN 40	PN 63	
		垫片外径 D_o					
10	24	34	34	34	34	34	0.8～3.0
15	29	39	39	39	39	39	
20	36	50	50	50	50	50	
25	43	57	57	57	57	57	
32	51	65	65	65	65	65	
40	61	75	75	75	75	75	
50	73	87	87	87	87	87	
65	95	109	109	109	109	109	

续表 4-4

mm

公称尺寸 DN	垫片内径 d_i	公称压力 PN 10	PN 16	PN 25	PN 40	PN 63	垫片厚度 t
		垫片外径 D_o					
80	106	120	120	120	120	120	0.8～3.0
100	129	149	149	149	149	149	
125	155	175	175	175	175	175	
150	183	203	203	203	203	203	
200	239	259	259	259	259	259	
250	292	312	312	312	312	312	
300	343	363	363	363	363	363	
350	395	421	421	421	421	421	
400	447	473	473	473	473	473	
450	497	523	523	523	523	—	
500	549	575	575	575	575		
600	649	675	675	675	675		
700	751	777	777	777	—		1.5～3.0
800	856	882	882	882			
900	961	987	987	987			
1 000	1 061	1 092	1 092	1 092			

表 4-5　全平面管法兰用垫片尺寸(GB/T 9126—2008)

mm

公称尺寸		公称压力					
		Class 150(PN 20)					
NPS/in	DN	垫片内径 d_i	垫片外径 D_o	螺栓孔数 n	螺栓孔直径 L	螺栓孔中心圆直径 K	垫片厚度 t
1/2	15	22	89	4	16	60.3	1.5～3.0
3/4	20	27	98	4	16	69.9	
1	25	34	108	4	16	79.4	
1¼	32	43	117	4	16	88.9	
1½	40	49	127	4	16	98.4	
2	50	61	152	4	18	120.7	
2½	65	73	178	4	18	139.7	

续表 4-5 mm

公称尺寸		公称压力					
		Class 150(PN 20)					
NPS/in	DN	垫片内径 d_i	垫片外径 D_o	螺栓孔数 n	螺栓孔直径 L	螺栓孔中心圆直径 K	垫片厚度 t
3	80	89	191	4	18	152.4	1.5～3.0
4	100	115	229	8	18	190.5	
5	125	141	254	8	22	215.9	
6	150	169	279	8	22	241.3	
8	200	220	343	8	22	298.5	
10	250	273	406	12	26	362.0	
12	300	324	483	12	26	431.8	
14	350	356	533	12	29	476.3	
16	400	407	597	16	29	539.8	
18	450	458	635	16	32	577.9	
20	500	508	699	20	32	635.0	
24	600	610	813	20	35	749.3	

表 4-6 突面管法兰用垫片尺寸(GB/T 9126—2008) mm

公称尺寸		垫片内径 d_i	公称压力		垫片厚度 t
			Class 150(PN 20)	Class 300(PN 50)	
NPS/in	DN		垫片内径 D_o		
1/2	15	22	47.5	54.0	1.5～3.0
3/4	20	27	57.0	66.5	
1	25	34	66.5	73.0	
1¼	32	43	76.0	82.5	
1½	40	49	85.5	95.0	
2	50	61	104.5	111.0	
2½	65	73	124.0	130.0	
3	80	89	136.5	149.0	
4	100	115	174.5	181.0	
5	125	141	196.5	216.0	
6	150	169	222.0	251.0	

续表 4-6 mm

公称尺寸		垫片内径 d_i	公称压力		垫片厚度 t
			Class 150(PN 20)	Class 300(PN 50)	
NPS/in	DN		垫片内径 D_o		
8	200	220	279.0	308.0	1.5～3.0
10	250	273	339.5	362.0	
12	300	324	409.5	422.0	
14	350	356	450.5	485.5	
16	400	407	514.0	539.5	
18	450	458	549.0	597.0	
20	500	508	606.5	654.0	
24	600	610	717.5	774.5	

表 4-7 凹凸面管法兰用垫片尺寸(GB/T 9126—2008) mm

公称尺寸		公称压力		
NPS/in	DN	Class 300(PN 50)		
		垫片内径 d_i	垫片外径 D_o	垫片厚度 t
1/2	15	22	35.0	0.8～3.0
3/4	20	27	43.0	
1	25	34	51.0	
1¼	32	43	64.0	
1½	40	49	73.0	
2	50	61	92.0	
2½	65	73	105.0	
3	80	89	127.0	
4	100	115	157.0	
5	125	141	186.0	
6	150	169	216.0	
8	200	220	270.0	
10	250	273	324.0	
12	300	324	381.0	
14	350	356	413.0	
16	400	407	470.0	
18	450	458	533.0	
20	500	508	584.0	
24	600	610	692.0	

表 4-8　榫槽面管法兰用垫片尺寸(GB/T 9126—2008)　mm

公称尺寸		公称压力		
		Class 300(PN 50)		
NPS/in	DN	垫片内径 d_i	垫片外径 D_o	垫片厚度 t
1/2	15	25.5	35.0	0.8～3.0
3/4	20	33.5	43.0	
1	25	38.0	51.0	
1¼	32	47.5	63.5	
1½	40	54.0	73.0	
2	50	73.0	92.0	
2½	65	85.5	105.5	
3	80	108.0	127.0	
4	100	132.0	157.0	
5	125	160.5	186.0	
6	150	190.5	216.0	
8	200	238.0	270.0	
10	250	286.0	324.0	
12	300	343.0	381.0	
14	350	374.5	413.0	
16	400	425.5	470.0	
18	450	489.0	533.0	
20	500	533.5	584.0	
24	600	641.5	692.0	

表 4-9　全平面和突面管法兰用垫片尺寸的极限偏差(GB/T 9129—2003)　mm

公称尺寸 DN	极限偏差				
	垫片内径 d_i	垫片外径 D_o	垫片厚度 t	螺栓孔径 L	螺栓孔中心圆直径 K
10	±0.5	±0.8	±0.2	$^{+0.5}_{0}$	±0.8
15					
20					
25					
32	±0.8				
40					

续表 4-9

mm

<table>
<tr><td rowspan="2">公称尺寸
DN</td><td colspan="5">极 限 偏 差</td></tr>
<tr><td>垫片内径
d_i</td><td>垫片外径
D_o</td><td>垫片厚度
t</td><td>螺栓孔径
L</td><td>螺栓孔中心
圆直径 K</td></tr>
<tr><td>50</td><td rowspan="3">±0.8</td><td rowspan="6">±1.2</td><td rowspan="23">±0.2</td><td rowspan="23">+0.5
0</td><td rowspan="9">±0.8</td></tr>
<tr><td>65</td></tr>
<tr><td>80</td></tr>
<tr><td>100</td><td rowspan="4">±1.2</td></tr>
<tr><td>125</td></tr>
<tr><td>150</td></tr>
<tr><td>200</td><td rowspan="7">±2.0</td></tr>
<tr><td>250</td><td rowspan="7">±2.0</td></tr>
<tr><td>300</td></tr>
<tr><td>350</td><td rowspan="11">±1.6</td></tr>
<tr><td>400</td></tr>
<tr><td>450</td></tr>
<tr><td>500</td></tr>
<tr><td>600</td><td rowspan="4">±3.0</td></tr>
<tr><td>700</td><td rowspan="3">±3.0</td></tr>
<tr><td>800</td></tr>
<tr><td>900</td></tr>
<tr><td>1 000</td><td rowspan="3">±4.0</td><td rowspan="3">±4.0</td></tr>
<tr><td>1 200</td></tr>
<tr><td>1 400</td></tr>
<tr><td>1 600</td><td rowspan="3">±5.0</td><td rowspan="3">±5.0</td><td rowspan="3">±2.0</td></tr>
<tr><td>1 800</td></tr>
<tr><td>2 000</td></tr>
</table>

表 4-10 凹凸面和榫槽面管法兰用垫片尺寸和极限偏差(GB/T 9129—2003)

mm

<table>
<tr><td rowspan="2">公称压力
PN/MPa</td><td colspan="3">极 限 偏 差</td></tr>
<tr><td>垫片内径 d_i</td><td>垫片外径 D_o</td><td>垫片厚度 t</td></tr>
<tr><td>≤4.0</td><td>+1.0
0</td><td>0
−1.0</td><td>±0.2</td></tr>
<tr><td>5.0</td><td>+1.5
0</td><td>0
−1.5</td><td>±0.2</td></tr>
</table>

(1) 石棉橡胶板

由石棉橡胶板裁制的垫片，其材料性能及其适用范围随石棉橡胶板材而定。国产石棉橡胶板的使用范围和性能见表4-11。

表4-11　国产石棉橡胶板的使用范围和性能

名称	牌号	表面颜色	横向抗拉强度/MPa	适用条件		标准
				压力 p/MPa	温度 t/℃	
石棉橡胶板	XB450	紫色	≥18.0	≤6.0	≤450	GB/T 3985—2008
	XB350	红色	≥12.0	≤4.0	≤350	
	XB200	灰色	≥6.0	≤1.5	≤200	
耐油石棉橡胶板	NY400	灰褐色	≥15.0	≤4.0	≤400	GB/T 539—2008
	NY250	绿色	≥11.0	≤2.5	≤250	
	NY150	暗红色	≥9.0	≤1.5	≤150	

(2) 非石棉纤维橡胶板

非石棉密封材料在我国起步较晚，目前尚无国家标准和行业标准，国内的生产厂家也不多，应用也未普及，但部分厂家能用辊压法工艺，即采用生产压缩石棉纤维材料的生产工艺制作非石棉橡胶密封板，以及用抄取法工艺制作非石棉橡胶密封板。采用这两种生产工艺制作的非石棉橡胶密封板，都可以被用来裁制管法兰用非金属平垫片。和辊压法工艺比较，抄取法工艺制作的非石棉橡胶密封板材作为管法兰垫片使用虽为数不多，但材料具有较大的压缩率（一般在12%～18%之间），同时还能保持较大的回弹率（一般在45%以上）。由于抄取法工艺制作的非石棉橡胶密封板材具有较大压缩率的性能特点，所以法兰预紧力较小。

非石棉纤维橡胶板的具体材料按有关生产厂的企业标准确定。

4.1.2.2　性能

(1) 石棉橡胶垫片的化学成分和物理、力学性能按GB/T 3985—2008《石棉橡胶板》和GB/T 539—2008《耐油石棉橡胶板》的规定；纯聚四氟乙烯垫片和橡胶垫片的化学成分和物理、力学性能应按有关材料标准的规定；非石棉纤维橡胶垫片的物理、力学性能见表4-12。

(2) 垫片压缩率和回弹率的试验条件及指标见表4-13。

(3) 垫片应力松弛率的试验条件和指标见表4-14。

(4) 垫片泄漏率的试验条件和指标见表4-15。

表4-12　非石棉纤维橡胶垫片的物理、力学性能(GB/ T 9129—2003)

项　目		指　标
横向抗拉强度/MPa		≥7.0
柔软性		不允许有纵横向裂纹
密度/(g/cm^3)		1.7±0.2
耐油性	厚度增加率/%	≤15
	质量增加率/%	≤15

表 4-13 垫片压缩率和回弹率的试验条件及指标(GB/T 9129—2003)

垫片类型	试验条件		指标	
	试样规格尺寸/mm	预紧比压/MPa	压缩率/%	回弹率/%
石棉橡胶垫片	ϕ109×ϕ61×1.6	35.0	12±5	≥47
聚四氟乙烯垫片		35.0	20±5	≥15
非石棉纤维橡胶垫片		35.0	12±5	≥45
橡胶垫片		7.0	25±10	≥18

表 4-14 垫片应力松弛率的试验条件和指标(GB/T 9129—2003)

垫片类型	试验条件		指标	
	试样规格尺寸/mm	预紧比压/MPa	试验温度/℃	应力松弛率/%
石棉橡胶垫片	ϕ75×ϕ55×1.6	40.8	300±5	≤40
非石棉纤维橡胶垫片				≤35

表 4-15 垫片泄漏率的试验条件和指标(GB/T 9129—2003)

垫片类型	试验条件				指标
	试样规格尺寸/mm	试验介质	预紧比压/MPa	试验压力/MPa	泄漏率/(cm^3/s)
石棉橡胶垫片	ϕ109×ϕ61×1.6	99.9%氮气	48.5	4.0	≤8.0×10^{-2}
聚四氟乙烯垫片			35.0	4.0	≤1.0×10^{-3}
非石棉纤维橡胶垫片			35.0	4.0	≤1.0×10^{-3}
橡胶垫片			7.0	1.0	≤5.0×10^{-4}

4.1.3 标记和标志

4.1.3.1 标记

(1) 标记方法

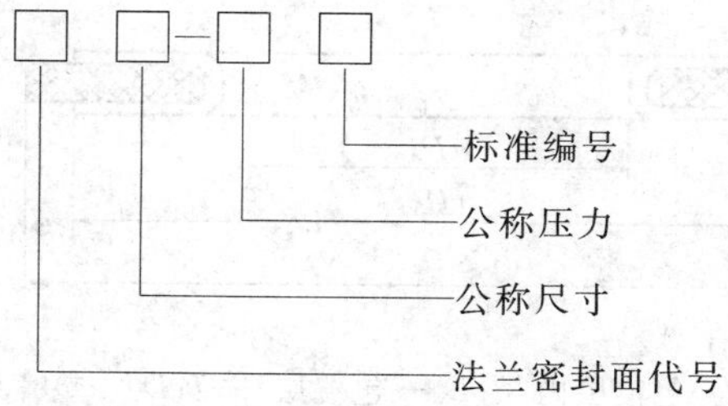

(2) 标记示例

公称尺寸 DN 50,公称压力 PN 10 的全平面管法兰用非金属平垫片,其标记为:

非金属平垫片 FF DN 50-PN 10 GB/T 9126

4.1.3.2 标志

垫片的标志可采用标签或其他方式,但标志应包括下列内容:

a. 法兰密封面代号(见第 4.1.1.1 的规定);

b. 公称压力(以 bar 为单位的数值,1bar=10^5Pa);

c. 公称尺寸;

d. 材料名称;

e. 垫片厚度;

f. 制造厂名称或商标。

4.2　聚四氟乙烯包覆垫片

聚四氟乙烯包覆垫片是一种非金属复合型软垫片,一般由包封皮及嵌入物两部分组成,包封皮主要起耐腐蚀作用,通常由聚四氟乙烯材料制成,嵌入物(填料)为带或不带金属加强肋的非金属材料,通常由石棉橡胶板制成。在石油、化工、石化、制药及食品工业中,为保证物料的清洁而不得不使用不锈钢法兰、阀门及法兰管件时,常常采用聚四氟乙烯包覆垫片进行密封。

聚四氟乙烯包覆垫片主要适用于全平面型及突面型钢制管法兰连接,适用于公称压力用 PN 标记的管法兰用垫片(PN 6～PN 63)及公称压力用 Class 标记的管法兰用垫片(Class 150～Class 300 或 PN 20～PN 50)。工作温度为 0 ℃～200 ℃的腐蚀介质或对清洁度有较高要求的介质。

4.2.1　型式与尺寸

4.2.1.1　垫片型式

垫片型式分为:剖切型(A 型),机加工型(B 型)和折包型(C 型)3 种,见图 4-4。

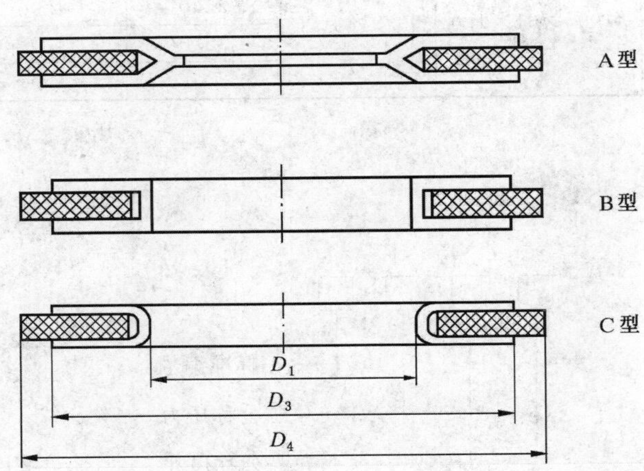

D_1—包覆层内径;D_3—包覆层外径;D_4—垫片外径

图 4-4　垫片型式及结构尺寸

4.2.1.2　垫片尺寸

(1)公称压力用 PN 标记的管法兰用垫片尺寸见表 4-16。

(2)公称压力用 Class 标记的管法兰用垫片尺寸见表 4-17。

表 4-16 公称压力用 PN 标记的管法兰用垫片尺寸(GB/T 13404—2008) mm

公称尺寸 DN	包覆层内径 D_1	包覆层外径 D_3	垫片外径 D_4						垫片型式
			PN 6	PN 10	PN 16	PN 25	PN 40	PN 63	
10	18	36	39	46	46	46	46	56	A 型和 B 型
15	22	40	44	51	51	51	51	61	
20	27	50	54	61	61	61	61	72	
25	34	60	64	71	71	71	71	82	
32	43	70	76	82	82	82	82	88	
40	49	80	86	92	92	92	92	103	
50	61	92	96	107	107	107	107	113	
65	77	110	116	127	127	127	127	138	
80	89	126	132	142	142	142	142	148	
100	115	151	152	162	162	168	168	174	
125	141	178	182	192	192	194	194	210	
150	169	206	207	218	218	224	224	247	
200	220	260	262	273	273	284	290	309	A 型、B 型和 C 型
250	273	314	317	328	329	340	352	364	
300	324	365	373	378	384	400	417	424	
350	356	412	423	438	444	457	474	486	
400	407	469	473	489	495	514	546	543	C 型
450	458	528	528	539	555	564	571	—	
500	508	578	578	594	617	624	628	—	
600	610	679	679	695	734	731	747	—	
注:顾客有要求时 D_3 可以等于 D_4。									

表 4-17 公称压力用 Class 标记的管法兰用垫片尺寸(GB/T 13404—2008) mm

公称尺寸		包覆层内径 D_1	包覆层外径 D_3	垫片外径 D_4		垫片型式
NPS/in	DN			Class 150(PN 20)	Class 300(PN 50)	
1/2	15	22	40	47.5	54.0	A 型和 B 型
3/4	20	27	50	57.0	66.5	
1	25	34	60	66.5	73.0	
1¼	32	43	70	76.0	82.5	
1½	40	49	80	85.5	95.0	

续表 4-17　　mm

公称尺寸		包覆层内径 D_1	包覆层外径 D_3	垫片外径 D_4		垫片型式
NPS/in	DN			Class 150(PN 20)	Class 300(PN 50)	
2	50	61	92	104.5	111.0	A 型和 B 型
2½	65	73	110	124.0	130.0	
3	80	89	126	136.5	149.0	
4	100	115	151	174.5	181.0	
5	125	141	178	196.5	216.0	
6	150	169	206	222.0	251.0	
8	200	220	260	279.0	308.0	A 型、B 型和 C 型
10	250	273	314	339.5	362.0	
12	300	324	365	409.5	422.0	
14	350	356	412	450.5	485.5	
16	400	407	469	514.0	539.5	C 型
18	450	458	528	549.0	597.0	
20	500	508	578	606.5	654.0	
24	600	610	679	717.5	774.5	
注:顾客有要求时 D_3 可以等于 D_4。						

4.2.1.3　垫片尺寸偏差

(1)公称压力用 PN 标记的垫片尺寸的偏差见表 4-18。

(2)公称压力用 Class 标记的垫片尺寸的偏差见表 4-19。

表 4-18　公称压力用 PN 标记的垫片尺寸的偏差　　mm

公称尺寸 DN	包覆层内径 D_1	包覆层外径 D_3	垫片外径 D_4	垫片厚度	聚四氟乙烯包覆层
10	±0.5	±0.8	±1.5	±0.30	±0.05
15					
20					
25					
32	±0.8				
40					
50		±1.2			
65					
80					

续表 4-18 mm

<table>
<tr><th>公称尺寸
DN</th><th>包覆层内径
D_1</th><th>包覆层外径
D_3</th><th>垫片外径
D_4</th><th>垫片厚度</th><th>聚四氟乙烯包覆层</th></tr>
<tr><td>100</td><td rowspan="5">±1.2</td><td rowspan="3">±1.2</td><td rowspan="7">±1.5</td><td rowspan="11">±0.30</td><td rowspan="11">±0.05</td></tr>
<tr><td>125</td></tr>
<tr><td>150</td></tr>
<tr><td>200</td><td rowspan="8">±2.0</td></tr>
<tr><td>250</td></tr>
<tr><td>300</td><td rowspan="6">±2.0</td></tr>
<tr><td>350</td></tr>
<tr><td>400</td><td rowspan="4">±2.0</td></tr>
<tr><td>450</td></tr>
<tr><td>500</td></tr>
<tr><td>600</td></tr>
</table>

表 4-19 公称压力用 Class 标记的垫片尺寸的偏差 mm

<table>
<tr><th>公称尺寸</th><th>内径
D_1</th><th>外径
D_4</th><th>垫片厚度</th><th>聚四氟乙烯包覆层</th></tr>
<tr><td>≤DN 300</td><td>±1.5</td><td>0
−1.5</td><td rowspan="2">±0.30</td><td rowspan="2">±0.05</td></tr>
<tr><td>≥DN 350</td><td>±3.0</td><td>0
−3.0</td></tr>
</table>

4.2.2 技术要求

4.2.2.1 材料

(1) 常用夹嵌层材料的代号和推荐使用温度见表 4-20。根据供需双方协商，允许采用表 4-20 之外的夹嵌层材料。

表 4-20 常用夹嵌层材料的代号和推荐使用温度(GB/T 13404—2008)

材料名称	高压石棉橡胶板	中压石棉橡胶板	5110 非石棉橡胶板	氟橡胶板	丁腈橡胶板	三元乙丙橡胶板
材料代号	XB450	XB350	NASB5110	FKM	NBR	EPDM
推荐使用温度/℃	<450	<350	<200	<220	<110	<200

(2) 垫片包覆层用聚四氟乙烯管材应符合 QB/T 3624—1999(2009)《聚四氟乙烯管材》的规定，聚四氟乙烯板材应符合 QB/T 3625—1999(2009)《聚四氟乙烯板材》的规定，聚四氟乙烯包覆层的厚度为 0.5mm，嵌入物的厚度为 2.0mm。顾客另有要求时，由供需双方协商确定。

(3) 垫片用的非石棉橡胶板应符合 GB/T 9129—2003《管法兰用非金属平垫片技术

条件》的规定。

（4）垫片用的橡胶板应符合 GB/T 5574—2008《工业用橡胶板》的规定。

（5）垫片用的石棉橡胶板应符合 GB/T 3985—2008《石棉橡胶板》的规定。

（6）垫片用的其他夹嵌层材料应符合相关标准的要求。

需要注意的是：对含有石棉的材料需遵守法律、法规的规定，在使用这些含有石棉的材料时要采取预防措施，以确保不会对健康造成危害。

4.2.2.2 外观质量

垫片表面应平整、光滑、无翘曲变形，厚度均匀，不得有孔眼、皱折及夹渣等缺陷。

4.2.2.3 性能

（1）垫片压缩率、回弹率的试验条件和指标见表 4-21。

（2）垫片密封性能的试验条件和指标见表 4-22。

（3）石棉橡胶聚四氟乙烯包覆垫片和非石棉纤维橡胶聚四氟乙烯包覆垫片应力松弛的试验条件和指标见表 4-23。

表 4-21　垫片压缩率、回弹率的试验条件和指标（GB/T 13404—2008）

产品类型	试验条件			指标	
	试样规格尺寸/mm	试验温度/℃	预紧比压/MPa	压缩率/%	回弹率/%
石棉橡胶聚四氟乙烯包覆垫片	$\phi89\times\phi132\times3$（B 型）	18～28	35.0	7～13	≥30
非石棉纤维橡胶聚四氟乙烯包覆垫片				7～13	≥30
橡胶聚四氟乙烯包覆垫片			15.0	20～30	≥10

表 4-22　垫片密封性能的试验条件和指标（GB/T 13404—2008）

产品类型	试验条件				指标	
	试样规格尺寸/mm	试验温度/℃	试验介质	预紧比压/MPa	试验压力	泄漏率/(cm^3/s)
石棉橡胶聚四氟乙烯包覆垫片	$\phi89\times\phi132\times3$（B 型）	18～28	99.9%氮气	35.0	公称压力的 1.1 倍	$<1.0\times10^{-3}$
非石棉纤维橡胶聚四氟乙烯包覆垫片						
橡胶聚四氟乙烯包覆垫片				15.0		$<1.0\times10^{-2}$

表 4-23　垫片应力松弛的试验条件和指标（GB/T 13404—2008）

产品类型	试样规格尺寸/mm	预紧应力/MPa	试验温度/℃	试验时间/h	指标
					应力松弛率/%
石棉橡胶聚四氟乙烯包覆垫片	$\phi73\times\phi34\times3$	35	150	16	≤45
非石棉纤维橡胶聚四氟乙烯包覆垫片					

4.2.3 标记和标志

4.2.3.1 标记

（1）标记方法

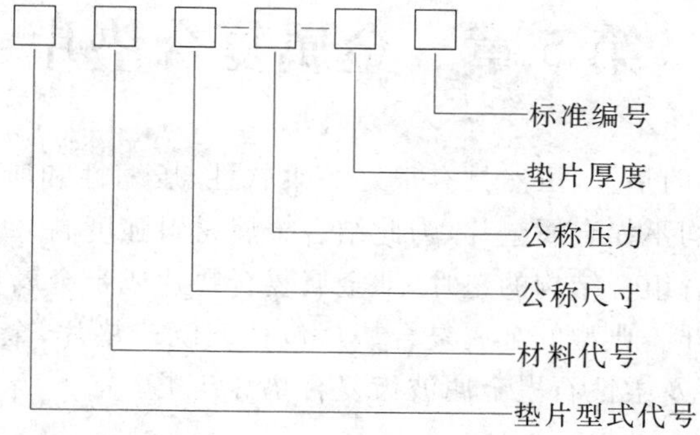

（2）标记示例

公称尺寸 DN 50，公称压力 PN 10，厚度 3.0mm 的 A 型中压石棉橡胶聚四氟乙烯包覆垫片，其标记为：

中压石棉橡胶聚四氟乙烯包覆垫片 A XB350 DN 50-PN 10-3.0 GB/T 13404。

4.2.3.2 标志

垫片的包装箱上应注明以下内容：

a. 产品名称；

b. 制造组织名称或商标；

c. 产品型号和标记；

d. 毛重、净重；

e. 制造日期或生产批号。

第 5 章　金属复合垫片

非金属材料制成的垫片,虽然具有很好的柔软性、压缩性和所需螺栓载荷低等优点,但耐高温、高压性能均不如金属垫片,为此结合金属材料强度高、回弹性好、能承受高温的特点,制成了具有两者组合结构的垫片,即金属复合垫片或半金属垫片。金属复合垫片用途较广,品种多种多样。典型的金属复合垫片包括缠绕式垫片、金属包覆垫片、金属冲齿板柔性石墨复合垫片及柔性石墨金属波齿复合垫片 4 类。

5.1　缠绕式垫片

缠绕式垫片是由金属带和非金属带螺旋复合绕制而成的一种半金属平垫片。其特性是:压缩、回弹性能好;具有多道密封和一定的自紧功能;对法兰压紧密封表面的缺陷不太敏感,不粘接法兰密封表面;容易对中,拆装便捷;可部分消除压力、温度变化和机械振动的影响;能在高温、低温、高真空、冲击振动等循环交变的各种苛刻条件下,保持优良的密封性能。缠绕式垫片的用途十分广泛,可用于石油、化工、石油化工、热电、燃气、核能、航天、纺织、制药等诸多行业的管道装置、工艺管路或管道静密封部位。

5.1.1　型式与尺寸

5.1.1.1　垫片型式

(1) 缠绕式垫片的型式分为基本型(见图 5-1)、带内环型(见图 5-2)、带定位环型(见图 5-3)、带内环和定位环型(见图 5-4)4 种。

(2) 缠绕式垫片的典型结构见图 5-5。

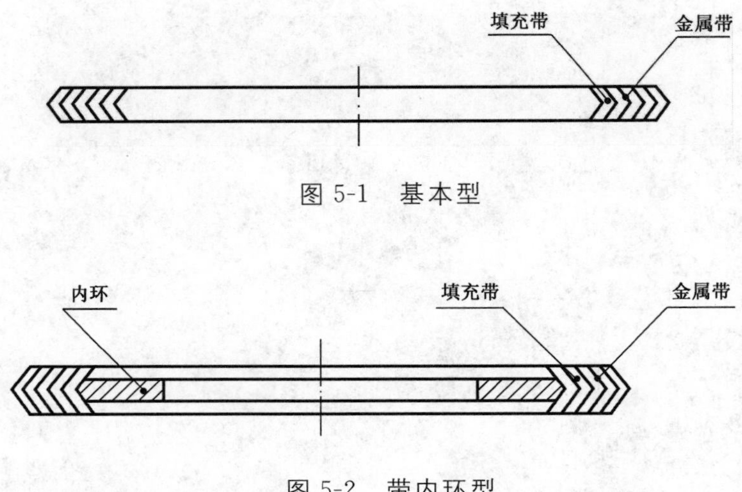

图 5-1　基本型

图 5-2　带内环型

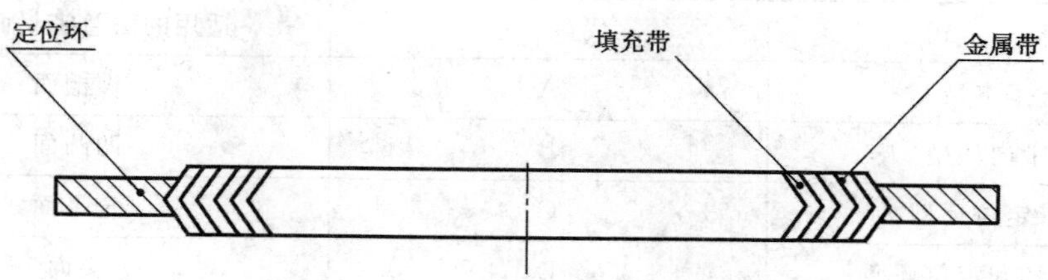

图 5-3 带定位环型

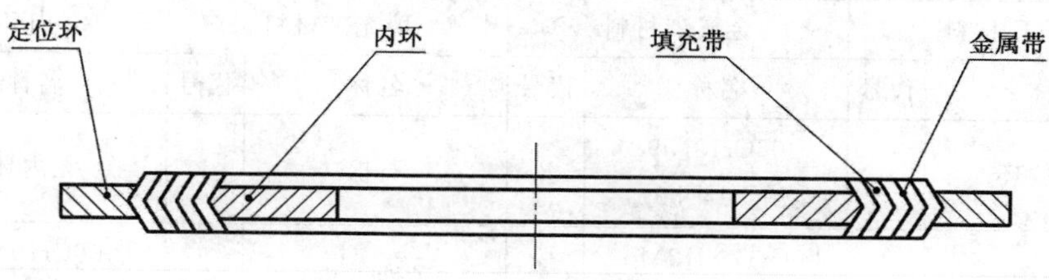

图 5-4 带内环和定位环型

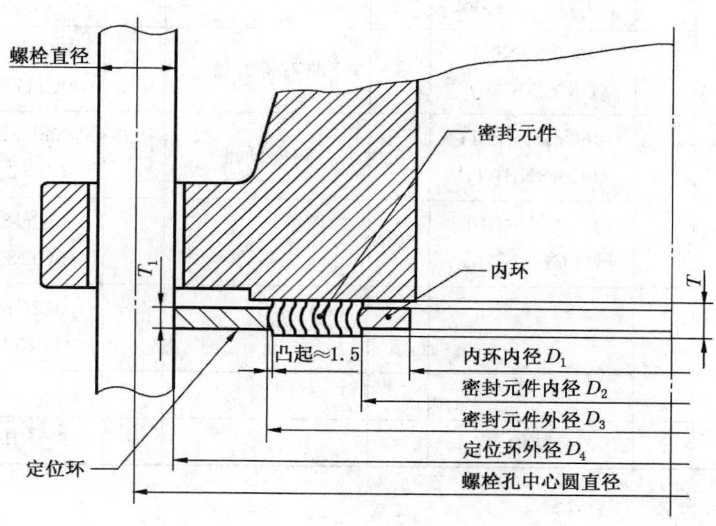

图 5-5 缠绕式垫片典型结构

（3）与垫片型式相配合的法兰为：基本型垫片适用于榫槽面法兰，带内环型垫片适用于凹凸面法兰，带定位环垫片适用于突面和全平面法兰，带内环和定位环垫片适用于突面和全平面法兰。

5.1.1.2 代号

（1）缠绕式垫片型式的代号见表 5-1。

表 5-1　垫片型式代号(GB/T 4622.1—2009)

型　式	代　号	适用的法兰密封面形式
基本型	A	榫槽面
带内环型	B	凹凸面
带定位环型	C	全平面
带内环和定位环型	D	突面

(2) 缠绕式垫片用材料的代号见表 5-2。

表 5-2　垫片材料代号(GB/T 4622.1—2009)

定位环材料		金属带材料		填充带材料		内环材料	
名称	代号	名称	代号	名称	代号	名称	代号
无定位环	0	06Cr19Ni9 (0Cr18Ni9)	2	石棉	1	无内环	0
低碳钢	1	06Cr17Ni12Mo2 (0Cr17Ni12Mo2)	3	柔性石墨	2	06Cr19Ni9 (0Cr18Ni9)	2
06Cr19Ni9 (0Cr18Ni9)	2	022Cr17Ni12Mo2 (00Cr17Ni14Mo2)	4	聚四氟乙烯	3	06Cr17Ni12Mo2 (0Cr17Ni12Mo2)	3
06Cr17Ni12Mo2 (0Cr17Ni12Mo2)	3	06Cr25Ni20 (0Cr25Ni20)	5	非石棉纤维	4	022Cr17Ni12Mo2 (00Cr17Ni14Mo2)	4
		06Cr18Ni11Ti (0Cr18Ni10Ti)	6	陶瓷纤维	5	06Cr25Ni20 (0Cr25Ni20)	5
		022Cr19Ni10 (00Cr19Ni10)	7			06Cr18Ni11Ti (0Cr18Ni10Ti)	6
						022Cr19Ni10 (00Cr19Ni10)	7
其他	9	其他	9	其他	9	其他	9

5.1.1.3　垫片尺寸

(1) 公称压力用 PN 标记的法兰用垫片尺寸

① 榫槽面法兰用基本型缠绕式垫片尺寸见图 5-6 和表 5-3。

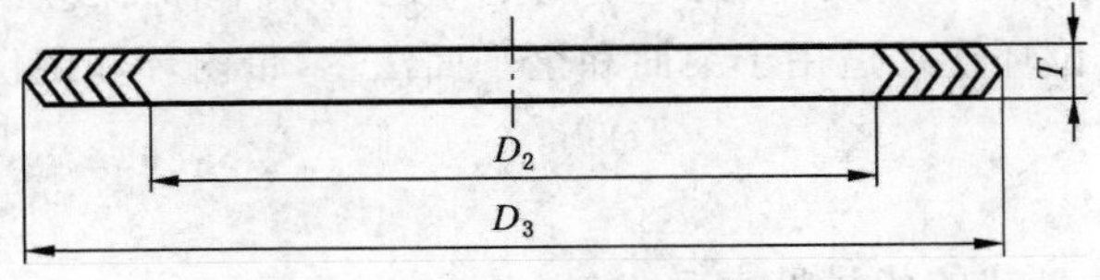

图 5-6　基本型缠绕式垫片

表 5-3 榫槽面法兰用基本型缠绕式垫片尺寸(GB/T 4622.2—2008)

mm

公称尺寸 DN	公称压力		
	PN 16,PN 25,PN 40,PN 63,PN 100,PN 160,PN 250		
	D_2	D_3	T
10	23.5	34.5	2.5 或 3.2
15	28.5	39.5	
20	35.5	50.5	
25	42.5	57.5	
32	50.5	65.5	
40	60.5	75.5	
50	72.5	87.5	
65	94.5	109.5	
80	105.5	120.5	
100	128.5	149.5	3.2
125	154.5	175.5	
150	182.5	203.5	
200	238.5	259.5	
250	291.5	312.5	
300	342.5	363.5	
350	394.5	421.5	4.5
400	446.5	473.5	
450	496.5	523.5	
500	548.5	575.5	
600	648.5	675.5	
700	750.5	777.5	
800	855.5	882.5	
900	960.5	987.5	
1 000	1 060.5	1 093.5	
1 200	1 260.5	1 293.5	
1 400	1 460 5	1 493.5	
1 600	1 660.5	1 693.5	
1 800	1 860.5	1 893.5	
2 000	2 060.5	2 093.5	

② 凹凸面法兰用带内环型缠绕式垫片尺寸见图 5-7 和表 5-4。

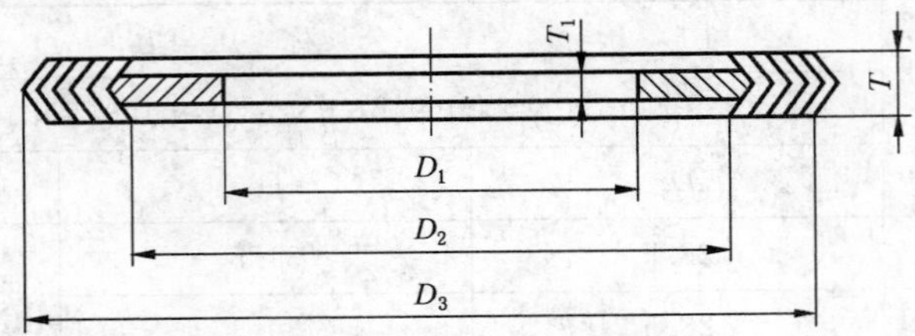

图 5-7　带内环型缠绕式垫片

表 5-4　凹凸面法兰用带内环型缠绕式垫片尺寸(GB/T 4622.2—2008)　mm

公称尺寸 DN	公称压力 PN 16,PN 25,PN 40,PN 63,PN 100,PN 160,PN 250			T_1	T
	D_1	D_2	D_3		
10	15.0	23.5	34.5		
15	19.0	28.5	39.5		
20	24.0	35.5	50.5		
25	30.0	42.5	57.5		
32	39.0	50.5	65.5	2.0	3.2
40	45.0	60.5	75.5		
50	63.0	72.5	87.5		
65	85.0	94.5	109.5		
80	96.0	105.5	120.5		
100	116.0	128.5	149.5		
125	142.0	154.5	175.5		
150	170.0	182.5	203.5	2.0 或 3.0	3.2 或 4.5
200	226.0	238.5	259.5		
250	279.0	291.5	312.5		
300	330.0	342.5	363.5		
350	378.0	394.5	421.5		
400	430.0	446.5	473.5		
450	480.0	496.5	523.5		
500	532.0	548.5	575.5	3.0	4.5
600	632.0	648.5	675.5		
700	734.0	750.5	777.5		
800	835.0	855.5	882.5		

续表 5-4　　mm

公称尺寸 DN	公称压力 PN 16,PN 25,PN 40,PN 63,PN 100,PN 160,PN 250			T_1	T
	D_1	D_2	D_3		
900	940.0	960.5	987.5	3.0	4.5
1 000	1 040.0	1 060.5	1 093.5		
1 200	1 240.0	1 260.5	1 293.5		
1 400	1 430.0	1 460.5	1 493.5		
1 600	1 630.0	1 660.5	1 693.5		
1 800	1 830.0	1 860.5	1 893.5		
2 000	2 030.0	2 060.5	2 093.5		

③ 全平面和突面法兰用带定位环型缠绕式垫片尺寸见图 5-8 和表 5-5。

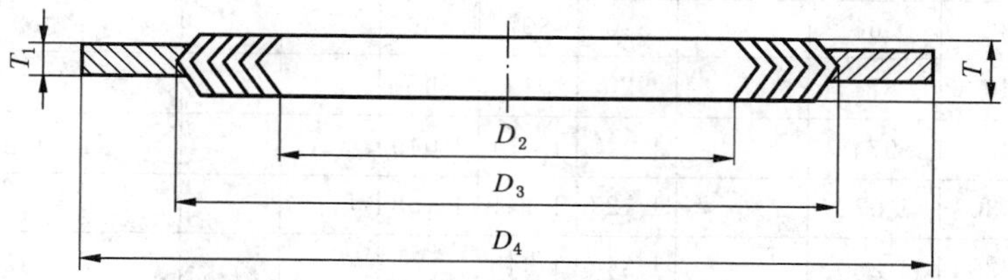

图 5-8　带定位环型缠绕式垫片

表 5-5　全平面和突面法兰用带定位环型缠绕式垫片尺寸(GB/T 4622.2—2008)　　mm

公称尺寸 DN	公称压力 PN 16～PN 160	PN 10～PN 40	PN 63～PN 160	PN 10	PN 16	PN 25	PN 40	PN 63	PN 100	PN 160	T_1	T
	D_2	D_3		D_4								
10	24	34	34	48	48	48	48	58	58	58	3.0	4.5
15	29	39	39	53	53	53	53	63	63	63		
20	34	46	46	63	63	63	63	74	74	—		
25	41	53	53	73	73	73	73	84	84	84		
32	49	61	61	84	84	84	84	90	90	—		
40	56	68	68	94	94	94	94	105	105	105		
50	70	86	86	109	109	109	109	115	121	121		
65	86	102	106	129	129	129	129	140	146	146		
80	99	115	119	144	144	144	144	150	156	156		
100	127	143	147	164	164	170	170	176	183	183		
125	152	172	176	194	194	196	196	213	220	220		

续表 5-5 mm

公称尺寸 DN	公称压力										T_1	T
	PN 16～PN 160	PN 10～PN 40	PN 63～PN 160	PN 10	PN 16	PN 25	PN 40	PN 63	PN 100	PN 160		
	D_2	D_3		D_4								
150	179	199	203	220	220	226	226	250	260	260	3.0	4.5
200	228	248	252	275	275	286	293	312	327	327		
250	279	303	307	330	331	343	355	367	394	391		
300	334	358	362	380	386	403	420	427	461	461		
350	392	416	420	440	446	460	477	489	515		3.0 或 5.0	4.5 或 6.5
400	438	466	472	491	498	517	549	546	575			
450	488	516	522	541	558	567	574					
500	542	570	576	596	620	627	631					
600	642	670		698	737	734	750					
700	732	766		813	807	836						
800	840	874		920	914	945						
900	940	974		1 020	1 014	1 045						
1 000	1 030	1 078		1 127	1 131	1 158						
1 200	1 230	1 280		1 344	1 345							
1 400	1 450	1 510		1 551	1 545							
1 600	1 660	1 720		1 775	1 768							
1 800	1 860	1 920		1 975	1 968							
2 000	2 050	2 120		2 185	2 174							
2 200	2 260	2 330		2 388								
2 400	2 480	2 530		2 598								
2 600	2 660	2 730		2 798								
2 800	2 860	2 930		3 018								
3 000	3 060	3 130		3 234								

④ 全平面和突面法兰用带内环和定位环型缠绕式垫片尺寸见图 5-9 和表 5-6。

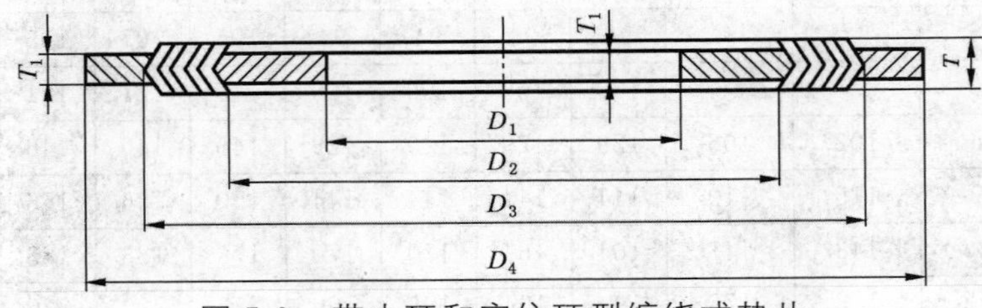

图 5-9 带内环和定位环型缠绕式垫片

表 5-6　全平面和突面法兰用带内环和定位环型缠绕式垫片尺寸

(GB/T 4622.2—2008)　　mm

公称尺寸 DN	公称压力													
	PN 16～PN 250		PN 10～PN 40	PN 63～PN 250	PN 10	PN 16	PN 25	PN 40	PN 63	PN 100	PN 160	PN 250	T_1	T
	D_1	D_2	D_3		D_4									
10	16	24	34	34	48	48	48	48	58	58	58	69		
15	21	29	39	39	53	53	53	53	63	63	63	74		
20	26	34	46	46	63	63	63	63	74	74	—	—		
25	33	41	53	53	78	73	73	73	84	84	84	85		
32	41	49	61	61	84	84	84	84	90	90	—	—		
40	48	56	68	68	94	94	94	94	105	105	105	111		
50	61	70	86	86	109	109	109	109	115	121	121	126		
65	17	86	102	106	129	129	129	129	140	146	146	156	3.0	4.5
80	90	99	115	119	144	144	144	144	150	156	156	173		
100	115	127	143	147	164	164	170	170	176	183	183	205		
125	140	152	172	176	194	194	196	196	213	220	220	245		
150	167	179	199	203	220	220	226	226	250	260	260	287		
200	216	228	248	252	275	275	286	293	312	327	327	361		
250	267	279	303	307	330	331	343	355	367	394	391	445		
300	322	334	358	362	380	386	403	420	427	461	461	542		
350	376	392	416	420	440	446	460	477	489	515				
400	422	438	466	472	491	498	517	549	546	575				
450	472	488	516	522	541	558	567	574						
500	526	542	570	576	596	620	627	631						
600	626	642	670		698	737	734	750						
700	716	732	766		813	807	836							
800	820	840	874		920	914	945							
900	920	940	974		1 020	1 014	1 045							
1 000	1 010	1 030	1 078		1 127	1 131	1 158							
1 200	1 210	1 230	1280		1 344	1 345							3.0或5.0	4.5或6.5
1 400	1 420	1 450	1 510		1 551	1 545								
1 600	1 630	1 660	1 720		1 775	1 768								
1 800	1 830	1 860	1 920		1 975	1 968								
2 000	2 020	2 050	2 120		2 185	2 174								
2 200	2 230	2 260	2 330		2 388									
2 400	2 430	2 480	2 530		2 598									
2 600	2 630	2 660	2 730		2 798									
2 800	2 830	2 860	2 930		3 018									
3 000	3 030	3 060	3 130		3 234									

⑤ 压力容器法兰用带内环和定位环型缠绕式垫片尺寸见图 5-9 和表 5-7。

表 5-7　压力容器法兰用带内环和定位环型缠绕式垫片尺寸(JB/T 4705—2000)　mm

公称尺寸 DN	公称压力 /MPa																				T	T_1
	PN 1.0				PN 1.6				PN 2.5				PN 4.0				PN 6.4					
	D_4	D_3	D_2	D_1	D_4	D_3	D_2	D_1	D_4	D_3	D_2	D_1	D_4	D_3	D_2	D_1	D_4	D_3	D_2	D_1		
300	380	354	322	302	380	354	322	302	380	354	322	302	391	365	325	305	391	365	325	305	4.5	3.0
350	430	404	372	352	430	404	372	352	430	404	372	352	441	415	375	355	441	415	375	355		
400	480	454	422	402	480	454	422	402	480	454	422	402	491	465	425	405	491	465	425	405		
450	530	504	472	452	530	504	472	452	530	504	472	452	541	515	475	455	563	537	497	461		
500	580	554	522	502	580	554	522	502	591	565	525	505	591	565	525	505	613	587	547	511		
550	630	604	572	552	630	604	572	552	641	615	575	555	641	615	575	555	663	637	597	561		
600	680	654	622	602	680	654	622	602	691	665	625	605	691	665	625	605	725	699	649	613		
650	730	704	672	652	730	704	672	652	741	715	675	655	763	737	697	661	775	749	699	663		
700	780	754	722	702	791	765	725	705	791	765	725	705	813	787	747	711	844	818	768	732		
800	880	854	822	802	891	865	825	805	891	865	825	805	913	887	847	811	944	918	868	832		

续表 5-7

mm

公称尺寸 DN	公称压力 /MPa																				T	T_1
	PN 1.0				PN 1.6				PN 2.5				PN 4.0				PN 6.4					
	D_4	D_3	D_2	D_1	D_4	D_3	D_2	D_1	D_4	D_3	D_2	D_1	D_4	D_3	D_2	D_1	D_4	D_3	D_2	D_1		
900	980	954	922	902	991	965	925	905	1 013	987	947	911	1 025	999	949	913					4.5	3.0
1 000	1 080	1 054	1 022	1 002	1 019	1 065	1 025	1 005	1 113	1 087	1 047	1 011	1 125	1 099	1 049	1 013						
1 100	1 191	1 155	1 115	1 100	1 191	1 155	1 115	1 100	1 213	1 177	1 137	1 101	1 244	1 208	1 158	1 122						
1 200	1 291	1 255	1 215	1 200	1 291	1 255	1 215	1 200	1 313	1 277	1 237	1 201	1 344	1 308	1 258	1 222						
1 300	1 391	1 355	1 315	1 300	1 391	1 355	1 315	1 300	1 413	1 377	1 357	1 301	1 444	1 408	1 358	1 322						
1 400	1 491	1 455	1 415	1 400	1 491	1 455	1 415	1 400	1 513	1 477	1 437	1 401	1 544	1 508	1 458	1 422						
1 500	1 591	1 555	1 515	1 500	1 613	1 577	1 537	1 501	1 625	1 589	1 539	1 503	1 644	1 608	1 558	1 522						
1 600	1 691	1 655	1 615	1 600	1 713	1 677	1 637	1 601	1 725	1 689	1 639	1 603	1 744	1 708	1 658	1 622						
1 700	1 791	1 755	1 715	1 700	1 813	1 777	1 737	1 701	1 844	1 808	1 758	1 722										
1 800	1 891	1 855	1 815	1 800	1 913	1 877	1 837	1 801	1 944	1 908	1 858	1 822										
1 900	2 013	1 977	1 937	1 901	2 025	1 989	1 939	1 903	2 044	2 008	1 958	1 922										
2 000	2 113	2 077	2 037	2 001	2 125	2 089	2 039	2 003	2 144	2 108	2 058	2 022										

(2) 公称压力用 Class 标记的法兰用垫片尺寸

① 榫槽面法兰用基本型缠绕式垫片尺寸见图 5-6 和表 5-8。

② 凹凸面法兰用带内环型缠绕式垫片尺寸见图 5-7 和表 5-9。

③ 全平面和突面法兰用定位环型缠绕式垫片尺寸见图 5-8 和表 5-10。

④ 全平面和突面法兰用带内环和定位环型缠绕式垫片尺寸见图 5-9 和表 5-11。

表 5-8　榫槽面法兰用基本型缠绕式垫片尺寸(GB/T 4622.2—2008)　mm

公称尺寸		公称压力		
NPS/in	DN	Class 300(PN 50),Class 600(PN 110),Class 900(PN 150),Class 1500(PN 260)		
		D_2	D_3	T
1/2	15	24.3	36.0	4.5
3/4	20	32.3	43.9	
1	25	37.0	51.9	
1¼	32	46.5	64.6	
1½	40	52.9	74.1	
2	50	71.9	93.2	
2½	65	84.6	105.9	
3	80	106.9	128.1	
4	100	130.7	158.3	
5	125	159.3	186.8	
6	150	189.4	217.0	
8	200	237.0	271.0	
10	250	284.7	324.9	
12	300	341.8	382.1	
14	350	373.6	413.8	
16	400	424.4	471.0	
18	450	487.9	534.5	
20	500	532.3	585.3	
24	600	640.3	693.2	

表 5-9 凹凸面法兰用带内环型缠绕式垫片尺寸(GB/T 4622.2—2008) mm

公称尺寸		公称压力			T_1	T
NPS/in	DN	Class 300(PN 50),Class 600(PN 110),Class 900(PN 150),Class 1500(PN 260)				
		D_1	D_2	D_3		
1/2	15	14.2	24.3	36.0	3.0	4.5
3/4	20	20.6	32.3	43.9		
1	25	26.9	37.0	51.9		
1¼	32	38.1	46.5	64.6		
1½	40	44.5	52.9	74.1		
2	50	55.6	71.9	93.2		
2½	65	66.5	84.6	105.9		
3	80	81.0	106.9	128.1		
4	100	106.4	130.7	158.3		
5	125	131.8	159.3	186.8		
6	150	157.2	189.4	217.0		
8	200	215.9	237.0	271.0		
10	250	268.2	284.7	324.9		
12	300	317.5	341.8	382.1		
14	350	349.3	373.6	413.8		
16	400	400.1	424.4	471.0		
8	450	449.3	487.9	534.5		
20	500	500.1	532.3	585.3		
24	600	603.3	640.3	693.2		

(3) 公称压力用 Class 标记的大直径法兰用垫片尺寸

① A 系列大直径法兰用带内环和定位环型缠绕式垫片尺寸见图 5-9 和表 5-12。

② B 系列大直径法兰用带内环和定位环型缠绕式垫片尺寸见图 5-9 和表 5-13。

表 5-10　全平面和突面法兰用带定位环型缠绕式垫片尺寸(GB/T 4622.2—2008)

mm

公称尺寸		公称压力															T_1	T
NPS/in	DN	Class 150(PN 20)			Class 300(PN 50)			Class 600(PN 110)			Class 900(PN 150)			Class 1500(PN 260)				
		D_2	D_3	D_4	D_2	D_3	D_4	D_2	D_3	D_4	D_2	D_3	D_4	D_2	D_3	D_4		
1/2	15	19.1	31.8	46.3	19.1	31.8	52.7	19.1	31.8	52.7	19.1	31.8	62.6	19.1	31.8	62.6	3.0	4.5
3/4	20	25.4	39.6	55.0	25.4	39.6	66.6	25.4	39.6	66.6	25.4	39.6	68.9	25.4	39.6	68.9		
1	25	31.8	47.8	65.4	31.8	47.8	72.9	31.8	47.8	72.9	31.8	47.8	77.6	31.8	47.8	77.6		
1¼	32	47.8	60.5	74.9	47.8	60.5	82.4	47.8	60.5	82.4	47.8	60.5	87.1	39.6	60.5	87.1		
1½	40	54.1	69.9	84.4	54.1	69.9	94.3	54.1	69.9	94.3	54.1	69.9	96.8	47.8	69.9	96.8		
2	50	69.9	85.9	104.7	69.9	85.9	111.0	69.9	85.9	111.0	69.9	85.9	141.1	58.7	85.9	141.1		
2½	65	82.6	98.6	123.7	82.6	98.6	129.2	82.6	98.6	129.2	82.6	98.6	163.5	69.9	98.6	163.5		
3	80	101.6	120.7	136.4	101.6	120.7	148.3	101.6	120.7	148.3	95.3	120.7	166.5	92.2	120.7	173.2		
4	100	127.0	149.4	174.5	127.0	149.4	180.0	120.7	149.4	191.9	120.7	149.4	205.0	117.6	149.4	208.3		
5	125	155.7	177.8	195.9	155.7	177.8	215.0	147.6	177.8	239.7	147.6	177.8	246.4	143.0	177.8	253.1		
6	150	182.6	209.6	221.3	182.6	209.6	249.9	174.8	209.6	265.1	174.8	209.6	287.5	171.5	209.6	281.5		
8	200	233.4	263.7	278.5	233.4	263.7	306.2	225.6	263.7	319.2	222.3	257.3	357.7	215.9	257.3	351.7		
10	250	287.3	317.5	338.0	287.3	317.5	360.4	274.6	317.5	398.8	276.4	311.2	433.9	266.7	311.2	434.6		
12	300	339.9	374.7	407.8	339.9	374.7	420.8	327.2	374.7	456.0	323.9	368.3	497.4	323.9	368.3	519.5		
14	350	371.6	406.4	449.3	371.6	406.4	484.4	362.0	406.4	491.0	355.6	400.1	519.8	362.0	400.1	579.0		
16	400	422.4	463.6	512.8	422.4	463.6	538.5	412.8	463.6	564.2	412.8	457.2	574.0	406.4	457.2	640.8		
18	450	474.7	527.1	547.9	474.7	527.1	595.6	469.9	527.1	612.0	463.6	520.7	637.8	463.6	520.7	704.7		
20	500	525.5	577.9	605.0	525.5	577.9	652.8	520.7	577.9	681.9	520.7	571.5	697.3	514.4	571.5	755.8		
24	600	628.7	685.8	716.3	628.7	685.8	773.8	628.7	685.8	790.2	628.7	679.5	837.7	616.0	695.5	900.6		

表 5-11 全平面和突面法兰用带内环和定位环型缠绕式垫片尺寸(GB/T 4622.2—2008)

mm

公称尺寸		公称压力																					
NPS/in	DN	Class 150(PN 20)				Class 300(PN 50)				Class 600(PN 110)				Class 900(PN 150)				Class 1500(PN 260)				T_1	T
		D_1	D_2	D_3	D_4	D_1	D_2	D_3	D_4	D_1	D_2	D_3	D_4	D_1	D_2	D_3	D_4	D_1	D_2	D_3	D_4		
1/2	15	14.2	19.1	31.8	46.3	14.2	19.1	31.8	52.7	14.2	19.1	31.8	52.7	14.2	19.1	31.8	62.6	14.2	19.1	31.8	62.6		
3/4	20	20.6	25.4	39.6	55.0	20.6	25.4	39.6	66.6	20.6	25.4	39.6	66.6	20.6	25.4	39.6	68.9	20.6	25.4	39.6	68.9		
1	25	26.9	31.8	47.8	65.4	26.9	31.8	47.8	72.9	26.9	31.8	47.8	72.9	26.9	31.8	47.8	77.6	26.9	31.8	47.8	77.6		
1¼	32	38.1	47.8	60.5	74.9	38.1	47.8	60.5	82.4	38.1	47.8	60.5	82.4	33.3	47.8	60.5	87.1	33.3	39.6	60.5	87.1		
1½	40	44.5	54.1	69.9	84.4	44.5	54.1	69.9	94.3	44.5	54.1	69.9	94.3	41.4	54.1	69.9	96.8	41.4	47.8	69.9	96.8		
2	50	55.6	69.9	85.9	104.7	55.6	69.9	85.9	111.0	55.6	69.9	85.9	111.0	52.3	69.9	85.9	141.1	52.3	58.7	85.9	141.1		
2½	65	66.5	82.6	98.6	123.7	66.5	82.6	98.6	129.2	66.5	82.6	98.6	129.2	63.5	82.6	98.6	163.5	63.5	69.9	98.6	163.5		
3	80	81.0	101.6	120.7	136.4	78.7	101.6	120.7	148.3	78.7	101.6	120.7	148.3	78.7	95.3	120.7	166.5	78.7	92.2	120.7	173.2		
4	100	106.4	127.0	149.4	174.5	102.6	127.0	149.4	180.0	102.6	120.7	149.4	191.9	97.8	120.7	149.4	205.0	97.8	117.6	149.4	208.3		
5	125	131.8	155.7	177.8	195.9	128.3	155.7	177.8	215.0	128.3	147.6	177.8	239.7	124.5	147.6	177.8	246.4	124.5	143.0	177.8	253.1	3.0	4.5
6	150	157.2	182.6	209.6	221.3	154.9	182.6	209.6	249.9	154.9	174.8	209.6	265.1	147.3	174.8	209.6	287.5	147.3	171.5	209.6	281.5		
8	200	215.9	233.4	263.7	278.5	205.7	233.4	263.7	306.2	196.9	225.6	263.7	319.2	196.9	222.3	257.3	357.7	196.9	215.9	257.3	351.7		
10	250	268.2	287.3	317.5	338.0	255.3	287.3	317.5	360.4	246.1	274.6	317.5	398.8	246.1	276.4	311.2	433.9	246.1	266.7	311.2	434.6		
12	300	317.5	339.9	374.7	407.8	307.3	339.9	374.7	420.8	292.1	327.2	374.7	456.0	292.1	323.9	368.3	497.4	192.1	323.9	368.3	519.5		
14	350	349.3	371.6	406.4	449.3	342.9	371.6	406.4	484.4	320.8	362.0	406.4	491.0	320.8	355.6	400.1	519.8	320.8	362.0	400.1	579.0		
16	400	400.1	422.4	463.6	512.8	389.9	422.4	463.6	538.5	374.7	412.8	463.6	564.2	368.3	412.8	457.2	574.0	368.3	406.4	457.2	640.8		
18	450	449.3	474.7	527.1	547.9	438.2	474.7	527.1	595.6	425.5	469.9	527.1	612.0	425.5	463.6	520.7	637.8	425.5	463.6	520.7	704.7		
20	500	500.1	525.5	577.9	605.0	489.0	525.5	577.9	652.8	482.6	520.7	577.9	681.9	476.3	520.7	571.5	697.3	476.3	514.4	571.5	755.8		
24	600	603.3	628.7	685.8	716.3	590.6	628.7	685.8	773.8	590.6	628.7	685.8	790.2	577.9	628.7	679.5	837.7	577.9	616.0	695.5	900.6		

表 5-12　A 系列大直径法兰用带内环和定位环型缠绕式垫片尺寸(GB/T 13403—2008)

mm

公称尺寸		公称压力																T_1	T
		Class 150(PN 20)				Class 300(PN 50)				Class 600 (PN 110)				Class 900(PN 150)					
NPS/in	DN	D_1	D_2	D_3	D_4	D_1	D_2	D_3	D_4	D_1	D_2	D_3	D_4	D_1	D_2	D_3	D_4		
26	650	654.1	673.1	704.9	771	654.1	685.8	736.6	832	647.7	685.8	736.6	863	660.4	685.8	736.6	878	3.0	4.5
28	700	704.9	723.9	755.7	829	704.9	736.6	787.4	895	698.5	736.6	787.4	910	711.2	736.6	784.4	943		
30	750	755.7	774.7	806.5	879	755.7	793.8	844.6	949	755.7	793.8	844.6	967	768.4	793.8	844.6	1 007		
32	800	806.5	825.5	860.6	936	806.5	850.9	901.7	1 003	812.8	850.9	901.7	1 017	812.8	850.9	901.7	1 067		
34	850	857.3	876.3	911.4	987	857.3	901.7	952.2	1 054	863.6	901.7	952.5	1 067	863.6	901.7	952.5	1 133		
36	900	908.1	927.1	968.5	1 044	908.1	955.8	1 006.6	1 114	917.7	955.8	1 006.6	1 127	920.8	958.9	1 009.7	1 196		
38	950	958.9	977.9	1 019.3	1 108	952.5	977.9	1 016.0	1 051	952.5	990.6	1 041.4	1 099	1 009.7	1 035.1	1 085.9	1 196		
40	1 000	1 009.7	1 028.7	1 070.1	1 159	1 003.3	1 022.4	1 070.1	1 111	1 009.7	1 047.8	1 098.6	1 150	1 060.5	1 098.6	1 149.4	1 247		
42	1 050	1 060.5	1 079.5	1 124.0	1 216	1 054.1	1 073.2	1 120.9	1 162	1 066.8	1 104.9	1 155.7	1 216	1 111.3	1 149.4	1 200.2	1 298		
44	1 100	1 111.3	1 130.3	1 178.1	1 273	1 104.9	1 130.3	1 181.1	1 216	1 111.3	1 162.1	1 212.9	1 267	1 155.7	1 206.5	1 257.3	1 366		
46	1 150	1 162.1	1 181.1	1 228.9	1 324	1 152.7	1 178.1	1 228.9	1 270	1 162.1	1 212.9	1 263.7	1 324	1 219.2	1 270.0	1 320.8	1 429		
48	1 200	1 212.9	1 231.9	1 279.7	1 381	1 209.8	1 235.2	1 286.0	1 321	1 219.2	1 270.0	1 320.8	1 386	1 270.0	1 320.8	1 371.6	1 480		
50	1 250	1 263.7	1 282.7	1 333.5	1 432	1 244.6	1 295.4	1 346.2	1 374	1 270.0	1 320.8	1 371.6	1 445						
52	1 300	1 314.5	1 333.5	1 384.3	1 489	1 320.8	1 346.2	1 397.0	1 425	1 320.8	1 371.6	1 422.4	1 496						
54	1 350	1 358.9	1 384.3	1 435.1	1 546	1 352.6	1 403.4	1 454.2	1 486	1 378.0	1 428.8	1 479.6	1 553						
56	1 400	1 409.7	1 435.1	1 485.9	1 603	1 403.4	1 454.2	1 505.0	1 537	1 428.8	1 479.6	1 530.4	1 607						
58	1 450	1 460.5	1 485.9	1 536.7	1 660	1 447.8	1 511.3	1 562.1	1 588	1 473.2	1 536.7	1 587.5	1 658						
60	1 500	1 511.3	1 536.7	1 587.5	1 711	1 524.0	1 562.1	1 612.9	1 639	1 530.4	1 593.9	1 644.7	1 729						

表 5-13 B系列大直径法兰用带内环和定位环型缠绕式垫片尺寸(GB/T 13403—2008)

mm

公称尺寸		公称压力																T_1	T
		Class 150(PN 20)				Class 300(PN 50)				Class 600 (PN 110)				Class 900(PN 150)					
NPS/in	DN	D_1	D_2	D_3	D_4	D_1	D_2	D_3	D_4	D_1	D_2	D_3	D_4	D_1	D_2	D_3	D_4		
26	650	654.1	673.1	698.5	722	654.1	673.1	711.2	768	644.7	663.7	714.5	761	666.8	692.2	749.3	835	3.0	4.5
28	700	704.9	723.9	749.3	773	704.9	723.9	762.0	822	685.8	704.9	755.7	816	717.6	743.0	800.1	897		
30	750	755.7	774.7	800.1	824	755.7	774.7	812.8	882	752.6	778.0	828.8	876	781.1	806.5	857.3	956		
32	800	806.5	825.5	850.9	878	806.5	825.5	863.6	936	793.8	831.9	882.7	929	838.2	863.6	914.4	1 013		
34	850	857.3	876.3	908.1	931	857.3	876.3	914.4	990	850.9	889.0	939.8	991	895.4	920.8	971.6	1 068		
36	900	908.1	927.1	958.9	984	908.1	927.1	965.2	1 044	901.7	939.8	990.6	1 042	920.8	946.2	997.0	1 121		
38	950	958.9	974.6	1 009.7	1 041	971.6	1 009.7	1 047.8	1 095	952.5	990.6	1 041.4	1 099	1 009.7	1 035.1	1 085.9	1 196		
40	1 000	1 009.7	1 022.4	1 063.8	1 092	1 022.4	1 060.5	1 098.6	1 146	1 009.7	1 047.8	1 098.6	1 150	1 060.5	1 098.6	1 149.4	1 247		
42	1 050	1 060.5	1 079.5	1 114.6	1 142	1 085.9	1 111.3	1 149.4	1 197	1 066.8	1 104.9	1 155.7	1 216	1 111.3	1 149.4	1 200.2	1 298		
44	1 100	1 111.3	1 124.0	1 165.4	1 193	1 124.0	1 162.1	1 200.2	1 247	1 111.3	1 162.1	1 212.9	1 267	1 155.7	1 206.5	1 257.3	1 366		
46	1 150	1 162.1	1 181.1	1 224.0	1 252	1 178.1	1 216.2	1 254.3	1 314	1 162.1	1 212.9	1 263.7	1 324	1 219.2	1 270.0	1 320.8	1 429		
48	1 200	1 212.9	1 231.9	1 270.0	1 303	1 231.9	1 263.7	1 311.4	1 365	1 219.2	1 270.0	1 320.8	1 386	1 270.0	1 320.8	1 371.6	1 480		
50	1 250	1 263.7	1 282.7	1 325.6	1 354	1 267.0	1 317.8	1 355.9	1 416	1 270.0	1 320.8	1 371.6	1 445						
52	1 300	1 314.5	1 333.5	1 376.4	1 405	1 317.8	1 368.6	1 406.7	1 467	1 320.8	1 371.6	1 422.4	1 496						
54	1 350	1 365.3	1 384.3	1 422.4	1 460	1 365.3	1 403.4	1 454.2	1 527	1 378.0	1 428.8	1 479.6	1 553						
56	1 400	1 422.4	1 444.8	1 477.8	1 511	1 428.8	1 479.6	1 524.0	1 588	1 428.8	1 479.6	1 530.4	1 607						
58	1 450	1 478.0	1 500.4	1 528.8	1 576	1 484.4	1 535.2	1 573.3	1 650	1 473.2	1 536.7	1 587.5	1 658						
60	1 500	1 535.2	1 557.3	1 586.0	1 627	1 557.3	1 589.0	1 630.4	1 701	1 530.4	1 593.9	1 644.7	1 729						

5.1.1.4 尺寸测量范围及尺寸偏差

(1) 尺寸测量范围

缠绕式垫片的尺寸测量范围见图 5-10。

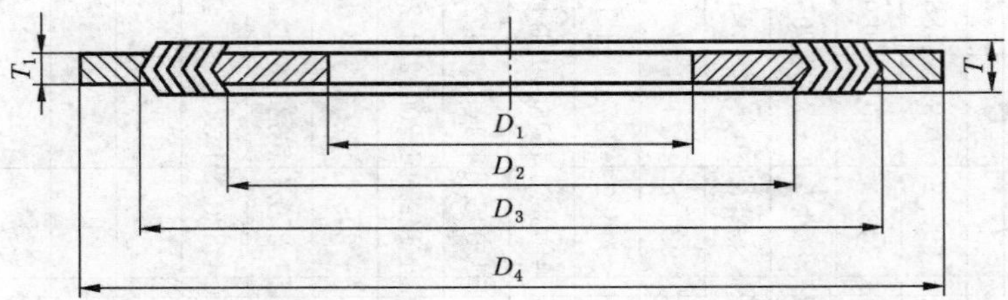

D_1—内环内径；D_2—密封元件内径；D_3—密封元件外径；

D_4—定位环外径；T—密封元件厚度；T_1—内环/定位环厚度

图 5-10 缠绕式垫片的尺寸测量范围

(2) 尺寸偏差

① 密封元件和内环、定位环的内外径尺寸偏差见表 5-14；厚度偏差见表 5-15。

表 5-14 密封元件和内环、定位环的内外径尺寸偏差(GB/T 4622.3—2007) mm

公称尺寸 DN	密封元件		内环、定位环	
	D_2[1)]	D_3[1)]	D_1	D_4
≤200	±0.5	±0.8	+0.5	−0.8
250～600	±0.8	±1.3	+0.8	−1.3
650～1 200	±1.5	±2.0	+1.5	−2.0
1 300～3 000	±2.0	±2.5	+2.0	−2.5

1) 基本型和带内环型垫片 D_3 不应为正偏差，基本型垫片 D_2 不应为负偏差。

表 5-15 密封元件和内环、定位环的厚度偏差(GB/T 4622.3—2007) mm

密封元件		内环、定位环	
T	极限偏差	T_1	极限偏差
2.5	+0.3 0	1.6	±0.14
3.2		2.0	±0.16
4.5	+0.4 0	3.0	±0.20
6.5		5.0	±0.24

② 大直径法兰用缠绕式垫片尺寸的极限偏差见表 5-16。

表 5-16 大直径法兰用缠绕式垫片尺寸的极限偏差(GB/T 13403—2008) mm

公称尺寸		内环内径 D_1	密封元件内径 D_2	密封元件外径 D_3	定位环外径 D_4	密封元件厚度 T	定位环厚度 T_1
NPS/in	DN						
26～48	650～1 200	+1.5 0	±1.5	±2.0	0 −2.50	+0.40 0	±0.20
50～60	1 250～1 500	+2.0 0	±2.0	±2.5			

5.1.2　技术要求

5.1.2.1　材料

(1) 金属带

① 金属带应采用厚度为 0.15 mm～0.23 mm 的冷轧钢带，常用金属带材料的牌号、代号及适用温度见表 5-17。

表 5-17　常用金属带材料的牌号、代号及适用温度(GB/T 4622.3—2007)

牌　号	代　号	标准编号	适用温度/℃
0Cr18Ni9	304	GB/T 4238[1)]	－196～700
0Cr18Ni10Ti	321		－196～700
0Cr17Ni12Mo2	316		－196～700
0Cr25Ni20	310S		－196～810
00Cr17Ni14Mo2	316L		－196～450
00Cr19Ni10	304L		－196～450
1) GB/T 4238—2007 为耐热钢钢板和钢带标准。			

② 金属带表面应光滑、洁净，不允许有粗糙不平、裂纹、分层、划伤、凹坑及锈斑等缺陷。

③ 不锈钢带材料的化学成分和力学性能应符合 GB/T 3280—2007《不锈钢冷轧钢板和钢带》的规定。

(2) 填充带

① 填充带的厚度为 0.4 mm～0.8 mm，常用材料为非石棉纤维、石棉、柔性石墨和聚四氟乙烯，填充带的适用温度见表 5-18。根据供需双方协商，可以选用其他填充材料。

值得注意的是：根据法律要求，含有石棉成分的材料在处理时应采取防范措施，确保对人体健康不构成危害。

表 5-18　填充带的适用温度(GB/T 4622.3—2007)

填充带材料	非石棉纤维	石棉	柔性石墨	聚四氟乙烯
适用温度/℃	－50～300	－50～500	－196～800 (氧化性介质不高于 600)	－196～260

② 缠绕用石棉带的技术要求应符合 JC/T 69—2009《石棉纸板》的规定。

③ 缠绕用柔性石墨带的技术要求应符合 JB/T 7758.2—2005《柔性石墨板技术条件》的规定。

④ 缠绕用聚四氟乙烯带的技术要求应符合 JB/T 6618—2005《金属缠绕垫用聚四氟乙烯带　技术条件》的规定。

(3) 内环和定位环

除供需双方另有协议外，内环材料的耐腐蚀性能等于或优于金属带；内环、定位环材料如使用碳钢材料，则应采用喷塑、金属镀层或其他涂层处理，以防大气腐蚀。内环、定位环的材质应符合 GB/T 912《碳素结构钢和低合金结构钢　热轧薄钢板及钢带》、GB/T 11253《碳素结构钢和低合金结构钢冷轧薄钢板及钢带》、GB/T 3280《不锈钢冷轧钢板》或相关标准的规定。

5.1.2.2　工艺要求

(1) 缠绕式垫片由预成型的金属带和扁平填充带交错叠制而成(按圈数计数环绕层)。金属带和填充带应紧密贴合，层次均匀，无折皱、空隙等现象。对制成的垫片，填充带与金属带在两个端面上应均匀，填充带应适当高出金属带，层间纹理清晰，不应显露金属带。

(2) 内缠绕层至少应有三层没有填充物的预制金属带。开始二层应沿圆周最少点焊三处，最大间距为 75 mm。外缠绕带层亦最少应有三层没有填充物的预制金属带。沿圆周最少点焊三处，最后点焊为终端点焊。没有填充物的金属带不计入密封面。

(3) 从终端焊点到前一个焊点的距离不应大于 35 mm，带定位环型的缠绕垫片终端焊点后再加绕 3～4 圈松弛的预制金属带，可用来将垫片卡在定位环中。

(4) 内环、定位环可由整板冲制、车制，或经拼焊、围焊后车制等工艺制成，环面应平整，其平面度允差应小于 1%；环槽或倒角与内外圆应同心，与两端面应对称。

(5) 带内环的垫片可直接在内环外圆上缠绕制成，亦可用专门机具将内环与密封元件紧密固定。

(6) 定位环与密封元件之间应有适当的装配间隙，但应保证垫片在正常使用时不至于使定位环脱落。

(7) 密封元件缠制后，其密封面不允许再进行任何机械加工或预压处理。

5.1.2.3　外观质量

(1) 密封元件表面不允许有影响密封性能的径向贯通的划痕、空隙、凹凸不平及锈斑等缺陷。

(2) 垫片表面的填充带应均匀，并适当高出金属带；层间纹理清晰，不应显露金属带。

(3) 焊点应在金属带 V 形截面的对称面上，焊点间距离应均匀，不应有未熔合和过熔等缺陷。

(4) 内环和定位环表面不应有毛刺、凹凸不平、锈斑等缺陷；密封元件的上下密封面应在内环和/或定位环上下表面的居中位置；内环与密封元件间应紧密固定，不允许松动；定位环与密封元件允许在圆周方向相对滑动。

5.1.2.4　性能

(1) 垫片压缩、回弹性能的试验条件和指标见表 5-19。

(2) 垫片氮气密封性能的试验条件和指标见表 5-20，垫片泄漏率应不大于 $1.0\times10^{-3}\ cm^3/s$。

(3)垫片水压密封性能的试验结果应为：试样外缘在保压时间内无水珠出现、无脱焊及明显变形。

表 5-19 垫片压缩、回弹性能的试验条件和指标(GB/T 4622.3—2007)

密封元件	试样规格尺寸/mm	压紧压力/MPa	加载、卸载速度/(MPa/s)	压缩率/%	回弹率/%
金属带＋非石棉纤维带 金属带＋石棉带	DN 80(厚 4.5)带内环和定位环型	70.0±1.0	0.5	18～30	≥19
金属带＋柔性石墨带					≥17
金属带＋聚四氟乙烯带					≥15

表 5-20 垫片氮气密封性能的试验条件和指标(GB/T 4622.3—2007)

试样规格	试验条件	泄漏率等级/(cm³/s)		
	预紧应力/MPa	1级	2级	3级
DN 80(厚 4.5mm)带内环和定位环型	70.0±1.0	≤1.2×10^{-5}	≤1.0×10^{-4}	≤1.0×10^{-3}

5.1.3 垫片的选择、注意事项及使用方法

5.1.3.1 垫片的选择

垫片结构型式与法兰密封面型式的匹配：

a. 基本型垫片适用于榫槽面法兰，见图 5-11。

b. 内环型垫片适用于凹凸面法兰，见图 5-12。

c. 定位环型垫片适用于平面和突面法兰，见图 5-13。

d. 内环和定位环型垫片适用于平面和突面法兰，见图 5-14。

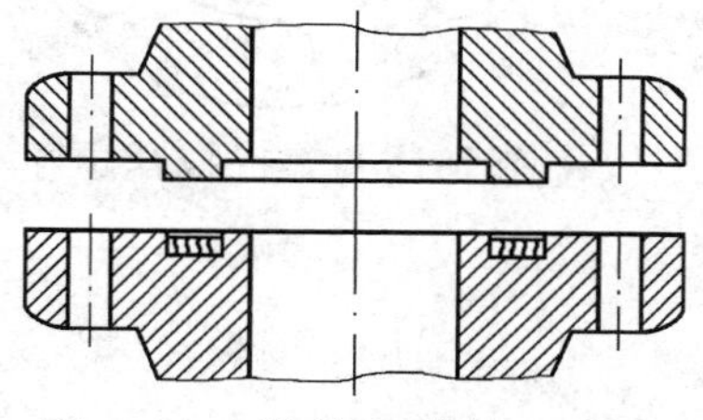

图 5-11 榫槽面法兰用垫片

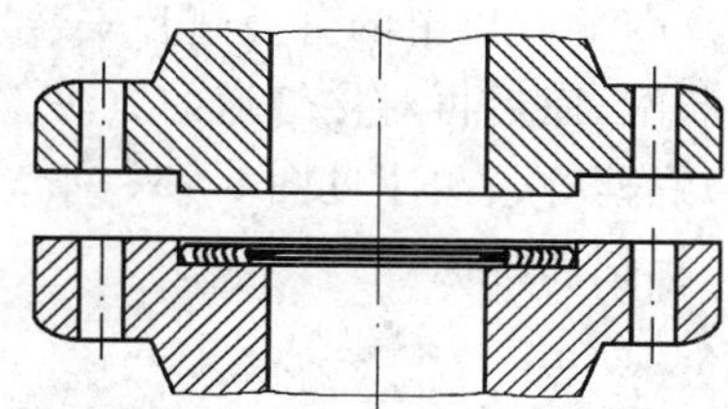

图 5-12 凹凸面法兰用垫片

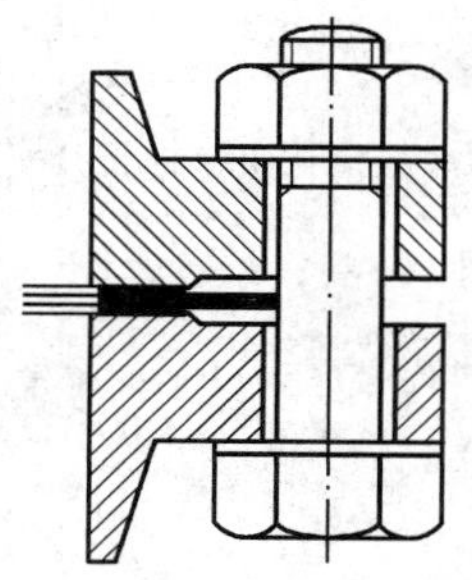

图 5-13 平面和突面法兰用垫片

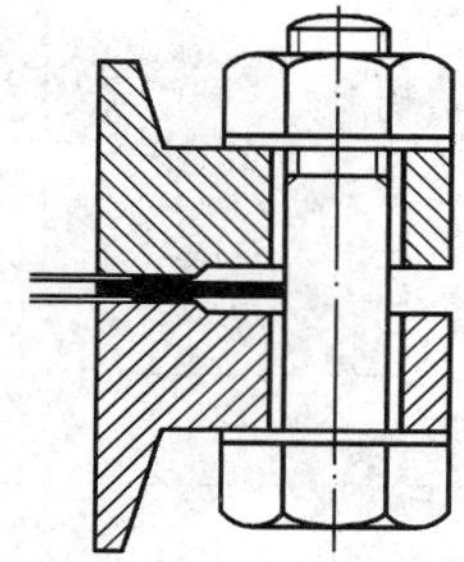

图 5-14 平面和突面法兰用垫片

5.1.3.2　注意事项

(1)缠绕式垫片的密封元件(即垫片本体或基本型垫片)宽度应比非金属软垫片的宽度小。在制作用于凹凸面、平面和突面法兰的缠绕垫片时,不能随便用非金属软垫片的宽度尺寸来代替缠绕式垫片密封元件的宽度尺寸。因为缠绕式垫片是半金属垫片,标准规格垫片的压紧应力在70 MPa左右时才达到合理的压缩变形,从而产生良好的密封效果;如果随意加大垫片本体密封面宽度,势必造成压紧力降低,垫片肯定不能达到标准的压缩变形量,因而不能产生良好的密封;如果超范围地加大压紧力,又必然会产生法兰和螺栓的大量变形,结果会导致泄漏。

(2)基本型垫片最好不要用于凹凸面法兰上。这是因为基本型垫片在法兰轴向压紧力的作用下,垫片内圈焊点容易开焊,这样不但会引起泄漏,而且垫片软填料散落会污染物料和堵塞管道。

(3)在高温、深冷或冷热频繁交变、振动较大、强腐蚀介质等恶劣工况条件下,用于平面和突面法兰的垫片最好加装合理材料的内环。

(4)绝不能用低材质垫片取代高材质垫片。比如,大型石油化工裂解装置的废热锅炉入口,有的操作温度达到798 ℃,因而垫片的金属带和内环必须选用不低于0Cr25Ni20的材料,而不能用0Cr18Ni10Ti替代,定位环材料可用0Cr18Ni10Ti,但不可用0Cr18Ni9,因为可能产生高温蠕变。

5.1.3.3　使用方法

(1)拧紧螺栓时,要使垫片均匀受力,对称把紧。

(2)选择合理的垫片压缩量,一般为0.6 mm～1.2 mm为宜。过大压缩量,会降低垫片的回弹率,因而失去垫片像弹簧似的容易吸收振动的特性。

(3)DN 500以上的管道垫片安装,可采取短管法兰平面装配,而后再对接管道的方法。

(4)螺栓拧紧顺序见图5-15。

图5-15　螺栓拧紧顺序

5.1.4　**标记和标志**

5.1.4.1　标记

(1) 标记方法

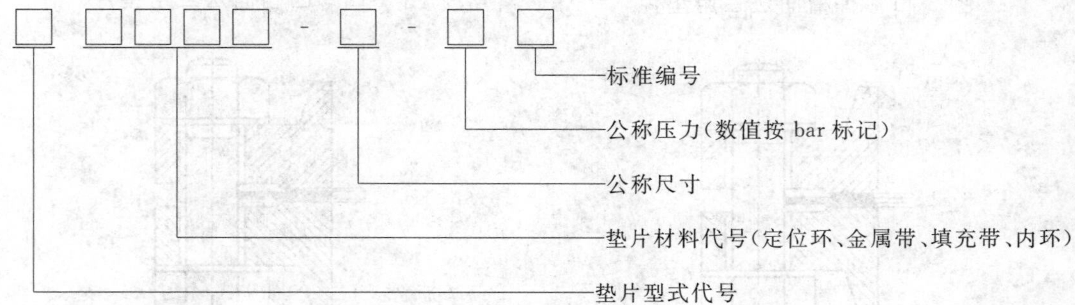

(2) 标记示例

垫片型式:带内环和定位环型,垫片材料:定位环材料为低碳钢、金属带材料为

0Cr18Ni9、填充带材料为柔性石墨、内环材料为0Cr18Ni9，公称尺寸150 mm，公称压力4.0 MPa(40 bar)，垫片尺寸标准GB/T 4622.2—2003，其标记为：

缠绕垫　D　1222-DN 150-PN 40　GB/T 4622.2

垫片型式：基本型，垫片材料：金属带材料为0Cr18Ni9、填充带材料为柔性石墨，公称尺寸150 mm，公称压力4.0 MPa(40 bar)，垫片尺寸标准GB/T 4622.2—2008，其标记为：

缠绕垫　A　0220-DN 150-PN 40　GB/T 4622.2

5.1.4.2　标志

（1）标志方法

除基本型缠绕式垫片应用标签标志外，其他形式缠绕式垫片应在定位环（或内环）上作永久性标志，标志的高度尺寸至少为2.5 mm。

当用户有要求时，缠绕式垫片还应标以可识别金属带和填充带材料的颜色色标。

（2）颜色色标

金属带材料以定位环外周边的连续颜色带表示；填充带材料以定位环外周边的间隔色条表示；DN 40及以上规格的缠绕式垫片以四条间隔90°的色条表示，小于DN 40的缠绕式垫片用对称两条色条表示。所用颜色可按表5-21的规定或按用户要求而定。

表5-21　颜色色标(GB/T 4622.1—2009)

材料		颜色色标	材料		颜色色标
金属带材料	06Cr19Ni9 (0Cr18Ni9)	黄色	金属带材料	锆	无色[1)]
				纯镍	红色
	022Cr19Ni10 (00Cr19Ni10)	无色[1)]		纯钛	紫色
				Monel 400[2)]	橙色
	16Cr23Ni13 (2Cr23Ni13)	无色[1)]		Hastelloy C[2)]	米色
				Inconel 600[2)]	金色
	06Cr25Ni20 (0Cr25Ni20)	无色[1)]		Inconel 625[2)]	金色
				Incoloy 800[2)]	白色
	022Cr17Ni12Mo2 (00Cr17Ni14Mo2)	绿色		Incoloy 825[2)]	白色
			填充带材料	石棉	无色
	022Cr19Ni13Mo3 (00Cr19Ni13Mo3)	栗色		柔性石墨	灰色条纹
				聚四氟乙烯	白色条纹
	06Cr18Ni11Nb (0Cr18Ni11Nb)	蓝色		无石棉纤维	黑色条纹
				云母[2)]	粉色条纹
	06Cr18Ni11Ti (0Cr18Ni10Ti)	青绿色		陶瓷	浅绿色条纹

1)为防止不同材料制成的相同形式垫片之间产生混淆，鼓励供需双方共同确定一种合适的颜色代码。

2)这些材料只是由特定供应商提供的产品商品名。给出这些信息是为了方便本部分的使用者，并不表示对这些产品的认可。如果其他等效产品具有相同的效果，则可使用等效产品。

5.2 金属包覆垫片

金属包覆垫片是以非金属材料为芯材，切成所需的形状，外面包以厚度为0.25 mm～0.5 mm的金属薄板组成的一种复合垫片。根据包覆状态，一般分为平面型包覆和波纹型包覆2种，见图5-16。

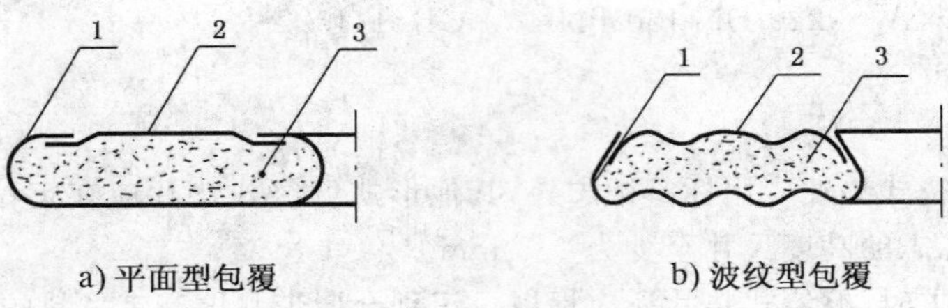

1—垫片外壳；2—垫片盖；3—填料

图5-16 金属包覆垫片

金属薄板可根据材料的弹塑性、耐热性和耐腐蚀性选取，其材料主要有黄铜、铝、钦钢、不锈钢、钛和蒙乃尔合金等；作为包覆垫片中的芯材，一般有石棉板或石棉橡胶板、聚四氟乙烯、柔性石墨板材以及碳纤维或陶瓷纤维等。

金属包覆垫片的主要特点是：具有与包覆金属相同的耐腐蚀性和相近的耐热性，非金属柔性填充材料使垫片能在较低的压紧力下达到较好的密封效果。此外，这种垫片还能制成各种形式的异形垫片，例如椭圆形、方形、带筋形或更复杂的形状以满足各种热交换器管箱和非圆形压力容器密封的需要。与非金属软垫片相比，这种垫片在经常拆卸的条件下不易损坏、不沾污、不腐蚀法兰密封面，而且具有较高的强度。

5.2.1 型式与尺寸

5.2.1.1 垫片型式

(1) 管法兰用金属包覆垫片分为平面型(F型)及波纹型(C型)2种。

(2) 压力容器法兰用金属包覆垫片型式为平面型1种。

5.2.1.2 代号

金属包覆垫片外壳用金属板材的标准和代号见表5-22。

表5-22 金属板材标准和代号(JB/T 4706—2000)

金属板材	材料标准	代号
镀锡薄钢板	GB/T 2520	A
镀锌薄钢板	GB/T 2518	B
08F	GB/T 710	C
铜T2	GB/T 2040	D
1060(铝L2)	GB/T 3880.1～3880.3	E
0Cr13	GB/T 3280	F
0Cr18Ni9	GB/T 3280	G

5.2.1.3 垫片尺寸

(1)平面型金属包覆垫片尺寸见图 5-17 和表 5-23、表 5-24。

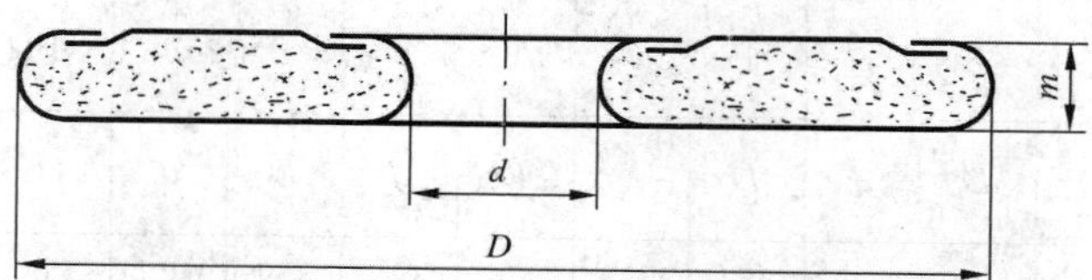

图 5-17 平面型金属包覆垫片

表 5-23 平面型金属包覆垫片尺寸(GB/T 15601—1995)

mm

公称尺寸 DN	垫片内径 d	公称压力/MPa			
		PN 1.0	PN 1.6	PN 2.5	PN 4.0
		垫片外径 D			
10	18	48	48	48	48
15	22	53	53	53	53
20	27	63	63	63	63
25	34	73	73	73	73
32	43	84	84	84	84
40	49	94	94	94	94
50	61	109	109	109	109
65	77	129	129	129	129
80	89	144	144	144	144
100	115	164	164	170	170
125	141	194	194	196	196
150	169	220	220	226	226
200	220	275	275	286	293
250	273	330	331	343	355
300	324	380	386	403	420
350	356	440	446	460	477
400	407	491	498	517	549
450	458	541	558	567	574
500	508	596	620	627	631
600	610	698	737	734	750
700	712	813	807	836	—
800	813	920	914	945	—
900	915	1 020	1 014	1 045	—

表 5-24　压力容器法兰用平面型金属包覆垫片尺寸(JB/T 4706—2000)　mm

公称尺寸 DN	公称压力 /MPa													
	PN 0.25		PN 0.6		PN 1.0		PN 1.6		PN 2.5		PN 4.0		PN 6.4	
	d	*D*	*D*	*d*	*D*	*d*	*D*	*d*	*D*	*d*	*D*	*d*	*D*	*d*
300					354	322	354	322	354	322	365	325	365	325
350					404	372	404	372	404	372	415	375	415	375
400					454	422	454	422	454	422	465	425	465	425
450					504	472	504	472	504	472	515	475	537	497
500					554	522	554	522	565	525	565	525	587	547
550					604	572	604	572	615	575	615	575	637	597
600			—		654	622	654	622	665	625	665	625	699	649
650					704	672	704	672	715	675	737	697	749	699
700					754	722	765	725	765	725	787	747	818	768
800					854	822	865	825	865	825	887	847	918	868
900	—				954	922	965	925	987	947	999	949		
1 000					1 054	1 022	1 065	1 025	1 087	1 047	1 099	1 049		
1 100					1 155	1 115	1 155	1 115	1 177	1 137	1 208	1 158		
1 200					1 255	1 215	1 255	1 215	1 277	1 237	1 308	1 258		
1 300			1 355	1 315	1 355	1 315	1 355	1 315	1 377	1 337	1 408	1 358		
1 400			1 455	1 415	1 455	1 415	1 455	1 415	1 477	1 437	1 508	1 458		
1 500			1 555	1 515	1 555	1 515	1 577	1 537	1 589	1 539	1 608	1 558		
1 600			1 655	1 615	1 655	1 615	1 677	1 637	1 689	1 639	1 708	1 658		
1 700			1 755	1 715	1 755	1 715	1 777	1 737	1 808	1 758				
1 800			1 855	1 815	1 855	1 815	1 877	1 837	1 908	1 858				
1 900			1 955	1 915	1 977	1 937	1 989	1 939	2 008	1 958				
2 000			2 055	2 015	2 077	2 037	2 089	2 039	2 108	2 058				
2 200	2 255	2 215	2 255	2 215										
2 400	2 455	2 415	2 455	2 415										
2 600	2 655	2 615												
2 800	2 855	2 815												
3 000	3 055	3 015												

（2）波纹型金属包覆垫片尺寸见图5-18和表5-25。

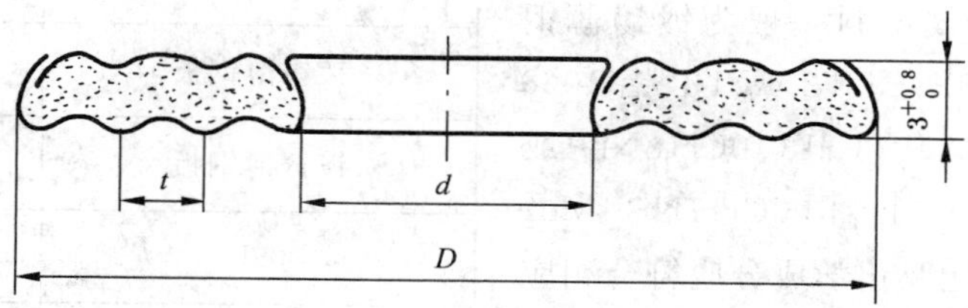

图5-18　波纹型金属包覆垫片

表5-25　波纹型金属包覆垫片尺寸（GB/T 15601—1995）

mm

公称尺寸 DN	垫片内径 d	公称压力/MPa					节距 t
		PN 2.0	PN 5.0	PN 11.0	PN 15.0	PN 26.0	
		垫片外径 D					
15	22	44.5	51.0	51.0	60.5	60.5	≤4
20	28	54.0	63.5	63.5	67.0	67.0	
25	38	63.5	70.0	70.0	76.0	76.0	
32	47	73.0	79.5	79.5	86.0	86.0	
40	54	82.5	92.0	92.0	95.0	95.0	
50	73	101.5	107.0	108.0	137.5	137.5	
65	85	120.5	127.0	127.0	162.0	162.0	
80	107	133.5	146.0	146.0	165.0	171.5	
100	131	171.5	178.0	190.5	203.0	206.5	
125	152	194.0	213	238.0	244.5	251	
150	190	219.0	247.5	263.5	285.5	279.5	
200	238	276.5	305.0	317.5	355.5	349.0	3.2～6.4
250	285	336.5	359.0	397.0	432.0	432.0	
300	342	406.5	419.0	454.0	495.5	517.5	
350	374	448.0	482.5	489.0	517.5	575.0	
400	425	511.5	536.5	562.0	571.5	638.5	
450	488	546.0	594.0	609.5	635.0	702.0	
500	533	603.0	651.0	679.5	695.5	752.5	
600	641	714.5	771.5	787.5	835.0	898.5	

5.2.2 技术要求

5.2.2.1 材料

(1) 包覆层金属材料一般为镀锡薄钢板、镀锌薄钢板、08F、铜 T2 或 T3、铝 1060(L2)或 1050A(L3)、0Cr13、0Cr18Ni9 或 0Cr19Ni9、00Cr19Ni11 和 00Cr17Ni14Mo2 等,材料的力学性能及化学成分应符合相应标准的规定。

(2) 包覆层金属材料及其硬度见表 5-26。

(3) 包覆层金属材料的厚度:平面型包覆层不得小于 0.25 mm;波纹型包覆层不得小于 0.3mm。

(4) 填充材料可为石棉、柔性石墨或其他非金属材料。

表 5-26 包覆层金属材料及硬度

包覆层金属材料	硬度 HBW_{max}
镀锡薄钢板	90
镀锌薄钢板	90
08F	90
T3	60
1050A(L3)	40
0Cr19Ni9 00Cr19Ni11 00Cr17Ni14Mo2	187

5.2.2.2 反包宽度

平面型金属包覆垫片的反包宽度 L 见图 5-19 和表 5-27。

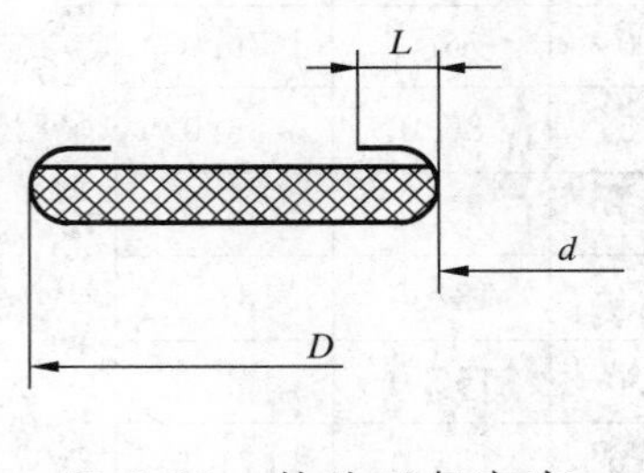

图 5-19 垫片反包宽度

表 5-27 垫片反包宽度 mm

公称尺寸 DN	反包宽度 L
≤1 200	3～4
>1 200	5

5.2.2.3 缺陷

包覆层金属表面不允许有影响密封性能的伤痕、锈斑等缺陷。

5.2.2.4 制作垫片的注意事项

制作垫片时应尽量采用整张金属板。若因直径大、板宽度不够时允许拼接,其拼接头数一般以 2～3 个为宜。对接切口应切割成 45°,采用氩弧焊或气焊。对接焊缝必须打磨与母材平齐,焊接接头应按 GB/T 232—1999《金属材料 弯曲试验方法》的规定进行冷弯试验,其弯曲半径为 1.5 mm,弯曲角度为 180°,冷弯试样的焊缝处及相邻母材不得出现裂纹;金属板材表面不得有径向贯通刻痕。

制作垫片时,要求填充材料在整个截面上厚度应均匀一致。

5.2.2.5 性能

金属包覆垫片的各项力学性能及密封性能指标见表 5-28。

表 5-28 金属包覆垫片的各项力学性能及密封性能指标

项 目	试 验 条 件	指 标
压缩率/%	试件尺寸:DN 100 预紧应力:63.3MPa 加卸载速度:0.5MPa/s	26～30
回弹率/%		≥15
应力松弛率/%	试件尺寸:DN 100 预紧应力:63.3 MPa 试验温度:(300±5)℃ 试验时间:16 h	≤20
允许泄漏率/(mL/s)	试件尺寸:DN 100 预紧应力:63.3 MPa 试验温度:20℃ 试验介质:99.9%的氮气 试验压力:1.1×公称压力/MPa	≤1×10^{-3}

5.2.3 标记和标志

5.2.3.1 标记

5.2.3.1.1 管法兰用金属包覆垫片

(1) 标记方法

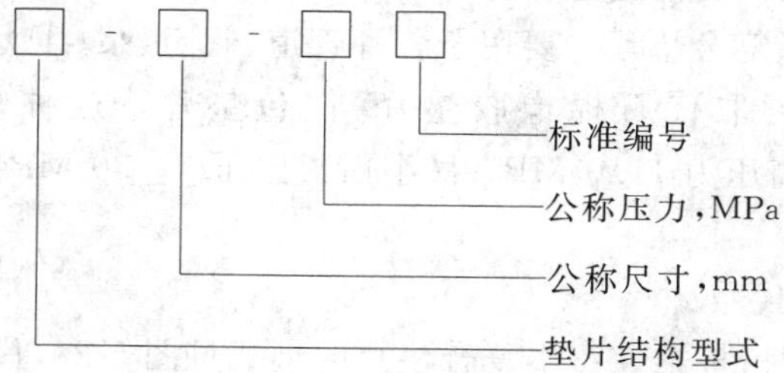

(2) 标记示例

公称尺寸 50 mm,公称压力 2.0 MPa 的波纹型金属包覆垫片:

C-50-2.0 GB/T 15601

5.2.3.1.2 压力容器法兰用金属包覆垫片

(1) 标记方法

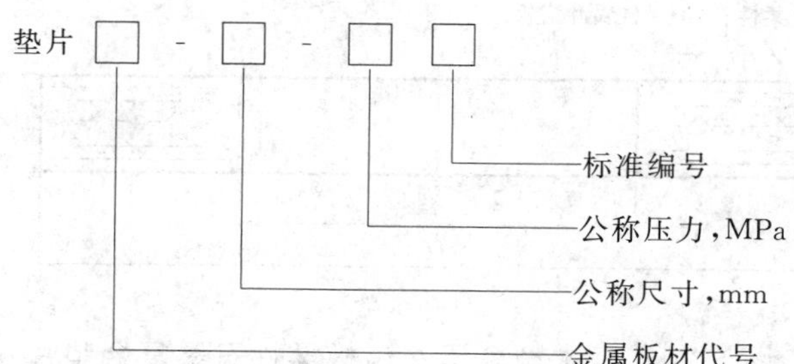

(2) 标记示例

公称尺寸 1 000 mm，公称压力 2.50 MPa,金属板材为 0Cr18Ni9 的包覆垫片,其标记为：

垫片 G-1000-2.50 JB/T 4706—2000

5.2.3.2 标志

对于管法兰用金属包覆垫片应以标签作标志,其标志内容为：

a. 产品标记；

b. 填充材料名称；

c. 包覆材料名称；

d. 制造厂名或商标；

e. 出厂日期或批号；

f. 标准编号。

5.3 金属冲齿板柔性石墨复合垫片

这种垫片又称柔性石墨金属增强复合垫片,它是由冲齿的金属齿板或冲孔金属芯板与柔性石墨粒子复合压成的一种密封垫片,它通常由柔性石墨复合增强板裁制而成。

根据需要,柔性石墨金属增强复合垫片可制成带不锈钢或碳钢内包边或内外包边。这种垫片的主要特点是:有良好的耐高、低温,耐腐蚀,耐辐射等性能,强度较高,能在高压工况下使用。所需的预紧力比使用金属垫片或金属缠绕式垫片的小。由于柔性石墨具有可塑性和良好的充填性,使用这种垫片时对相配法兰密封面不需要进行精密加工,对法兰密封面上制有“水线”沟槽也能适应,相对来说比较经济。

柔性石墨金属增强复合垫片主要用于各种管道、阀门、泵、压力容器、热交换器等法兰连接处的密封部位,可取代石棉橡胶垫片、铁包垫片。这种垫片使用温度范围在 −200 ℃～800 ℃;最高压力 11.0 MPa;最小预紧比压 $y=30$ MPa;垫片系数 $m=2$。

5.3.1 型式与尺寸

5.3.1.1 垫片型式与代号

(1) 基本型金属冲齿板柔性石墨复合垫片的型式见图 5-20,代号为 A。

(2) 内包边型金属冲齿板柔性石墨复合垫片的型式见图 5-21,代号为 B。

(3) 内外包边型金属冲齿板柔性石墨复合垫片的型式见图 5-22,代号为 C。

(4) 与垫片相配合的法兰密封面代号按 GB/T 9112—2010《钢制管法兰 类型与参数》的规定。

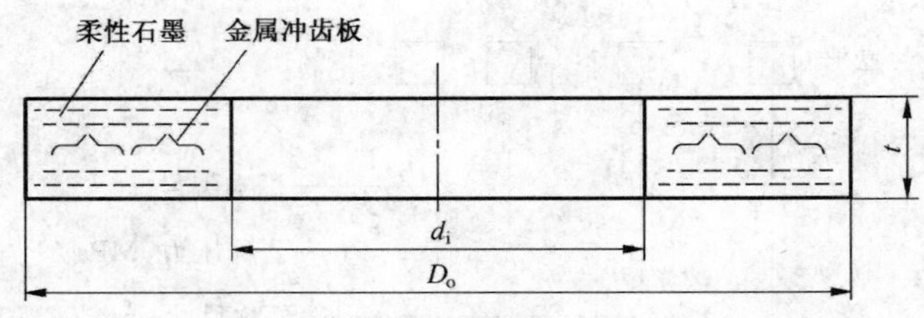

图 5-20 基本型金属冲齿板柔性石墨复合垫片

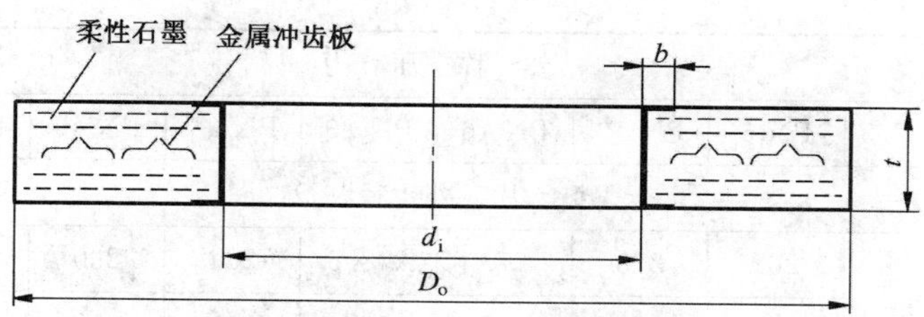

图 5-21 内包边型金属冲齿板柔性石墨复合垫片

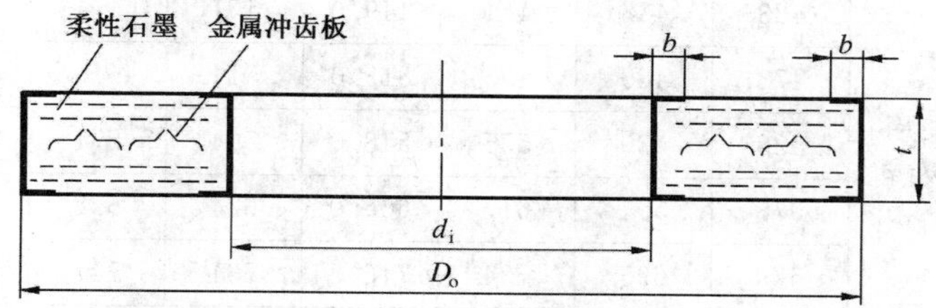

图 5-22 内外包边型金属冲齿板柔性石墨复合垫片

5.3.1.2 垫片尺寸

(1) 突面管法兰用金属冲齿板柔性石墨复合垫片尺寸见图 5-20～图 5-22 和表 5-29。

(2) 凹凸面管法兰用金属冲齿板柔性石墨复合垫片尺寸见图 5-20～图 5-22 和表 5-30。

(3) 榫槽面管法兰用金属冲齿板柔性石墨复合垫片尺寸见图 5-20 和表 5-31。

表 5-29 突面管法兰用金属冲齿板柔性石墨复合垫片尺寸(GB/T 19675.1—2005) mm

<table>
<tr><th rowspan="3">公称尺寸 DN</th><th rowspan="3">垫片内径 d_i[1)]</th><th colspan="8">公称压力</th><th rowspan="3">垫片厚度 t</th><th rowspan="3">包边宽度 b</th></tr>
<tr><th>PN 2.5</th><th>PN 6</th><th>PN 10</th><th>PN 16</th><th>PN 20</th><th>PN 25</th><th>PN 40</th><th>PN 50</th></tr>
<tr><th colspan="8">垫片外径 D_o</th></tr>
<tr><td>10</td><td>18</td><td rowspan="12">使用 PN 6 的尺寸</td><td>39</td><td rowspan="9">使用 PN 40 的尺寸</td><td rowspan="9">使用 PN 40 的尺寸</td><td>—</td><td rowspan="12">使用 PN 40 的尺寸</td><td>46</td><td>—</td><td rowspan="12">1.5</td><td rowspan="12">3</td></tr>
<tr><td>15</td><td>22</td><td>44</td><td>46.5</td><td>51</td><td>52.5</td></tr>
<tr><td>20</td><td>27</td><td>54</td><td>56.0</td><td>61</td><td>64.5</td></tr>
<tr><td>25</td><td>34</td><td>64</td><td>65.5</td><td>71</td><td>71.5</td></tr>
<tr><td>32</td><td>43</td><td>76</td><td>75.0</td><td>82</td><td>80.5</td></tr>
<tr><td>40</td><td>49</td><td>89</td><td>84.5</td><td>92</td><td>94.5</td></tr>
<tr><td>50</td><td>61</td><td>96</td><td>102.5</td><td>107</td><td>109.0</td></tr>
<tr><td>65</td><td>77</td><td>116</td><td>121.5</td><td>127</td><td>129.0</td></tr>
<tr><td>80</td><td>89</td><td>132</td><td>134.5</td><td>142</td><td>148.5</td></tr>
<tr><td>100</td><td>115</td><td>152</td><td>162</td><td>162</td><td>172.5</td><td>168</td><td>180.0</td></tr>
<tr><td>125</td><td>141</td><td>182</td><td>192</td><td>192</td><td>196.0</td><td>194</td><td>215.0</td></tr>
<tr><td>150</td><td>169</td><td>207</td><td>218</td><td>218</td><td>221.5</td><td>224</td><td>250.0</td></tr>
</table>

续表 5-29　　mm

公称尺寸 DN	垫片内径 d_i[1)]	公称压力								垫片厚度 t	包边宽度 b
		PN 2.5	PN 6	PN 10	PN 16	PN 20	PN 25	PN 40	PN 50		
		垫片外径 D_o									
200	220	使用 PN 6 的尺寸	262	273	273	278.5	284	290	306.0	1.5	3
250	273		317	328	329	338.0	340	352	360.5		
300	324		373	378	384	408.0	400	417	421.0		
350	356		423	438	444	449.0	457	474	484.5	3	
400	407		473	489	495	513.0	514	546	538.5		
450	458		528	539	555	548.0	564	571	595.5		
500	508		578	594	617	605.0	624	628	653.0		
600	610		679	695	734	716.5	731	747	774.0		
700	712		784	810	804	—	833	—	—		4
800	813		890	917	911		942				
900	915		990	1 017	1 011		1 042				
1 000	1 016		1 090	1 124	1 128		1 154				
1 200	1 220	1 290	1 307	1 341	1 342		1 365				5
1 400	1 420	1 490	1 524	1 548	1 542		1 580				
1 600	1 620	1 700	1 724	1 772	1 765		1 800				
1 800	1 820	1 900	1 931	1 972	1 965		2 002				
2 000	2 020	2 100	2 138	2 182	2 170		2 232				

1)用户有特殊要求时，可以修改垫片内径。

表 5-30　凹凸面管法兰用金属冲齿板柔性石墨复合垫片尺寸(GB/T 19675.1—2005)　mm

公称尺寸 DN	垫片内径 d_i[1)]	公称压力		垫片厚度 t	包边宽度 b
		PN 16,PN 25,PN 40	PN 50		
		垫片外径 D_o			
10	18	34	—	1.5	3
15	22	39	35.0		
20	27	50	43.0		
25	34	57	51.0		
32	43	65	63.5		
40	49	75	73.0		

续表 5-30 mm

公称尺寸 DN	垫片内径 d_i[1]	公称压力 PN 16,PN 25,PN 40	公称压力 PN 50	垫片厚度 t	包边宽度 b
		垫片外径 D_o			
50	61	87	92.0		
65	77	109	105.0		
80	89	120	127.0		
100	115	149	157.0		
125	141	175	186.0	1.5	
150	169	203	216.0		
200	220	259	270.0		
250	273	312	324.0		3
300	324	363	381.0		
350	358	421	413.0		
400	407	473	470.0		
450	458	523	533.0	3	
500	508	575	584.0		
600	610	675	692.0		

1)用户有特殊要求时,可以修改垫片内径。

表 5-31 榫槽面管法兰用金属冲齿板柔性石墨复合垫片尺寸(GB/T 19675.1—2005) mm

公称尺寸 DN	公称压力 PN 16,PN 25,PN 40	PN 50	PN 16,PN 25,PN 40	PN 50	垫片厚度 t
	垫片内径 d_i		垫片外径 D_o		
10	24	—	34	—	
15	29	25.5	39	35.0	
20	36	33.5	50	43.0	
25	43	38.0	57	51.0	
32	51	47.5	65	63.5	1.5
40	61	54.0	75	73.0	
50	73	73.0	87	92.0	
65	95	85.5	109	105.0	
80	106	108.0	120	127.0	

续表 5-31　　mm

公称尺寸 DN	公称压力 PN 16，PN 25，PN 40	PN 50	PN 16，PN 25，PN 40	PN 50	垫片厚度 t
	垫片内径 d_i		垫片外径 D_o		
100	129	132.0	149	157.0	1.5
125	155	160.5	175	186.0	
150	183	190.5	203	216.0	
200	239	238.0	259	270.0	
250	292	286.0	312	324.0	
300	343	343.0	363	381.0	
350	395	374.5	421	413.0	3
400	447	425.5	473	470.0	
450	497	489.0	523	533.0	
500	549	533.5	575	584.0	
600	649	641.5	675	692.0	

5.3.1.3　尺寸极限偏差

（1）突面管法兰用金属冲齿板柔性石墨复合垫片内径 d_i 和外径 D_o 的极限偏差见表 5-32。

表 5-32　突面管法兰用金属冲齿板柔性石墨复合垫片内外径的极限偏差（GB/T 19675.2—2005）　　mm

公称尺寸 DN	垫片内径 d_i	垫片外径 D_o	公称尺寸 DN	垫片内径 d_i	垫片外径 D_o
10	±0.5	±0.8	350	±2.0	±2.0
15			400		
20			450		
25			500		
32	±0.8		600		±3.0
40			700	±3.0	
50		±1.2	800		
65			900		
80			1 000	±4.0	±4.0
100	±1.2		1 200		
125			1 400		
150			1 600	±5.0	±5.0
200		±2.0	1 800		
250	±2.0		2 000		
300					

（2）凹凸面、榫槽面管法兰用金属冲齿板柔性石墨复合垫片的内径 d_i 和外径 D_o 的极限偏差见表 5-33。

表 5-33 凹凸面、榫槽面管法兰用金属冲齿板柔性石墨复合垫片内外径的极限偏差（GB/T 19675.2—2005） mm

公称压力	垫片内径 d_i	垫片外径 D_o
PN 16，PN 25 和 PN 40	$^{+1.0}_{0}$	$^{0}_{-1.0}$
PN 50	$^{+1.5}_{0}$	$^{0}_{-1.5}$

（3）厚度为 1.5 mm 垫片的厚度极限偏差为±0.15 mm；厚度为 3 mm 垫片的厚度极限偏差为±0.20mm。同一垫片的厚度差不应大于 0.15 mm。

5.3.2 技术要求

5.3.2.1 材料

（1）金属冲齿板柔性石墨复合垫片由金属冲齿板与柔性石墨板材复合而成。

（2）常用金属冲齿板材料为低碳钢和 0Cr18Ni9、00Cr19Ni10、0Cr17Ni12Mo2、00Cr17Ni14Mo2 等。其性能应符合 GB/T 2520—2008《冷轧电镀锡钢板及钢带》和 GB/T 3280—2007《不锈钢冷轧钢板和钢带》等相应标准的规定。经与用户协商，也可以采用其他冲齿板材料。

（3）常用包边材料为 0Cr18Ni9、00Cr19Ni10、0Cr17Ni12Mo2、00Cr17Ni14Mo2 等。其性能应符合 GB/T 3280—2007 等相应标准的规定。经与用户协商，也可以采用其他包边材料。

（4）金属冲齿板柔性石墨复合板材的性能应符合 JB/T 6628—2008《柔性石墨复合增强（板）垫》的规定。

5.3.2.2 制造

（1）垫片应由整张复合板切割制成。外径大于 1 000 mm 的垫片，如需要拼接，应征得需方同意。

（2）厚度 3 mm 的垫片可由厚度 1.5 mm 的垫片粘贴而成，但应保证粘贴后的垫片在运输、贮存和安装使用过程中不发生分层和错位现象。

（3）垫片包边应平整，公称尺寸小于或等于 DN 150 的垫片，内包边不允许接头；DN 150以上的垫片，内包边只允许有一个接头。焊点不应有未熔合和过熔等缺陷。

5.3.2.3 外观

垫片表面应平整、无翘曲变形，不允许有裂纹、褶皱、划伤等可能影响使用性能的缺陷存在。边缘切割应整齐，金属冲齿板与柔性石墨层应结合良好。

5.3.2.4 性能

（1）垫片的压缩率和回弹率的试验条件和指标见表 5-34。

表 5-34 垫片的压缩率、回弹率的试验条件和指标（GB/T 19675.2—2005）

试样规格	试验条件		指标	
	压紧应力/MPa	试验温度/℃	压缩率/%	回弹率/%
PN 20，DN 80	35.0	20±5	18～35	≥20

（2）垫片应力松弛率的试验条件和指标见表 5-35。

表 5-35　垫片应力松弛率的试验条件和指标（GB/T 19675.2—2005）

试样规格	试验条件			指　标
	预紧比压/MPa	试验温度/℃	试验时间/h	应力松弛率/%
PN 20，DN 32	35.0	300±5	16	≤20

（3）垫片泄漏率的试验条件和指标见表 5-36。

表 5-36　垫片泄漏率的试验条件和指标（GB/T 19675.2—2005）

试样规格	试验条件			指　标
	试验介质	预紧比压/MPa	试验压力/MPa	泄漏率/（cm^3/s）
PN 20，DN 80	99.9%氮气	35.0	1.1 倍公称压力	$\leqslant 1\times10^{-3}$

5.3.3　标记

（1）标记方法

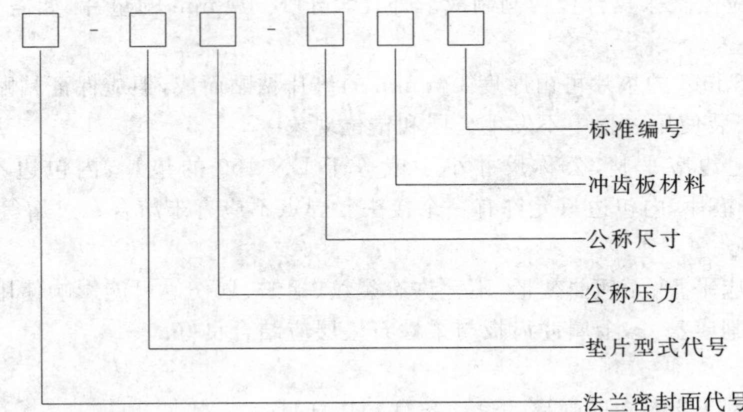

（2）标记示例

PN 10，DN 100，金属冲齿板材料为 0Cr18Ni9 的突面管法兰用内外包边型柔性石墨复合垫片，其标记为：

RF-C　PN 10-DN 100　0Cr18Ni9　GB/T 19675.1—2005

PN 25，DN 200，金属冲齿板材料为 0Cr18Ni9 的凹凸面管法兰用内包边型柔性石墨复合垫片，其标记为

MF-B　PN 25-DN 200　0Cr18Ni9　GB/T 19675.1—2005

PN 50,DN 300,金属冲齿板材料为0Cr18Ni9的榫槽面管法兰用基本型柔性石墨复合垫片,其标记为:

TG-A PN 50-DN 300 0Cr18Ni9 GB/T 19675.1—2005

5.4 柔性石墨金属波齿复合垫片

由柔性石墨做成的金属波齿复合垫片是在机械加工成波齿状的金属板两面覆盖上柔性石墨的一种复合垫片。这种垫片既有金属的强度,又有波纹弹性的特点,最高使用温度可达到650 ℃左右;适用公称压力用PN标记的法兰用垫片尺寸的最高压力可达250 bar;适用公称压力用Class标记的法兰用垫片尺寸的最高压力可达到1 500 bar(PN 260 bar)。此种垫片通常用于突面、凹凸面及榫槽面带颈对焊钢制管法兰、压力容器法兰、阀门及换热器等管道和设备的密封。

5.4.1 型式与尺寸

5.4.1.1 垫片型式

垫片按其结构的不同可分为基本型、带定位环型及带定位耳型3种。

(1) 基本型柔性石墨金属波齿复合垫片适用于榫槽密封面和凹凸面的法兰,其型式见图5-23。

(2) 带定位环型柔性石墨金属波齿复合垫片适用于全平面和突面密封面法兰,其型式见图5-24。

(3) 带定位耳型柔性石墨金属波齿复合垫片适用于全平面和突面密封面法兰,其型式见图5-25。

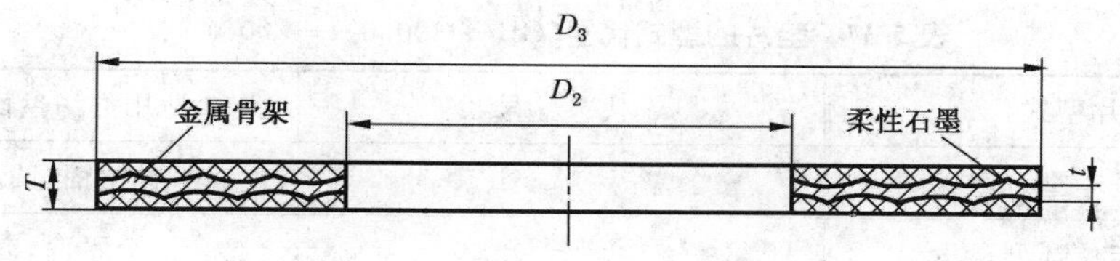

图5-23 基本型柔性石墨金属波齿复合垫片

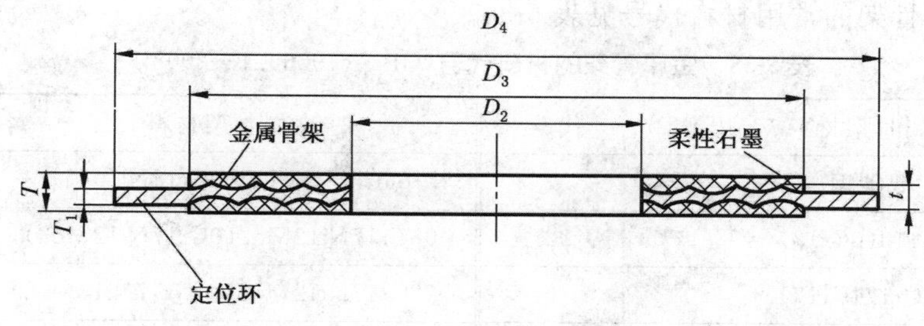

图5-24 带定位环型柔性石墨金属波齿复合垫片

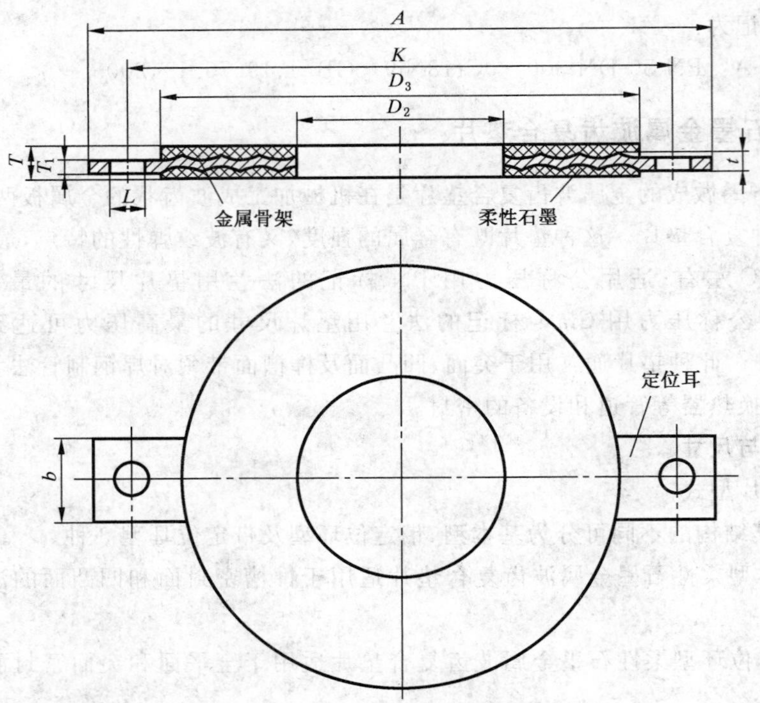

图 5-25 带定位耳型柔性石墨金属波齿复合垫片

5.4.1.2 代号

(1) 垫片的型式代号见表 5-37。

表 5-37 垫片的型式代号(GB/T 19066.1—2008)

垫片型式	代 号	适用的法兰面型式
基本型	A	榫槽面,凹凸面
带定位环型	B	全平面,突面
带定位耳型	C	全平面,突面

(2) 金属骨架的常用材料代号见表 5-38。

表 5-38 金属骨架的材料代号(GB/T 19066.1—2008)

金属骨架材料	代 号	金属骨架材料	代 号
低碳钢	1	06Cr18Ni11Ti(0Cr18Ni10Ti)	6
06Cr13(0Cr13)	2	06Cr17Ni12Mo2(0Cr17Ni12Mo2)	7
10(Cr171Cr17)	3	022Cr17Ni12Mo2(00Cr17Ni14Mo2)	8
06Cr19Ni10(0Cr18Ni9)	4	其他特殊材料	9
022Cr19Ni10(00Cr19Ni10)	5		

5.4.1.3 垫片尺寸

（1）公称压力用 PN 标记的法兰用垫片尺寸

① 榫槽面法兰用基本型垫片尺寸见表 5-39。

② 凹凸面法兰用基本型垫片尺寸见表 5-40。

③ 全平面、突面法兰用带定位环型垫片尺寸见表 5-41。

④ 全平面、突面法兰用带定位耳型垫片尺寸见表 5-42。

表 5-39 榫槽面法兰用基本型垫片尺寸(GB/T 19066.1—2008)

mm

公称尺寸 DN	公称压力 PN 16,PN 25,PN 40,PN 63,PN 100,PN 160,PN 250		厚度 T	公称尺寸 DN	公称压力 PN 16,PN 25,PN 40,PN 63,PN 100,PN 160,PN 250		厚度 T
	D_3	D_2			D_3	D_2	
10	34.5	23.5	2.5 或 3.0	350	421.5	394.5	3.0 或 4.0
15	39.5	28.5		400	473.5	446.5	
20	50.5	35.5		450	523.5	496.5	
25	57.5	42.5		500	575.5	548.5	
32	65.5	50.5		600	675.5	648.5	
40	75.5	60.5		700	777.5	750.5	4.0 或 4.5
50	87.5	72.5		800	882.5	855.5	
65	109.5	94.5		900	987.5	960.5	
80	120.5	105.5		1 000	1 093	1 061	
100	149.5	128.5	3.0 或 4.0	1 200	1 293	1 261	
125	175.5	154.5		1 400	1 493	1 461	
150	203.5	182.5		1 600	1 693	1 661	4.5 或 5.5
200	259.5	238.5		1 800	1 893	1 861	
250	312.5	291.5		2 000	2 093	2 061	
300	363.5	342.5					

表 5-40 凹凸面法兰用基本型垫片尺寸(GB/T 19066.1—2008)

mm

公称尺寸 DN	公称压力 PN 16,PN 25,PN 40,PN 63,PN 100,PN 160,PN 250	公称压力 PN 16,PN 25,PN 40,PN 63	公称压力 PN 100,PN 160,PN 250	厚度 T
	D_3	D_2		
10	34.5	16.5	16.5	2.5 或 3.0
15	39.5	21.5	21.5	

续表 5-40

mm

公称尺寸 DN	公称压力			厚度 T
	PN 16,PN 25,PN 40,PN 63,PN 100,PN 160,PN 250	PN 16,PN 25,PN 40,PN 63	PN 100,PN 160,PN 250	
	D_3	D_2		
20	50.5	32.5	32.5	2.5 或 3.0
25	57.5	39.5	39.5	
32	65.5	41.5	41.5	
40	75.5	51.5	51.5	
50	87.5	63.5	63.5	
65	109.5	85.5	77.5	
80	120.5	88.5	88.5	
100	149.5	117.5	109.5	3.0 或 4.0
125	175.5	143.5	135.5	
150	203.5	171.5	163.5	
200	259.5	219.5	211.5	
250	312.5	272.5	264.5	
300	363.5	323.5	315.5	
350	421.5	381.5	373.5	
400	473.5	433.5	417.5	
450	523.5	483.5	—	
500	575.5	535.5	—	
600	675.5	635.5	—	
700	777.5	737.5	—	4.0 或 4.5
800	882.5	842.5	—	
900	987.5	947.5	—	
1 000	1 093.5	1045.5	—	
1 200	1 293.5	1 245.5	—	
1 400	1 493.5	1 437.5	—	
1 600	1 693.5	1 637.5	—	4.5 或 5.5
1 800	1 893.5	1 837.5	—	
2 000	2 093.5	2 037.5	—	

表 5-41 全平面、突面法兰用带定位环型垫片尺寸(GB/T 19066.1—2008)

mm

公称尺寸 DN	公称压力												厚度	
	PN 10	PN 16	PN 25	PN 40	PN 63	PN 10,PN 16,PN 25,PN 40,PN 63		PN 100	PN 160	PN 250	PN 100,PN 160,PN 250			
	D_4					D_3	D_2	D_4			D_3	D_2	T	T_1
10	48	48	48	48	58	34.5	16.5	58	58	69	34.5	16.5	2.5 或 3.0	≤t1) −0.5
15	53	53	53	53	63	39.5	21.5	63	63	74	39.5	21.5		
20	63	63	63	63	74	50.5	32.5	74	74	79	50.5	32.5		
25	73	73	73	73	84	57.5	39.5	84	84	85	57.5	39.5		
32	84	84	84	84	90	65.5	41.5	90	90	100	65.5	41.5		
40	94	94	94	94	105	75.5	51.5	105	105	111	75.5	51.5		
50	109	109	109	109	115	87.5	63.5	121	121	126	87.5	63.5		
65	129	129	129	129	140	109.5	85.5	146	146	156	109.5	85.5		
80	144	144	144	144	150	120.5	88.5	156	156	173	120.5	88.5		
100	164	164	170	170	176	149.5	117.5	183	183	205	149.5	109.5	3.0 或 4.0	
125	194	194	196	196	213	175.5	143.5	220	220	245	175.5	135.5		
150	220	220	226	226	250	203.5	171.5	260	260	287	203.5	163.5		
200	275	275	286	293	312	259.5	219.5	327	327	361	259.5	211.5		
250	330	331	343	355	367	312.5	272.5	394	391	445	312.5	264.5		
300	380	386	403	420	427	363.5	323.5	461	461	542	363.5	315.5		
350	440	446	460	477	489	421.5	381.5	515	—	—	421.5	373.5		
400	491	498	517	549	546	473.5	433.5	575	—	—	473.5	417.5		
450	541	558	567	574	—	523.5	483.5	—	—	—	—	—		
500	596	620	627	631	—	575.5	535.5	—	—	—	—	—		

续表 5-41

mm

公称尺寸 DN	公称压力												厚度	
	PN 10	PN 16	PN 25	PN 40	PN 63	PN 10, PN 16, PN 25, PN 40, PN 63		PN 100	PN 160	PN 250	PN 100, PN 160, PN 250			
	D_4					D_3	D_2	D_4			D_3	D_2	T	T_1
600	698	737	734	750	—	675.5	635.5	—	—	—	—	—	4.0 或 4.5	$\leqslant t$[1] -0.5
700	813	807	836	—	—	777.5	737.5	—	—	—	—	—		
800	920	911	945	—	—	882.5	842.5	—	—	—	—	—		
900	1 020	1 014	1045	—	—	987.5	947.5	—	—	—	—	—		
1 000	1 127	1 131	1 158	—	—	1 093.5	1 045.5	—	—	—	—	—		
1 200	1 344	1 345	1 368	—	—	1 293.5	1 245.5	—	—	—	—	—		
1 400	1 551	1 545	1 584	—	—	1 493.5	1 437.5	—	—	—	—	—	4.5 或 5.5	
1 600	1 775	1 768	1 804	—	—	1 693.5	1 637.5	—	—	—	—	—		
1 800	1 975	1 968	2 006	—	—	1 893.5	1 837.5	—	—	—	—	—		
2 000	2 185	2 174	2 236	—	—	2 093.5	2 037.5	—	—	—	—	—		
2 200	2 388	—	—	—	—	2 293.5	2 229.5	—	—	—	—	—		
2 400	2 598	—	—	—	—	2 493.5	2 429.5	—	—	—	—	—		
2 600	2 798	—	—	—	—	2 693.5	2 629.5	—	—	—	—	—		
2 800	3 018	—	—	—	—	2 893.5	2 829.5	—	—	—	—	—		
3 000	3 234	—	—	—	—	3 093.5	3 029.5	—	—	—	—	—		

1) t 为金属骨架的厚度。

表 5-42 全平面、突面法兰用带定位耳型垫片尺寸(GB/T 19066.1—2008)

mm

公称尺寸 DN	公称压力																						厚度	
	PN 10				PN 16				PN 25				PN 40				PN 63				PN 10,PN 16,PN 25,PN 40,PN 63			
	K	L	b	A	K	L	b	A	K	L	b	A	K	L	b	A	K	L	b	A	D_3	D_2	T	T_1
10	60	14	24	84	60	14	24	84	60	14	24	84	60	14	24	84	70	14	24	94	34.5	16.5	2.5或3.0	$\leqslant t^{1)}-0.5$
15	65	14	24	89	65	14	24	89	65	14	24	89	65	14	24	89	75	14	24	99	39.5	21.5		
20	75	14	24	99	75	14	24	99	75	14	24	99	75	14	24	99	90	18	28	118	50.5	32.5		
25	85	14	24	109	85	14	24	109	80	14	24	104	85	14	24	109	100	18	28	128	57.5	39.5		
32	100	18	28	128	100	18	28	128	100	18	28	128	100	18	28	128	110	22	37	142	65.5	41.5		
40	110	18	28	138	110	18	28	138	110	18	28	138	110	18	28	138	125	22	37	157	75.5	51.5		
50	125	18	28	153	125	18	28	153	125	18	28	153	125	18	28	153	135	22	37	167	87.5	63.5		
65	145	18	28	173	145	18	28	173	145	18	28	173	145	18	28	173	160	22	37	192	109.5	85.5		
80	160	18	28	188	160	18	28	188	160	18	28	188	160	18	28	188	170	22	37	202	120.5	88.5	3.0或4.0	
100	180	18	28	218	180	18	28	218	190	22	37	232	190	22	37	232	200	26	41	246	149.5	117.5		
125	210	18	33	248	210	18	28	248	220	26	41	266	220	26	41	266	240	30	50	290	175.5	143.5		
150	240	22	37	282	240	22	37	282	250	26	41	296	250	26	41	296	280	33	53	333	203.5	171.5		
200	295	22	37	337	295	22	37	337	310	26	41	356	320	30	50	370	345	36	56	401	259.5	219.5		
250	350	22	37	402	355	26	41	411	370	30	50	430	385	33	53	448	400	36	56	466	312.5	272.5		
300	400	22	37	452	410	26	41	466	430	30	50	490	450	33	53	513	460	36	56	526	363.5	323.5		
350	460	22	37	512	470	26	41	526	490	33	53	553	510	36	56	576	525	39	59	594	421.5	381.5		
400	515	26	41	571	525	30	50	585	550	36	56	616	585	39	59	654	585	42	62	657	473.5	433.5		
450	565	26	41	621	585	30	50	645	600	36	56	666	610	39	59	679	—	—	—	—	523.5	483.5		

续表 5-42

mm

公称尺寸 DN	公称压力																					厚度	
	PN 10				PN 16				PN 25				PN 40				PN 63				PN 10, PN 16, PN 25, PN 40, PN 63			
	K	L	b	A	K	L	b	A	K	L	b	A	K	L	b	A	K	L	b	A	D_3	D_2	T	T_1
500	620	26	41	676	650	33	53	713	660	36	56	726	670	42	62	742	—	—	—	—	575.5	535.5	3.0 或 4.0	$\leqslant t^{1)}-0.5$
600	725	30	50	785	770	36	56	836	770	39	59	839	795	48	68	873	—	—	—	—	675.5	635.5		
700	840	30	50	910	840	36	56	916	875	42	62	957	—	—	—	—	—	—	—	—	777.5	737.5	4.0 或 4.5	
800	950	33	53	1 023	950	39	59	1 029	990	48	68	1 078	—	—	—	—	—	—	—	—	882.5	842.5		
900	1 050	33	53	1 123	1 050	39	59	1 129	1 090	48	68	1 178	—	—	—	—	—	—	—	—	987.5	947.5		
1 000	1 160	36	56	1 236	1 170	41	61	1 251	1 210	55	75	1 305	—	—	—	—	—	—	—	—	1 094	1 046		
1 200	1 380	39	59	1 459	1 390	48	68	1 478	1 420	55	75	1 515	—	—	—	—	—	—	—	—	1 294	1 246	4.5 或 5.5	
1 400	1 590	42	62	1 672	1 590	48	68	1 678	1 640	60	80	1 740	—	—	—	—	—	—	—	—	1 494	1 438		
1 600	1 820	48	68	1 908	1 820	56	76	1 916	1 860	60	80	1 960	—	—	—	—	—	—	—	—	1 694	1 638		
1 800	2 020	48	68	2 108	2 020	56	76	2 116	2 070	68	88	2 178	—	—	—	—	—	—	—	—	1 894	1 838		
2 000	2 230	48	68	2 318	2 230	62	82	2 332	2 300	68	88	2 408	—	—	—	—	—	—	—	—	2 094	2 038		
2 200	2 440	56	76	2 536	—	—	—	—	—	—	—	—	—	—	—	—	—	—	—	—	2 294	2 230		
2 400	2 650	56	76	2 746	—	—	—	—	—	—	—	—	—	—	—	—	—	—	—	—	2 494	2 430		
2 600	2 850	56	76	2 946	—	—	—	—	—	—	—	—	—	—	—	—	—	—	—	—	2 694	2 630		
2 800	3 070	56	76	3 166	—	—	—	—	—	—	—	—	—	—	—	—	—	—	—	—	2 894	2 830		
3 000	3 290	62	82	3 392	—	—	—	—	—	—	—	—	—	—	—	—	—	—	—	—	3 094	3 030		

注：定位耳尺寸 b 和 A 仅供参考，不作为检验依据。

1) t 为金属骨架的厚度。

(2) 公称压力用Class标记的法兰用垫片尺寸

① 榫槽面法兰用基本型垫片尺寸见表5-43。

② 凹凸面法兰用基本型垫片尺寸见表5-44。

③ 全平面、突面法兰用带定位环型垫片尺寸见表5-45。

④ 全平面、突面法兰用带定位耳型垫片尺寸见表5-46。

表5-43　榫槽面法兰用基本型垫片尺寸(GB/T 19066.1—2008)　mm

公称尺寸		公称压力/psi(bar) Class 300(PN 50), Class 600(PN 110), Class 900(PN 150), Class 1500(PN 260)		厚度 T	公称尺寸		公称压力/psi(bar) Class 300(PN 50), Class 600(PN 110), Class 900(PN 150), Class 1500(PN 260)		厚度 T
DN	NPS/in	D_3	D_2		DN	NPS/in	D_3	D_2	
15	1/2	36	25	2.5或3.0	150	6	217	190	3.0或4.0
20	3/4	44	33		200	8	271	239	
25	1	52	37		250	10	325	285	
32	1¼	64	47		300	12	382	342	
40	1½	74	53		350	14	414	374	
50	2	93	72		400	16	471	427	
65	2½	106	85		450	18	534	490	
80	3	128	107		500	20	585	533	
100	4	158	131	3.0或4.0	600	24	693	641	
125	5	187	160						

表5-44　凹凸面法兰用基本型垫片尺寸(GB/T 19066.1—2008)　mm

公称尺寸		公称压力/psi(bar)			厚度 T
		Class 300(PN 50), Class 600(PN 110), Class 900(PN 150), Class 1500(PN 260)	Class 300(PN 50)	Class 600(PN 110), Class 900(PN 150), Class 1500(PN 260)	
DN	NPS/in	D_3	D_2		
15	1/2	36	18	18	2.5或3.0
20	3/4	43.9	25.9	25.9	
25	1	51.9	33.9	33.9	
32	1¼	64.6	40.6	40.6	
40	1½	74.1	50.1	50.1	
50	2	93.2	69.2	69.2	
65	2½	105.9	81.9	73.9	
80	3	128.1	96.1	96.1	

续表 5-44　　mm

公称尺寸		公称压力 /psi(bar)			厚度 T
		Class 300(PN 50)，Class 600(PN 110)，Class 900(PN 150)，Class 1500(PN 260)	Class 300(PN 50)	Class 600(PN 110)，Class 900 (PN 150)，Class 1500(PN 260)	
DN	NPS/in	D_3	D_2		
100	4	158.3	126.3	118.3	3.0 或 4.0
125	5	186.8	154.8	146.8	
150	6	217	185	177	
200	8	271	231	223	
250	10	324.9	284.9	276.9	
300	12	382.1	342.1	334.1	
350	14	413.8	373.8	365.8	
400	16	471	431	415	
450	18	534.5	494.5	470.5	
500	20	585.3	545.3	521.3	
600	24	693.2	653.2	629.2	

(3) 公称压力用 Class 标记的大直径钢制管法兰用垫片尺寸

① A 系列大直径突面法兰用带定位环型垫片尺寸见图 5-24 和表 5-47。

② B 系列大直径突面法兰用带定位环型垫片尺寸见图 5-24 和表 5-48。

③ A 系列大直径突面法兰用带定位耳型垫片尺寸见图 5-26 和表 5-49。

④ B 系列大直径突面法兰用带定位耳型垫片尺寸见图 5-26 和表 5-50。

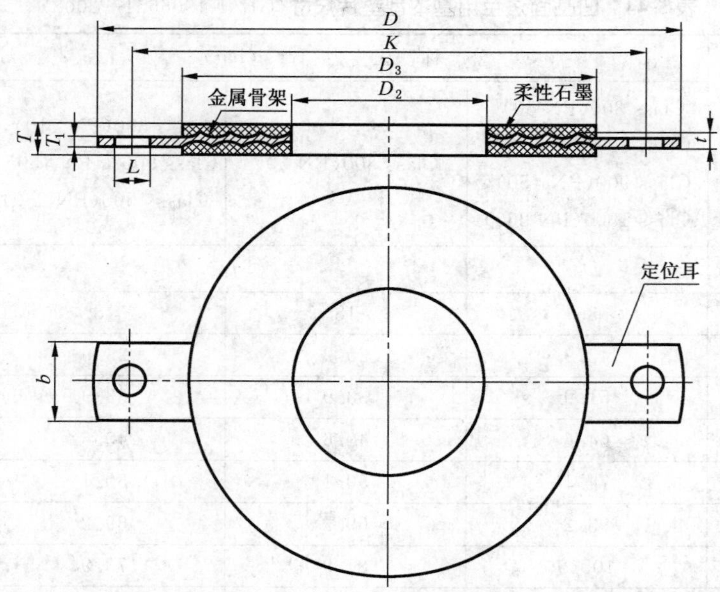

图 5-26　大直径突面法兰用柔性石墨金属波齿复合垫片(带定位耳型)

表 5-45 全平面、突面法兰用带定位环型垫片尺寸(GB/T 19066.1—2008)

mm

公称尺寸		公称压力/psi(bar)									厚度	
		Class 150 (PN 20)	Class 300 (PN 50)	Class 150(PN 20), Class 300 (PN 50)		Class 600 (PN 110)	Class 900 (PN 150)	Class 1500 (PN 260)	Class 600(PN 110), Class 900 (PN 150), Class 1500(PN 260)			
DN	NPS/in	D_4		D_3	D_2	D_4			D_3	D_2	T	T_1
15	1/2	46.3	52.7	32	17	52.7	62.6	62.6	32	17	2.5 或 3.0	$\leqslant t^{1)}-0.5$
20	3/4	55.9	66.6	40	22	66.6	68.9	68.9	40	22		
25	1	65.4	72.9	46	28	72.9	77.6	77.6	46	28		
32	1¼	74.9	82.5	60	36	82.4	87.1	87.1	60	36		
40	1½	84.4	94.3	68	44	94.3	96.8	96.8	68	44		
50	2	104.7	111	84	60	111	141.1	141.1	84	60		
65	2½	123.7	129.2	96	72	129.2	163.5	163.5	101	69		
80	3	136.4	148.3	120	96	148.3	166.5	173.2	120	88		
100	4	174.5	180	142	110	191.9	205	208.3	150	110	3.0 或 4.0	
125	5	195.9	215	170	138	239.7	246.5	253.1	175	135		
150	6	221.3	249.9	200	168	265.1	287.5	281.5	200	160		
200	8	278.5	306.2	255	215	319.2	357.5	351.7	260	212		
250	10	338	360.4	305	265	398.8	434	434.6	315	267		
300	12	407.8	420.8	360	320	456	497.5	519.5	370	322		
350	14	449.3	484.4	400	360	491	520	579	405	357		
400	16	512.8	538.5	455	415	564.2	574	640.8	460	404		
450	18	547.9	595.6	510	470	612	638	704.7	524	460		
500	20	605	652.8	560	520	681.9	697.5	755.8	570	506		
600	24	716.3	773.8	660	620	790.2	837.5	900.6	678	614		

1) t 为金属骨架的厚度。

表 5-46 全平面、突面法兰用带定位耳型垫片尺寸(GB/T 19066.1—2008)

mm

公称尺寸		公称压力/psi(bar)																								厚度	
DN	NPS/in	Class 150 (PN 20)				Class 300 (PN 50)				Class 150 (PN 20), Class 300 (PN 50)		Class 600 (PN 110)				Class 900 (PN 150)				Class 1500 (PN 260)				Class 600 (PN 110), Class 900 (PN 150), Class 1500 PN 260)			
		K	L	b	A	K	L	b	A	D_3	D_2	K	L	b	A	K	L	b	A	K	L	b	A	D_3	D_2	T	T_1
15	1/2	60.3	16	26	86	66.7	16	26	93	32	17	66.7	16	26	93	82.6	22	35	115	82.6	22	37	115	32	17	2.5 或 3.0	$\leqslant t^{1)}-0.5$
20	3/4	69.9	16	26	96	82.6	19	29	112	40	22	82.6	19	29	112	88.9	22	35	121	88.9	22	37	121	40	22		
25	1	79.4	16	26	105	88.9	19	29	118	46	28	88.9	19	29	118	101.6	26	41	138	101.6	26	41	138	46	28		
32	1¼	88.9	16	26	115	98.4	19	29	127	60	36	98.4	19	29	127	111.1	26	41	147	111.1	26	41	147	60	36		
40	1½	98.4	16	26	124	114.3	22	37	146	68	44	114.3	22	37	146	123.8	29	49	163	123.8	29	49	163	68	44		
50	2	120.7	19	29	150	127	19	29	156	84	60	127	19	29	156	165.1	26	41	201	165.1	26	41	201	84	60		
65	2½	139.7	19	29	169	149.2	22	37	181	96	72	149.2	22	37	181	190.5	29	49	230	190.5	29	49	230	101	69		
80	3	152.4	19	29	181	168.3	22	37	200	120	88	168.3	22	37	200	190.5	26	41	227	203.2	32	52	245	120	88		

续表 5-46

mm

公称尺寸		公称压力 /psi(bar)																								厚度	
DN	NPS/in	Class 150 (PN 20)				Class 300 (PN 50)				Class 150 (PN 20), Class 300 (PN 50)		Class 600 (PN 110)				Class 900 (PN 150)				Class 1500 (PN 260)				Class 600 (PN 110), Class 900 (PN 150), Class 1500 PN 260)			
		K	L	b	A	K	L	b	A	D_3	D_2	K	L	b	A	K	L	b	A	K	L	b	A	D_3	D_2	T	T_1
100	4	190.5	19	29	230	200	22	37	242	142	110	215.9	26	41	262	235	32	52	287	241.3	35	55	296	150	110	3.0 或 4.0	$\leqslant t^{1)}-0.5$
125	5	216.9	22	37	259	235	22	37	277	170	138	266.7	29	49	316	279.4	35	55	334	292.1	42	62	354	175	135		
150	6	241.3	22	37	283	269.9	22	37	312	200	168	292.1	29	49	341	317.5	32	52	370	317.5	39	59	377	200	160		
200	8	298.5	22	37	341	330.2	26	41	376	255	215	349.2	32	52	401	393.7	39	59	453	393.7	45	65	459	260	212		
250	10	362	26	41	418	387.4	29	49	446	305	265	431.8	35	55	497	469.9	39	59	539	482.6	51	71	564	315	267		
300	12	431.8	26	41	488	450.8	32	52	513	360	320	489	35	55	554	533.4	39	59	602	571.5	55	75	657	370	322		
350	14	476.3	29	49	535	514.4	32	52	576	400	360	527	39	59	596	558.8	42	62	631	635	60	80	725	405	357		
400	16	539.8	29	49	599	571.5	35	55	637	455	415	603.2	42	62	675	616	45	65	691	704.8	67	87	802	460	404		
450	18	577.9	32	52	640	628.6	35	55	694	510	470	654	45	65	729	685.8	51	71	767	774.7	73	93	878	524	460		
500	20	635	32	52	697	685.8	35	55	751	560	520	723.9	45	65	799	749.3	55	75	834	831.8	79	99	941	570	506		
600	24	749.3	35	55	814	812.8	42	62	885	660	620	838.2	51	71	919	901.7	67	87	999	990.6	93	113	1 114	678	614		

注：定位耳尺寸 b 和 A 仅供参考，不作为检验依据。

1) t 为金属骨架的厚度。

表 5-47　公称压力用 Class 标记的 A 系列大直径法兰用柔性石墨金属波齿复合垫片尺寸(带定位环型)(GB/T 13403—2008)　mm

公称尺寸		公称压力/psi(bar)												垫片厚度 T	金属骨架厚度 t	定位环厚度 T_1
		Class 150(PN 20)			Class 300(PN 50)			Class 600(PN 110)			Class 900(PN 150)					
NPS/in	DN	D_2	D_3	D_4	D_2	D_3	D_4	D_2	D_3	D_4	D_2	D_3	D_4			
26	650	660	700	771	660	700	832	662	718	863	662	718	878	4.0	3.0	1.0~2.5
28	700	710	750	829	710	750	895	711	775	910	711	775	943			
30	750	760	800	879	760	800	949	766	830	967	766	830	1 007			
32	800	810	850	936	810	850	1 003	818	882	1 017	818	882	1 067			
34	850	865	905	987	865	905	1 054	866	938	1 067	866	938	1 133			
36	900	920	960	1 044	920	960	1 114	920	992	1 127	920	992	1 196			
38	950	970	1 010	1 108	970	1 010	1 051	965	1 037	1 099	965	1 037	1 196	4.5	3.5	1.5~3.0
40	1 000	1 017	1 065	1 159	1 017	1 065	1 111	1 016	1 096	1 150	1 016	1 096	1 247			
42	1 050	1 067	1 115	1 216	1 067	1 115	1 162	1 070	1 150	1 216	1 070	1 150	1 298			
44	1 100	1 122	1 170	1 273	1 122	1 170	1 216	1 120	1 208	1 267	1 120	1 208	1 366			
46	1 150	1 172	1 220	1 324	1 172	1 220	1 270	1 168	1 256	1 324	1 168	1 256	1 429			
48	1 200	1 227	1 270	1 381	1 227	1 270	1 321	1 219	1 315	1 386	1 219	1 315	1 480			
50	1 250	1 277	1 325	1 432	1 277	1 325	1 374	1 269	1 365	1 445						
52	1 300	1 327	1 375	1 489	1 327	1 375	1 425	1 319	1 415	1 496						
54	1 350	1 379	1 427	1 546	1 379	1 427	1 486	1 369	1 465	1 553						
56	1 400	1 424	1 480	1 603	1 424	1 480	1 537	1 419	1 515	1 607						
58	1 450	1 484	1 540	1 660	1 484	1 540	1 588	1 469	1 565	1 658						
60	1 500	1 534	1 590	1 711	1 534	1 590	1 639	1 519	1 615	1 729						

表 5-48 公称压力用 Class 标记的 B 系列大直径法兰用柔性石墨金属波齿复合垫片尺寸(带定位环型)(GB/T 13403—2008)

mm

公称尺寸		公称压力/psi(bar)												垫片厚度 T	金属骨架厚度 t	定位环厚度 T_1
		Class 150(PN 20)			Class 300(PN 50)			Class 600(PN 110)			Class 900(PN 150)					
NPS/in	DN	D_2	D_3	D_4	D_2	D_3	D_4	D_2	D_3	D_4	D_2	D_3	D_4			
26	650	660	700	722	660	700	768	662	718	761	662	718	835	4.0	3.0	1.0～2.5
28	700	710	750	773	710	750	822	711	775	816	711	775	897			
30	750	760	800	824	760	800	882	766	830	876	766	830	956			
32	800	810	850	878	810	850	936	818	882	929	818	882	1 013			
34	850	865	905	931	865	905	990	866	938	991	866	938	1 068			
36	900	920	960	984	920	960	1 044	920	992	1 042	920	992	1 121			
38	950	970	1 010	1 041	970	1 010	1 095	965	1 037	1 099	965	1 037	1 196			
40	1 000	1 017	1 065	1 092	1 017	1 065	1 146	1 016	1 096	1 150	1 016	1 096	1 247			
42	1 050	1 067	1 115	1 142	1 067	1 115	1 197	1 070	1 150	1 216	1 070	1 150	1 298			
44	1 100	1 122	1 170	1 193	1 122	1 170	1 247	1 120	1 208	1 267	1 120	1 208	1 366			
46	1 150	1 172	1 220	1 252	1 172	1 220	1 314	1 168	1 256	1 324	1 168	1 256	1 429			
48	1 200	1 227	1 270	1 303	1 227	1 270	1 365	1 219	1 315	1 386	1 219	1 315	1 480			
50	1 250	1 277	1 325	1 354	1 277	1 325	1 416	1 269	1 365	1 445						
52	1 300	1 327	1 375	1 405	1 327	1 375	1 467	1 319	1 415	1 496						
54	1 350	1 379	1 427	1 460	1 379	1 427	1 527	1 369	1 465	1 553						
56	1 400	1 424	1 480	1 511	1 424	1 480	1 588	1 419	1 515	1 607						
58	1 450	1 484	1 540	1 576	1 484	1 540	1 650	1 469	1 565	1 658						
60	1 500	1 534	1 590	1 627	1 534	1 590	1 701	1 519	1 615	1 729						

表 5-49　公称压力用 Class 标记的 A 系列大直径法兰用柔性石墨金属波齿复合垫片尺寸(带定位耳型)(GB/T 13403—2008)　mm

公称尺寸		公称压力 /psi(bar)																				垫片厚度 T	金属骨架厚度 t
		Class 150(PN 20)				Class 300(PN 50)				Class 150 (PN 20)，Class 300 (PN 50)		Class 600 (PN 110)				Class 900 (PN 150)				Class 600 (PN 110)，Class 900 (PN 150)			
NPS /in	DN	K	L	b	D	K	L	b	D	D_2	D_3	K	L	b	D	K	L	b	D	D_2	D_3		
26	650	806.5	35	55	870	876.3	45	65	971	660	700	914.4	51	71	1 016	952.5	75	95	1 086	662	718	4.0	3.0
28	700	863.6	35	55	927	939.8	45	65	1 035	710	750	965.2	55	75	1 073	1 022.4	79	99	1 168	711	775		
30	750	914.4	35	55	984	997.0	48	68	1 092	760	800	1 022.4	55	75	1 130	1 085.9	79	99	1 232	766	830		
32	800	977.9	42	62	1 060	1 054.1	51	71	1 149	810	850	1 079.5	63	83	1 194	1 155.7	88	108	1 314	818	882		
34	850	1 028.7	42	62	1 111	1 104.9	51	71	1 206	865	905	1 130.3	63	83	1 245	1 225.6	93	113	1 397	866	938		
36	900	1 085.9	42	62	1 168	1 168.4	55	75	1 270	920	960	1 193.8	67	87	1 314	1 289.1	93	113	1 461	920	992		
38	950	1 149.4	42	62	1 238	1 092.2	42	62	1 168	970	1 010	1 162.1	63	83	1 270	1 289.1	93	113	1 461	965	1 037	4.5	3.5
40	1 000	1 200.2	42	62	1 289	1 155.7	45	65	1 238	1 017	1 065	1 212.9	63	83	1 321	1 339.9	93	113	1 511	1 016	1 096		
42	1 050	1 257.3	42	62	1 346	1 206.5	45	65	1 289	1 067	1 115	1 282.7	67	87	1 403	1 390.7	93	113	1 562	1 070	1 150		
44	1 100	1 314.5	42	62	1 403	1 263.7	48	68	1 325	1 122	1 170	1 333.5	67	87	1 454	1 463.5	98	118	1 648	1 120	1 208		
46	1 150	1 365.3	42	62	1 454	1 320.8	51	71	1 416	1 172	1 220	1 390.7	67	87	1 511	1 536.7	108	128	1 734	1 168	1 256		
48	1 200	1 422.4	42	62	1 511	1 371.6	51	71	1 467	1 227	1 275	1 460.5	75	95	1 594	1 587.5	108	128	1 784	1 219	1 315		
50	1 250	1 479.6	48	68	1 568	1 428.8	55	75	1 530	1 277	1 325	1 524.0	79	99	1 670					1 269	1 365		
52	1 300	1 536.7	48	68	1 626	1 479.6	55	75	1 581	1 327	1 375	1 574.8	79	99	1 721					1 319	1 415		
54	1 350	1 593.9	48	68	1 683	1 549.4	63	83	1 657	1 379	1 427	1 632.0	79	99	1 778					1 369	1 465		
56	1 400	1 651.0	48	68	1 746	1 600.2	63	83	1 708	1 424	1 480	1 695.5	88	108	1 854					1 419	1 515		
58	1 450	1 708.2	48	68	1 803	1 651.0	63	83	1 759	1 484	1 540	1 746.3	88	108	1 905					1 469	1 565		
60	1 500	1 759.0	48	68	1 854	1 701.8	63	83	1 810	1 534	1 590	1 822.5	93	113	1 994					1 519	1 615		

注：定位耳的 b、D 尺寸不作为检验依据。

表 5-50 公称压力用 Class 标记的 B 系列大直径法兰用柔性石墨金属波齿复合垫片尺寸(带定位耳型)(GB/T 13403—2008)　mm

公称尺寸		公称压力/psi(bar)																				垫片厚度 T	金属骨架厚度 t
		Class 150(PN 20)				Class 300(PN 50)				Class 150(PN 20), Class 300(PN 50)		Class 600(PN 110)				Class 900(PN 150)				Class 600(PN 110), Class 900(PN 150)			
NPS/in	DN	K	L	b	D	K	L	b	D	D_2	D_3	K	L	b	D	K	L	b	D	D_2	D_3		
26	650	744.5	22	42	756	803.1	35	55	867	660	700	806.5	45	65	889	901.7	67	87	1 022	662	718	4.0	3.0
28	700	795.3	22	42	837	857.3	35	55	921	710	750	863.6	48	68	953	971.6	75	95	1 105	711	775		
30	750	846.1	22	42	887	920.8	39	59	991	760	800	927.1	51	71	1 022	1 035.1	79	99	1 181	766	830		
32	800	900.2	22	42	941	977.9	42	62	1054	810	850	984.3	55	75	1 086	1 092.2	79	99	1 238	818	882		
34	850	957.3	26	46	1 005	1 031.7	42	62	1 108	865	905	1 054.1	63	83	1 162	1 155.7	88	108	1 314	866	938		
36	900	1 009.7	26	46	1 057	1 089.2	45	65	1 171	920	960	1 104.9	63	83	1 213	1 200.2	79	99	1 346	920	992		
38	950	1 069.8	29	49	1 124	1 140.0	45	65	1 222	970	1 010	1 162.1	63	83	1 270	1 289.1	93	113	1 461	965	1 037	4.5	3.5
40	1 000	1 120.6	29	49	1 175	1 190.8	45	65	1 273	1 017	1 065	1 212.9	63	83	1 321	1 339.9	93	113	1 511	1 016	1 096		
42	1 050	1 171.4	29	49	1 226	1 244.6	48	68	1 334	1 067	1 115	1 282.7	67	87	1 403	1 390.7	93	113	1 562	1 070	1 150		
44	1 100	1 222.2	29	49	1 276	1 295.4	48	68	1 384	1 122	1 170	1 333.5	67	87	1 454	1 463.5	98	118	1 648	1 120	1 208		
46	1 150	1 284.2	32	52	1 341	1 365.3	51	71	1 461	1 172	1 220	1 390.7	67	87	1 511	1 536.7	108	128	1 734	1 168	1 256		
48	1 200	1 335.0	32	52	1 392	1 416.1	51	71	1 511	1 227	1 270	1 460.5	75	95	1 594	1 587.5	108	128	1 784	1 219	1 315		
50	1 250	1 385.8	32	52	1 443	1 466.9	51	71	1 562	1 277	1 325	1 524.0	79	99	1 670					1 269	1 365		
52	1 300	1 436.6	32	52	1 494	1 517.7	51	71	1 613	1 327	1 375	1 574.8	79	99	1721					1 319	1 415		
54	1 350	1 492.3	32	52	1 549	1 577.8	51	71	1 673	1 379	1 427	1 632.0	79	99	1 778					1 369	1 465		
56	1 400	1 543.1	32	52	1 600	1 651.0	63	83	1 765	1 424	1 480	1 695.5	88	108	1 854					1 419	1 515		
58	1 450	1 611.4	35	55	1 675	1 713.0	63	83	1 827	1 484	1 540	1 746.3	88	108	1 905					1 469	1 565		
60	1 500	1 662.2	35	55	1 726	1 763.8	63	83	1 878	1 534	1 590	1 822.5	93	113	1 994					1 519	1 615		

注：定位耳的 b、D 尺寸不作为检验依据。

5.4.1.4 尺寸偏差

(1) 金属骨架尺寸的极限偏差

金属波齿复合垫片金属骨架尺寸的极限偏差见表5-51;复合后的垫片外径和密封元件宽度的极限偏差与金属骨架相同。

(2) 垫片厚度的极限偏差

垫片厚度的极限偏差见表5-52;波齿深度以及波齿圆弧半径的尺寸及其偏差由制造厂(商)自行确定。

表5-51 金属骨架尺寸的极限偏差(GB/T 19066.3—2003) mm

垫片外径 D_4		密封元件宽度(D_3-D_2)	
尺 寸	极限偏差	尺 寸	极限偏差
≤260	$^{0}_{-0.5}$	≤16	±0.3
>260~600	$^{0}_{-0.8}$	>16~30	±0.5
>600~1 200	$^{0}_{-1.5}$	>30	±0.8
>1 200~2 000	$^{0}_{-2.0}$		
>2 000	$^{0}_{-2.5}$		

表5-52 垫片厚度公差(GB/T 19066.3—2003) mm

垫片厚度 T	极限偏差	垫片厚度 T	极限偏差
2.5	$^{+0.20}_{0}$	4.0	$^{+0.30}_{0}$
3.0	$^{+0.25}_{0}$	4.5	$^{+0.40}_{0}$

(3) 大直径法兰用垫片的尺寸极限偏差

大直径法兰用柔性石墨金属波齿复合垫片尺寸的极限偏差见表5-53。

表5-53 大直径法兰用柔性石墨金属波齿复合垫片尺寸的极限偏差(GB/ T 13403—2008) mm

公称尺寸		垫片内径 D_2	垫片外径 D_3	定位环外径 D_4	垫片厚度 T	金属骨架厚度 t	定位耳螺栓孔中心圆直径 K	定位耳螺栓孔直径 L
NPS/in	DN							
26~48	650~1 200	±1.5	±2.0	$^{0}_{-2.50}$	$^{+0.40}_{0}$	±0.20	±1.5	±0.5
50~60	1 250~1 500	±2.0	±2.5					

5.4.2 技术要求

5.4.2.1 金属骨架

(1) 金属骨架材料及硬度要求见表5-54。材料的机械性能和化学成分应符合相应标准的规定。

表5-54 金属骨架材料及硬度(GB/T 19066.3—2003)

金属骨架材料	硬度 HBW(不大于)
08、10或类似低碳钢	137
0Cr13	200
1Cr13	183
1Cr18Ni9Ti或类似奥氏体不锈钢	187

(2) 金属骨架一般使用整张金属板制作,若受材料宽度限制需拼接时,其拼接接头的数量应有所限制。拼接接头的数量见表5-55。对接切口应采用氩弧焊或电焊,对接焊缝必须打磨与母材齐平,焊缝处不应

出现夹渣、气孔等影响焊接接头质量的缺陷。

(3) 金属骨架的结构见图5-27，其结构尺寸和参数由制造厂(商)设计确定，并确保金属骨架两侧面波峰与波谷应错开1/2齿距，波齿距一致，波齿圆弧半径相等，所有齿尖应在一个平面内，骨架无明显翘曲变形。成形后的金属骨架任意两点厚度偏差在制作骨架的板材厚度偏差范围之内。

表5-55 金属骨架拼接接头数
(GB/T 19066.3—2003) mm

公称尺寸 DN	接头个数
800～1 200	3～4
1 300～2 000	4～6

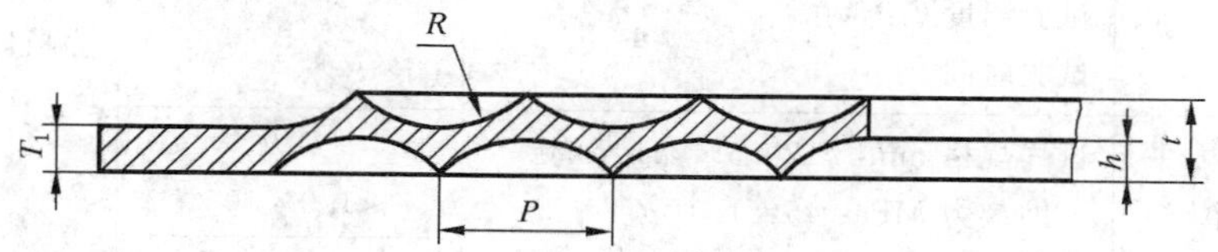

T_1—定位环厚度；P—波齿距；h—波齿深度；
t—金属骨架厚度；R—波齿圆弧半径

图5-27 金属骨架结构(GB/T 19066.3—2003)

(4) 定位环(包括定位耳环)厚度 T_1 通常为 $T_1 \leqslant t-0.5$，定位环可直接与波齿部分一起加工成一整体。定位环采用碳钢材料时，其表面应进行防锈处理。

(5) 当垫片单边宽度较窄时，宜采用较小的波齿距，并使单边不得少于3个齿尖，以保证密封性能。

5.4.2.2 垫片的复合

(1) 垫片用粘合剂应按有关标准规定，柔性石墨应符合JB/T 7758.2《柔性石墨板技术条件》的规定。

(2) 垫片复合后的截面图见图5-28。垫片的公称厚度 T 一般为2.5 mm、3.0 mm、4.0 mm和4.5 mm 4种，特殊厚度的垫片可根据用户要求制作。

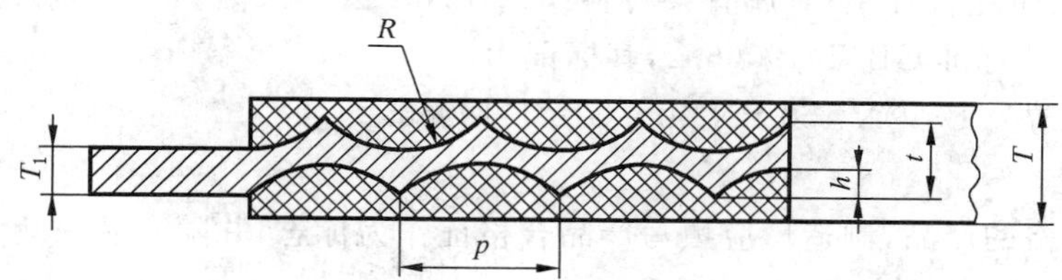

图5-28 垫片复合截面图(GB/T 19066.3—2003)

(3) 柔性石墨与金属骨架复合后应不脱胶，附着牢固，粘合无多余飞边。垫片厚度均匀一致，表面光滑平整，不允许有影响密封性能的径向贯通划伤、压痕及凹凸不平等缺陷。

(4) 大规格垫片(DN≥300 mm)石墨允许搭接，搭接部分的宽度为1 mm～3 mm，应采用斜口搭接，上下层搭接部分不能重叠，搭接处应光滑过渡。

5.4.2.3 性能

柔性石墨金属波齿复合垫片各项力学性能及密封性能指标见表5-56。

表 5-56　柔性石墨金属波齿复合垫片性能指标(GB/T 19066.3—2003)

项目	试验条件	指标	备注
压缩率/%	试样规格 mm：ϕ120.5×ϕ84×3.0 压缩应力 MPa：45±1.0 加卸载速度 MPa/s：0.5	35±10	金属骨架材料为奥氏体不锈钢
回弹率/%		≥15	
应力松弛率/%	试样规格 mm：ϕ65.5×ϕ50.2×2.5 压缩应力 MPa：45±1.0 试验温度℃：300±5 试验时间 h：16	≤25	
允许泄漏率/(mL/s)	试样规格 mm：ϕ120.5×ϕ84×3.0 压缩应力 MPa：45±1.0 试验温度℃：20±5 试验压力 MPa：1.1 倍公称压力	1 级 ≤1.0×10^{-4}	
		2 级 ≤1.0×10^{-3}	

5.4.3　标记和标志

5.4.3.1　标记

(1) 标记方法

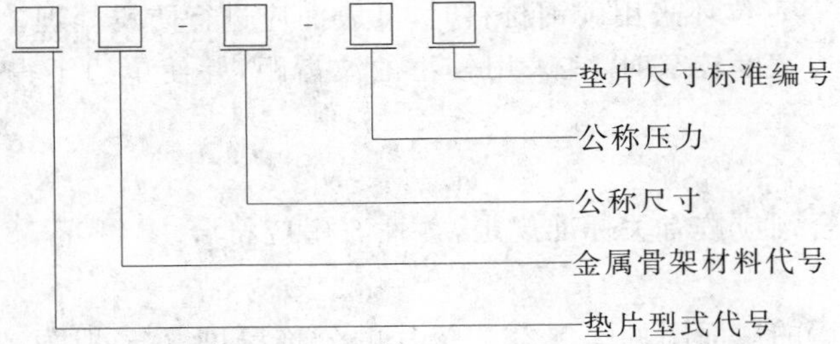

(2) 标记示例

垫片型式：带定位环型；金属骨架材料：0Cr18Ni9；公称尺寸 DN 150；公称压力 PN 40；垫片尺寸标准 GB/T 19066.2，其标记为：

波齿垫　B3-DN 150-PN 40　GB/T 19066.2

5.4.3.2　标志

经检验合格的产品，制造厂应填写产品合格证作为标志，并随产品一起装箱发送。合格证主要包括下列各项内容：

a. 产品标记；

b. 产品规格及符合标记的编号；

c. 产品批号；

d. 生产日期；

e. 检验日期及检验者姓名、代号；

f. 制造厂名称；

g. 商标。

第6章 金属垫片

基于金属材料的特点,在高温及载荷变化频繁等苛刻操作条件下,可以首选金属材料制成的密封垫片。标准金属垫片主要包括金属环形垫片、金属齿形垫片及金属透镜垫。金属环形垫片又可细分为八角形环垫和椭圆形环垫以及 R 型、RX 型和 BX 型自紧密封环垫等。

6.1 通用金属环形垫片

6.1.1 型式与尺寸

6.1.1.1 垫片型式

金属环形垫片按其截面形状分为八角形和椭圆形 2 种,见图 6-1。

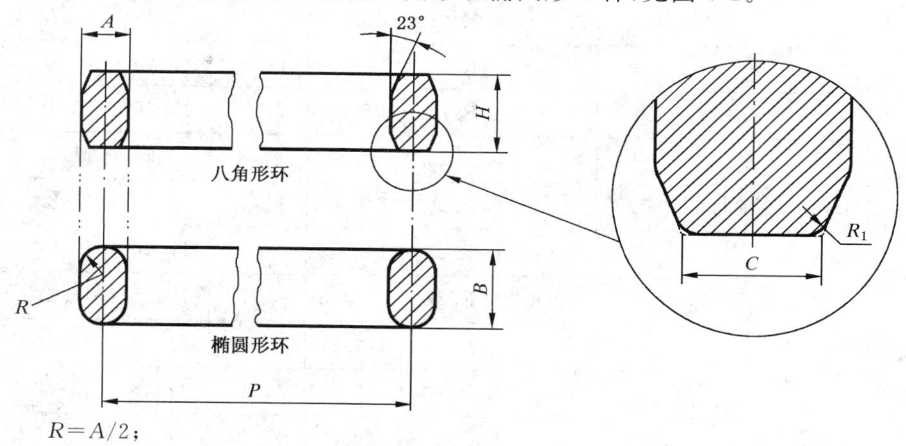

$R=A/2$;

$R_1=1.6$ mm($A\leqslant 22.3$ mm);

$R_1=2.4$ mm($A>22.3$ mm)。

图 6-1 金属环形垫片

6.1.1.2 垫片尺寸

金属环形垫片尺寸见表 6-1。

表 6-1 通用金属环形垫片尺寸(GB/T 9128—2003)

mm

公称尺寸 DN					环号	平均节径 P	环宽 A	环高		八角形环的平面宽度 C
PN 20	PN 50 及 PN 110	PN 150	PN 260	PN 420				椭圆形 B	八角形 H	
—	15	—	—	—	R.11	34.13	6.35	11.11	9.53	4.32
—	—	15	15	—	R.12	39.69	7.94	14.29	12.70	5.23
—	20	—	—	15	R.13	42.86	7.94	14.29	12.70	5.23

续表 6-1

mm

公称尺寸 DN					环号	平均节径 *P*	环宽 *A*	环高		八角形环的平面宽度 *C*
PN 20	PN 50 及 PN 110	PN 150	PN 260	PN 420				椭圆形 *B*	八角形 *H*	
—	—	20	20	—	R.14	44.45	7.94	14.29	12.70	5.23
25	—	—	—	—	R.15	47.63	7.94	14.29	12.70	5.23
—	25	25	25	20	R.16	50.80	7.94	14.29	12.70	5.23
32	—	—	—	—	R.17	57.15	7.94	14.29	12.70	5.23
—	32	32	32	25	R.18	60.33	7.94	14.29	12.70	5.23
40	—	—	—	—	R.19	65.09	7.94	14.29	12.70	5.23
—	40	40	40	—	R.20	68.26	7.94	14.29	12.70	5.23
—	—	—	—	32	R.21	72.24	11.11	17.46	15.88	7.75
50	—	—	—	—	R.22	82.55	7.94	14.29	12.70	5.23
—	50	—	—	40	R.23	82.55	11.11	17.46	15.88	7.75
—	—	50	50	—	R.24	95.25	11.11	17.46	15.88	7.75
65	—	—	—	—	R.25	101.60	7.94	14.29	12.70	5.23
—	65	—	—	50	R.26	101.60	11.11	17.46	15.88	7.75
—	—	65	65	—	R.27	107.95	11.11	17.46	15.88	7.75
—	—	—	—	65	R.28	111.13	12.70	19.05	17.47	8.66
80	—	—	—	—	R.29	114.30	7.94	14.29	12.70	5.23
—	80[1)]	—	—	—	R.30	117.48	11.11	17.46	15.88	7.75
—	80[2)]	80	—	—	R.31	123.83	11.11	17.46	15.88	7.75
—	—	—	—	80	R.32	127.00	12.70	19.05	17.46	8.66
—	—	—	80	—	R.35	136.53	11.11	17.46	15.88	7.75
100	—	—	—	—	R.36	149.23	7.94	14.29	12.70	5.23
—	100	100	—	—	R.37	149.23	11.11	17.46	15.88	7.75
—	—	—	—	100	R.38	157.16	15.88	22.23	20.64	10.49
—	—	—	100	—	R.39	161.93	11.11	17.46	15.88	7.75
125	—	—	—	—	R.40	171.45	7.94	14.29	12.70	5.23
—	125	125	—	—	R.41	180.98	11.11	17.46	15.88	7.75
—	—	—	—	125	R.42	190.50	19.05	25.40	23.81	12.32
150	—	—	—	—	R.43	193.68	7.94	14.29	12.70	5.23
—	—	—	125	—	R.44	193.68	11.11	17.46	15.88	7.75

续表 6-1

mm

公称尺寸 DN					环号	平均节径 *P*	环宽 *A*	环高		八角形环的平面宽度 *C*
PN 20	PN 50 及 PN 110	PN 150	PN 260	PN 420				椭圆形 *B*	八角形 *H*	
—	150	150	—	—	R. 45	211. 14	11. 11	17. 46	15. 88	7. 75
—	—	—	150	—	R. 46	211. 14	12. 70	19. 05	17. 46	8. 66
—	—	—	—	150	R. 47	228. 60	19. 05	25. 40	23. 81	12. 32
200	—	—	—	—	R. 48	247. 65	7. 94	14. 29	12. 70	5. 23
—	200	200	—	—	R. 49	269. 88	11. 11	17. 46	15. 88	7. 75
—	—	—	200	—	R. 50	269. 88	15. 88	22. 23	20. 64	10. 49
—	—	—	—	200	R. 51	279. 40	22. 23	28. 58	26. 99	14. 81
250	—	—	—	—	R. 52	304. 80	7. 94	14. 29	12. 70	5. 23
—	250	250	—	—	R. 53	323. 85	11. 11	17. 46	15. 88	7. 75
—	—	—	250	—	R. 54	323. 85	15. 88	22. 23	20. 64	10. 49
—	—	—	—	250	R. 55	342. 90	28. 58	36. 51	34. 93	19. 81
300	—	—	—	—	R. 56	381. 00	7. 94	14. 29	12. 70	5. 23
—	300	300	—	—	R. 57	381. 00	11. 11	17. 46	15. 88	7. 75
—	—	—	300	—	R. 58	381. 00	22. 23	28. 58	26. 99	14. 81
350	—	—	—	—	R. 59	396. 88	7. 94	14. 29	12. 70	5. 23
—	—	—	—	300	R. 60	406. 40	31. 75	39. 69	38. 10	22. 33
—	350	—	—	—	R. 61	419. 10	11. 11	17. 46	15. 88	7. 75
—	—	350	—	—	R. 62	419. 10	15. 88	22. 23	20. 64	10. 49
—	—	—	350	—	R. 63	419. 10	25. 40	33. 34	31. 75	17. 30
400	—	—	—	—	R. 64	454. 03	7. 94	14. 29	12. 70	5. 23
—	400	—	—	—	R. 65	469. 90	11. 11	17. 46	15. 88	7. 75
—	—	400	—	—	R. 66	469. 90	15. 88	22. 23	20. 64	10. 49
—	—	—	400	—	R. 67	469. 90	28. 58	36. 51	34. 93	19. 81
450	—	—	—	—	R. 68	517. 53	7. 94	14. 29	12. 70	5. 23
—	450	—	—	—	R. 69	533. 40	11. 11	17. 46	15. 88	7. 75
—	—	450	—	—	R. 70	533. 40	19. 05	25. 40	23. 81	12. 32
—	—	—	450	—	R. 71	533. 40	28. 58	36. 51	34. 93	19. 81
500	—	—	—	—	R. 72	558. 80	7. 94	14. 29	12. 70	5. 23
—	500	—	—	—	R. 73	584. 20	12. 70	19. 05	17. 46	8. 66

续表 6-1　　mm

公称尺寸 DN					环号	平均节径 P	环宽 A	环高		八角形环的平面宽度 C
PN 20	PN 50 及 PN 110	PN 150	PN 260	PN 420				椭圆形 B	八角形 H	
—	—	500	—	—	R.74	584.20	19.05	25.40	23.81	12.32
—	—	—	500	—	R.75	584.20	31.75	36.69	38.10	22.33
—	550	—	—	—	R.81	635.00	14.29	—	19.10	9.60
—	650	—	—	—	R.93	749.30	19.10	—	23.80	12.30
—	700	—	—	—	R.94	800.10	19.10	—	23.80	12.30
—	750	—	—	—	R.95	857.25	19.10	—	23.80	12.30
—	800	—	—	—	R.96	914.40	22.20	—	27.00	14.80
—	850	—	—	—	R.97	965.20	22.20	—	27.00	14.80
—	900	—	—	—	R.98	1 022.35	22.20	—	27.00	14.80
—	—	—	—	—	R.100	749.30	28.60	—	34.90	19.80
—	—	650	—	—	R.101	800.10	31.70	—	38.10	22.30
—	—	700	—	—	R.102	857.25	31.70	—	38.10	22.30
—	—	750	—	—	R.103	914.40	31.70	—	38.10	22.30
—	—	800	—	—	R.104	965.20	34.90	—	41.30	24.80
—	—	850	—	—	R.105	1 022.35	34.90	—	41.30	24.80
600	—	900	—	—	R.76	673.10	7.94	14.29	12.70	5.23
—	600	—	—	—	R.77	692.15	15.88	22.23	20.64	10.49
—	—	600	—	—	R.78	692.15	25.40	33.34	31.75	17.30
—	—	—	600	—	R.79	692.15	34.93	44.45	41.28	24.82

1）仅适用于环连接密封面对焊环带颈松套钢法兰。
2）用于除对焊环带颈松套钢法兰以外的其他法兰。

6.1.1.3　尺寸的极限偏差

金属环形垫片尺寸的极限偏差见表 6-2。

表 6-2　金属环形垫片尺寸的极限偏差(GB/T 9130—2007)　　mm

尺寸名称	代号	极限偏差	尺寸名称	代号	极限偏差
垫的节径	P	±0.18	八角形垫的底面宽度	C	±0.2
垫的宽度	A	±0.2	角度 23°		±0.5°
垫的高度	H	±0.4[1)]	垫的圆角半径	R	±0.4

1）只要环形垫片的任意两点之高度差不超过 0.4 mm，环形垫片高度(H)的极限偏差可为＋1.2 mm。

6.1.2 技术要求

6.1.2.1 材料

金属环垫坯料的化学成分应符合相应标准的规定，其中软铁的化学成分(%)应符合表 6-3 的规定。常用材料的牌号、代号、推荐最高使用温度和执行标准见表 6-4。根据供需双方协商，允许采用表 6-4 之外的其他材料，其性能应符合相关标准要求。

表 6-3 软铁化学成分(GB/T 9130—2007) %

C	Si	Mn	P	S
<0.05	<0.40	<0.60	<0.035	<0.04

表 6-4 金属材料的牌号、代号、推荐最高使用温度和执行标准(GB/T 9130—2007)

材料牌号	材料代号	推荐最高使用温度/℃	执行标准
软铁	D	450	—
08	08	425	GB/T 699
10	10	425	GB/T 699
4%～6%铬 0.5%钼	F5	450	ASTM A182A/A182M
0Cr13	410S	540	GB/T 1220
00Cr19Ni10	304L	450	GB/T 1220
00Cr17Ni14Mo2	316L	450	GB/T 1220
0Cr17Ni12Mo2	316	700	GB/T 1200
0Cr18Ni9	304	700	GB/T 1200
0Cr18Ni10Ti	321	700	GB/T 1200
0Cr18Ni11Nb	347	600	GB/T 1200
注:F5 标识仅表示 ASTM A182A/A182M:2005 规定的化学成分要求。			

6.1.2.2 硬度

金属环形垫片的硬度一般应低于法兰材料，以确保紧密连接。不锈钢合金法兰用金属环垫的硬度值由供需双方协商确定。同一金属环形垫片的硬度应均匀，其极差不得超过 10HB，测试各点的硬度不得超过表 6-5 的规定。常用材料的金属环形垫片推荐最大硬度值见表 6-5。

注：在某些情况下，金属环形垫片的硬度值可能不低于法兰用合金材料的硬度值。例如，为了获得最佳耐腐蚀性状态而进行热处理的不锈钢法兰，与退火至最低硬度的用同样材料制成的环垫具有相同的硬度范围。

6.1.2.3 表面粗糙度

金属环形垫片密封面(八角形垫的斜面、椭圆形垫圆弧面)不得有划痕、磕痕、裂纹和疵点，表面粗糙度不大于 $Ra1.6\ \mu m$。

表 6-5　常用材料的金属环垫推荐最大硬度值(GB/T 9130—2007)

金属环垫材料	推荐最大硬度值		金属环垫材料	推荐最大硬度值	
	布氏硬度	洛氏硬度		布氏硬度	洛氏硬度
软铁	90HB	56HRB	00Cr17Ni14Mo2	150HB	83HRB
08	120HB	68HRB	0Cr17Ni12Mo2	160HB	83HRB
10	120HB	68HRB	0Cr18Ni9	160HB	83HRB
4%～6%铬 0.5%钼	130HB	72HRB	0Cr18Ni10Ti	160HB	83HRB
0Cr13	140HB	82.5HRB	0Cr18Ni11Nb	160HB	83HRB
00Cr19Ni10	160HB	83HRB			

6.1.3　标记

(1) 标记方法

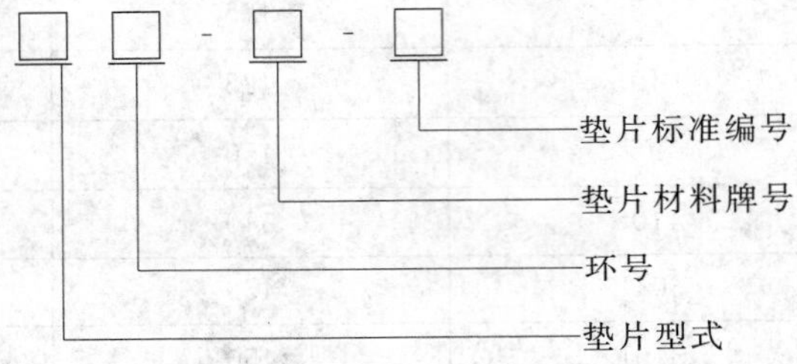

(2) 标记示例

环号为 20，材料为 0Cr19Ni9 的八角形金属环形垫片，其标记为：

八角垫　R.20-0Cr19Ni9　GB/T 9128

6.2　金属齿形垫片

金属齿形垫片也是一种实体金属垫片，垫片的剖切面呈锯齿形，齿距 $t=1.5$ mm～2 mm，齿高 $h=0.65$ mm～0.85 mm，齿顶宽度 $c=0.2$ mm～0.3 mm。在密封面上车削若干个同心圆，其齿数为 7～16，视垫片的规格大小而定。金属齿形垫片的结构型式有基本型、带外环型、带内环型及带内外环型 4 种，比较常见的结构为基本型。由于金属齿形垫片密封表面接触区的 V 形筋形成许多具有压差的空间线接触，所以密封可靠，使用周期长。和一般金属垫片相比，这种垫片需要的压紧力较小。金属齿形垫片的缺点是：在每次更换垫片时，都要对两法兰密封面进行加工，因而费时费力。另外，垫片使用后容易在法兰密封面上留下压痕，故一般用于较少拆卸的部位。金属齿形垫片适用的公称压力为1.6 MPa～25.0 MPa。

6.2.1　型式与尺寸

6.2.1.1　垫片型式

金属齿形垫片的型式见图 6-2。

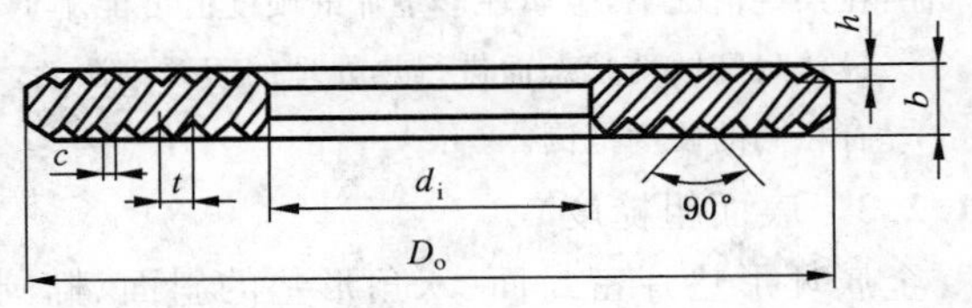

图 6-2　金属齿形垫片

6.2.1.2 垫片尺寸

(1) 公称压力 PN 为 4.0 MPa、6.3 MPa、10.0 MPa 及 16.0 MPa 的凹凸面管法兰用金属齿形垫片的尺寸见表 6-6。

(2) 公称压力为 PN 20.0MPa 的凹凸面管法兰用金属齿形垫片的尺寸见表 6-7。

6.2.1.3 尺寸的极限偏差

(1) 金属齿形垫片尺寸极限偏差见表 6-8。

表 6-6 凹凸面管法兰用Ⅰ型金属齿形垫片尺寸(JB/T 88—1994) mm

公称尺寸 DN	公称压力(PN 4.0、PN 6.3、PN 10.0、PN 16.0)/MPa						
	垫片外径 D_o	垫片内径 d_i	齿距 t	齿顶宽度 c	垫片厚度 b	齿高 h	齿数 n
10	34	13	1.5	0.2	3	0.65	7
15	39	18	1.5	0.2	3	0.65	7
20	50	23	1.5	0.2	3	0.65	9
25	57	27	1.5	0.2	3	0.65	10
32	65	35	1.5	0.2	3	0.65	10
40	75	45	1.5	0.2	3	0.65	10
50	87	57	1.5	0.2	3	0.65	10
65	109	76	1.5	0.2	3	0.65	11
80	120	87	1.5	0.2	3	0.65	11
100	149	105	2	0.3	4	0.85	11
125	175	131	2	0.3	4	0.85	11
150	203	155	2	0.3	4	0.85	12
175	233	185	2	0.3	4	0.85	12
200	259	211	2	0.3	4	0.85	12
225	286	234	2	0.3	4	0.85	13
250	312	260	2	0.3	4	0.85	13
300	363	311	2	0.3	4	0.85	13
350	421	361	2	0.3	4	0.85	15
400	473	413	2	0.3	4	0.85	15
450	523	463	2	0.3	4	0.85	15
500	575	515	2	0.3	5	0.85	15
600	675/677	613	2	0.3	5	0.85	16
700	777/767	703	2	0.3	5	0.85	16
800	882/875	811	2	0.3	5	0.85	16

表 6-7　凹凸面管法兰用Ⅱ型金属齿形垫片尺寸（JB/T 88—1994）　mm

公称尺寸 DN	公称压力(PN20.0)/MPa						
	垫片外径 D_o	垫片内径 d_i	齿距 t	齿顶宽度 c	垫片厚度 b	齿高 h	齿数 n
15	27	15	1.5	0.2	3	0.65	4
20	34	22	1.5	0.2	3	0.65	4
25	41	26	1.5	0.2	3	0.65	5
32	49	34	1.5	0.2	3	0.65	5
40	55	40	1.5	0.2	3	0.65	5
50	69	51	1.5	0.2	3	0.65	6
65	96	72	1.5	0.2	3	0.65	8
80	115	88	1.5	0.2	3	0.65	9
100	137	105	2	0.3	4	0.85	8
125	169	133	2	0.3	4	0.85	9
150	189	153	2	0.3	4	0.85	9
175	213	177	2	0.3	4	0.85	9
200	244	204	2	0.3	4	0.85	10
225	267	227	2	0.3	4	0.85	10
250	318	258	2	0.3	4	0.85	15

（2）金属齿形垫片两端面平行度极限偏差为每 100 mm 直径长度不大于 0.1 mm。

6.2.2　技术要求

6.2.2.1　材料

金属齿形垫片材料及适用的温度范围见表 6-9，材料的其他技术要求应符合相应标准的规定。

6.2.2.2　表面粗糙度

金属齿形垫片齿顶平面的表面粗糙度不大于 $Ra1.6\ \mu m$。

6.2.3　标记

（1）标记方法

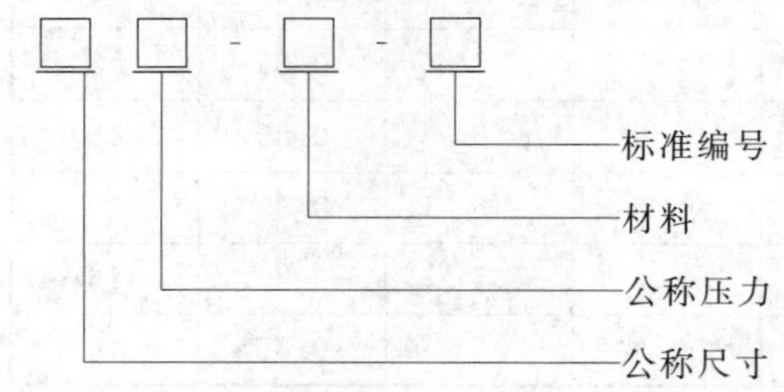

表 6-8　金属齿形垫片尺寸极限偏差　mm

尺寸名称	极限偏差
垫片内径 d_i	$^{+1.0}_{0}$
垫片外径 D_o	$^{0}_{-1.0}$
垫片厚度 b	$^{+0.25}_{0}$

表 6-9　金属齿形垫片材料及适用温度

垫片材料	最高工作温度/℃
08 或 10	450
0Cr13	540
0Cr19Ni9	600
00Cr17Ni12Mo2	450

（2）标记示例

公称尺寸 100 mm、公称压力 6.3 MPa，材料为 0Cr19Ni9 的凹凸面管法兰用金属齿形垫片，其标记为：

齿形垫　100-63　0Cr19Ni　JB/T 88—1994

6.3　R 型、RX 型及 BX 型专用自紧密封金属环垫

我国石油天然气工业，钻井和采油设备中的井口装置和采油树(采油树系指用于控制油井生产的装置总成，包括油管头异径接头、阀、三通、四通、顶部连接装置和装于油管头最上部连接的节流阀)采用美国石油学会 API Spec 6A《阀门及井口设备规范》中的 6B 型、6BX 型及双层完井扇形法兰，法兰额定工作压力一共分 6 级：13.8 MPa、20.7 MPa、34.5 MPa、69.0 MPa、103.5 MPa 及 138.0MPa。6B 型法兰包括整体法兰、螺纹法兰及对焊法兰，其所采用的密封垫片为 R 型或 RX 型金属环垫；6BX 型法兰包括整体法兰、对焊法兰及盲孔法兰，其所采用的密封垫片为 BX 型压力自紧密封环垫；扇形法兰用密封垫片为 RX 型压力自紧密封环垫。两种压力自紧密封环垫不互换。

以上所述的法兰及其垫片标准见 GB/T 22513—2008《石油天然气工业　钻井和采油设备　井口装置和采油树》。

6.3.1　型式及尺寸

6.3.1.1　垫片型式

（1）R 型密封垫环及环槽见图 6-3。

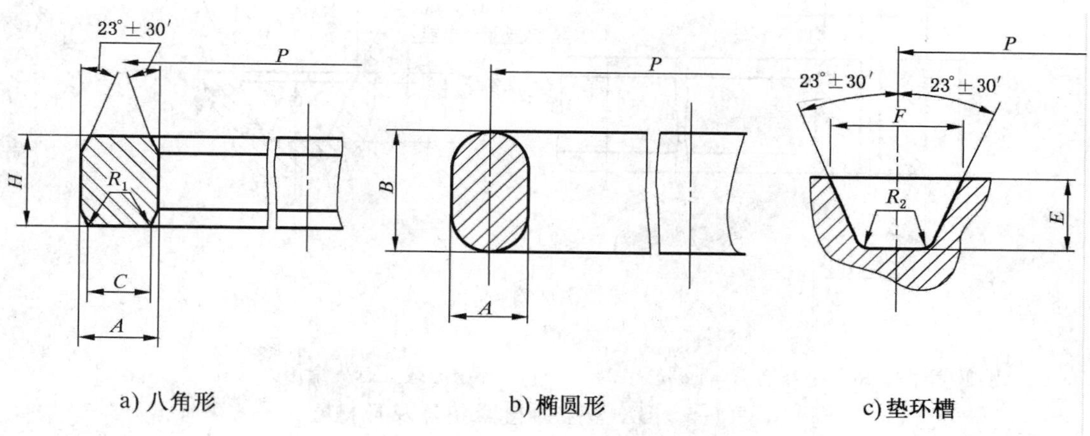

图 6-3　R 型密封垫环及环槽

（2）RX 型压力自紧垫环及环槽见图 6-4。

（3）BX 型压力自紧垫环及环槽见图 6-5。

6.3.1.2　垫片尺寸

（1）R 型密封垫环及环槽尺寸见表 6-10。

（2）RX 型压力自紧垫环及环槽尺寸见表 6-11。

（3）BX 型压力自紧垫环及环槽尺寸见表 6-12。

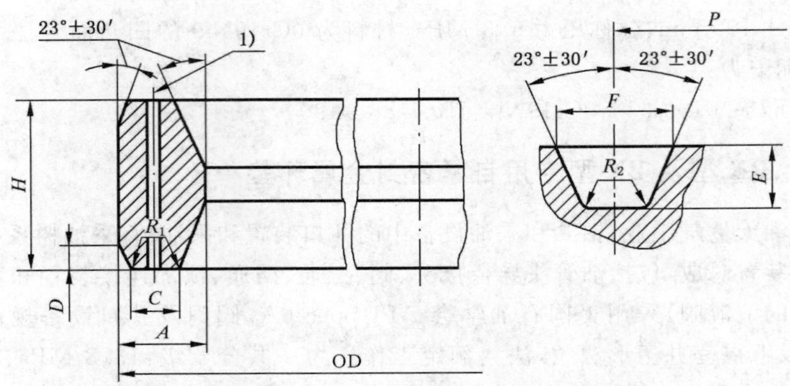

1）仅 RX82～RX91 在环截面上有压力通孔，孔中心线位于尺寸 C 的中点。RX82～RX85 的孔径为 1.5 mm，RX86 和 RX87 的孔径为 2.4 mm，RX88～RX91 的孔径为 3.0 mm。

图 6-4　RX 型压力自紧密封垫环及环槽

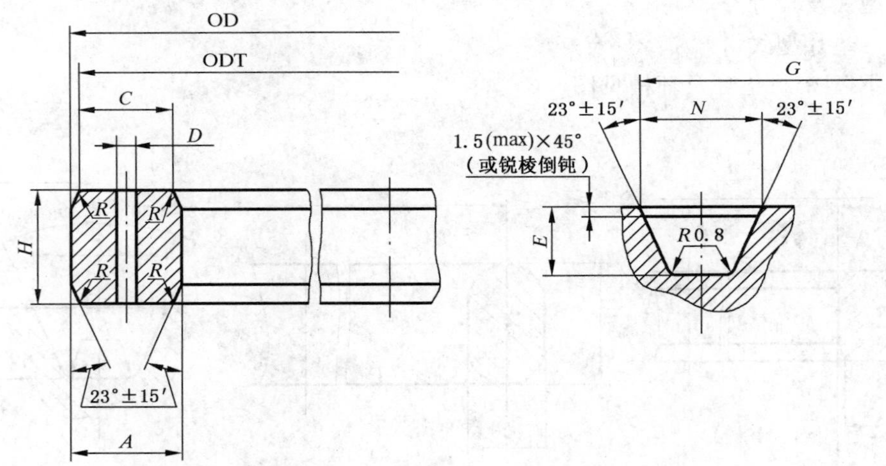

注：圆角半径 R 应是环高 H 的 8%～12%；每个垫环中心线上有一个压力通孔。

图 6-5　BX 型压力自紧垫环及环槽

表 6-10　R 型密封垫环(GB/T 22513—2008)　　mm

垫环号	环(槽)的中径 $P\pm0.18$ (±0.13)	环宽 $A\pm0.20$	椭圆环高 $B\pm0.5$	八角环高 $H\pm0.5$	八角环面宽 $C\pm0.2$	八角环内圆角半径 $R_1\pm0.5$	槽深 $E^{+0.5}_{0}$	槽宽 $F\pm0.20$	槽内圆角半径 $R_{2\max}$	装配后法兰近似间距 S
R20	68.28	7.95	14.3	12.7	5.23	1.5	6.4	8.74	0.8	4.1
R23	82.55	11.13	17.5	15.9	7.75		7.9	11.91		4.8

续表 6-10

垫环号	环(槽)的中径 $P\pm0.18$ (±0.13)	环宽 $A\pm0.20$	椭圆环高 $B\pm0.5$	八角环高 $H\pm0.5$	八角环面宽 $C\pm0.2$	八角环内圆角半径 $R_1\pm0.5$	槽深 $E^{+0.5}_{0}$	槽宽 $F\pm0.20$	槽内圆角半径 $R_{2\max}$	装配后法兰近似间距 S
R24	95.25	11.13	17.5	15.9	7.75	1.5	7.9	11.91	0.8	4.8
R26	101.60									
R27	107.95									
R31	123.83									
R35	136.53									
R37	149.23									
R39	161.93									
R41	180.98									
R44	193.68									
R45	211.15									
R46		12.70	19.1	17.5	8.66		9.7	13.49	1.5	
R47	228.60	19.05	25.4	23.9	12.32		12.7	19.84		4.1
R49	269.88	11.13	17.5	15.9	7.75		7.9	11.91	0.8	4.8
R50		15.88	22.4	20.6	10.49		11.2	16.66	1.5	4.1
R53	323.85	11.13	17.5	15.9	7.75		7.9	11.91	0.8	4.8
R54		15.88	22.4	20.6	10.49		11.2	16.66	1.5	4.1
R57	381.00	11.13	17.5	15.9	7.79		7.9	11.91	0.8	4.8
R63	419.10	25.40	33.3	31.8	17.30	2.3	16.0	27.00	2.3	5.6
R65	469.90	11.13	17.5	15.9	7.75	1.5	7.9	11.91	0.8	4.8
R66		15.88	22.4	20.6	10.49		11.2	16.66	1.5	4.1
R69	533.40	11.13	17.5	15.9	7.75		7.9	11.91	0.8	4.8
R70		19.05	25.4	23.9	12.32		12.7	19.84	1.5	
R73	584.20	12.70	19.1	17.5	8.66		9.7	13.49		3.3
R74		19.05	25.4	23.9	12.32		12.7	19.84		4.8
R82	57.15	11.13	—	15.9	7.75		7.9	11.91	0.8	
R84	63.50									
R85	79.38	12.70		17.5	8.66		9.7	13.49	1.5	3.3
R86	90.50	15.88		20.6	10.49		11.2	16.66		4.1
R87	100.03									
R88	123.83	19.05		23.9	12.32		12.7	19.84		4.8
R89	114.30									
R90	155.58	22.23		26.9	14.81		14.2	23.01		
R91	260.35	31.75		38.1	22.33	2.3	17.5	33.34	2.3	4.1
R99	234.95	11.13		15.9	7.75	1.5	7.9	11.91	0.8	4.8

表 6-11 RX 型压力自紧密封垫环(GB/T 22513—2008) mm

垫环号	环和槽的中径 $P\pm0.13$	垫环外径 $OD^{+0.5}_{0}$	环宽 $A^{4)}{}^{+0.20}_{0}$	平面宽 $C^{+0.15}_{0}$	外侧斜面环高 $D^{0}_{-0.8}$	八角环高 $H^{4)}{}^{+0.20}_{0}$	八角环内圆角半径 $R_1\pm0.5$	槽深 $E^{+0.5}_{0}$	槽宽 $F\pm0.20$	槽内圆角半径 R_{2max}	装后法兰近似间距 S
RX20	68.26	76.20	8.74	4.62	3.18	19.05	1.5	6.4	8.74	0.8	9.7
RX23	82.55	93.27	11.91	6.45	4.24	25.40		7.9	11.91		11.9
RX24	95.25	105.97									
RX25	101.60	109.55	8.74	4.62	3.18	19.05		6.4	8.74		—
RX26		111.91	11.91	6.45	4.24	25.40		7.9	11.91		11.9
RX27	107.95	118.26									
RX31	123.83	134.54									
RX35	136.53	147.24									
RX37	149.23	159.94									
RX39	161.93	172.64									
RX41	180.98	191.69									
RX44	193.68	204.39									
RX45	211.15	221.84									
RX46		222.25	13.49	6.68	4.78	25.58		9.7	13.49	1.5	
RX47	228.60	245.26	19.84	10.34	6.88	41.28	2.3	12.7	19.84		18.3[1)]
RX49	269.88	280.59	11.91	6.45	4.24	25.40	1.5	7.9	11.91	0.8	11.9
RX50		283.36	16.66	8.51	5.28	31.75		11.2	16.66	1.5	
RX53	323.85	334.57	11.91	6.45	4.24	25.40		7.9	11.91	0.8	
RX54		337.34	16.66	8.51	5.28	31.75		11.2	16.66	1.5	
RX57	381.00	391.72	11.91	6.45	4.24	25.40		7.9	11.91	0.8	
RX63	419.10	441.73	27.00	14.78	8.46	50.80	2.3	16.0	27.00	2.3	21.3
RX65	469.90	480.62	11.91	6.45	4.24	25.40	1.5	7.9	11.91	0.8	11.9
RX66		483.39	16.66	8.51	5.28	31.75		11.2	16.66	1.5	
RX69	533.40	544.12	11.91	6.45	4.24	25.40		7.9	11.91	0.8	
RX70		550.06	19.84	10.34	6.88	41.28	2.3	12.7	19.84	1.5	18.3
RX73	584.20	596.11	13.49	6.68	5.28	31.75	1.5	9.7	13.49	1.5	15.0
RX74		600.86	19.84	10.34	6.88	41.28	2.3	12.7	19.84		18.3
RX82	57.15	67.87	11.91	6.45	4.24	25.40	1.5	7.9	11.91	0.8	11.9
RX84	63.50	74.22									

续表 6-11　　mm

垫环号	环和槽的中径 $P\pm0.13$	垫环外径 $OD^{+0.5}_{0}$	环宽 $A^{4)}{}^{+0.20}_{0}$	平面宽 $C^{+0.15}_{0}$	外侧斜面环高 $D^{0}_{-0.8}$	八角环高 $H^{4)}{}^{+0.20}_{0}$	八角环内圆角半径 $R_1\pm0.5$	槽深 $E^{+0.5}_{0}$	槽宽 $F\pm0.20$	槽内圆角半径 R_{2max}	装后法兰近似间距 S
RX85	79.38	90.09	13.49	6.68			1.5	9.7	13.49	1.5	9.7
RX86	90.50	103.58	15.09	8.51	4.78	28.58		11.2	16.66		
RX87	100.03	113.11									
RX88	123.83	139.29	17.48	10.34	5.28	31.75		12.7	19.84		
RX89	114.30	129.77	18.26								
RX90	155.58	174.63	19.84	12.17	7.42	44.45	2.3	14.2	23.02		18.3
RX91	260.35	286.94	30.18	19.81	7.54	45.24		17.5	33.34	2.3	19.1
RX99	234.95	245.67	11.91	6.45	4.24	25.40	1.5	7.9	11.91	0.8	11.9
RX201	46.05	51.46	5.74	3.20	1.45[2]	11.30	0.5[3]	4.1	5.56		—
RX205	57.15	62.31	5.56	3.05	1.83[2]	11.10				0.5	
RX210	88.90	97.64	9.53	5.41	3.18[2]	19.05	0.8[3]	6.4	9.53	0.8	
RX215	130.18	140.89	11.91	5.33	4.24[2]	25.40	1.5[3]	7.9	11.91		

1）原文为 23.1，已被 API Spec 6A（第 19 版）的技术勘误修改。

2）这些尺寸的公差是 $\left({}^{0}_{-0.38}\right)$ mm；

3）这些尺寸的公差是 $\left({}^{+0.5}_{0}\right)$ mm；

4）如果任何垫环在整个圆周上的环宽或环高的尺寸变化量不超过 0.10 mm，则环宽 A 和环高 H 才允许有 0.2 mm 的正偏差。

表 6-12　BX 压力自紧密封垫环（GB/T 22513—2008）　　mm

垫环号	标称直径	环垫外径 $OD^{0}_{-0.15}$	环高 $H^{+0.2}_{0}$	环宽 $A^{+0.2}_{0}$	平面直径 $ODT\pm0.05$	平面宽 $C^{+0.15}_{0}$	孔径 $D\pm0.5$	槽深 $E^{+0.5}_{0}$	槽外径 $G^{+0.10}_{0}$	槽宽 $N^{+0.10}_{0}$
BX150	43	72.19	9.30	9.30	70.87	7.98	1.6	5.56	73.48	11.43
BX151	46	76.40	9.63	9.63	75.03	8.26			77.77	11.84
BX152	52	84.68	10.24	10.24	83.24	8.79		5.95	86.23	12.65
BX153	65	100.94	11.38	11.38	99.31	9.78		6.75	102.77	14.07
BX154	78	116.84	12.40	12.40	115.09	10.64		7.54	119.00	15.39
BX155	103	147.96	14.22	14.22	145.95	12.22		8.33	150.62	17.73
BX156	179	237.92	18.62	18.62	235.28	15.98	3.2	11.11	241.83	23.39
BX157	228	294.46	20.98	20.98	291.49	18.01		12.70	299.06	26.39
BX158	279	352.04	23.14	23.14	348.77	19.86		14.29	357.23	29.18

续表 6-12　　mm

<table>
<tr><th>垫环号</th><th>标称直径</th><th>环垫外径 OD$_{-0.15}^{0}$</th><th>环高 $H_{0}^{+0.2}$</th><th>环宽 $A_{0}^{+0.2}$</th><th>平面直径 ODT±0.05</th><th>平面宽 $C_{0}^{+0.15}$</th><th>孔径 D±0.5</th><th>槽深 $E_{0}^{+0.5}$</th><th>槽外径 $G_{0}^{+0.10}$</th><th>槽宽 $N_{0}^{+0.10}$</th></tr>
<tr><td>BX159</td><td rowspan="2">346</td><td>426.72</td><td>25.70</td><td>25.70</td><td>423.09</td><td>22.07</td><td rowspan="3">3.2</td><td>15.88</td><td>432.64</td><td>32.49</td></tr>
<tr><td>BX160</td><td>402.59</td><td>23.83</td><td>13.74</td><td>399.21</td><td>10.36</td><td>14.29</td><td>408.00</td><td>19.96</td></tr>
<tr><td>BX161</td><td rowspan="2">425</td><td>491.41</td><td>28.07</td><td>16.21</td><td>487.45</td><td>12.24</td><td>17.07</td><td>497.94</td><td>23.62</td></tr>
<tr><td>BX162</td><td>475.49</td><td>14.22</td><td>14.22</td><td>473.48</td><td>12.22</td><td>1.6</td><td>8.33</td><td>478.33</td><td>17.91</td></tr>
<tr><td>BX163</td><td rowspan="2">476</td><td>556.16</td><td rowspan="2">30.10</td><td>17.37</td><td>551.89</td><td>13.11</td><td rowspan="4">3.2</td><td rowspan="2">18.26</td><td>563.50</td><td>25.55</td></tr>
<tr><td>BX164</td><td>570.56</td><td>24.59</td><td>566.29</td><td>20.32</td><td>577.90</td><td>32.77</td></tr>
<tr><td>BX165</td><td rowspan="2">540</td><td>624.71</td><td rowspan="2">32.03</td><td>18.49</td><td>620.19</td><td>13.97</td><td rowspan="2">19.05</td><td>632.56</td><td>27.20</td></tr>
<tr><td>BX166</td><td>640.03</td><td>26.14</td><td>635.51</td><td>21.62</td><td>647.88</td><td>34.87</td></tr>
<tr><td>BX167</td><td rowspan="2">680</td><td>759.36</td><td rowspan="2">35.87</td><td>13.11</td><td>754.28</td><td>8.03</td><td rowspan="7">1.6</td><td rowspan="2">21.43</td><td>768.33</td><td>22.91</td></tr>
<tr><td>BX168</td><td>765.25</td><td>16.05</td><td>760.17</td><td>10.97</td><td>774.22</td><td>25.86</td></tr>
<tr><td>BX169</td><td>130</td><td>173.51</td><td>15.85</td><td>12.93</td><td>171.27</td><td>10.69</td><td>9.53</td><td>176.66</td><td>16.92</td></tr>
<tr><td>BX170</td><td>228</td><td>218.03</td><td rowspan="3">14.22</td><td rowspan="3">14.22</td><td>216.03</td><td rowspan="3">12.22</td><td rowspan="3">8.33</td><td>220.88</td><td rowspan="3">17.91</td></tr>
<tr><td>BX171</td><td>279</td><td>267.44</td><td>265.43</td><td>270.28</td></tr>
<tr><td>BX172</td><td>346</td><td>333.07</td><td>331.06</td><td>335.92</td></tr>
<tr><td>BX303</td><td>762</td><td>852.75</td><td>37.95</td><td>16.97</td><td>847.37</td><td>11.61</td><td>22.62</td><td>862.30</td><td>27.38</td></tr>
<tr><td colspan="11">1) 如果任何垫环在整个圆周上的环宽或环高的尺寸变化量不超过 0.10mm，则环宽 A 和环高 H 才允许有 0.20 mm 的正偏差。</td></tr>
</table>

6.3.2　技术要求

6.3.2.1　金属垫环外形

（1）密封垫环应平整，平面度公差为垫环外径的 0.2%，且不大于 0.38 mm。

（2）表面粗糙度

R 型和 RX 型的垫环上所有 23°表面，其表面粗糙度不应大于 Ra1.6 μm。

BX 型垫环上所有 23°表面，其表面粗糙度不应大于 Ra0.8μm。

（3）压力通孔

某些尺寸的 RX 垫环应有一个如图 6-4 所示的贯通环截面的压力通孔。

每个 BX 垫环应有一个如图 6-5、表 6-12 所示的贯通环截面的压力通孔。

6.3.2.2　垫环的重复使用

在环槽内，通过过盈量限制来形成密封关系的密封垫环，不应重复使用。

6.3.2.3　垫环物料的硬度要求

垫环的硬度要求见表 6-13。

表 6-13　密封垫环硬度要求(GB/T 22513—2008)

材　　料	硬　　度	材　　料	硬　　度
软铁	≤56 HRB	镍合金 UNS N08825	≤92 HRB
碳钢和低合金钢	≤68 HRB	抗腐蚀合金(CRA)	硬度应符合制造商的书面规范
不锈钢	≤83 HRB		

6.3.2.4　涂层和镀层

使用涂层和镀层有助于密封接合,同时减少擦伤、延长使用寿命。涂层和镀层的厚度应不大于 0.013 mm。

6.3.3　标志

6.3.3.1　垫环标志

垫环的标志内容及标志位置见表 6-14。

表 6-14　垫环标志内容及标志位置(GB/T 22513—2008)

标　　志	位　　置	标　　志	位　　置
制造日期	垫环外径	垫环型式和代号	垫环外径
制造商名称或厂标		材料	

6.3.3.2　垫环材料标志

垫环材料标志见表 6-15。

表 6-15　垫环材料标志(GB/T 22513—2008)

材　　料	标　　志	材　　料	标　　志
软铁	D-4	316 不锈钢	S316-4
低碳钢和低合金钢	S-4	镍合金钢 UNS N08825	825-4
304 不锈钢	S304-4	其他 CRA 材料	UNS 编号-4

6.4　金属透镜垫

在高压管道连接中,广泛使用有孔透镜垫密封结构。透镜垫的密封面均为球面,与管道的锥形密封面相接触,初始状态为一环线。在预紧力作用下,透镜垫在接触处产生塑性变形,环线状变成环带状,密封性能较好。由于接触面是由球面和斜面自然形成,垫片易对中。透镜垫片密封属于强制密封,密封面为球面与锥面相接触,易出现压痕,零件的互换性较差。此外,垫片制造成本较高,加工也较困难。

我国机械行业常用的法兰连接锻造角式高压阀门端法兰,也多采用有孔透镜垫及无孔透镜垫密封,其适用的公称压力为 PN 160～PN 320,公称尺寸为 DN 3～DN 200,使用温度为－30℃～200℃。

6.4.1　型式与尺寸

6.4.1.1　垫片型式

(1) 有孔透镜垫的结构型式见图 6-6。

(2) 无孔透镜垫的结构型式见图 6-7。

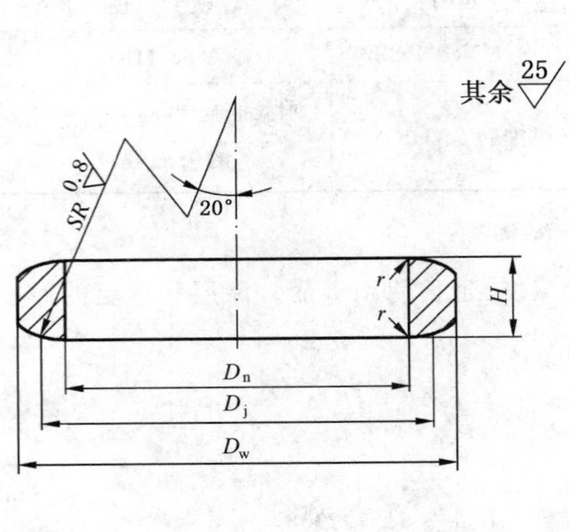

图 6-6　有孔透镜垫

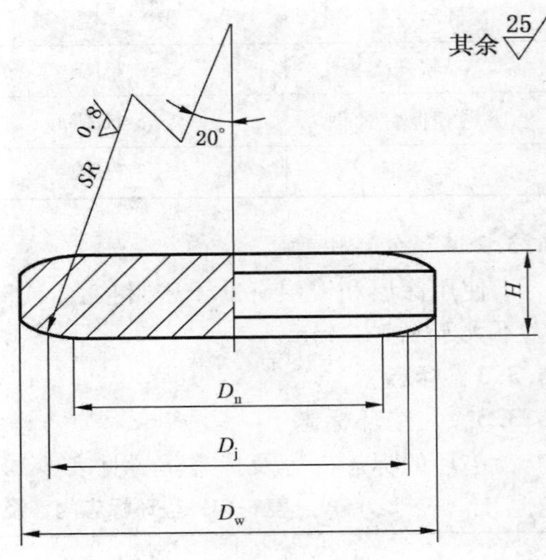

图 6-7　无孔透镜垫

6.4.1.2　垫片尺寸

(1) 有孔透镜垫的尺寸见表 6-16。

(2) 无孔透镜垫的尺寸见表 6-17。

表 6-16　有孔透镜垫尺寸(JB/T 2776—2010)　mm

公称压力 PN	公称尺寸 DN	D_w	D_n	SR	D_j	H	r	参考质量/kg
160、220	3	14	3	12±0.2	8.2	8.5	0.3	0.008
	6	14	6	12±0.2	8.2	8.5	0.3	0.007
	10	20	11	22±0.2	15.1	8.5	0.4	0.012
	15	24	15	27±0.3	18.5	8	0.4	0.014
	25	32	23	38±0.3	26	8	0.5	0.019
	32	40	29	50±0.3	34.2	9	0.6	0.032
	40	50	39	65±0.4	44.5	10	0.6	0.048
	50	64	50	84 ± 0.4	57.5	12	0.8	0.093
	65	80	65	104±0.4	71	14	0.8	0.142
	80	100	80	130±0.5	89	16	1	0.273
	100	120	99	158±0.5	108	18	1	0.400
	125	150	123	198±0.5	135.5	20	1	0.679
	150	170	142	226±0.6	154.6	22	1.25	0.906
250、320	3	14	3	12±0.2	8.2	8.5	0.3	0.007
	6	14	6	12±0.2	8.2	8.5	0.3	0.007
	10	20	11	22±0.2	15.1	8.5	0.4	0.012

续表 6-16

mm

公称压力 PN	公称尺寸 DN	D_w	D_n	SR	D_j	H	r	参考质量/kg
250、320	15	30	17	35±0.3	23.9	9	0.4	0.024
	25	38	23	43±0.3	29.4	10	0.5	0.040
	32	45	29	52.5±0.3	35.9	11	0.6	0.058
	40	62	42	73±0.4	49.9	12	0.6	0.104
	50	75	53	90±0.4	61.6	14	0.8	0.170
	65	95	68	116±0.4	79.4	16	0.8	0.294
	80	120	85	145±0.5	99.3	20	1	0.588
	100	150	103	170±0.5	116.3	24	1	1.096
	125	170	120	200±0.5	136.8	28	1	1.650
	150	205	149	240±0.6	164	32	1.25	2.600
	200	265	193	320±0.6	218.9	40	1.25	5.330

表 6-17　无孔透镜垫尺寸(JB/T 2776—2010)

mm

公称压力 PN	公称尺寸 DN	D_w	D_n	SR	D_j	H	参考质量/kg
160、220	3,6	14	6	12±0.2	8.2	8.5	0.009
	10	20	11	22±0.2	15.1		0.018
	15	24	15	27±0.3	18.5	8	0.025
	25	32	23	38±0.3	26		0.045
	32	40	29	50±0.3	34.2	9	0.075
	40	50	39	65±0.4	44.5	10	0.142
	50	64	50	84±0.4	57.5	12	0.262
	65	80	65	104±0.4	71	14	0.514
	80	100	80	130±0.5	89	16	0.904
	100	120	99	158±0.5	108	18	0.490
	125	150	123	198±0.5	135.5	20	2.540
	150	170	142	226 ±0.6	154.6	22	3.600
250、320	3,6	14	6	12±0.2	8.2	8.5	0.009
	10	20	11	22±0.2	15.1		0.018
	15	30	17	35±0.3	23.9	9	0.040
	25	38	23	43±0.3	29.4	10	0.072
	32	45	29	52.5±0.3	35.9	11	0.115
	40	62	42	73±0.4	49.9	12	0.235

续表 6-17　　mm

公称压力 PN	公称尺寸 DN	D_w	D_n	SR	D_j	H	参考质量/kg
250、320	50	75	53	90±0.4	61.6	14	0.413
	65	95	68	116±0.4	79.4	16	0.294
	80	120	85	145±0.5	99.3	20	1.400
	100	150	103	170±0.5	116.3	24	2.660
	125	170	120	200±0.5	136.8	28	4.130
	150	205	149	240±0.6	164	32	7.000
	200	265	193	320±0.8	218.9	40	14.550

6.4.2 技术要求

6.4.2.1 材料

透镜垫材料可按表 6-18 的规定选用。

表 6-18　透镜垫材料(JB/T 2776—2010)

材料牌号	标准编号
20	GB/T 699
0Cr18Ni9Ti、0Cr17Ni12Mo2、0Cr17Mn13Mo2N、00Cr17Ni14Mo2	GB/T 1220
TA3、TC4	GB/T 3620.1

6.4.2.2 热处理

透镜垫材料经加工后应进行热处理，热处理后的硬度见表 6-19。

表 6-19　透镜垫材料热处理硬度(JB/T 2776—2010)

材料牌号	HBW	材料牌号	HBW
20	≤156	0Cr17Mn13Mo2N	≤250
0Cr18Ni9Ti	≤170	00Cr17Ni14Mo2	≤187
0Cr17Ni12Mo2	≤185	TA3、TC4	—

6.4.3 标记

(1) 标记方法

有孔透镜垫由外径及内径组成；无孔透镜垫由外径及厚度组成。

(2) 标记示例

① 有孔透镜垫

外径 50 mm，内径 39 mm 的有孔透镜垫：

有孔透镜垫　50×39　JB/T 2776

② 无孔透镜垫

外径 50 mm，厚 10 mm 的无孔透镜垫：

无孔透镜垫　50×10　JB/T 2776

第三篇

管法兰用垫片试验方法

垫片质量的好坏，可通过垫片在工作中的密封能力来评定。垫片的密封能力与其物理性能、力学性能及密封性能（综合性能）有关。所有性能指标的确定，都与其试验方法有着密切的联系。本篇所涉及的垫片试验方法主要为：管法兰用垫片压缩率和回弹率试验方法；管法兰用垫片应力松弛试验方法及管法兰用垫片密封性能试验方法。这是3种基本的试验方法，普遍适用于各种类型、规格的管法兰用垫片。

第7章　管法兰用垫片压缩率和回弹率试验方法

垫片的压缩率及回弹率是评定垫片质量优劣的力学性能指标。垫片在加载过程中的变形特性，是形成初始密封能力的重要条件，这与压缩率有很大关系，而一旦形成初始密封条件，在介质内压下，垫片的密封能力又主要取决于垫片的回弹能力或回弹率。

在GB/T 12622—2008标准中规定了管法兰用垫片压缩率和回弹率的A、B两种试验方法。

试验方法A适用于石棉橡胶垫片，非石棉橡胶垫片，聚四氟乙烯垫片，膨胀或改性聚四氟乙烯垫片，柔性石墨复合垫片等。

试验方法B适用于缠绕式垫片，金属包覆垫片，聚四氟乙烯包覆垫片，具有非金属覆盖层的齿形金属、波形金属和波齿形金属垫片等。该方法也适用于试验方法A所适用的垫片，金属平垫片亦可参照该方法进行。

7.1　试验方法A

7.1.1　试验装置

(1) 试验在专用的垫片压缩回弹试验装置上进行。试验装置简图见图7-1。

(2) 砧座为直径不小于31.7 mm的圆台，表面须经硬化及研磨处理，硬度不小于40HRC，表面粗糙度 Ra 不大于1.6 μm。

(3) 压头为一圆形钢柱，其直径为6.4 mm，直径的极限偏差为±0.025 mm。钢柱端部须经硬化和研磨处理，硬度不小于40 HRC，表面粗糙度 Ra 不大于1.6 μm。

(4) 位移传感器应能测出试样在试验期间的厚度，测量精度不小于0.002 mm。

(5) 初载荷为由压头和重砣施加的自重载荷，其误差应在规定值的±1%以内。

(6) 主载荷为由游砣、杠杆等组成的加载装置施加的载荷，其误差应在规定值的±1%以内。主载荷不包括规定的初载荷。

7.1.2　试样

7.1.2.1　试样准备

试验前，试样应在100 ℃±2 ℃的热风烘箱中干燥1 h，而后放入盛有合适干燥剂的干燥器中冷却至21 ℃～30 ℃。

7.1.2.2　试样尺寸

试样为方形，试样面积为6.5 cm^2，试样厚度为1.5 mm。

7.1.3　试验条件

试验应在21 ℃～30 ℃下进行，各种垫片所适用的初载荷和主载荷见表7-1。

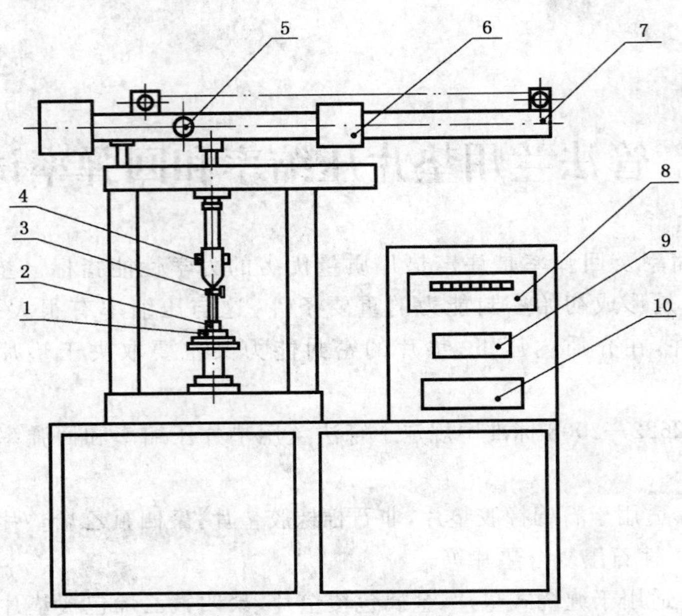

1—砧座；2—压头；3—位移传感器；4—重砣；5—支点；
6—游砣；7—杠杆；8—操作盘；9—显示屏；10—打印机

图 7-1　适用于试验方法 A 的垫片压缩回弹性能试验装置

表 7-1　试验载荷　N

垫片材料	初载荷	主载荷	总载荷(初、主载荷之和)
石棉橡胶垫片、非石棉橡胶垫片、聚四氟乙烯垫片、改性聚四氟乙烯垫片、柔性石墨复合垫片	22.2	1 090	1 112.2
膨胀聚四氟乙烯垫片	22.2	545	567.2

7.1.4　试验程序

(1) 不放入试样，测定总载荷下压头的位移量，将此位移量的绝对值加到 7.1.6 中的 T_2 中，以修正系统误差。

(2) 将预处理过的试样置于砧座中央，施加初载荷并保持 15 s，然后记录试样的厚度 T_1(mm)。

(3) 缓慢施加主载荷(移动游砣)，使之在 10 s 内达到总载荷值，保持 60 s，然后记录试样的厚度 T_2(mm)。

(4) 卸除主载荷(返回游砣至初始位置)，并在 60 s 后，记录初载荷作用下的试样厚度(即回弹后的试样厚度)T_3(mm)。

7.1.5　试验次数

从同一样本中选取若干个试样，并随机抽取不少于 3 个试样进行试验。

7.1.6　计算及试验结果

(1) 压缩率和回弹率分别按式(7-1)和式(7-2)计算：

$$压缩率(\%) = \frac{T_1 - T_2}{T_1} \times 100 \quad\cdots\cdots(7\text{-}1)$$

$$回弹率(\%) = \frac{T_3 - T_2}{T_1 - T_2} \times 100 \quad\cdots\cdots(7\text{-}2)$$

式中：T_1——试样在初载荷下的厚度，mm；

T_2——试样在总载荷下的厚度，mm；

T_3——试样在返回至初载荷下的厚度，mm。

(2) 取全部试验的平均值作为最终的试验结果，取两位有效数字。

7.2　试验方法B

7.2.1　试验装置

(1) 试验在专用的垫片压缩回弹性能试验装置上进行，试验装置由液压加载系统、数据采集系统及试验法兰等组成，试验装置简图见图7-2。

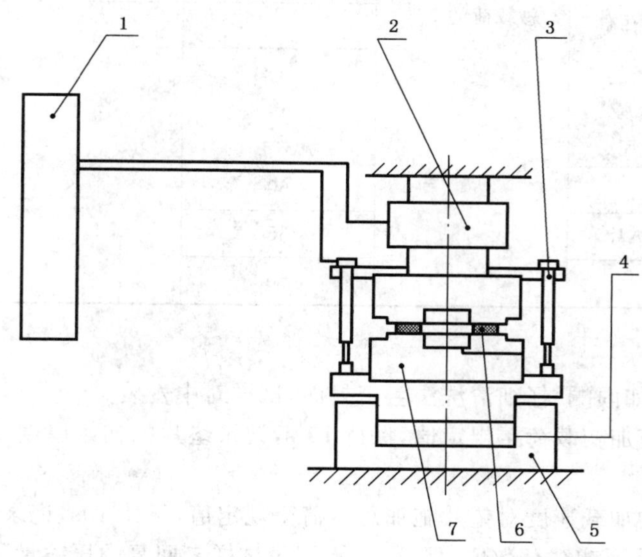

1—数据采集系统；2—载荷传感器；3—位移传感器；4—压力源；
5—油缸；6—垫片；7—模拟法兰

图7-2　适用于试验方法B的垫片压缩回弹性能试验装置

(2) 垫片加载系统应能提供规定的垫片载荷，试验过程中垫片载荷的波动应小于规定值的1%，并能按恒定的速度加载和卸载。

(3) 试验法兰采用模拟法兰，密封面为平面，法兰厚度与直径之比应不小于1/3，法兰材料的弹性模量应为195 GPa～210 GPa，密封面硬度应为40 HRC～50 HRC，密封面表面粗糙度 Ra 应在3.2 μm～6.3 μm范围内。

7.2.2 试样

(1) 试样按 7.1.2.1 的规定进行预处理或准备。

(2) 除另有规定外，试样的公称尺寸为 DN 80，公称压力不大于 PN 50。

7.2.3 试验条件

除另有规定外，试验条件见表 7-2。

表 7-2 试验条件

<table>
<tr><th>试样名称</th><th>垫片初载荷/MPa</th><th>垫片总载荷/MPa</th><th>加载及卸载速度/(MPa/s)</th><th>试验温度/℃</th></tr>
<tr><td>石棉橡胶垫片</td><td rowspan="11">总载荷的 5%</td><td>40</td><td rowspan="2">0.5</td><td rowspan="11">21～30</td></tr>
<tr><td>非石棉橡胶垫片</td><td>35</td></tr>
<tr><td>橡胶垫片</td><td>7</td><td>0.1</td></tr>
<tr><td>聚四氟乙烯垫片和改性聚四氟乙烯垫片</td><td>35</td><td rowspan="2">0.2</td></tr>
<tr><td>膨胀聚四氟乙烯垫片</td><td>25</td></tr>
<tr><td>柔性石墨复合垫片</td><td>35</td><td rowspan="6">0.5</td></tr>
<tr><td>具有非金属覆盖层的齿形金属、波形金属和波齿形金属垫片</td><td>45</td></tr>
<tr><td>金属包覆垫片</td><td>60</td></tr>
<tr><td>聚四氟乙烯包覆垫片</td><td>35</td></tr>
<tr><td>缠绕式垫片</td><td>70</td></tr>
</table>

7.2.4 试验程序

(1) 用溶剂(如丙酮)仔细清洗法兰密封面，试样对中安装。

(2) 对试样施加初载荷至规定值，保持 10 s，记录垫片的初始厚度 T_1，并将位移传感器调至零。

(3) 按规定的加载速度对垫片施加总载荷至规定值，保持 10s，记录垫片压缩量 ΔT_1，并按规定速度卸载至初载荷数值，保持 10 s，记录试样未回复的压缩量 ΔT_2。

7.2.5 试验次数

从同一样本中选取若干个试样，并随机抽取不少于 3 个试样进行试验。

7.2.6 计算及试验结果

(1) 垫片的压缩率和回弹率分别按式(7-3)和式(7-4)计算：

$$压缩率(\%) = \frac{\Delta T_1}{T_1} \times 100 \quad \cdots\cdots(7\text{-}3)$$

$$回弹率(\%) = \frac{\Delta T_1 - \Delta T_2}{\Delta T_1} \times 100 \quad \cdots\cdots(7\text{-}4)$$

式中：T_1——试样在初载荷下的厚度，mm；

ΔT_1——试样在总载荷下的压缩量，mm；

ΔT_2——试样在返回至初载荷下的未回复的压缩量，mm。

（2）取全部试验的平均值作为最终的试验结果，取两位有效数字。

7.3　试验报告

试验报告应包括以下内容：

a. 本试验方法的标准编号和采用的试验方法（方法 *A* 或方法 *B*）；

b. 试验垫片的名称、材料、尺寸、标记；

c. 试样编号、数量；

d. 试验条件（初载荷、总载荷、试验温度）；

e. 试验结果（每个试样的压缩率和回弹率值及该样品的平均值）；

f. 试验人员、日期。

第 8 章　管法兰用垫片应力松弛试验方法

垫片的应力松弛率也是评定垫片质量优劣的另一项力学性能指标，它反映垫片材料在热负荷条件下垫片的变形情况。

在 GB/T 12621—2008 中规定了管法兰用垫片应力松弛的 A、B 两种试验方法。

试验方法 A 适用于石棉橡胶垫片，非石棉橡胶垫片，聚四氟乙烯垫片，膨胀或改性聚四氟乙烯垫片，柔性石墨复合垫片等。

试验方法 B 适用于缠绕式垫片，金属包覆垫片，聚四氟乙烯包覆垫片，具有非金属覆盖层的齿形金属、波形金属和波齿形金属垫片等。该方法也适用于试验方法 A 所适用的垫片，金属平垫片亦可参照该方法进行。

8.1　试验方法 A

8.1.1　试验装置

试验在专用的应力松弛试验装置上进行，装置由上、下圆平板，中央螺栓，推杆、垫圈、螺母和千分表及其组件等组成，见图 8-1。上、下圆平板，中央螺栓，推杆、垫圈和螺母应由 42CrMo 或性能与之相当的材料制成。中央螺栓的标定按 8.4 的规定。

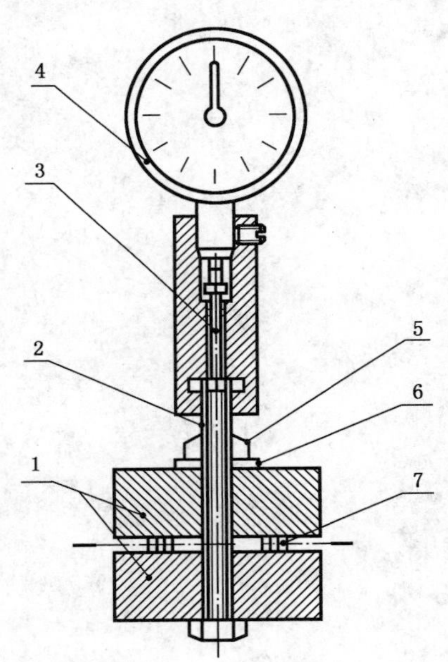

1—上下圆平板；2—中央螺栓；3—千分表组件（包括连接套筒、推杆和紧定螺钉）；4—千分表；5—螺母；6—垫圈；7—试样

图 8-1　适用于试验方法 A 的垫片应力松弛试验装置

8.1.2　试样

8.1.2.1　试样准备

试验前，试样应在 100 ℃±2 ℃的热风烘箱中干燥 1 h，而后放入盛有合适干燥剂的干燥器中冷却至 21 ℃～30 ℃。

8.1.2.2　试样尺寸

除另有规定外，试样应为外径 44 mm、内径 22 mm，厚度 1.5 mm 的圆环。

8.1.3　试验条件

压紧力：23.8 kN；

试验温度：100 ℃±2 ℃（除另有规定外）；

试验时间：22 h（除另有规定外）。

8.1.4　试验程序

（1）检查试验装置的各部件，清洁上、下圆平板表面，并用合适的润滑剂润滑螺栓螺纹及垫圈。

（2）试样对中安装于两圆平板之间。

(3) 装上中央螺栓、垫圈及螺母,用手将螺母拧紧。

(4) 装上千分表组件,并将千分表读数调到零。

(5) 用扳手连接、均匀拧紧螺母,直至与试验所规定的压紧力相应的千分表读数,记录该读数 D_0。加载时间应不超过 3 s。当压紧力为 23.8 kN 时,螺栓的典型伸长量为 0.109 mm~0.113 mm。

(6) 卸除千分表组件。除另有规定外,将装有试样的试验装置放入温度为 100 ℃±2 ℃的热风烘箱内,保温 22 h 后取出,冷却至室温。

(7) 重新安装千分表组件,并将千分表读数调到零。

(8) 在不扰动千分表的条件下,松开螺母,并记录千分表读数 D_f。

8.1.5 试验次数

从同一样本中选取若干个试样,并随机抽取不少于 3 个试样进行试验。

8.1.6 计算及试验结果

(1) 应力松弛率按式(8-1)计算:

$$应力松弛率(\%)=\frac{D_0-D_f}{D_0}\times 100 \qquad \cdots\cdots(8\text{-}1)$$

式中:D_0——试验装置放入烘箱前的千分表读数(即螺栓的初始伸长量),mm;

D_f——试验装置从烘箱中取出,冷却至室温后的千分表读数(即螺栓的残余伸长量),mm。

(2) 取全部试验的平均值作为最终的试验结果,取两位有效数字。

8.2 试验方法 B

8.2.1 试验装置

(1) 试验在专用的垫片应力松弛试验装置上进行,试验装置由中央螺栓、上下法兰、定距块、加载螺母和加热装置等组成,见图 8-2。其中载荷测量系统由设置在中央螺栓上部的千分表、下部的调节螺钉及与之相连的中心测量杆所组成。加热装置由电加热器、热电偶及温控仪组成。试验装置的标定按附录 B 的规定。

(2) 中央螺栓材料为 35CrMoA,并经调质处理。

(3) 中央螺栓在 20℃及试验温度下的载荷——变形特性应经严格标定,并换算成以垫片应力及千分表读数为坐标的应力松弛计算图。

(4) 温度控制系统的控制精度应在±1 ℃以内。

8.2.2 试样

8.2.2.1 试样的准备或预处理

试样按 8.1.2.1 的规定进行准备或预处理。

8.2.2.2 试样尺寸

除另有规定外,试样的公称尺寸应为 DN 32,公称压力不小于 PN 50。

8.2.3 试验条件

除另有规定外,试验条件见表 8-1。

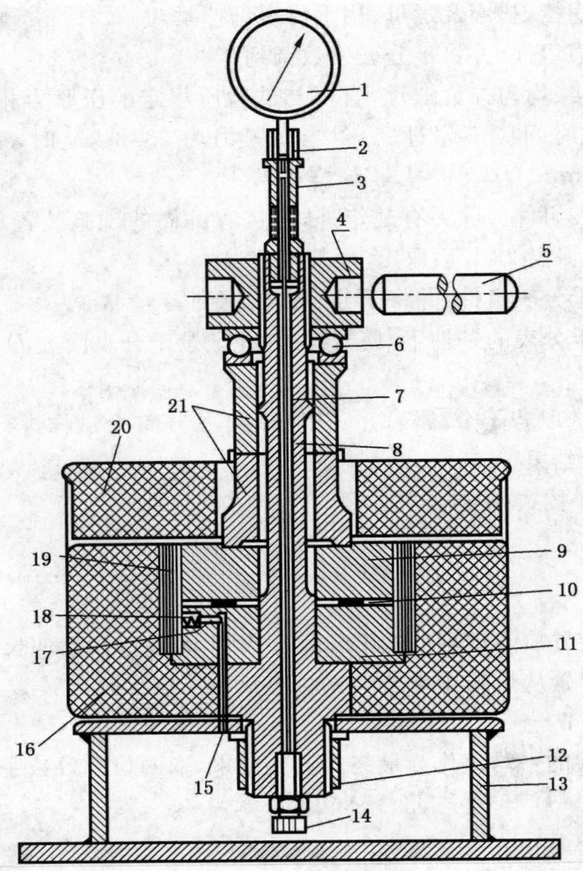

1—千分表；2—夹持套；3—千分表架；4—加载螺母；5—加力杆；6—推力球轴承；
7—中心测量杆；8—中央螺栓；9—上法兰；10—试样；11—下法兰；
12—紧固螺母；13—支架；14—调节螺钉；15—热电偶；16—保温套；
17—销子；18—螺塞；19—电热丝(1 kW)；20—保温盖板；21—定距块

图 8-2　适用于试验方法 B 的垫片应力松弛试验装置

表 8-1　试验条件

试样名称	垫片应力/MPa	试验温度/℃	试验时间/h
石棉橡胶垫片	40	300	16
非石棉橡胶垫片 聚四氟乙垫片和改性聚四氟乙垫片	35	200	
膨胀聚四氟乙垫片	25	200	
柔性石墨复合垫片	35	300	
具有非金属覆盖层的齿形金属、波形金属和波齿形金属垫片	45	300	
金属包复垫片	60	300	
聚四氟乙烯包复垫片	35	150	
缠绕式垫片(填充石棉、非石棉、柔性石墨)	70	300	
缠绕式垫片(填充聚四氟乙烯)	70	200	

8.2.4 试验程序

(1) 将试样对中放置于上、下法兰面间，通过中央螺栓底部的调节螺钉将千分表读数调到零。

(2) 用加力杆拧紧加载螺母，压紧试样，使千分表读数达到与之对应的规定的垫片应力。5 min 后若发现千分表读数下降，再次拧紧螺母到初始读数，并记录该读数 A_1(μm)。

(3) 接通电加热器，1 h 内从室温均匀地加热到试验温度。

(4) 在试验温度下保持 16 h，调节温控仪，使温度波动小于 1.5%。记录千分表读数 A_2(μm)。

(5) 在试验温度下，将螺栓卸载并记录千分表读数 A_3(μm)。

8.2.5 试验次数

从同一样本中选取若干个试样，并随机抽取不少于 3 个试样进行试验。

8.2.6 计算及试验结果

(1) 由读数 A_1 及 A_2 和 A_3 的差值，从垫片应力与千分表读数的标定曲线(见图 8-6)查得 A_1 对应的垫片应力(即 20 ℃下垫片的初始压缩应力)S_K(MPa)和(A_2-A_3)对应的垫片应力(即垫片的残余应力)S_G(MPa)。

(2) 垫片的应力松弛率按式(8-2)计算：

$$\text{应力松弛率}(\%)=\frac{S_K-S_G}{S_K}\times 100 \qquad \cdots\cdots(8\text{-}2)$$

式中：S_K——20 ℃下垫片的初始压缩应力，MPa；

S_G——垫片的残余应力，MPa。

(3) 取全部试验的平均值作为最终的试验结果，取两位有效数字。

8.3 试验报告

试验报告应包括以下内容：

a. 本试验方法的标准编号和采用的试验方法(方法 A 或方法 B)；

b. 试验垫片的名称、材料、尺寸、标记；

c. 试样编号、数量；

d. 试验条件(垫片应力、试验温度、试验时间)；

e. 试验结果(每个试样的应力松弛率值及该样品的平均值)；

f. 试验人员、日期。

8.4 应力松弛试验方法 A 的中央螺栓标定方法

8.4.1 标定装置

8.4.1.1 试验装置

试验装置由应力松弛试验装置中的中央螺栓、螺母、千分表组件、垫圈和千分表及其上、下支架等组成。标定装置简图见图 8-3。

8.4.1.2 拉伸试验机

在加载 23.8 kN 时，该试验机的最大允许系统误差应小于施加载荷的 0.5%。

8.4.2 标定方法

(1) 把卸除两个圆平板的应力松弛试验装置安装在上下两个支架上，调整间距为两个圆平板厚度及试样厚度(1.5 mm)之和。

(2) 将标定装置安装在拉伸试验机上，不施加载荷，调整千分表读数至零。

(3) 施加拉伸载荷至3.4 kN，保持此载荷，记录千分表指示的螺栓伸长量。继续增加载荷，记录每3.4 kN载荷增量时的螺栓伸长量，直至达到23.8 kN的总载荷。

(4) 卸除螺栓载荷，记下载荷为零时的千分表读数。

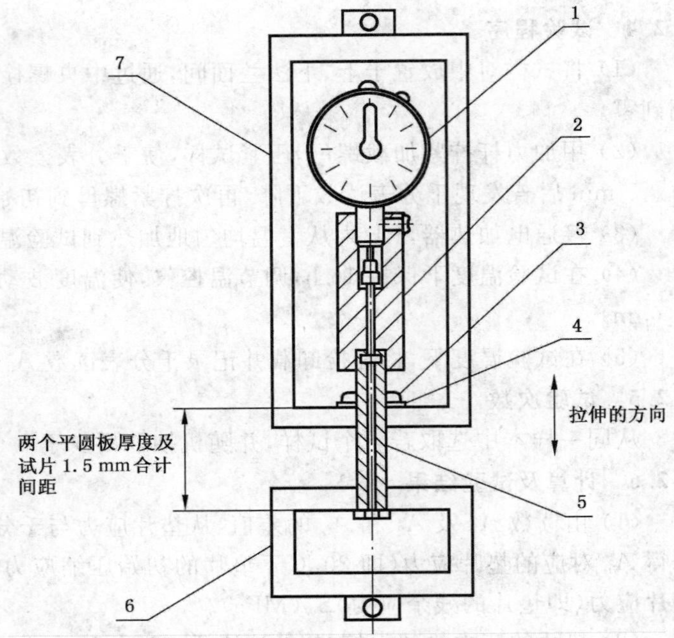

1—千分表；2—连接套筒；3—紧固螺母；4—垫圈；
5—中央螺栓；6—下支架；7—上支架

图 8-3 中央螺栓的标定装置

(5) 按8.4.2(2)～8.4.2(4)的内容重复操作3次，确认各载荷下千分表读数偏差在±2μm之内。

(6) 作出0 kN～23.8 kN的螺栓载荷与对应的螺栓伸长量的关系曲线，该曲线必须是直线。当螺栓载荷与伸长量关系不呈直线时，该中央螺栓不能继续使用，必须更换新的中央螺栓。

8.5 应力松弛试验方法B的试验装置标定方法及计算示例

8.5.1 应力松弛试验装置标定方法

8.5.1.1 设备

带有千分表和承载套筒的盘式测力计以及能提供足够压缩载荷的压力机。

8.5.1.2 盘式测力计的标定

(1) 将盘式测力计(代替上定距块)安装在应力松弛试验装置上，用承载套筒代替加载螺母和紧固螺母。标定简图见图8-4。

(2) 安装完毕后将该装置放到压力机上。

(3) 室温下，以适当的载荷增量加载，直至最大压缩载荷达到103 kN，记录载荷与相应的千分表读数，然后卸载。

(4) 将装置加热至试验温度，保持该温度1 h。以适当的载荷增量加载，直至最大载荷达到103 kN，记录载荷与相应的千分表读数。

8.5.1.3 应力松弛试验装置的标定

(1) 将盘式测力计安装在应力松弛试验装置中。标定简图见图8-5。

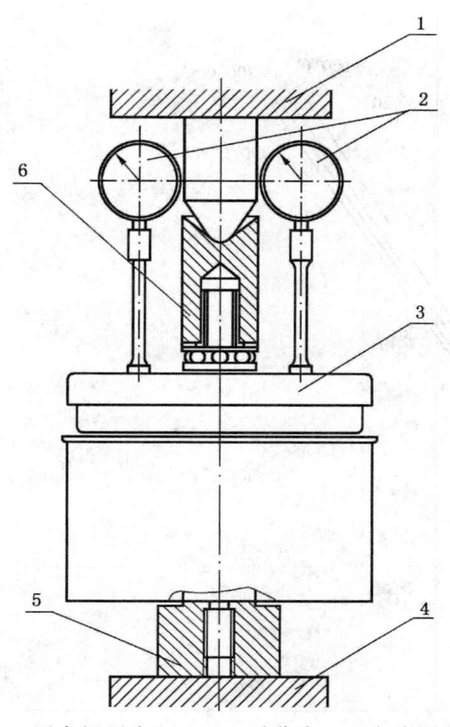

1—压力机压头(上);2—千分表;3—盘式测力计;
4—压力机压头(下);5—承载套筒(下);
6—承载套筒(上)

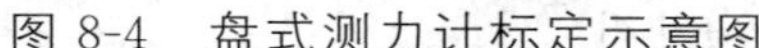

图 8-4　盘式测力计标定示意图

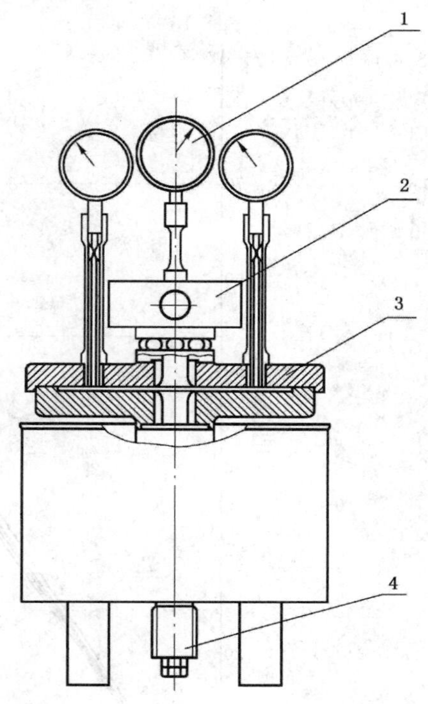

1—千分表(与中央螺栓相连);2—加载螺母;
3—盘式测力计;4—紧固螺母

图 8-5　应力松弛试验装置标定示意图

(2) 室温下,用加载螺母加载,使盘式测力计的千分表读数与 8.5.1.2(3)所得到的数值相一致。记录载荷和与中央螺栓相连的千分表的读数。

(3) 将该装置加热至试验温度,保持该温度 1 h。用加载螺母加载,使盘式测力计的千分表读数与上述 8.5.1.2(4)所得到的数值相一致。记录载荷和与中央螺栓相连的千分表的读数。

(4) 将 8.5.1.3(2)和 8.5.1.3(3)所得到的数据标绘成以垫片应力和千分表读数表示的标定曲线,如图 8-6 所示。

8.5.2　计算示例

(1) 试样为柔性石墨带填充的缠绕式垫片,试样外径 64.4 mm、内径 49.6 mm。

(2) 中央螺栓在 20 ℃及 300 ℃下的载荷-变形特性经标定,并换算成垫片应力与千分表读数的标定曲线图(图 8-6)。

(3) 按 8.2.4 规定的试验程序,分别记录千分表读数 A_1、A_2 和 A_3 的数值为 180.1 μm、132.8 μm 和 −15.0 μm。

(4) 由读数 A_1 及 A_2 和 A_3 的差值,从图 8-6 中相应的 20℃及 300 ℃下垫片应力-千分表读数曲线上分别查得垫片初始压缩应力 S_K = 70 MPa 和垫片残余应力 S_G = 53.7 MPa。

(5) 垫片应力松弛率计算如下:

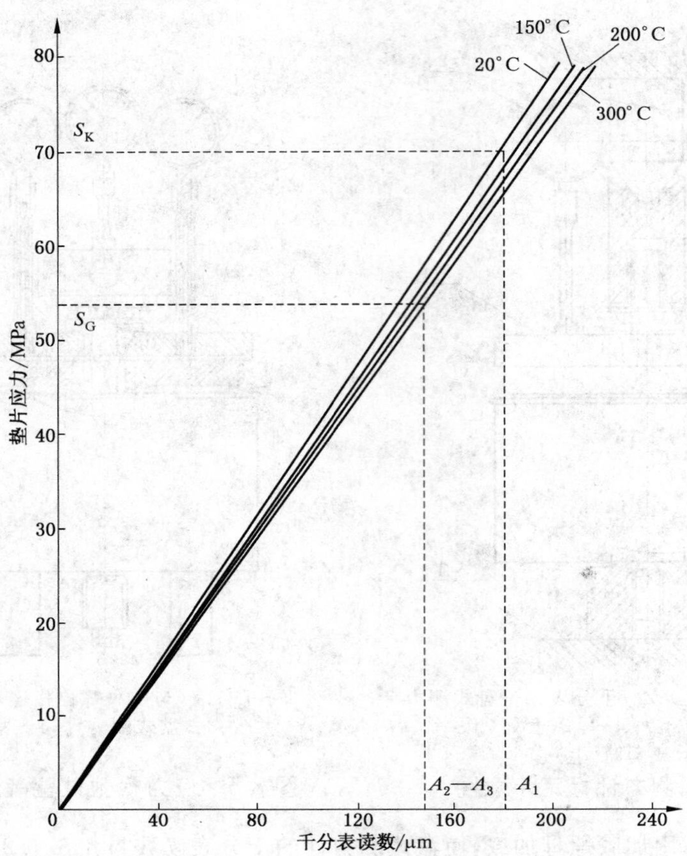

图 8-6　垫片应力与千分表读数的标定曲线

$$\text{应力松弛率}(\%)=\frac{S_K-S_G}{S_K}\times 100$$

$$=\frac{70-53.7}{70}\times 100$$

$$=23.29$$

第9章　管法兰用垫片密封性能试验方法

以氮气作为试验介质，测定垫片的泄漏率，以此来评定垫片的密封性能，是目前工业界普遍使用的一种测试方法。垫片泄漏率能直接反映垫片密封性能，它是一项最基本的综合性指标；也是最能评定垫片质量优劣的主要依据。

在 GB/T 12385—2008 中规定了管法兰用垫片密封性能的 A、B 两种试验方法。

两种试验方法均适用于石棉橡胶垫片，非石棉橡胶垫片，橡胶垫片，聚四氟乙烯垫片，膨胀或改性聚四氟乙烯垫片，柔性石墨复合垫片，缠绕式垫片，金属包覆垫片，聚四氟乙烯包覆垫片，具有非金属覆盖层的齿形金属、波形金属和波齿形金属垫片等。金属平垫片亦可参照该方法进行。

9.1　试验方法 A

9.1.1　试验装置

（1）试验在专用的垫片综合性能试验装置上进行。试验装置由垫片加载系统、介质供给系统、测漏系统及试验法兰等组成。试验装置简图见图 9-1。

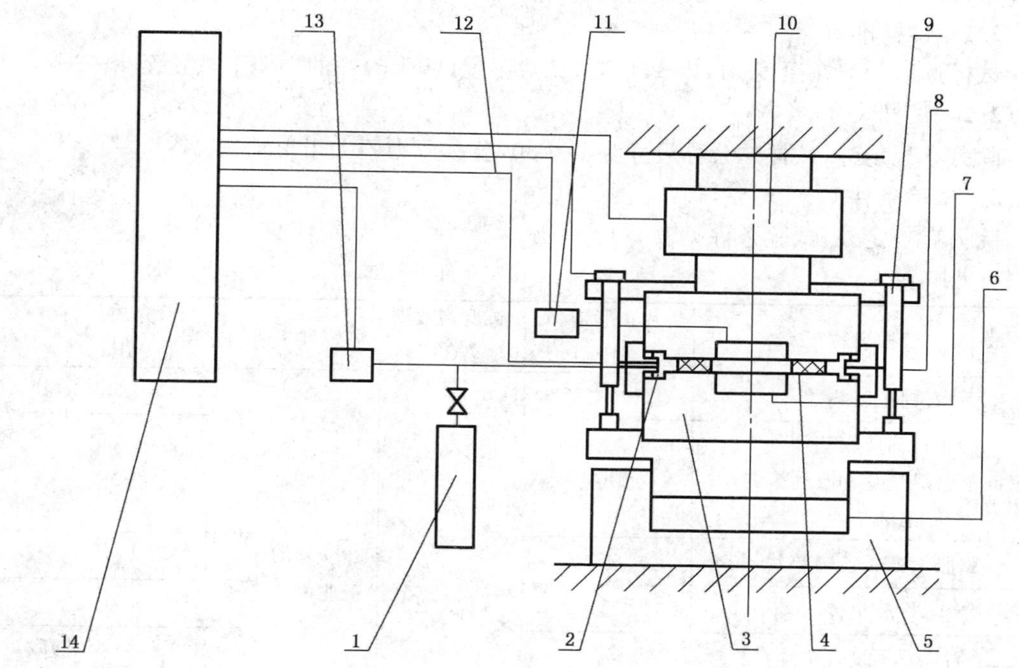

1—标准容器；2—测漏空腔；3—模拟法兰；4—垫片；5—油缸；6—压力源；7—试验介质；8—标定气源；9—位移传感器；10—载荷传感器；11—压力传感器；12—温度传感器；13—微压力传感器；14—数据采集系统

图 9-1　适用于试验方法 A 的垫片密封性能试验装置

(2) 垫片加载系统应能提供规定的垫片预紧应力并能控制恒定的加载、卸载速度。试验过程中垫片预紧应力的波动应在规定值的±2%范围之内。当垫片预紧应力不大于35 MPa时,加载、卸载速度为0.2 MPa/s;当垫片预紧应力大于35 MPa时,加载、卸载速度为0.5 MPa/s。

(3) 试验介质供给系统应能提供规定的试验介质压力。试验过程中介质压力的波动应在规定值的±2%范围之内。

(4) 泄漏率测量采用测漏空腔增压法,泄漏率计算基于理想气体定律。在垫片外侧、上下法兰面间设置一个密闭的环形测漏空腔,测漏空腔的容积V_c应经严格标定。测漏系统分辨率应不低于10^{-5} cm^3/s。

(5) 试验法兰采用模拟法兰,密封面为平面,法兰厚度与直径之比应不小于1/3,法兰材料的弹性模量应为195 GPa~210 GPa,密封面硬度应为40 HRC~50 HRC,密封面表面粗糙度Ra应在3.2 μm~6.3 μm范围内。

(6) 测量试验介质压力的压力传感器的量程应不大于10 MPa,误差不大于全量程的0.5%,分辨率不低于1 kPa。

(7) 测量测漏空腔温度的温度传感器量程应不大于32 ℃,误差不大于全量程的0.5%,分辨率不低于0.01 ℃。

(8) 测量测漏空腔内微压力的压力传感器的量程应不大于5 kPa,误差不大于全量程的0.5%,分辨率不低于0.5 Pa。

9.1.2 试样

9.1.2.1 试样准备

试样选取后应在温度21 ℃~30 ℃、相对湿度(50±6)%的环境下放置至少48 h。

9.1.2.2 试样尺寸

除另有规定外,试样的公称尺寸为DN 80,公称压力不大于PN 50。

9.1.3 试验条件

除另有规定外,试验条件见表9-1。

表9-1 试验条件

试样名称	垫片预紧应力/MPa	试验温度/℃	试验介质	试验介质压力/MPa
石棉橡胶垫片	40	23±5	99.9%的工业氮气	4.0
非石棉橡胶垫片 聚四氟乙烯垫片和改性聚四氟乙烯垫片	35			4.0
膨胀聚四氟乙烯垫片	25			4.0
橡胶垫片	7			1.0
柔性石墨复合垫片	35			1.1倍公称压力
具有非金属覆盖层的齿形金属、波形金属和波齿形金属垫片	45			1.1倍公称压力

续表 9-1

试样名称	垫片预紧应力/MPa	试验温度/℃	试验介质	试验介质压力/MPa
金属包覆垫片	60	23±5	99.9%的工业氮气	1.1 倍公称压力
聚四氟乙烯包覆垫片	35			1.1 倍公称压力
缠绕式垫片	70			1.1 倍公称压力

9.1.4 试验程序

(1) 用溶剂(如丙酮)仔细清洗法兰密封面,垫片对中安装。

(2) 按表 9-1 的规定,对垫片施加预紧应力,达到规定值后保持 15 min。

(3) 标定测漏空腔的容积

① 测漏空腔容积按式(9-1)标定:

$$V_c = V_B\left(\frac{p_{2v}-p_B}{p_c-p_{2v}}\right) \qquad \cdots\cdots(9\text{-}1)$$

式中:V_c——测漏空腔的容积,cm^3;

V_B——标准容器的容积,cm^3;

p_B——标准容器中的初始绝对压力,Pa;

p_c——测漏空腔中导入的试验介质的绝对压力,Pa;

p_{2v}——标准容器与测漏空腔连通后的绝对压力,Pa。

② 上述标定应重复 3 次,以 3 次测得的 V_c 值的算术平均值作为测漏空腔的容积,各次测得的 V_c 值对平均值的偏差不应大于 3%。

(4)按表 9-1 的规定,通入试验介质,当介质压力达到规定值后保持 10 min。

(5)开始测漏,记录测漏开始时测漏空腔内的压力 p_1 和温度 T_1,并开始记时,记录测量结束时测漏空腔内的压力 p_2 和温度 T_2。测量时间视泄漏率大小而定,通常为2 min~10 min。

9.1.5 试验次数

从同一样本中选取若干个试样,并随机抽取不少于 3 个试样进行试验。

9.1.6 计算和试验结果

(1) 泄漏率按式(9-2)计算:

$$L_v = \frac{T_{st}}{p_{st}}\frac{V_c}{t}\left(\frac{p_2}{T_2}-\frac{p_1}{T_1}\right) \qquad \cdots\cdots(9\text{-}2)$$

式中:L_v——体积泄漏率,Ncm^3/s;

p_{st}——标准状况下大气压力,101 325 Pa;

T_{st}——标准状况下大气绝对温度,273.16 K;

p_1——测漏开始时测漏空腔内的绝对压力,Pa;

p_2——测漏结束时测漏空腔内的绝对压力,Pa;

T_1——测漏开始时测漏空腔的绝对温度,K;

T_2——测漏结束时测漏空腔的绝对温度,K;

V_c——测漏空腔的容积,cm^3;

t——测漏时间，s。

(2) 取全部试验的平均值作为最终的试验结果，取两位有效数字。

9.2　试验方法 B

9.2.1　试验装置

(1)试验在专用的垫片密封性能试验装置上进行。试验装置主要由垫片加载系统、介质供给系统、测漏系统和试验法兰等组成。试验装置简图见图 9-2。

(2)垫片预紧应力的施加按 9.1.1(2)的规定。

(3)试验介质的施加按 9.1.1(3)的规定。

(4)测漏采用压降法，泄漏率计算基于理想气体定律。密封空腔的容积 V_s 应经严格规定。测漏系统分辨率应不低于 10^{-3} cm^3/s。

(5)试验法兰应符合 9.1.1(5)的规定。

(6)测量试验介质压力的压力传感器应符合 9.1.1(6)的规定。

(7)测量密封空腔温度的温度传感器应符合 9.1.1(7)的规定。

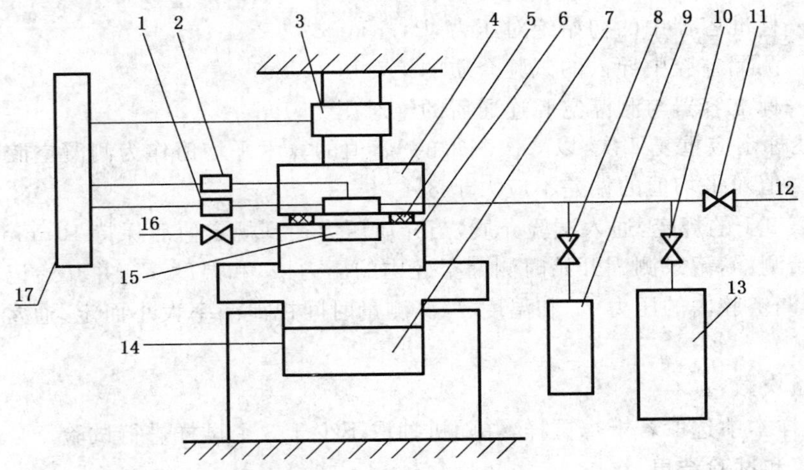

1—温度传感器；2—压力传感器；3—载荷传感器；4—上法兰；5—垫片；6—下法兰；7—油缸；8—阀门；9—标准容器；10、11—阀门；12—试验介质；13—缓冲罐；14—压力源；15—密封空腔；16—放空管路及阀门；17—数据采集系统

图 9-2　适用于试验方法 B 的垫片密封性能试验装置

9.2.2　试样

9.2.2.1　试样准备或预处理

试样选取后应按 9.1.2.1 的规定进行准备或预处理。

9.2.2.2　试样尺寸

试样尺寸按 9.1.2.2 的规定。

9.2.3　试验条件

除另有规定外，试验条件见表 9-1。

9.2.4 试验程序

(1) 按 9.1.4(1)的规定,清洗法兰密封面并安装垫片。

(2) 按 9.1.4(2)的规定,对垫片施加预紧应力。

(3) 标定密封空腔的容积

① 开启阀门 8 和阀门 10,系统放空。

② 关闭阀门 8,开启阀门 11,向密封空腔中导入压力为 p_s 的试验介质。

③ 关闭阀门 11,开启阀门 8,测出密封空腔与标准容器相连通后的平衡压力 p_e。

④ 密封空腔的容积按式(9-3)计算:

$$V_s = V_B\left(\frac{p_e - p_B}{p_s - p_e}\right) \qquad \cdots\cdots(9\text{-}3)$$

式中:V_s——密封空腔的容积,cm^3;

V_B——标准容器的容积,cm^3;

p_B——标准容器中的初始绝对压力,Pa;

p_s——密封空腔中导入的试验介质的绝对压力,Pa;

p_e——标准容器与密封空腔连通后的绝对压力,Pa。

⑤ 上述标定应重复 3 次,以 3 次测得的 V_s 值的算术平均值作为密封空腔的容积,各次测得的 V_s 值对平均值的偏差不应大于 3%。

(4) 开启阀门 10,关闭阀门 8。

(5) 开启阀门 11,按表 9-1 的规定,通入试验介质,当介质压力达到规定值后保持 10 min,关闭阀门 11。

(6) 开始测漏,记录测漏开始时密封空腔内的压力 p_3 和温度 T_3,并开始记时,记录测量结束时密封空腔内的压力 p_4 和温度 T_4。测量时间视泄漏率大小而定,通常为 2 min~10 min。

9.2.5 试验次数

从同一样本中选取若干个试样,并随机抽取不少于 3 个试样进行试验。

9.2.6 计算和试验结果

(1) 泄漏率按式(9-4)计算:

$$L_V = \frac{T_{st}}{p_{st}} \cdot \frac{V_s}{t}\left(\frac{p_3}{T_3} - \frac{p_4}{T_4}\right) \qquad \cdots\cdots(9\text{-}4)$$

式中:L_V——体积泄漏率,Ncm^3/s;

p_{st}——标准状况下大气压力,101 325 Pa;

T_{st}——标准状况下大气绝对温度,273.16 K;

p_3——测漏开始时密封空腔内的绝对压力,Pa;

p_4——测漏结束时密封空腔内的绝对压力,Pa;

T_3——测漏开始时密封空腔内的绝对温度,K;

T_4——测漏结束时密封空腔内的绝对温度,K;

V_s——密封空腔的容积,cm^3;

t——测漏时间,s。

(2) 取全部试验的平均值作为最终的试验结果,取两位有效数字。

9.3　试验报告

试验报告应包括以下内容：

a. 本试验方法的标准编号和采用的试验方法(方法 A 或方法 B)；

b. 试验垫片的名称、材料、尺寸、标记；

c. 试样编号、数量；

d. 试验条件(垫片预紧应力、试验温度、试验介质和压力、试验时间)；

e. 试验结果(每个试样的泄漏率值及该样品的平均值)；

f. 试验人员、日期。

第四篇

非金属垫片材料分类体系及试验方法

由非金属材料制成的密封垫片在石油、石油化工、电力、轻工、船舶及制药等部门的管道系统和装置中应用最广，占有一定地位。本篇仅就用于垫片的非金属材料分类体系及其材料的试验方法进行介绍。

本篇根据 GB/T 20671.1～20671.11—2006 综合成章进行编写，内容包括：非金属垫片材料分类体系；垫片材料拉伸强度试验方法、压缩回弹率试验方法、耐液性试验方法、密封性能试验方法、蠕变松弛率试验方法、柔软性试验方法、与金属表面粘附性试验方法；软木垫片材料胶结物耐久性试验方法；合成聚合材料抗霉性测定方法以及垫片材料导热系数测定方法。

第10章　非金属垫片材料分类体系

本章内容根据GB/T 20671.1—2006《非金属垫片材料分类体系及试验方法　第1部分:非金属垫片材料分类体系》进行编写。其内容为非金属垫片材料各种试验方法的基础。

10.1　适用范围

(1) 该分类体系为确定或描述非金属垫片材料的恰当的性能提供了一种方式。适用于石棉、软木、纤维素及其他无机或有机材料结合各种粘结剂或浸渍剂而制成的材料。一般归类为橡胶制品的材料不包括在该分类体系中,因为它们属于ASTM D 2000类别。垫片涂层也不包括,其详细情况规定在工程图上或单独的技术规范中。一般归类为多层复合垫片材料(LCGM—laminate composite gasket materials)的材料也不包括在该分类体系中,因为它们属于ASTM F868类别,但多层复合垫片材料的面层材料包括在该分类体系中。

(2)因为没有囊括垫片特性的所有性能,所以该分类体系作为选择材料的基础,其作用是有限的。

(3)以国际单位制(SI)单位表示的数值作为标准。

(4)非金属垫片材料分类体系不涉及与其使用有关的安全问题。使用者有责任考虑安全和健康问题,并在使用前确定规章限制的应用范围。

10.2　意义和用途

(1) 分类体系的目的是用来促进表述性能的一致,为供需双方交流提供一个共同语言,引导工程设计人员把分类体系规定的试验方法通用于市场可得的材料上。该分类体系是通用的,足以覆盖所引入的新材料和试验方法。

(2)分类体系基于下述原则:尽可能以专门的物理和机械性能术语来描述非金属垫片材料,通过利用一个或多个基于标准试验的标准语句将许多这样的描述格式化。因此,垫片材料使用者能够通过选择不同的语句组合来表示在各种场合要求的不同的性能组合。同样道理,供应商能够以这种方式报告他们各自的产品具备的性能。

10.3　分类基础

(1) 为了使10.2(2)描述的内容能用"代码"表示,该分类体系确定用字母或数字符号或二者共用来表示产品的每个性质或特征的各种性能水平(见表10-1)。

(2) 在确定或描述垫片材料时,每个"代码"应包括GB标准编号和ASTM标准编号(删去年代号),再加上字母"F"和六个数码,例如:GB/T 20671-ASTM F104(F125400);

因为代码的每个数码对应一个特征(见表10-1),所以六个数码始终是必需的。当某一特征不描述时,用数码“0”表示;当某一特征(或试验与其他有关)的描述对该分类体系来说由另外的补充说明(如在工程图上注释)规定时,用数码“9”表示。

(3)为了进一步确定或描述垫片材料,每个“代码”可以增加一个或多个后缀字母一数码符号,见表10-2,例如:GB/T 20671-ASTM F104(F125400-B2M4)。可以通过增加或减少“代码”中所用的字母—数码符号的数量来确定不同材料的定义。

(4)为方便起见,垫片材料将采用型号和类别来表示。型号根据制造垫片材料所用的主要增强纤维、粉状材料或其他材料来区分,类别根据制造方式或通用的商业标识来区分。型号用六位基础代码的第一位数码表示,类别用六位基础代码的第二位数码表示,见表10-1。

注:虽然这种“排列型”的格式为各式各样的材料的独立性能和组合性能的表征提供了一个表示和说明的方法,但在实际使用时,如果使用者不熟悉现有的商品化材料,错用的情形是可能发生的,因为不合理的性能组合也能够被编成代码。一般认为表10-5指明性能、特征和试验方法适用于各种型号的材料。

10.4　物理和机械性能

按照分类标记的垫片材料应具有表10-1所示的前六个代码和表10-2所示的补加字母一数字符号表明的特征或性能。

表10-1　基本的物理机械特性

六位基础代码	基本特性
第一位数码	材料的“型号”(制造垫片的主要纤维、粉体或增强材料),应与六位基础代码的第一位数码一致,表示如下: 0=不规定 1=石棉 2=软木 3=纤维素 4=氟碳聚合物 5=柔性石墨 7=非石棉纤维,按型号1试验 8=蛭石 9=按照说明[1)]
第二位数码	材料的类别(制造方式或通用的商业标识),应与六位基础代码的第二位数码一致,表示如下: 当第一位数码是“0”或“9”时,第二位数码: 0=不规定 9=按照说明[1)]

续表 10-1

六位基础代码	基本特性
第二位数码	当第一位数码是“1”或“7”时，第二位数码： 0＝不规定 1＝辊压成张工艺 2＝打浆抄取工艺 3＝纸材和板材 9＝按照说明[1)] 当第一位数码是“2”时，第二位数码： 0＝不规定 1＝软木垫片(1类) 2＝软木与弹性体材料(2类) 3＝软木与泡沫橡胶(3类) 9＝按照说明[1)] 当第一位数码是“3”时，第二位数码： 0＝不规定 1＝原纤维一卡片纸、粗纸板、硬化纸板，等等(1类) 2＝蛋白质处理过的(2类) 3＝弹性体材料处理过的(3类) 4＝热固体树脂处理过的(4类) 9＝按照说明[1)] 当第一位数码是“4”时，第二位数码： 0＝不规定 1＝聚四氟乙烯板 2＝膨体聚四氟乙烯 3＝聚四氟乙烯丝、编织物或网布 4＝聚四氟乙烯毡 5＝填充聚四氟乙烯 9＝按照说明[1)] 当第一位数码是“5”或“8”时，第二位数码： 0＝不规定 1＝单层板 2＝层压板 9＝按照说明[1)]
第三位数码	压缩率：按照试验方法 GB/T 20671.2《垫片材料压缩率回弹率试验方法》测定，应与六位基础代码的第三位数码代表的百分数一致(如：4＝15％～25％)。 0＝不规定　　5＝20％～30％ 1＝0％～10％　　6＝25％～40％ 2＝5％～15％　　7＝80％～50％ 3＝10％～20％　　8＝40％～60％ 4＝15％～25％　　9＝按照说明[1)] 辊压成张工艺为 7％～17％

续表 10-1

六位基础代码	基本特性
第四位数码	浸 IRM903 油增厚率：按照试验方法 GB/T 20671.3《垫片材料耐液体试验方法》测定，应与六位基础代码的第四位数码代表的百分数一致（如：4＝15％～30％）。 0＝不规定　5＝20％～40％ 1＝0％～15％　6＝30％～50％ 2＝5％～20％　7＝40％～60％ 3＝10％～25％　8＝50％～70％ 4＝15％～30％　9＝按照说明[1)]
第五位数码	浸 IRM903\油增重率：按照试验方法 GB/T 20671.3 测定，应与六位基础代码的第五位数码代表的百分数一致（如：4＝不大于 30％）。 0＝不规定　5＝不大于 40％ 1＝不大于 10％　6＝不大于 60％ 2＝不大于 15％　7＝不大于 80％ 3＝不大于 20％　8＝不大于 100％ 4＝不大于 30％　9＝按照说明[1)]
第六位数码	浸水增重率：按照试验方法 GB/T 20671.3 测定，应与六位基础代码的第六位数码代表的百分数一致（如：4＝不大于 30％）。 0＝不规定　5＝不大于 40％ 1＝不大于 10％　6＝不大于 60％ 2＝不大于 15％　7＝不大于 80％ 3＝不大于 20％　8＝不大于 100％ 4＝不大于 30％　9＝按照说明[1)]
1)对本分类体系来说，在工程图上或其他的补充文件中规定。	

表 10-2　补加的物理和机械特性

后缀符号	补加特性
A9	密封性能：应按照试验方法 GB/T 20671.4《垫片材料密封性试验方法》测定，试样承受的压紧力、内压、其他试验细节以及试验结果应按照工程图或其他补充技术文件确定。
B1 到 B9	蠕变松弛率：应按照试验方法 GB/T 20671.5《垫片材料蠕变松弛率试验方法》测定，24 h 后的应力损失应不超过 B 后数码表示的量。 B1＝10％　B5＝30％ B2＝15％　B6＝40％ B3＝20％　B7＝50％ B4＝25％　B8＝60％ B9＝按照说明[1)]
D00 到 D99	以前的 ASTM 标准 F64，垫片材料在金属表面的腐蚀和粘结性试验方法，已于 1980 年被废止。重新制定的粘结性试验已变为试验方法 GB/T 20671.6《垫片材料与金属表面粘附性试验方法》。

续表 10-2

后缀符号	补 加 特 性
E00 到 E99	浸 ASTM 燃料油 B 后的重量和厚度变化：应按照试验方法 GB/T 20671.3 测定。E 后有两个数码，增重率应不超过第一个数码表示的标准额定值，增厚率应不超过第二个数码表示的标准额定值。 增重率/% 增厚率/% （第一个数码） （第二个数码） E0_＝不规定 E_0＝不规定 E1_＝10 E_1＝0～5 E2_＝15 E_2＝0～10 E3_＝20 E_3＝0～15 E4_＝30 E_4＝5～20 E5_＝40 E_5＝10～25 E6_＝60 E_6＝15～35 E7_＝80 E_7＝25～45 E8_＝100 E_8＝30～60 E9_＝按照说明[1)] E_9＝按照说明[1)]
H	粘结特性：应按照试验方法 GB/T 20671.6 测定。结果应按照工程图或其他的补充文件说明。
K1 到 K9	导热特性：应按照 GB/T 20671.10 测定，采用的温度为 100 ℃±2 ℃。以 W/(m·K)表示的 *k*-系数应落在 K 符号后数码表示的范围内。 K1＝0～0.09 K5＝0.29～0.38 K2＝0.07～0.17 K6＝0.36～0.45 K3＝0.14～0.24 K7＝0.43～0.53 K4＝0.22～0.31 K8＝0.50～0.60 K9＝按照说明[1)]
L000 到 L999	7 型 1 类或 2 类材料。用 L 符号三位数码的第一位数码表示第一种纤维组分，第二位数码表示第二种纤维组分，第三位数码表示粘结剂组分。 第一种纤维 第二种纤维 粘结剂 （第一位数码） （第二位数码） （第三位数码） L0＝不规定 L0＝不规定 L0＝不规定 L1＝芳纶 L1＝芳纶 L1＝丁腈橡胶 L2＝玻纤 L2＝玻纤 L2＝丁苯橡胶 L3＝碳纤 L3＝碳纤 L3＝氯丁橡胶 L4＝石墨 L4＝石墨 L4＝三元乙丙橡胶 L5＝矿物/无机纤维 L5＝矿物/无机纤维 L5＝顺丁橡胶 L6＝纤维素 L6＝纤维素 L6＝硅橡胶 L9＝按照说明[1)] L7＝不含纤维 L9＝按照说明[1)] L9＝按照说明[1)]

续表 10-2

后缀符号	补　加　特　性
M1 到 M9	拉伸强度:按照试验方法 GB/T 20671.7《非金属垫片材料拉伸强度试验方法》和本部分第 10.8.2 测定。结果以 MPa 表示,应不小于 M 后数码表示的值。 M1＝0.689　　M5＝10.342 M2＝1.724　　M6＝13.790 M3＝3.447　　M7＝20.684 M4＝6.895　　M8＝27.579 M9＝按照说明1)
R	胶结物耐久性:应按照试验方法 GB/T 20671.9《软木垫片材料胶结物耐久性试验方法》测定。试验终结应没有散解的现象。
S9	浸 ASTM1 号油、IRM903 油和 ASTM 燃料油 A 的体积变化:应按照试验方法 GB/T 20671.3《垫片材料耐液体性试验方法》测定。结果应按工程图或其他的补充文件说明。
T	柔软性:应按照试验方法 GB/T 20671.8《非金属垫片材料柔软性试验方法》测定。试验结果应没有裂纹、折断或分层现象。
W	抗霉性:应按照 GB/T 20671.11《合成聚合物抗霉性测定方法》9.3 和 9.3.1 目测评定。霉点应是刺状球,见 GB/T 20671.11 6.4.1。如果一个或多个被测样品具有高于 0 的等级值,则认为所取样品的试验单元有缺陷。取自垫片和条带的样品应是 50 mm 长、近似于进行试验的材料的宽度。
Z	其他特性:应按照工程图或其他补充文件说明。
1)对本分类体系来说,在工程图上或其他的补充文件中规定。	

10.5　厚度

按照分类体系标记的垫片材料,厚度公差应符合表 10-3 的规定。

表 10-3　厚度公差

材料的型号和类别 (六位基础代码的前两位数码)	公称厚度/mm	允许偏差1)/mm
11、12、71 和 72	0.41 及以下	＋0.13 －0.05
	0.41 以上,1.57 以下	±0.13
	1.57 及以上	±0.20
13	3.18 以下	±0.13
	3.18～12.70	±0.25
21	所有厚度	±10%或±0.25 取其较大值
22	1.57 以下	±0.25
	1.57 及以上	±0.38
23	1.57 及以上	±0.38

续表 10-3

材料的型号和类别（六位基础代码的前两位数码）	公称厚度/mm	允许偏差[1]/mm
31、32、33（包括 00 和 99）[2]	0.41 及以下	±0.089
	0.41 以上到 1.57	±0.13
	1.57 以上到 2.39	±0.20
	2.39 以上	±0.41
51 和 81	1.6 及以下	±0.051
52 和 82	12.7 及以下	±10%

1)公差限是对给定的一批板材或垫片的允许变化范围。由于垫片使用需要其他的厚度公差，特殊的板材或垫片的公差范围可以由供需双方协商，并用书面说明。

2)除非在工程图上或其他的补充文件中另有说明。

10.6 取样

(1)试样应从成品垫片或合适尺寸的板材中选取最适用的样品。如果采用板材，应在合适的区域按垂直板材的纤维方向作矩形切割，纤维方向应用箭头标出。如果采用成品垫片，样本的尺寸和方法的任何差异必须在报告中说明。

(2)为了便于鉴定，除 2 型和 5 型 1 类材料外，样品厚度均应为 0.8 mm；2 型材料鉴定厚度要求为 1.5 mm～6.4 mm，5 型 1 类材料鉴定厚度要求为 0.4 mm。当试验样品厚度不符合上述要求时，技术要求范围须由供需双方以书面形式确认同意。

(3)应选取足够的试样，保证每项试验最少能测定 3 次。试验结果应以测定结果的平均值来表示。

10.7 调节或预处理

10.7.1 试验前的试样调节

(1)当代码的第一位数码是“1”(1 型材料)时，试样应放在 100 ℃±2 ℃的烘箱内调节 1 h，然后将试样移至装有无水氯化钙的干燥器中冷却至 21 ℃～30 ℃；当第二位数码是“3”(1 型 3 类材料)时，试样应在 100 ℃±2 ℃的烘箱内调节 4 h。

(2)当代码的第一位数码是“2”(2 型材料)时，试样应放在温度为 21 ℃～30 ℃、相对湿度为 50%～55%的调湿室或空气能够和缓机械循环的密闭容器内调节至少 46 h。

注：如果机械方式保持相对湿度 50 %～55 %不能达到时，应将盛有试剂级硝酸镁[$Mg(NO_3)_2 \cdot 6H_2O$]饱和溶液的浅盘放到容器内，以提供要求的相对湿度。

(3)当代码的第一位数码是“3”(3 型材料)时，试样应放在装有无水氯化钙干燥剂的密闭容器中，在 21 ℃～30 ℃下预调节 4 h，容器内的空气应通过和缓的机械搅拌进行循环。然后将试样立即移到温度为 21 ℃～30 ℃、相对湿度为 50%～55%的调湿室或空气能够和缓地机械循环的密闭容器内再调节至少 20 h。

(4) 当代码的第一位数码是“4”时，试样不需要调节。

(5) 当代码的第一位数码是“5”、“7”或“8”时，试样应按 10.7.1(1)(1 型材料)进行调节。

(6) 当代码的第一位数码是“0”或“9”时，试样应按 10.7.1(3)调节，例外的情形，应在补充文件中另行说明。

10.7.2　在规定调节湿度区域外边进行的试样调节

10.8　试验方法

如果试验是在规定的调节湿度区域外边进行，试样应在试验时才一次一个从容器内取出。

10.8.1　厚度

(1)用靠自重载荷驱动的装置测量试样，该装置应能够示值 0.02 mm 或更小的单位，读数应估读精确到 0.002 mm。压力直径应为(6.40±0.13) mm。底板直径应不小于压头直径。样品承受的压力应符合表 10-4 的规定。

表 10-4　测量厚度的压强和压力

材料的型号(六位基础代码的第一位数码)	试样上的压强/kPa	压头上总压力(参考)/N
1 和 7	80.3±6.9	2.50
2	35±6.9	1.11
3	55±6.9	1.75
0 和 9[1)]	55±6.9	1.75
5 和 8	80.3±6.9	2.50
1)除非在工程图上或其他的补充文件中另有说明。		

(2) 缓慢落下压头，直到与试样接触，然后测取读数。根据试样的尺寸，测取足够多的读数，以便得到可靠的平均值。

10.8.2　其他型号的材料(如六位基础代码的第一位数码用 0 或 9 表示)的试验方法

可采用与 3 型材料同样的设备和程序，任何例外的情形，应在工程图上或其他的补充文件中另行说明。

10.9　适用的试验方法

(1) 表 10-5 指明的性能、特性和试验方法，一般认为适用于每种型号的材料。它不是用来限制本分类体系给出的数字—符号的应用，相反，经验表明，对相关的性能、特性和试验方法，或全部内容来说，是适用的。

(2) 表 10-6 用以说明早先在规范 ASTM D1170 使用的垫片材料识别体系，它现在已被该分类体系代替。

(3) 表 10-7～表 10-9 也被保留在标准附录中，为将曾用过的 P-数码识别形式转化成本分类体系提供一个参考。这些转化在表 10-10～表 10-12 中给出。

表 10-10～表 10-12 给出了分类体系 F-数码识别体系所具有的来自表 10-1 和表 10-2 的基本性能数码，而在表 10-7～表 10-9 中，没有按照对应的 P-数码识别体系给出同样的范围和极限值。当这些差别存在并且希望 P-数码识别体系的范围和极限值得到体现时，用规定的数码“9”可以代替分类体系基本特性数码与表 10-7～表 10-9 确定的范围和极限值的差别。

表 10-5 典型型号的材料

性能、特征和试验方法	1型 石棉或 其他无机纤维			2型 软木			3型 纤维素或 其他有机纤维			5型 柔性石墨	
	辊压石棉板	抄取石棉板	石棉纸和板	软木垫片	软木与弹性体材料	软木与泡沫橡胶	未处理过的纤维	蛋白质处理过的	弹性体材料处理过的	单层板	层压板
压缩性能											
载荷 34.5 MPa(GB/T 20671.2,程序 A)	×	×	—	—	—	—	—	—	—	×	×
载荷 0.69 MPa(GB/T 20671.2,程序 F)	—	—	—	×	—	×	—	—	—	—	—
载荷 6.89 MPa(GB/T 20671.2,程序 H)	—	—	×	—	—	—	—	—	—	—	—
(GB/T 20671.2,程序 G)	—	—	—	—	—	—	×	×	×	—	—
载荷 2.76 MPa(GB/T 20671.2,程序 B)	—	—	—	—	×	—	—	—	—	—	—
拉伸强度	×	×	×	×	×	×	×	×	×	×	×
浸 ASTM 3 号油的特性											
体积变化率,70 h,100 ℃	—	—	—	—	×	×	—	—	—	—	—
增重率,22 h,21 ℃～30 ℃	—	—	—	—	—	—	×	×	×	—	—
增厚率,22 h,21 ℃～30 ℃	—	—	—	—	—	—	×	×	×	—	—
5 h,149 ℃	×	×	—	—	—	—	—	—	—	—	—
浸 ASTM 燃料油 B 的特性											
增重率,22 h,21 ℃～30 ℃	—	—	—	—	—	—	×	×	×	—	—
5 h,21 ℃～30 ℃	×	×	—	—	—	—	—	—	—	—	—
厚度变化率,22 h,21 ℃～30 ℃	—	—	—	—	—	—	×	×	×	—	—
5 h,21 ℃～30 ℃	×	×	—	—	—	—	—	—	—	—	—
浸 ASTM1 号油的特性											
体积变化率,70 h,100 ℃	—	—	—	—	×	×	×	—	—	—	—
浸 ASTM 燃料油 A 的特性											
体积变化率,22 h,21 ℃～30 ℃	—	—	—	—	×	×	×	—	—	—	—
浸蒸馏水的特性											
增重率,22 h,21 ℃～30 ℃	—	—	—	—	—	—	×	×	×	—	—
厚度变化率,22 h,21 ℃～30 ℃	—	—	—	—	—	—	×	×	×	—	—
密封性能	×	×	×	×	×	×	×	×	×	×	×
蠕变松弛率	×	×	—	—	—	—	—	—	—	×	×
粘结力	×	×	×	×	×	×	×	×	×	×	×
粘结剂耐久性	—	—	—	×	—	—	—	—	—	—	—
柔软性	—	—	—	×	×	×	—	—	—	×	×
导热性	×	×	×	×	×	×	×	×	×	×	×
抗霉性	—	—	—	×	—	—	—	—	—	—	—

注:"×"表示左栏的试验条件适用于栏头所列类型的材料,"横杠(—)"表示该试验方法或者不适用于这种材料,或者一般不用这种方法表征该材料的特性。

表 10-6　识别体系

数　　位	1 型	2 型	3 型
第一位 (主要纤维或粉体材料)	1. 石棉或其他无机纤维	2. 软木	3. 纤维素或其他有机纤维
第二位 (商业标识)	1. 辊压石棉板 2. 抄取石棉板 3. 石棉纸和板	1. 软木垫片 2. 软木与弹性体材料 3. 软木与泡沫橡胶	1. 卡片纸 2. 粗纸板 3. 硬化纸 4. 纤维素纤维 5. 纤维和填料复合物
第三位 (粘结剂或浸渍方式,涂胶除外)	(3 种型号都一样) 0. 无粘结剂 1. 蛋白质(丙三醇胶液或等效物) 2. 树脂 3. 橡胶,S 型,A 类(聚硫化物或等效物) 4. 橡胶,S 型,SB 类(丙烯腈或等效物) 5. 橡胶,S 型,SC 类(氯丁二烯或等效物) 6. 橡胶,R 型(天然胶、再生胶、苯乙烯或等效物)		
第四位 (压缩率,试验方法 GB/T 20671.2 程序 G,总载荷 6.89 MPa)仅用于识别目的,用其他的载荷可能与表列压缩性不一致	(3 种型号都一样) 0. 0～5% 1. 6～15% 2. 16～25% 3. 26～35% 4. 36～45%	5. 46～55% 6. 56～65% 7. 66～75% 8. 76～85% 9. 86～95%	
后缀字母	用来区分材料的等级,根据它们表列值的不同,分为四个等级。如果表列只有一个等级的材料,则用字母“A”		

举例：

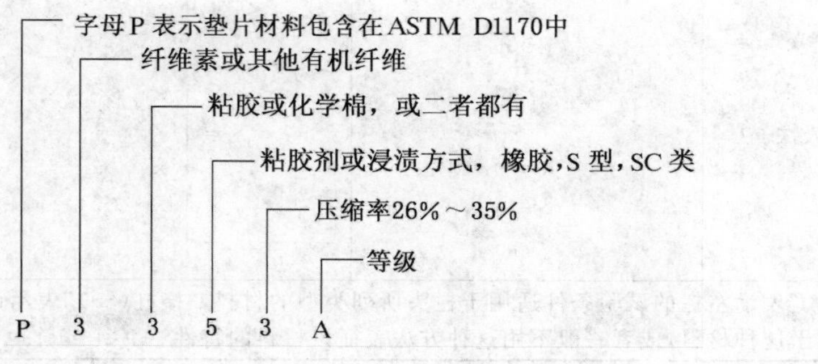

表 10-7　1 型——石棉或其他无机纤维

识别号	以前的"G"号（仅供参考）	原始性能					浸液体后性能				
		压缩特性			拉伸强度/MPa ≥	烧失量/% ≤	在 ASTM3 号油中，149 ℃±2 ℃下老化 5 h			在 ASTM 燃油 B 中，21 ℃～30 ℃下老化 5 h	
		总载荷/MPa	压缩率/%	回弹率/% ≥			压缩率/% ≤	拉伸强度减小率/% ≤	增厚率/%	增重率/% ≤	增厚率/%
P1141A	1122-1	34.5	7～17	40	13.8	—	20	30	0～13	20	0～15
P1151A	1123-1	34.5	7～17	40	13.8	—	30	50	15～30	30	10～25
P1161A	1111-1	34.5	7～17	40	13.8	—	—	70	20～50	40	15～35
P1161B	—	34.5	7～17	40	13.8	—	—	80	40～70	50	20～45
P1162A	1111-1	34.5	15～25	30	11.0	—	—	70	20～50	40	15～35
P1241C	—	34.5	13～23	35	6.89	—	30	35	5～20	30	0～15
P1242C	—	34.5	30～40	30	11.7	—	45	15	0～20	50	0～15
P1242D	—	34.5	20～30	35	13.8	—	35	20	0～20	40	0～15
P1243A	1422-2	34.5	35～50	15	3.45	—	55	25	0～5	50	0～5
P1251A	1423-1	34.5	10～20	40	13.8	—	35	40	10～20	35	0～15
P1252A	1423-2	34.5	20～30	35	6.89	—	—	60	20～35	50	5～20
P1252D	—	34.5	30～40	35	8.27	—	45	30	10～25	50	5～20
P1252E	—	34.5	20～30	35	8.27	—	40	40	10～25	45	5～20
P1253A	1423-3	34.5	35～50	20	6.89	—	—	50	0～15	55	0～10

续表 10-7

识别号	以前的"G"号（仅供参考）	原始性能					浸液体后性能				
		压缩特性			拉伸强度/MPa ≥	烧失量/% ≤	在 ASTM3 号油中，149 ℃±2 ℃下老化 5 h			在 ASTM 燃油 B 中，21 ℃～30 ℃下老化 5 h	
		总载荷/MPa	压缩率/%	回弹率/% ≥			压缩率/% ≤	拉伸强度减小率/% ≤	增厚率/%	增重率/% ≤	增厚率/%
P1261A	—	34.5	15～30	30	8.27	—	—	60	10～25	60	5～20
P1262B	—	34.5	25～40	35	6.89	—	—	80	10～40	70	0～30
P1301A	4131	6.89	6～15	40	1.38	20	—	—	—	—	—
P1302A	4111	6.89	16～25	30	1.21	20	—	—	—	—	—

厚度公差

	公称厚度	公差
P1100 和 P1200 系列	≤0.40 mm	+0.13 mm −0.05 mm
	>0.40 mm,<1.60 mm	±0.13 mm
	≥1.60 mm	±0.20 mm
P1301		±10%
P1302A	≤3.18 mm	±0.13 mm
	>3.18 mm,≤12.7 mm	±0.25 mm

注：上述厚度公差适用于给定的大批量的板材或垫片。在使用中可能需要特殊的厚度公差，特殊的厚度公差由供需双方在协议中商定。

表 10-8　2 型——软木

识别号	以前的"G"号（仅供参考）	原始性能									浸液体或老化后性能				
		压缩特性			拉伸强度/kPa ≥	密度/(kg/m^3) ≥	漂浮试验			挠曲系数 F	100 ℃±2 ℃ 70 h	ASTM1 号油中，100 ℃±2 ℃，70 h		ASTM3 号油中，100 ℃±2 ℃，5 h	ASTM 燃油 A 中，21 ℃～30 ℃，22 h
		总载荷/MPa	压缩率/%	回弹率/% ≥			沸水中 3 h	沸腾的 35% HCl 中 0.5 h	ASTM 1 号油中 100 ℃±2 ℃，70 h		挠曲系数 F	挠曲系数 F	体积变化率/%	体积变化率/%	体积变化率/%
软 木 垫 片															
P2116A	2 114	0.69	10～25	60	1 207	384	N	—	N	5	—				
P2117A	2 113		15～30	65	1 034	320	N	—	N	5					
P2117B	2 112		20～40	75	689	272	N	—	N	5					
P2118A	2 111		30～50	80	517	224	N	—	N	5					
P2126A	2 214		10～25	60	1 207	384	N	N	N	5					
P2127A	2 213		15～30	65	1 034	320	N	N	N	5					
P2127B	2 212		20～40	75	689	272	N	N	N	5					
P2128A	2 211		30～50	80	517	224	N	N	N	5					
软木与弹性体材料															
P2236A	1221-3	2.76	25～45	75	1 379	—	—			5	16	16	−5～+5	0～+10	−5～+5
P2243A	1222-2		15～25	75	1 724					5	16	16	−5～+10	−2～+15	−2～+10
P2245A	1222-3		25～35	75	1 724					5	16	16	−5～+10	−2～+15	−2～+10
P2243B	—		40～55	70	1 034					5	16	16	−5～+15	0～+25	−5～+15

续表 10-8

识别号	以前的“G”号（仅供参考）	原始性能					原始性能：漂浮试验				浸液体或老化后性能				
		压缩特性：总载荷/MPa	压缩特性：压缩率/%	压缩特性：回弹率/% ≥	拉伸强度/kPa ≥	密度/(kg/m³) ≥	沸水中 3 h	沸腾的 35% HCl 中 0.5 h	ASTM 1 号油中 100 ℃ ±2 ℃，70 h	挠曲系数 F	100 ℃ ±2 ℃ 70 h：挠曲系数 F	ASTM1 号油中，100 ℃±2 ℃，70 h：挠曲系数 F	ASTM1 号油中，100 ℃±2 ℃，70 h：体积变化率/%	ASTM3 号油中，100 ℃ ±2 ℃，5 h：体积变化率/%	ASTM 燃油 A 中，21 ℃～30 ℃，22 h：体积变化率/%
软木与弹性体材料															
P2246A	1222-4		35～45	75	1 379					5	16	16	−5～+10	−2～+15	−2～+10
P2254A	1223-2		15～25	75	1 724					5	16	16	−2～+20	+15～+50	0～+15
P2255A	1223-3		25～35	75	1 724					5	16	16	−2～+20	+15～+50	0～+15
P2255B	—	2.76	40～55	75	862	—		—		5	16	16	−10～+5	+15～+50	0～+35
P2256A	1223-4		35～45	75	1 517					5	16	16	−2～+20	+15～+50	0～+15
P2265A	1211-3		25～45	75	1 034					5	16	—	—	—	—
P2268A	1211-5		40～60	75	517					5	16	—	—	—	—
软木与泡沫橡胶															
P2347A	—		35～50	75	100					5	16	—	−20～−5	−10～+5	−10～+5
P2357A	—	0.69	35～50	75	75	—		—		5	16	—	−10～+10	+15～+50	0～+25
P2367A	—		35～50	75	100					5	16	—	—	—	—

注：1. 软木粒径可以根据特定的用途规定。通常运用下列术语：细粒——通过 20 号筛，停留在 40 号筛上；中粒——通过 10 号筛，停留在 20 号筛上；粗粒——通过 5 号筛，停留在 10 号筛上。筛孔尺寸应符合 ASTM E11 表 1 规定。

2. 厚度公差：P2100 系列取±10%或±0.25 mm 中的较大值；P2200 系列 1.60 mm 以下为±10%，1.60 mm 及以上为±0.38 mm；P2300 系列 1.60 mm 及以上为±0.38 mm。

3. N 表示漂浮试验后没有散解。

表 10-9 3 型——纤维素或其有机纤维

识别号	以前的“G”号（仅供参考）	原始性能				21 ℃～30 ℃下，在液体中浸渍 22 h 后性能					
		压缩性能			拉伸强度/MPa ≥	ASTM 燃油 B		ASTM3 号油		蒸馏水	
		总载荷/MPa	压缩率/%	回弹率/% ≥		增厚率/% ≤	增重率/% ≤	增厚率/% ≤	增重率/% ≤	增厚率/% ≤	增重率/% ≤
P3002A	3111	6.89	10～25	50	10.34	—	—	—	—	—	—
P3102A	3141		20～30	45	5.17	—	—	—	—	—	—
P3200A	3261 和 3262		0～10	70	41.37	—	—	—	—	—	—
P3301A	3151		5～15	60	20.68	—	—	—	—	—	—
P3302C	—		15～30	40	10.34	—	—	—	—	—	—
P3313B	3212		25～40	40	13.79	5	15	5	15	30	90
P3341A	—		5～15	40	27.58	5	10	5	15	90	80
P3341D	—		6～16	55	20.68	12	35	5	35	40	40
P3342C	—		16～26	45	24.13	20	35	5	20	20	30
P3342F	—		17～27	40	12.41	30	80	30	80	50	80
P3342G	—		20～30	35	10.34	10	50	10	50	35	70
P3345A	3232-6		40～60	20	3.45	5	80	10	80	25	65
P3353A	—		25～40	25	10.34	12	80	12	90	30	75
P3353B	—		20～35	40	13.79	15	50	15	55	40	50
P3354A	3233-5A		30～50	30	5.52	15	80	15	90	25	65
P3361A	3234-2		5～15	40	13.79	10	25	10	20	30	25
P3362A	3234-3		15～30	40	13.79	15	45	15	60	40	50
P3365A	3234-6B		40～60	20	3.45	5	95	5	120	20	70
P3413A	3221		25～45	40	10.34	5	15	5	15	15	85
P3415A	3222		40～55	40	6.89	5	30	5	30	30	100
P3421A	3223		10～20	50	10.34	20	35	5	25	15	30
P3423A	—		20～35	50	6.89	20	50	5	30	5	20
P3441A	—		5～15	45	15.17	20	30	20	30	30	30
P3442A	—		10～20	35	17.24	15	30	0	30	40	60
P3443B	—		25～35	55	7.58	25	65	0	50	15	25
P3443C	—		25～35	40	8.27	10	65	0	70	35	50
P3444A	3242-3		30～45	25	5.52	10	75	0	70	20	55
P3464A	3423-3		30～45	30	4.83	30	100	30	105	20	70

续表 10-9

识别号	以前的"G"号(仅供参考)	原始性能				21 ℃～30 ℃下,在液体中浸渍 22 h 后性能					
		压缩性能			拉伸强度/MPa ≥	ASTM 燃油 B		ASTM3 号油		蒸馏水	
		总载荷/MPa	压缩率/%	回弹率/% ≥		增厚率/% ≤	增重率/% ≤	增厚率/% ≤	增重率/% ≤	增厚率/% ≤	增重率/% ≤
厚度公差											
公称厚度		≤0.40 mm		>0.40 mm,<1.60 mm		≥1.60 mm,≤2.38 mm				>2.38 mm	
公差		±0.09 mm		±0.13 mm		±0.20 mm				±0.41 mm	
注:上述厚度公差适用于给定的大批量的板材或垫片。在使用中可能需要特殊的厚度公差,可由供需双方在协议中商定。											

表 10-10　1 型密封衬垫材料的 F-数码识别体系

P-数码	以前的"G"数码	根据 ASTM F104 替换的 F-数码
P1141A	1122-1	F 1 1 2 1 0 0 E 3 3 M 6 —
P1151A	1123-1	F 1 1 2 4 0 0 E 4 5 M 6 —
P1161A	1111-1	F 1 1 2 6 0 0 E 5 6 M 6 —
P1161B	—	F 1 1 2 7 0 0 E 6 7 M 6 —
P1162Z	111-2	F 1 1 4 6 0 0 E 5 6 M 5 —
P1241A	—	F 1 2 3 2 0 0 E 4 3 M 4 —
P1241B	—	F 1 2 4 2 0 0 E 4 2 M 4 —
P1241C	—	F 1 2 4 2 0 0 E 4 3 M 4 —
P1242A	—	F 1 2 6 2 0 0 E 5 2 M 5 —
P1242C	—	F 1 2 6 2 0 0 E 6 3 M 4 —
P1242D	—	F 1 2 5 2 0 0 E 5 3 M 6 —
P1243A	1422-2	F 1 2 7 2 0 0 E 6 1 M 3 —
P1251A	1423-1	F 1 2 3 2 0 0 E 4 3 M 6 —
P1252A	1423-2	F 1 2 5 5 0 0 E 6 4 M 4 —
P1243A	1422-2	F 1 2 7 2 0 0 E 6 1 M 3 —
P1251A	1423-1	F 1 2 3 2 0 0 E 4 3 M 6 —
P1252A	1423-2	F 1 2 5 5 0 0 E 6 4 M 4 —
P1252D	—	F 1 2 6 3 0 0 E 6 4 M 5 —
P1252E	—	F 1 2 5 3 0 0 E 5 4 M 5 —
P1253A	1423-3	F 1 2 7 1 0 0 E 6 3 M 4 —

续表 10-10

P-数码	以前的"G"数码	根据 ASTM F104 替换的 F-数码
P1261A	—	F 1 2 4 3 0 0 E 6 2 M 4 —
P1262B	—	F 1 2 6 5 0 0 E 7 3 M 4 —
P1301A	4131	F 1 3 2 0 0 0 E 0 0 M 1 Z
P1302A	4111	F 1 3 4 0 0 0 E 0 0 M 1 Z

表 10-11 2 型密封衬垫材料的 F-数码识别体系

P-数码	以前的"G"数码	根据 ASTM F104 替换的 F-数码
P2116A	2114	F 2 1 3 0 0 0 M 2 R —
P2117A	2113	F 2 1 4 0 0 0 M 2 R —
P2117B	2112	F 2 1 5 0 0 0 M 1 R —
P2118A	2111	F 2 1 7 0 0 0 M 1 R —
P2126A	2214	F 2 1 3 0 0 0 M 2 R —
P2127A	2213	F 2 1 4 0 0 0 M 1 R —
P2127B	2212	F 2 1 5 0 0 0 M 1 R —
P2128A	2211	F 2 1 7 0 0 0 M 1 R —
P2236A	1221-3	F 2 2 6 0 0 0 M 2 S 9
P2243A	1222-2	F 2 2 4 0 0 0 M 2 S 9
P2245A	1222-3	F 2 2 6 0 0 0 M 2 S 9
P2243B	—	F 2 2 8 0 0 0 M 2 S 9
P2246A	1222-4	F 2 2 7 0 0 0 M 2 S 9
P2254A	1223-2	F 2 2 4 0 0 0 M 2 S 9
P2255A	1223-3	F 2 2 6 0 0 0 M 2 S 9
P2255B	—	F 2 2 8 0 0 0 M 1 S 9
P2256A	1223-4	F 2 2 7 0 0 0 M 2 S 9
P2265A	1211-3	F 2 2 6 0 0 0 M 1 S 9
P2268A	1211-5	F 2 2 8 0 0 0 M 1 S 9
P2347A	—	F 2 3 7 0 0 0 M 1 S 9
P2357A	—	F 2 3 7 0 0 0 M 1 S 9
P2367A	—	F 2 3 7 0 0 0 M 1 S 9

表 10-12　3 型密封衬垫材料的 F-数码识别体系

P-数码	以前的"G"数码	根据 ASTM F104 替换的 F-数码
P3002A	3111	F 3 1 3 0 0 0 M 5
P3102A	3141	F 3 1 5 0 0 0 M 3
P3200A	3261 和 3262	F 3 1 1 0 0 0 M 9
P3301A	3151	F 3 1 2 0 0 0 M 7
P3302C	3122	F 3 1 4 0 0 0 M 5
P3313B	3212	F 3 2 6 1 2 8 M 6
P3341A	—	F 3 3 2 1 2 8 M 8
P3341D	—	F 3 3 2 1 5 5 M 7
P3342C	—	F 3 3 4 1 3 4 M 7
P3342F	—	F 3 3 4 4 7 7 M 5
P3342G	3232-3	F 3 3 5 1 6 7 M 5
P3345A	3232-6	F 3 3 8 1 7 6 M 3
P3353A	—	F 3 3 7 5 7 7 M 5
P3353B	—	F 3 3 7 5 7 6 M 6
P3354A	3233-5A	F 3 3 5 1 7 6 M 3
P3361A	3234-2	F 3 3 2 1 3 3 M 6
P3362A	3234-3	F 3 3 5 1 6 6 M 6
P3365A	3234-6B	F 3 3 8 1 9 7 M 3
P3413A	3221	F 3 2 6 1 2 7 M 5
P3415A	3222	F 3 2 8 1 4 8 M 4
P3421A	3223	F 3 9 3 1 4 4 M 5
P3423A	—	F 3 9 6 1 4 3 M 4
P3441A	—	F 3 3 2 2 4 4 M 6
P3442A	—	F 3 3 3 1 4 6 M 7
P3443B	3242-2	F 3 3 6 1 6 4 M 4
P3443C	—	F 3 3 6 1 7 6 M 4
P3444A	3242-3	F 3 3 7 1 7 6 M 3
P3464A	3243-3	F 3 3 7 4 9 7 M 3

第11章　垫片材料拉伸强度试验方法

本章内容根据GB/T 20671.7—2006《非金属垫片材料分类体系及试验方法　第7部分:非金属垫片材料拉伸强度试验方法》进行编写。

11.1　适用范围

(1) 该试验方法规定了一些非金属垫片材料室温下的拉伸强度的测试方法。材料的类型包括GB/T 20671.1《非金属垫片材料分类体系及试验方法　第1部分:非金属垫片材料分类体系》中描述的含石棉和其他无机纤维(1型)、软木(2型)、纤维素和其他有机纤维(3型)、柔性石墨(5型)的材料。本试验方法不适用于硫化橡胶和橡胶O型圈,硫化橡胶的测试方法在试验方法ASTM D412《硫化橡胶和热塑性橡胶及热塑性合成橡胶试验方法　拉伸强度》中描述,橡胶O型圈的测试方法在试验方法ASTM D1414《O型橡胶圈试验方法》中描述。

(2) 该试验方法不涉及与其使用有关的安全问题。使用者有责任考虑安全和健康问题,并在使用前确定规章限制的应用范围。

11.2　术语和定义

11.2.1　样本或样品　Sample

从一个试验批中取出的一个单位或一个单位的部分。

11.2.2　试样　Specimen

使用于某个试验的一件材料,或制成特定的形状,或经特别处理。

11.2.3　拉伸强度　tensile strength

拉伸试样直到断裂时所施加的最大拉伸应力。

11.2.4　拉伸应力　tensile stress

试样的每单位或原始横截面积上承受的力。

11.3　意义和用途

(1) 这些试验方法规定了测定非金属垫片材料拉伸强度的标准化程序。该性能的测定确定了不同型号、类别和等级的材料的表征,测试结果给生产者一个判断其产品质量的水平,同时也能帮助垫片材料的买方确定他为某一特定用途而指定的材料是否依照合格质量指标进行生产。

(2) 这个性能的测定结果不能误认为给垫片材料的买方一个实际的应用性能。

(3) 这个性能可以用作确定指标的一个依据。

(4) 测定的程序是依据不同类型的材料而决定的。为了能够比较不同实验室的测定结果,试验一定要选用适当和相同的程序来进行。

(5) 拉伸强度的测试可以使用不同型号的设备,但不同的拉伸强度测试设备可能会产生不同的结果。如果实验室间的测试设备不同,他们之间一定要有一个对照比较的程序,否则会产生误导的结果。

11.4 试验设备

11.4.1 模具

要求模具内表面应经精加工,并与切割刃形成的平面垂直,深度至少为 5 mm。切割刃应锋利、无裂痕,以防划伤试样边。

11.4.2 测厚仪

测厚仪与 GB/T 20671.1《非金属垫片材料分类体系及试验方法 第 1 部分:非金属垫片材料分类体系》的规定一致。

11.4.3 拉力试验机

(1) 拉伸试验应在机动的拉力试验机上进行,该试验机应能保持恒定的分离速率,有一个指示或记录拉伸力的装置,测定结果误差应在±2%以内。该试验机应有两个夹头和一个以均匀速率分离该夹头的机构,试验时分离速率的误差应在规定速率的±5%以内。用以将拉伸力传递于试样上的夹头应是楔形体或曲拉钳形。

(2) 拉力试验机的校准应按 ASTME4《试验机力的校准指导书》的程序 A 进行。

11.5 试样调节或预处理

试验前,试样应按下述方法进行调节或预处理:

11.5.1 1 型材料(含石棉和其他无机纤维)

试样应在 100 ℃±1 ℃的烘箱中调节 1 h,然后放入盛有适宜的干燥剂的干燥器中冷却至 21 ℃~30 ℃。但石棉板除外,石棉板应在 100 ℃±1 ℃的烘箱中调节 4 h。

11.5.2 2 型材料

试样应在温度为 21 ℃~30 ℃、相对湿度为 50%~55%的空气和缓循环的调湿箱或调湿室中调节至少 46 h。

11.5.3 3 型材料(纤维素和其他有机纤维)

试样应在盛有无水氯化钙的干燥器中在 21 ℃~30 ℃下预先调节 4 h。然后将试样移到温度为 21 ℃~30 ℃、相对湿度为 50%~55%的空气和缓循环的调湿箱或调湿室中调节至少 20 h。

11.6 试验程序

11.6.1 方法 A(适用于含石棉和其他无机纤维的非金属垫片材料)

(1) 使用试验方法 ASTM D412《硫化橡胶和热塑性橡胶及热塑性合成橡胶试验方法拉伸强度》规定的模具 A(参见 11.1.10)(试样宽度 12.7 mm)从样本中制备试样。试样纵向应与材料的纤维方向垂直。

(2) 将试样夹在试验机两个夹头中,两夹头间距离为 102 mm,以(305±25)mm/min

的速率驱动夹头。当使用摆锤式试验机时，如果宽度为12.7 mm的试样的断裂载荷大于试验机额定值的85%，则使用试验方法ASTM D412规定的模具B(参见11.1.10)(试样宽度6.4 mm)制备试样；如果宽度为12.7 mm的试样的断裂载荷大于试验机额定值的15%时，则使用第11.1.6.3规定的25.4 mm×152.4 mm的模具制备试样。

11.6.2　方法B(适用于软木垫片和软木橡胶垫片材料)

(1) 使用50.8 mm×101.5 mm的模具，从样本中制备试样。

(2) 将试样放在夹头中，试样被夹紧的长度约为25.4 mm，以(305±25)mm/min的速度驱动夹头。

11.6.3　方法C(适用于含纤维素或其他有机纤维的垫片材料)

(1) 试样应为25.4 mm×152.4 mm，试样纵向应与材料的纤维方向垂直。

(2) 将试样放在机器中，两夹头间距离为102 mm，以(305±25)mm/min的速率驱动夹头。为了使测试结果落在载荷指示计的范围内，可以采用宽度为12.7 mm的试样。

11.6.4　方法D(适用于柔性石墨垫片材料)

(1) 试样应为25.4 mm×152.4 mm，试样纵向应与卷材长度方向平行。

(2) 将试样放在机器中，两夹头间距离为102 mm，以(12±5)mm/min的速率驱动夹头。

11.7　试验结果计算

拉伸强度用最大载荷除以试样的原始横截面积计算，结果以兆帕表示。

11.8　试验报告

试验报告包括下列内容：

a. 完整的样本标志，包括商业牌号；

b. 样本来源；

c. 样本生产者；

d. 样本制造日期(如果知道)；

e. 使用的试验程序(方法A、B、C、D)；

f. 每组样本试验的试样数量；

g. 试验设备的型号(如果不是推荐的)；

h. 调节条件(如果不是推荐的)；

i. 试验结果，报告每批样本所有试样试验结果的平均值，附试验日期。

11.9　精密度和偏倚

不同实验室在两种型号的机器上进行，5个固定头和5个活动头，采用7种不同的材料，每种材料5个试样，在不同的2天里进行试验。从这个项目所获得的试验数据，按照指导书ASTM E691《实验室研究确定试验方法精密度的作业指导书》分析，结果列于表11-1。

表 11-1 精密度和偏倚数据

活动头				
材料	平均值	重复性	再现性	试验方法精密度
F	513	29.1	24.2	37.8
G	2 780	86.5	17.7	88.3
D	3 085	269.8	103.6	289.0
A	3 195	161.7	271.1	315.6
B	3 396	214.9	279.4	352.5
C	4 089	318.0	510.4	601.4
E	7 712	287.5	229.4	367.8
固定头				
材料	平均值	重复性	再现性	试验方法精密度
F	559	29.6	25.5	39.1
G	2 863	68.7	76.2	102.6
D	3 142	258.0	217.5	337.4
A	3 317	148.0	353.1	382.9
B	3 566	247.2	402.7	472.5
C	4 155	319.0	277.8	423.0
E	8 062	389.0	225.0	449.0

注:这些数据的分析表明,两种型号的机器之间的试验结果,在置信度水平 95%时,其差异在统计学上是显著的,材料 F 和材料 E 是在 5 个不同的实验室中进行的,每种材料测试了 10 个试样。显然如果测试是在 2 个实验室中进行,且试样数量是 3 个,其结果很可能在统计学上没有显著差异。

11.10 哑铃形试样模具

哑铃形试样模具摘自 ASTM D412《硫化橡胶和热塑性橡胶及热塑性合成橡胶试验方法 拉伸强度》——1998a(2002)。

制备哑铃形试样的模具图见图 11-1,其相应的尺寸数据见表 11-2。

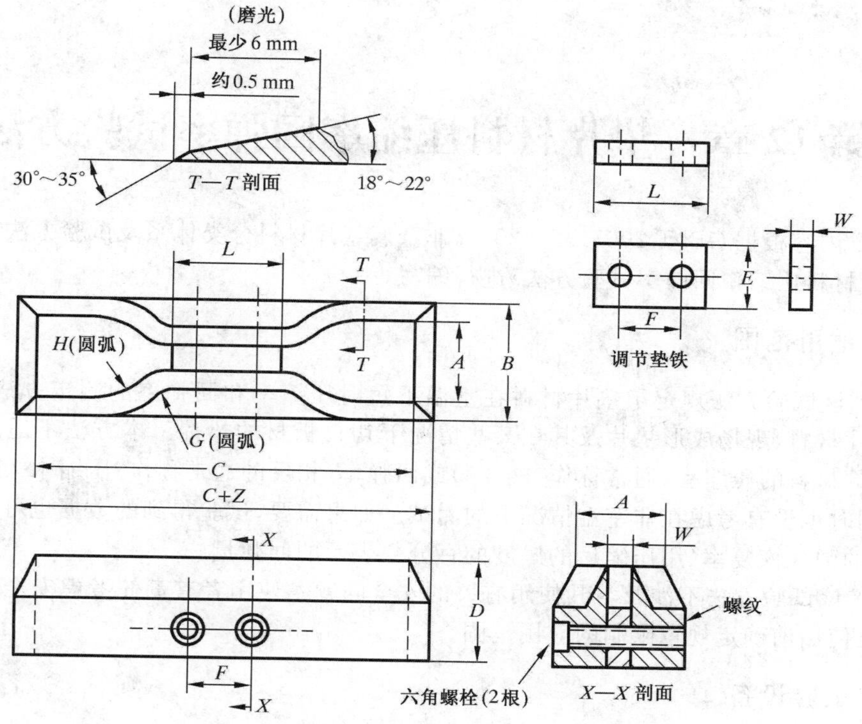

图 11-1 哑铃形试样模具图

表 11-2 哑铃形试样模具尺寸

mm

图示尺寸编号	公差	模具 A	模具 B	图示尺寸编号	公差	模具 A	模具 B
A	±1	25	25	*G*	±1	14	14
B	⩽0	40	40	*H*	±2	25	25
C	⩾0	140	140	*L*	±2	59	59
D	±6	32	32	*W*	±0.05	12.7	6.4
D—*E*	±1	13	13	*Z*	±1	13	13
F	±2	38	38				
注：根据标准正文中的规定，将“试样宽度 *W*”由 ASTM D412—98a(2002)中规定的“12 mm”、“6 mm”分别修改为“12.7 mm”、“6.4 mm”。							

第 12 章　垫片材料压缩率回弹率试验方法

本章内容根据 GB/T 20671.2—2006《非金属垫片材料分类体系及试验方法　第 2 部分:垫片材料压缩率回弹率试验方法》进行编写。

12.1　适用范围

(1) 该试验方法规定了垫片材料在室温下短时压缩率和回弹率的测定方法,适用于板状垫片材料、现场成形垫片及其在某些情况下切自板材的垫片。本方法不适用于长期加压下的材料的压缩率(通常称作“蠕变”)或回弹率(相反的通常称作“压缩永久变形”)的测试,同时也没有考虑在非室温情况下的测试。如果需要,试验得到的数据也可以用来计算样品的弹性恢复率(用压缩后的厚度的百分数表示的回弹量)。

(2) 该试验方法不涉及与其使用有关的安全问题。使用者有责任考虑安全和健康问题,并在使用前确定规章限制的应用范围。

12.2　试验设备

试验设备为压缩率回弹率试验机。试验机应由以下部件组成:

12.2.1　砧板

砧板直径至少为 31.7 mm,表面须硬化和磨光。

12.2.2　压头

压头的底部为经过硬化和磨光的钢质圆柱体,根据所测材料型号的不同而规定不同的直径(误差在±0.025 mm 以内)。除非另有规定,各种型号的垫片材料所适用的压头直径见表 12-1。

12.2.3　千分表

试验中显示试样的厚度的一个或几个指示表,分度值不大于 0.025 mm,读数应估读精确到 0.002 mm。

12.2.4　初载荷装置

该装置的初载荷应包括压头自重和另加的重量,误差在规定值的±1%以内。除非另有规定,各种型号的垫片材料所适用的初载荷见表 12-1。

12.2.5　主载荷装置

施加规定的主载荷到压头上的装置。该装置可以由配重、液压缸、气压缸或其他能够提供主载荷的装置组成。其加载速度应为慢匀速,准确度为±1%。主载荷不包括规定的初载荷。除非另有规定,各种型号的垫片材料所适用的主载荷见表 12-1。

12.3　试验样品

(1) 除了软木垫片和软木与泡沫橡胶材料的试样为面积 6.5 cm^2 的圆形外,其他

表12-1所列的程序A到K的试样均应为正方形，最小面积为6.5 cm^2。试样应由单层或数层叠合组成，除了软木垫片、软木与合成橡胶、软木与泡沫橡胶材料的试样给出的最小公称厚度应为3.2 mm外，其他材料的试样给出的最小公称厚度为1.6 mm。如果给出的试样厚度不符合上述要求，其试验结果仅能视作参考数据。为便于阐明规范，当单层或多层叠加材料的厚度不在上述两种要求的厚度公差范围内时，供需双方应协商确认该公差范围。试样的厚度公差列于GB/T 20671.1—2006《非金属垫片材料分类体系及试验方法　第1部分：非金属垫片材料分类体系》的表3。试样的试验区域内，不得有接缝或裂纹。

(2) 表12-1所列的试验程序L的试样，其长度应至少为50.8 mm，宽度应大于试验用压头直径。试样应为单层，且无接缝或裂纹。此试验程序涉及的垫片无厚度公差给出，试验结果仅供参考。

12.4　试样调节或预处理

(1) 试样应根据材料的型号按规定进行调节。除非另有规定，各种型号的垫片材料的调节程序见表12-1。

(2) 如果机械方式保持相对湿度在50%～55%不可能达到，应将盛有试剂级硝酸镁[$Mg(NO_3)_2\cdot6H_2O$]饱和溶液的浅盘放进容器内，以提供要求的相对湿度。通常情况下，试验是在规定的湿度区域外进行，试样应在试验时才一次一个从容器内取出。

表12-1　垫片材料的调节和试验荷载

试验程序	垫片材料的型号	六位基础代码的前两位代码	调节程序	压头直径/mm	初载荷/N	主载荷/N	总载荷（初、主载荷之和）	
							N	MPa
A	辊压石棉板 抄取石棉板 柔性石墨	F11 F12 F51,F52	100 ℃±2 ℃下烘干1 h，放入盛有适宜的干燥剂的干燥器中冷却至21 ℃～30 ℃	6.4	22.2	1 090	1 112	34.5
H	石棉纸和板	F13	100 ℃±2 ℃下烘干4 h，按试验程序A进行冷却	6.4	4.4	218	222	6.89
F	软木垫片 软木与泡沫橡胶	F21 F23	在温度21 ℃～30 ℃、相对湿度50%～55%的环境下放置至少46 h	28.7	4.4	440	445	0.69
B	软木与合成橡胶	F22	在温度21 ℃～30 ℃，相对湿度50%～55%的环境下放置至少46 h	12.8	4.4	351	356	2.76

续表 12-1

试验程序	垫片材料的型号	六位基础代码的前两位代码	调节程序	压头直径/mm	初载荷/N	主载荷/N	总载荷（初、主载荷之和）	
							N	MPa
G	经处理或未经处理的纤维素或其他有机纤维纸	F31 F32 F33 F34	在盛有适宜的干燥剂的干燥器中于21 ℃～30 ℃下放置4 h后，立即放在温度21 ℃～30 ℃、相对湿度50%～55%的环境下至少20 h	6.4	4.4	218	222	6.89
J	非石棉压缩板 非石棉抄取板	F71 F72	100 ℃±2 ℃下烘干1 h，放入盛有适宜的干燥剂的干燥器中冷却至21 ℃～30 ℃	6.4	22.2	1 090	1 112	34.5
K	非石棉纸和板	F73	100 ℃±2 ℃下烘干4 h，按试验程序J进行冷却	6.4	4.4	218	222	6.89
L	氟碳聚合物（现场成形垫片）	F42	不需调节	6.4	22.2	534	556	17.25
注：无水氯化钙和硅胶公认是适宜的干燥剂。								

12.5　试验温度

试验应在21 ℃～30 ℃下进行（包括试样和试验设备）。

12.6　试验程序

（1）首先测定在不放试样时总载荷下的压头偏移量，将这个压头偏移量的绝对值加到12.8（1）所述的在总载荷下的厚度 M 中以得到校正读数。该偏移量是一个机械常数，不同的试验设备可能有所不同。

（2）将试样放在砧板中心，施加初载荷，保持15 s，记录初载荷下试样的厚度。立即以慢匀速的方式施加主载荷，在10 s内达到规定的总载荷。压头下降时，其端面应始终平行于砧板表面。保持该总载荷60 s，记录此时的试样厚度。立即去掉主载荷，保持60 s后，记录此时试样在原初载荷下的厚度，此即为回弹厚度。

12.7　试验次数

从同一样本中切取若干个独立的试样，应至少进行3次试验，取平均值。

12.8　计算

（1）压缩率和回弹率按式（12-1）和式（12-2）计算：

$$压缩率(\%)=[(P-M)/P]\times 100 \quad \cdots\cdots(12\text{-}1)$$

$$回弹率(\%)=[(R-M)/(P-M)]\times 100 \quad \cdots\cdots(12\text{-}2)$$

式中：P——初载荷下的试样厚度，mm；

M——总载荷下的试样厚度，mm；

R——试样的回弹厚度，mm。

(2)当有要求时，弹性恢复率按式(12-3)计算：

$$弹性恢复率(\%)=[(R-M)/M]\times 100 \quad \cdots\cdots(12\text{-}3)$$

上述各值用图 12-1(试样厚度状态表示)表示如下：

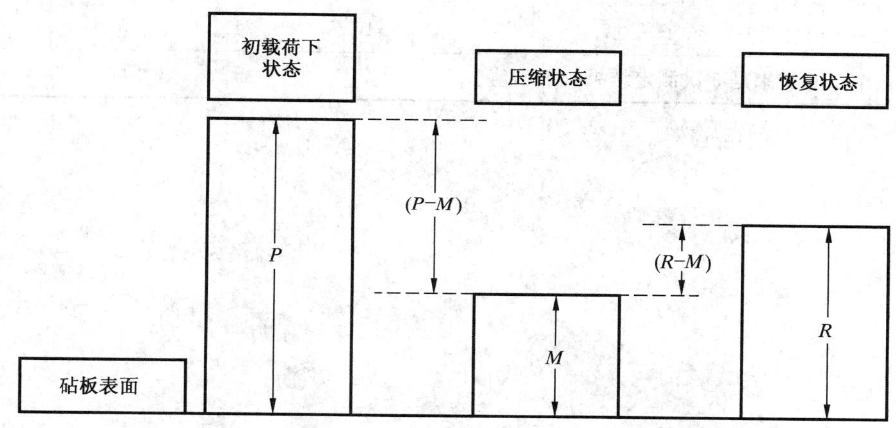

图 12-1 试样厚度状态表示

12.9 试验报告

试验报告包括以下内容：

a. 被测材料的标记及分类代码；

b. 被测材料的公称厚度；

c. 试验程序的字母符号；

d. 试验次数；

e. 试样和试验设备的温度；

f. 每个试样的压缩率、回弹率试验结果及该样本的平均值。

12.10 精密度和偏倚

(1) 这些精密度和偏倚数据是按照指导书 ASTM E691 求得(见表 12-2)

(2) 表 12-2 中的第 3 列是第 2 列物理性能的变异系数，第 4 列是同样的试样两个试验结果可接受的最大差值(极差)。精密度数据是基于对 1 型、2 型、3 型垫片材料试样所进行的试验而得出。11 个实验室参与了 1 型、3 型垫片材料的试验，9 个实验室参与了

2 型垫片材料的试验，每个实验室都有一位操作者试验了 5 个试样。

注：1. 依据无限自由度取 $t=1.960$ 计算临界差值。

2. 因为规定最少需进行 3 次试验，所以在计算重复性和再现性数值时取 $m=3$。

表 12-2　实验室间试验项目表

	物理性能	变异系数（均值百分数）（S%）不大于			两个试验结果[1]可接受的极差（均值百分数）（D2S%）不大于		
		1 型	2 型	3 型	1 型	2 型	3 型
重复性（一个操作者）	压缩率/%	3.7	2.3	2.2	6.0	3.6	3.6
	回弹率/%	4.6	1.1	2.6	7.3	1.8	4.2
再现性（多个实验室）	压缩率/%	6.6	7.8	7.9	19.2	21.9	22.1
	回弹率/%	7.2	0.9	10.7	21.2	3.0	30.0

1）一个试验结果是 3 次测定结果的平均值。

第13章　垫片材料耐液性试验方法

本章内容根据GB/T 20671.3—2006《非金属垫片材料分类体系及试验方法　第3部分:垫片材料耐液性试验方法》进行编写。

13.1　适用范围

(1) 该试验方法规定了非金属垫片材料在试验液体中浸渍后对其物理性能影响的测定程序。适用于GB/T 20671.1《非金属垫片材料分类体系及试验方法　第1部分:非金属垫片材料分类体系》描述的1型、2型、3型和7型材料。这些试验方法不适用于硫化橡胶,其程序在试验方法ASTM D471《橡胶性能试验方法　液体的影响》中描述。试验样品裁取自垫片材料或最终的成品垫片。这些试验方法也可以用于按试验方法ASTM D3359《通过Tape试验测定粘结性试验方法》对多层钢垫(MLS,Multi-Layer Steel)或夹金属层垫片材料粘结性测试的预处理,MLS或夹金属层垫片材料的这种预处理仅作为一个前奏从属于粘结性测试。本标准描述的其他物理性能试验不适用于MLS或夹金属层垫片材料。

(2) 应注意参考与这些试验方法有关的材料的供应商提供的警示标志。

(3) 该试验方法不涉及与其使用有关的安全问题。使用者有责任考虑安全和健康问题,并在使用前确定规章限制的应用范围。

13.2　方法概述

将适当的试样完全浸入试验液体中。试样在各种试验液体中浸渍后,其对物理性能的影响用拉伸强度、变软后的压缩率、柔软性、体积、厚度和质量等与未浸渍的原始试样相比较的变化率来表示。

13.3　意义和用途

这些试验方法提供了测定试样在一定的时间和温度条件下在特定的液体中浸渍后所受影响的标准化程序。由于垫片在应用中会遇到很大的温度范围和许多特殊的用途,本方法的试验结果与使用条件没有直接关系。所提供的特定试验液体和试验条件只是选作比较不同材料的典型,但供需双方同意时可作为例行试验。

13.4　试验设备

13.4.1　循环热风烘箱

要求烘箱两台,分别能够保持100 ℃±1 ℃和149 ℃±2 ℃;适用于安放试管的铝框;或加热罩,能够保持100 ℃±1 ℃。

13.4.2　干燥器

干燥器内盛无水氯化钙或硅胶。

13.4.3　分析天平

13.4.4　测厚仪

测厚仪由自重载荷驱动，装有分度值不大于 0.02 mm 的千分表，压头直径(6.40±0.13)mm，砧板不小于压头直径。自重载荷列于表 13-1。

表 13-1　载荷和压力

材料型号	压头总载荷(参考)/N	试样上的压力/kPa
1 型[1)]	2.50	79.3±6.9
2 型	1.11	35±6.9
3 型	1.75	55±6.9

1) 在 IRM 903 油中表现出最小增厚率 35%的 1 型和 7 型材料，在任何液体中浸渍后，应在压头总载荷 0.83 N、试样上的压力 26.4 kPa±6.9 kPa 的条件下测量厚度。

13.4.5　制样模具及尺寸

模具为钢制，切口应锋利，无裂痕或毛边。各种模具尺寸为：

(1) 25.4 mm×50.8 mm 的矩形模；

(2) 直径 28.6 mm、面积 645.2 mm^2 的圆形模；

(3) 试验方法 ASTM D412 中的模具 A(参见 11.1.10)宽度为 12.7 mm 的哑铃形模；

(4) 12.7 mm×152.4 mm 的矩形模。

13.4.6　调节箱或调节室

要求调节箱能保持温度 21 ℃～30 ℃、相对湿度 50%～55%。

13.4.7　试管

要求外径 38 mm、总长度 305 mm，配有用铝膜包裹的可压缩的塞子。

13.4.8　浸液容器

根据试样尺寸要求进行配置。

13.4.9　带有冷凝回流装置的烧瓶

根据试样尺寸要求进行配置。

13.4.10　轻金属丝网

要求轻金属丝网的大小应能放入浸液容器中。

13.4.11　表玻璃或毛玻璃配衡称量瓶

13.4.12　浸渍液体

浸渍液体为 ASTM 1 号油、IRM 903 油、ASTM 燃料油 B、蒸馏水、乙二醇、丙烯乙二醇和需要的其他试验液体。

13.4.13　吸附材料

具有吸油特性的快速滤纸或类似的吸附性材料。

13.5　试验样品

被测试样应模切，保持试样平整、清洁，无凸出的纤维、填料和颗粒等。

(1) 用于测试浸液后厚度、质量和体积变化率的试样为单层,其尺寸应为25.4 mm×50.8 mm的矩形或直径28.6 mm的圆形。

(2) 用于测试浸液后拉伸强度减小率的试样应符合GB/T 20671.7《非金属垫片材料分类体系及试验方法　第7部分:非金属垫片材料拉伸强度试验方法》的要求。

(3) 用于测试浸液后压缩率的试样应为面积645.2 mm^2的圆形,层数应符合GB/T 20671.2《非金属垫片材料分类体系及试验方法　第2部分:非金属垫片材料压缩率回弹率试验方法》的要求。

(4) 用于测试浸液后柔软性的试样应为单层的12.7 mm×152.4 mm的矩形。

13.6　试验温度

所有的测试工作均应在21 ℃～30 ℃下进行。

13.7　试样调节或预处理

试验前,应按GB/T 20671.1《非金属垫片材料分类体系及试验方法　第1部分:非金属垫片材料分类体系》的规定或参见本手册第10.7的规定对试样进行调节。

13.8　试验程序

试验应按表13-2的规定的试验方法进行,除非供需双方另有约定。这些试验方法也适用于乙二醇、丙烯乙二醇、冷却剂及其加水混合液(见注)、水、其他成品油和燃料油。生产者必须知道不同的冷却剂混合物可能产生不同的结果。

注:冷却剂混合物的典型试验是在沸腾回流条件下进行。

表13-2　性能、特性和试验方法

材料型号	物理性能	试验液体	试验持续时间/h	试验温度/℃
1型 7型	压缩率	IRM 903	5	149
	拉伸强度	IRM 903	5	149
	增厚率	ASTM燃料油B	5	21～30
	增重率	IRM 903	5	149
2型	柔软性	ASTM 1号油	70	100
	体积变化率	ASTM 1号油	70	100
		IRM 908	70	100
		ASTM燃料油B	22	21～30
3型	重量变化率	ASTM燃料油B	22	21～30
		IRM 903	22	21～30
		蒸馏水	22	21～30
	增厚率	ASTM燃料油B	22	21～30
		IRM 903	22	21～30
		蒸馏水	22	21～30

13.8.1 厚度

厚度应采用由自重载荷驱动的测厚仪进行测量，千分表分度值为 0.02 mm 或更小，读数估读到 0.002 mm。压头直径(6.40±0.13)mm，砧板直径应不小于压头直径。

(1) 载荷和压力应符合表 12-1 的规定。

(2) 缓慢地下降压头直到与试样接触，测取读数。根据试样的尺寸，测取足够多的读数，以得到可靠的平均值。

13.8.2 称重

从调节箱或调节室中取出按要求调节后的试样，立即放入配衡称量瓶中，测定其初始质量，精确到 0.001 g，并记录，用以计算浸渍液体后质量变化的百分率。

13.8.3 在液体中浸渍

13.8.3.1 高温浸渍

将被测试样放入试管或烧瓶中，每个试管仅装入一种材料。将足量的新鲜液体注入试管，以完全浸没试样。塞上铝膜包裹的塞子，放在烘箱中的支架上。

到达规定的试验时间后，取出试样并立即浸入凉的(21 ℃～30 ℃)而未经使用的同种试验液体中，放置 30 min～60 min。然后从已冷却的试验液体中取出试样，立即用吸附材料吸去试样表面多余的液体。吸去多余液体时要小心操作，不能挤压试样。当试样厚度超过 0.79 mm 时，还应吸去其边缘多余的液体。

13.8.3.2 室温浸渍

将被测试样放入浸渍容器中，用轻金属网把一种材料的试样与另一种材料的试样及容器的底部单独分隔开，并确保试样仍然浸渍在试验液体中。向浸渍容器中注入足够的新鲜试验液体，保证试样被液体浸湿和覆盖。容器中的每个试样应占有 10 mL 以上的试验液体。

13.8.3.3 挥发性液体

当取出在易挥发性液体(如燃料油 B)中浸渍过的试样时，应立即进行规定项目的测试。

13.8.3.4 污染

浸渍试验应盛放化学性质类似的材料，以避免相邻的试样因化学分解而被污染。如果相关信息不确定，则每种材料应在新鲜试验液体中单独试验，以确定与所说液体的相容性。

13.8.4 浸液后的压缩率

试样在试验液体中浸渍后，按 GB/T 20671.2《非金属垫片材料分类体系及试验方法 第 2 部分：垫片材料压缩率回弹率试验方法》进行压缩率测试，其中施加主载荷时间应为 5 s～10 s，以免破坏试样。

13.8.5 浸液后的拉伸强度

试样在试验液体中浸渍后，按 GB/T 20671.7《非金属垫片材料分类体系及试验方法 第 7 部分：非金属垫片材料拉伸强度试验方法》进行拉伸强度测试，以未浸渍的干试样的测试结果为参考值。

13.8.6 浸液后的厚度变化率

按13.8.1再次测量在试验液体中浸渍后的试样厚度，然后计算出试样浸液前后的厚度变化百分率。

注：必须十分小心，当压头下降速率变慢时(它反映了已在变软的试样上压坑)，须及时记录膨胀后的厚度。

13.8.7 浸液后的柔软性

试样在试验液体中浸渍后，按GB/T 20671.8《非金属垫片材料分类体系及试验方法 第8部分：非金属垫片材料柔软性试验方法》测试浸液后的试样的柔软性。

13.8.8 浸液后的体积变化率

浸液后的体积变化率可按试验方法ASTM D471(参见13.12)测定试样浸渍液体后的体积变化率。对于比重小于1.00的材料，如果采用Jolly天平，按下列程序进行。

(1) 调平、调零Jolly天平，并保证它完全不受气流影响。

(2) 挂一个小金属块(通常用5 g左右)在称钩上，使其能完全浸入水中。

(3) 称量试样在空气中的质量，记录这个读数，SR_1。

(4) 然后称量这个试样在蒸馏水中的质量，记录这个读数，SR_2。

(5) 原始体积V_1，则等于SR_1-SR_2。

(6) 从试验介质中取出这个试样后，重复13.8.8(3)、13.8.8(4)和13.8.8(5)的操作，求得最终体积V_2。在试验时，应经常更换蒸馏水。

注：警告——自始至终使用同一金属块。

按式(13-1)计算体积变化率V：

$$V=[(V_2-V_1)/V_1]\times 100 \quad \cdots\cdots (13\text{-}1)$$

式中：V——体积变化率，%；

V_2——浸渍液体后的体积；

V_1——浸渍液体前的体积。

13.8.9 浸液后的质量变化率

浸液后的质量变化率可按12.8.2的程序再次称量已在试验液体中浸渍后的试样的质量。计算出试样浸液前后的重量变化率。

13.8.10 MLS或夹金属层垫片材料粘结性

取自多层钢垫(MLS)或夹金属层垫片材料的包覆了金属的试验样品在液体中浸渍后按ASTM D3359《通过Tape试验测定粘结性试验方法》测试其粘结性。测定粘结性的标准试验方法是Tape试验。应该明白，除了在所说的粘结性试验前使用特定的浸渍条件外，结果应按ASTM D3359报告。本标准描述的其他物理性能试验不适用于这些材料。

13.9 试验报告

(1) 试验报告所包括的内容如下：

a. 完整的描述，包括商品牌号、来源、制造商、厚度、制造日期(如果知道)；

b. 试验日期；

c. 所用液体的类型。

(2) 厚度、体积、质量变化率试验结果，保留小数点后一位。

(3) 其他试验结果按照它们各自的试验方法要求表示。

13.10　精密度和偏倚

(1) 精密度，第1部分——共有11个实验室参与了试验。1型和3型各取2种材料，1型在ASTM 3号油中浸渍，3型在ASTM 3号油、ASTM燃料油B和蒸馏水中浸渍；2型在ASTM 3号油和ASTM燃料油A中浸渍。

(2) 对于GB/T 20671.1的材料牌号(不包括1型和3型)来说，无数的材料组合的2种变差被选作精密度测定的指标。

(3) 试验结果为3个试样测量结果的平均值。如果测量结果未超出表13-3所列的变异(绝对百分值)，则认为在95%的置信度水平上，不是可疑数据。

(4) 精密度和偏倚，第2部分——6个实验室参与测试了10种材料，全部采用IRM 903油。测试了6个1、7型、3个3型、1个5型材料浸渍IRM 903油的重量变化率和厚度变化率。

测试结果按指导书ASTM E691《实验室研究确定试验方法精密度作业指导书》分析，报告列于表13-4。

表13-3　不同实验室间试验项目表

GB/T 20671.1材料类型		试验液体	同一操作者重复性/%	多个实验室再现性/%
		浸渍液体后厚度变化		
1型[1]	1类	ASTM 3号油	5.02	25.7
	2类		1.92	2.5
3型		ASTM 3号油	1.41	2.8
			1.41	2.8
		ASTM燃料油B	2.07	4.8
			1.39	4.0
		蒸馏水	1.34	4.9
			1.97	5.4
		浸渍液体后重量变化		
1型[1]	1类	ASTM 3号油	1.45	12.5
	2类		2.78	5.7
3型[2]	材料A	ASTM 3号油	1.58	5.9
	材料B		2.16	7.2

续表 13-3

GB/T 20671.1 材料类型		试验液体	同一操作者重复性/%	多个实验室再现性/%
		浸渍液体后重量变化		
3 型[2]	材料 A	ASTM 燃料油 B	1.56	3.8
	材料 B		1.82	5.7
	材料 A	蒸馏水	3.35	8.8
	材料 B		1.63	6.2
		浸渍液体后体积变化		
2 型		ASTM 3 号油	2.5	9.4
		ASTM 燃料油 A	2.07	9.3

1) 1 型 1 类——CA 材料，含有普通高膨胀性聚合物；
1 型 2 类——BA 材料，含有普通低膨胀性聚合物。
2) 3 型材料 A——含有丁苯橡胶聚合物的 3 类材料；
3 型材料 B——含有丁腈橡胶聚合物的 3 类材料。

表 13-4 不同实验室间试验项目表——第 2 部分(IRM 903)[1]

材料	平均值	Sr	SR	r	R
	浸渍 IRM 903 后质量变化/%				
1,7 型(NBR)	8.69	0.91	0.91	2.54	2.54
1,7 型(NBR)	13.94	1.46	1.46	4.08	4.08
1,7 型(NBR)	15.88	0.76	1.16	2.14	3.26
1,7 型(SBR)	28.81	1.37	1.37	3.83	3.83
1,7 型(SBR)	29.39	1.55	1.62	4.35	4.52
1,7 型(SBR)	32.17	1.50	1.50	4.20	4.20
3 型(NBR)	26.40	0.55	2.40	1.53	6.73
3 型(NBR)	66.47	2.44	19.77	6.83	55.37
3 型(SBR)	100.25	3.11	15.98	8.70	44.76
5 型	42.98	1.84	2.00	5.14	5.59
	浸渍 IRM 903 后厚度变化/%				
1,7 型(NBR)	4.45	0.86	1.83	2.40	5.13
1,7 型(NBR)	1.68	0.93	0.93	2.61	2.61
1,7 型(NBR)	5.23	0.54	2.63	1.52	7.37
1,7 型(SBR)	27.94	1.15	2.76	3.22	7.74
1,7 型(SBR)	20.91	2.02	3.32	5.66	9.31
1,7 型(SBR)	33.30	0.59	13.76	1.65	38.52
3 型(NBR)	2.01	1.84	1.90	5.14	5.33
3 型(NBR)	7.78	1.17	8.06	3.27	22.56
3 型(NBR)	21.04	1.14	6.58	3.18	18.44
5 型	5.22	1.13	2.03	3.17	5.69

1) 符号：r=重复性；R=再现性；S=标准差。

13.11　试验液体

该资料取自于 ASTM D471—1998《橡胶性能试验方法　液体的影响》

13.11.1　试验油液主要性能

ASTM 1 号油和 IRM 903 油的主要性能见表 13-5。

表 13-5　试验油液主要性能

项目	ASTM 1 号油	IRM 903 油	ASTM 试验方法
苯胺点/℃	124±1	70±1	D611
运动黏度/(mm^2/s)	18.7～21.0(99℃)	31.9～34.1(38℃)	D445
API 重度(16℃)	—	21.0～23.0	D287
粘滞重力常数	—	0.875～0.885	D2140
闪点/℃	≥243	≥163	D92
环烷烃 C_N/%	—	≥40	D2140
烷烃 C_P/%	—	≤45	D2140
凝固点/℃	—	−31	D97
折光指数	—	1.5026	D1747
紫外线吸收率(260 nm)	—	2.2	D2008
芳香烃 C_A/%	—	14	D2140

13.11.2　燃料油组分含量

ASTM 燃料油组分含量见表 13-6。

表 13-6　ASTM 燃料油组分含量

	组分及体积分数
ASTM 燃料油 A	2,2,4-三甲基戊烷(异辛烷)100%
ASTM 燃料油 B	2,2,4-三甲基戊烷(异辛烷)70%,甲苯 30%

13.12　浸液后的体积变化率测定程序

该资料取自于 ASTM D471—1998。

13.12.1　排水法(适用于不溶水性试验液体)

(1) 称量已调节好的试样在空气中的质量 M_1,精确到 0.001 g。

(2) 将该试样浸入室温下的蒸馏水中,迅速称量其在水中的质量 M_2,精确到 0.001 g。

(3) 从蒸馏水中取出试样,在酒精(甲醇或乙醇)中迅速浸一浸,以除去水分。并用滤纸吸干试样,除去试样上的纤维屑和其他杂质。

(4) 将试样按规定的试验条件和试验程序在试验液体中浸渍后,将其移入凉的、新鲜的同种试验液体中,保持 30 min～60 min,冷却至室温。

(5) 从试验液体中取出冷却后的试样,迅速在室温下的丙酮中浸一浸,用滤纸轻轻吸去试样表面的油,除去试样上的纤维屑和其他杂质。

(6) 将试样放入配衡称量瓶中,塞上塞子,称量其质量 M_3,精确到 0.001 g。

(7) 将已称量 M_3 后的试样再次浸入室温下的蒸馏水中，立即称量其在水中的质量 M_4，精确到 0.001 g。

注：每次称量都须用新鲜蒸馏水。

(8) 按式(12-2)计算试样浸渍液体后的体积变化率：

$$\Delta V = [(M_3 - M_4) - (M_1 - M_2)]/(M_1 - M_2) \times 100 \qquad (13\text{-}2)$$

式中：ΔV——体积变化率，%

M_1——试样浸渍前在空气中的质量，g；

M_2——试样浸渍前在蒸馏水中的质量，g；

M_3——试样浸渍后在空气中的质量，g；

M_4——试样浸渍后在蒸馏水中的质量，g。

(9) 如果试验液体在室温下挥发，则试样从试验液体中取出到塞上称量瓶的塞子的时间不应超过 30 s，将试样从称量瓶中取出到再次浸入蒸馏水中也不应超过 30 s。

(10) 如果试验液体是粘性油，将试样从规定试验温度的试验液体中取出后，不要再放在冷的试验液体中，而直接悬挂在无流动气流的常温试验室中，保持 30 min 左右，让试样表面的大部分油自行流去，然后再继续浸丙酮及其以后的操作。

(11) 在蒸馏水中称量时，粘附在试样上的所有气泡必须除去。如果在蒸馏水中称量过程中，试样表面出现气泡或计算的体积 5 min 变化 0.5%，则该试样太疏松，不能用排水法测定体积变化率。改用下述方法：

a. 如果试样是简单的几何体，直接测量其浸渍试验液体前后的体积，计算其体积变化率。

b. 如果试样浸渍试验液体后的体积增加主要发生在厚度上，可以用其厚度的变化率代替体积变化率。

(12) 如果试样在液体中漂浮，可以使用一块不锈钢作为镇重物，使试样浸没在液体中。可以采用下述程序：

a. 称量试样与镇重物一起在水中的质量；

b. 称量镇重物单独在水中的质量；

c. 试样与镇重物一起在水中的质量减去镇重物单独在水中的质量即为试样在水中的质量，然后按式(13-2)进行计算。

(13) 当蒸馏水作为试验液体时，浸渍前后不需将试样在酒精和丙酮中浸。

13.12.2 排液法[适用于溶水性试验液体(水除外)]

(1) 如果试验液体在室温下既不太粘稠，也不易挥发，则用试验液体代替蒸馏水称量 M_2 和 M_4。然后按式(13-2)进行计算。注意在称量 M_4 时必须用新鲜试验液体。

(2) 如果 13.12.2(1) 描述的方法不可行，则仍用排水法称量 M_2，而不再称量 M_4。其体积变化率按式(13-3)计算：

$$\Delta V = [(M_3 - M_1)/d(M_1 - M_2)] \times 100 \qquad (13\text{-}3)$$

式中：d——试验液体在实验室温度时的密度，g/cm^3；

ΔV、M_1、M_2、M_3 同式(13-2)。

注：如果试验液体是混合液体，式(13-3)只是一个近似的计算公式。

第14章　垫片材料密封性试验方法

本章内容根据GB/T 20671.4—2006《非金属垫片材料分类体系及试验方法　第4部分:垫片材料密封性试验方法》进行编写。

14.1　适用范围

(1) 该试验方法规定了板状和固体现场成形的垫片材料在室温下的密封性能的测定方法。试验方法A仅限于液体泄漏率测量,试验方法B可以用于液体和气体两种介质的泄漏率测量。

(2) 该试验方法适用于测定垫片材料在不同法兰压力载荷下的密封性。当供需双方就试验介质、介质压力、作用于垫片材料试样上的法兰载荷等试验条件达成一致时,本部分可作为验收试验。

(3) 该试验方法不涉及与其使用有关的安全问题。使用者有责任考虑安全和健康问题,并在使用前确定规章限制的应用范围(特殊的危险性说明见14.5、注3和注8)。

14.2　方法概述

(1) 两种试验方法均是将一片试样夹在两个光滑的钢性法兰中间,给法兰施加规定的载荷后,试验介质通进压紧在法兰之间的环形垫片中间,并达到规定的压力。对于液体密封性能试验(试验方法A和B),推荐使用ASTM燃料油A[见试验方法ASTM D471(参见本手册13.11规定),通过固定在密封性能试验设备中的带刻度玻璃管内液体的水平面变化量测量出泄漏率。推荐使用氮气进行气体密封性能试验(试验方法B),其泄漏率通过密封性能试验设备中压力计的水平面的变化来测量。

① 试验方法A使用了一种压紧装置(见图14-1),外部载荷通过它导进法兰来产生作用于垫片试样上的压紧力。

② 试验方法B使用了另一种压紧装置(见图14-2和图14-3),将法兰安置在4个螺栓组成的框架中间,通过它向法兰施加不同的压紧力,该压力值由安装在其中的压力传感器来测量。

(2) 密封性能试验结果以泄漏率来表示,即在规定的试验条件下,试样每小时泄漏的毫升数。

14.3　意义和用途

(1) 这些试验方法用于比较垫片材料在控制条件下的密封性能并给出准确的泄漏率值。

(2) 这些试验方法适用于测定泄漏率最高6 L/h、最低0.3 mL/h,大多数情况下,

“零”泄漏是不可能的。

(3) 这些试验方法测量泄漏率的时间周期典型的是加压条件下 5 min～30 min。垫片材料在加压条件下保持的时间不同,会得出不同的泄漏率测试结果。

(4) 如果在试验过程中,使用的流体引起垫片材料发生变化,例如膨胀,则其试验结果可能难以预料。

14.4 试验设备

14.4.1 试验方法 A

试验方法 A 的垫片材料液体泄漏率试验设备见图 14-1。

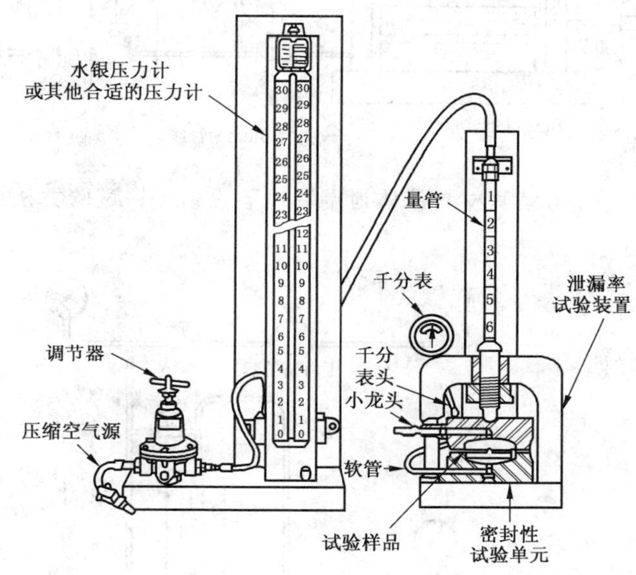

图 14-1 垫片材料液体泄漏率试验设备——试验方法 A

(1) 压缩空气源和调节器:提供压缩空气并用合适的调节器将压力控制在 0～760 mm汞柱的某一点。

(2) 水银压力计或压强计:760 mm 的水银压力计或合适的压强计,压力读数精确到 5 mm。

(3) 量管:容积 10 mL,分度值 0.05 mL,两端用软管连接。

(4) 泄漏率试验装置:包括一个合适的千分表,分度值不大于 0.025 mm,其配置形式如图 14-1 所示。

(5) 旋塞:装在上法兰盘上,以排出里面的空气。

(6) 软管:柔软的并能够承受得住规定的试验介质和压力。

(7) 加压装置:以适当的方式将外部载荷精确地加到泄漏率试验装置上,并保持这个载荷在±1.0%以内。载荷的范围应为最小 862 kPa,最大 27.6 MPa。

14.4.2 试验方法 B

试验方法 B 的垫片材料液体泄漏率试验设备见图 14-2;气体泄漏率试验设备见图 14-3。

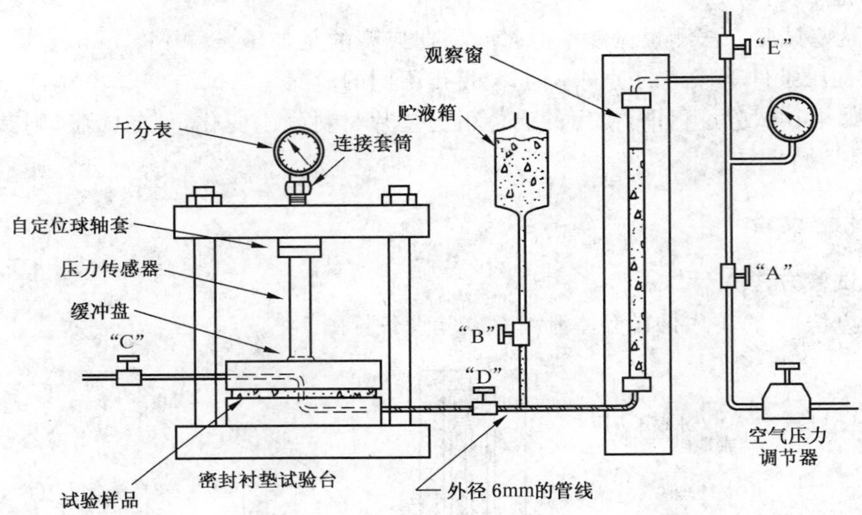

图 14-2　垫片材料液体泄漏率试验设备——试验方法 B

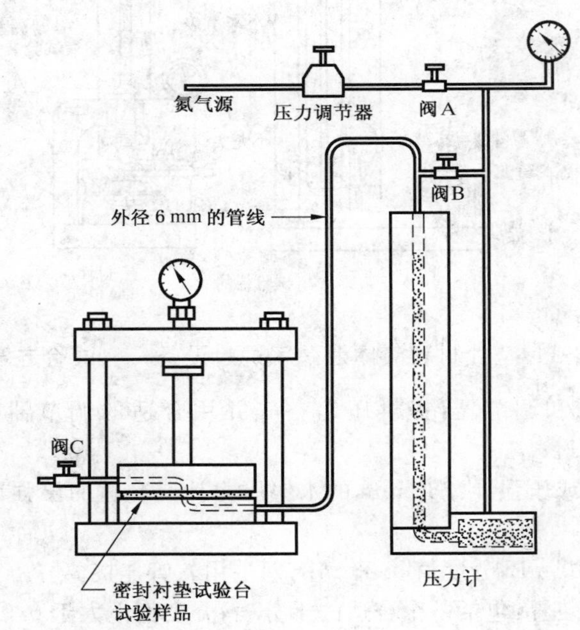

图 14-3　垫片材料气体泄漏率试验设备——试验方法 B

(1) 氮气钢瓶和压力调节器：装有干燥的氮气的钢瓶，带有合适的调节器以控制出口的压力。

(2) 压力表：适合于精确地测量 690 kPa 的压力。推荐使用直径 114 mm、分度值不大于 3.4 kPa 的压力表。

(3) 压紧装置：由上、下压板和 4 个带螺母的双头螺栓组成，见图 14-2 和图 14-3。

(4) 试验用法兰:由上法兰、下法兰组成,用以夹紧被测垫片材料,表面光洁度应为0.4 μm~0.8 μm。

(5) 压力传感器组件:包括一个标定过的压力传感器(其直径取决于规定的载荷范围),一个伸出传感器中央的千分表测杆,一个固定在传感器上的自定位球衬套和一个测量传感器偏移的精密千分表。

注 1:不同尺寸的压力传感器具有不同的载荷范围,直径 8.10 mm 的传感器,将偏移 0.025 mm/4.45 kN,直径 11.0 mm 的传感器,将偏移 0.025 mm/8.90 kN。偏移不宜超过 0.076 mm,否则可能损坏试验装置。

(6) 钢性缓冲盘:退火钢缓冲盘,用于防止坚硬的传感器损坏法兰顶部。

(7) 连接套筒:用于将千分表和传感器螺纹头连接起来。当连接好后,传感器上的指示单元与千分表的动作探头相接触。

注 2:取决于使用的恰当设备,有时 GB/T 20671.5《非金属垫片材料分类体系及试验方法 第5部分:垫片材料蠕变松弛率试验方法》中的试验方法 B 的连接套筒可以应用于此。

(8) 压力计:标准的 760 mm 压力计,适用用于水,适用于 2.07 MPa 的压力,分度值为 1.0 mm。

(9) 观察窗和贮液箱:做液体介质的密封试验时,需要一个贮液箱,它可以是任何的金属容器,容积约 1 500 cm^3,管接到系统中,应便于装入液体。观察窗是由能承受 2.07 MPa的锅炉用玻璃管制成,用于观察液体的水平面,其外径 16 mm,长度约 280 mm,以适当方式竖立组装固定,刻线分度为 1.0 mm。如有需要,第 14.4.2(8)所说的压力计可以当作观察窗[见 14.8(2)]。

(10) 管线、接头和阀门:应使用耐高压软管、端部或者扩张或者压缩的连接接头、小手动阀门。将压力计或观察窗连接到试验设备上的软管应是小孔径,以减少内容积,推荐使用内径 1.6 mm 的细管。

(11) 实验室用应力-应变设备:合适的拉压设备,须带有校准的载荷测力器,须能提供及测量已给定偏移量的传感器要求的压力。该拉压设备的准确度应为示值的±5%(见注 3)。

(12) 准备一些夹具,以便当拧紧顶端的螺母时,固定压紧装置的底板。

14.5 危险性或注意事项

(1) 进行试验的操作者应掌握压力设备要求的安全操作规程。

(2) 在操作者和压力玻璃管中间应安装一块透明的安全防护板。

(3) 为了满足使用要求和保证操作者的安全,系统中所有的部件必须设计成能承受 1.03 MPa 的最大工作压力(见注 3)。

(4) 按照 ANSI B57.1《压缩气缸的进出阀门连接》细心地正确放置氮气钢瓶和正确使用压力调节器控制试验压力,详细要求请参阅《压缩气体手册》。

14.6 试验样品

14.6.1 试验方法 A 的试样制备

(1) 当进行板状垫片材料(见 GB/T 20671.1《非金属垫片材料分类体系及试验方

法　第1部分:非金属垫片材料分类体系》)测试时,试样应用模具冲切,其边缘应光滑、干净、无毛刺。试样内径为32.26 mm～32.31 mm,外径为44.20 mm～44.32 mm。除非供需双方另有约定,试样厚度应为0.76 mm左右。设定该试样的平均面积为719.35 mm^2。

(2) 为了便于报告结果,使用GB/T 20671.1规定的测厚仪测量垫片试样的厚度。

(3) 应检查试样,其表面有诸如划痕、破损和纤维束等缺陷的试样应剔除。

14.6.2　试验方法B的试样制备

14.6.2.1　板状垫片材料(见GB/T 20671.1)

(1) 试样应用模具冲切,其边缘应光滑、干净、无毛刺。试样应为环形,内外直径同圆心,以便它们适合地安置在密封试验单元中。除非供需双方另有约定,试样厚度应为0.76 mm左右。

(2) 为求易于报告结果,使用GB/T 20671.1规定的测厚仪测量垫片试样的厚度。

14.6.2.2　4型和5型现场成形的垫片材料(见GB/T 20671.1)

应用标准长度122 mm、公称宽度在4.76 mm～6.35 mm之间的材料,形成一个中间直径38 mm的圆圈。4型材料的两端应交叉重叠(6.35±1.59)mm,形成一个完整的环形密封圈。5型材料的两端应交叉重叠(1.59±0.79)mm,形成一个完整的环形密封圈。

14.6.2.3　试样检查

检查试样表面有诸如划痕、破损等缺陷的试样应剔除。

14.7　设备调试

14.7.1　试验方法A

进行试验之前,首先检查设备本身的泄漏情况。对于试验方法A,从厚度约3.2 mm的橡胶板(质量应符合ASTM D 2000《机动车用橡胶制品分类体系》中的BG 515等级)中冲切一个橡胶垫片,将其放入设备中进行试验,调整外部的法兰压力为862 kPa,试验液体的内压力为760 mm汞柱,15 min系统应无泄漏。

14.7.2　试验方法B

(1) 给设备的各部件抹一薄层油膜,这些部件包括立柱螺母和垫圈、传感器自定位球衬套。

(2) 将试验设备的上、下法兰表面清洗干净,除掉上次试验的所有残留物。每次试验前,检查法兰有无划痕或裂纹。

(3) 通过反复试验,确定螺栓和上、下压板的最佳位置。一旦最佳组合位置确定,在螺栓和压板上做出标记,保持它们之间的相互位置不变。

(4)按照图14-2和图14-3组装设备,连接管路和阀门。按照图14-2安装观察窗和贮液箱。在使用时,既可以这样组装,也可以将压力计插在压力表至试验装置的管线中,多数情况下按照图14-2和图14-3的组装会更为简单和方便。但是,如果需要,也可将管系改进,以便液体和气体两种试验介质的泄漏率能够用同一个压力计测试。

注3:警告——设备上可安全施加的最大力为44.48 kN。

(5) 对于试验方法B,设备本身的密封性检查如下:将连接在垫片试验台上的管路卸开并用塞子堵住，通过给管路系统加压，对设备的阀门、压力计和管路进行初步的密封性检查。然后将设备装配成正常状态，从厚度约 3.2 mm 的橡胶板（质量应符合 ASTM D2000 中的 BG 515 等级）中冲切一个橡胶垫片，放入设备中进行试验，给法兰施加 6.984 MPa 以上的载荷。在此条件下，系统基本上应无泄漏（泄漏率小于 0.005 mL/ min）。对整个系统进行数小时的密封性检查，以便在随后的测试中得到高精度的泄漏率测试结果。

14.8 设备的标定（试验方法 B）

（1）使用合适的实验室应力/应变设备来标定传感器组件，测量给定的传感器偏移量要求的力值，在所用传感器的量程内均匀地测几个点。多数情况下，传感器的特性应是一个应力/应变关系的标定值，能够用于整个量程范围，例如，直径 8.1 mm 的传感器，其标定系数约为 4.45 kN/0.025 mm（偏移量）。

（2）用水来标定压力计。首先将管路注满水并将连接处堵塞，记录压力计读数，然后用实验室滴定管在顶部给压力计管中加水，通过滴定管滴出的精确水量可以确定压力计读数变化与水量之间的关系。观察窗也按同样的方式标定。

14.9 试样调节或预处理（含试验方法 A 和 B）

（1）除 4 型材料外，所有其他型号的试样均应在相对湿度 50%～55%的空气中调节 24 h 后待用。如果没有空气和缓循环的调湿室，可以将盛有硝酸镁［$Mg(NO_3)_2 6H_2O$］饱和溶液的浅盘放在室温下的调节箱中，以提供要求的相对湿度。按照要求，从调节箱中每次取出一个试样用于试验。

（2）4 型材料不应进行调节。

14.10 试验程序

除非另有规定，试验温度应为 21 ℃～30 ℃。除了环境温度外，还必须注意温度对试验介质、试验装置和试验样品的影响。

14.10.1 试验方法 A——液体泄漏率测试

（1）将试样放在泄漏率试验装置中。

（2）将装配好的试验装置放在施加外载荷的设备上，给其逐渐加载，在 20 s 内达到规定压力，并保持这个载荷 1 min。

注 4：在手紧锁紧螺母的同时，通过用手转动试验单元，保证加载轴和试验单元之间配置合适。

注 5：试样上的外部法兰压力应由被测材料的使用者确定，本装置适用的压力从约 862 kPa 到27.6 MPa。

注 6：因为上、下密封法兰均为内径 32.89 mm、外径 43.69 mm 的环形，计算出密封法兰的实际接触面积为 645.16 mm²，所以计算外部法兰压力时不能用试样面积，而用此实际面积。

（3）将千分表调到 0.00 mm，拧紧试验装置上的滚花螺母，使随着外加载荷的撤除，仍保持该零读数在±0.013 mm 范围内。

（4）把已加载的试验单元和装置放进量管架里（图 14-1），轻轻打开试验单元上的排气阀，给量管里加入规定的试验液体，排出系统中的空气。

(5) 从14.10.1(3)锁定开始3 min[包括14.10.1(4)步骤所需时间]后，给试验液体施加规定的压力，检查各连接处是否渗漏。试验期间介质压力的偏差不应超过压力表读数的±5 mm。

注7：应由被测材料的使用者规定试验液体的压力。建议将760 mm汞柱的压力作为起点。

(6) 在给试验液体施加规定压力并检查仪器各连接处未发现泄漏5 min后，读取量管上的液面位置所处的读数，精确到0.01 mL。以此作为初始读数，继续观察并记录量管液面每变化0.05 mL的时间间隔。然后计算最后3次连续的时间间隔的平均体积变化量和以每小时毫升数表示的平均泄漏率。

14.10.2　试验方法B——液体泄漏率测试

(1) 将试样放在下法兰中心，小心地将上法兰压在上面并与下法兰同圆心。将上下法兰组合件放在压紧装置框架中心，安装传感器、自定位球衬套、连接套筒和千分表。将这些组件安装在顶板上，再将顶板放在4个双头螺栓上，将钢性缓冲盘放在传感器和上法兰中间，将千分表的指针调零。

(2) 确定进行试验施加的压紧力引起传感器的偏移量。在保持顶板在水平位置、传感器系统在垂直位置的同时，将4个螺母拧紧。自定位球衬套将平衡定位的小偏差。顺时针旋紧螺母，尽量使旋紧第一圈时加上约一半的载荷，剩余的载荷在旋紧第二或第三圈时加上。必须在1 min内完成拧紧螺母的工作。轻敲压紧装置的底板，使得千分表读数准确。

注8：**警告——法兰上的载荷一旦施加，不能为降低压力值而松开螺母。**

(3) 给观察窗里注入ASTM燃料油A，关闭阀B和阀E，打开阀A、阀D和阀C。液体的压力由气管或氮气钢瓶提供，通过阀C将空气排出，使得试验装置的空腔中充满液体，等阀C中流出少量液体后关闭阀C。按要求重新给观察窗里注入液体，并关闭阀A和阀D，将阀E打开释放掉观察窗里的压力。在阀E打开的情况下，打开阀B，让液体从贮液箱流进观察窗里，当液面到达要求点时，关闭阀B和阀E，打开阀A和阀D。

(4) 给垫片施加液体压力后，等待2 min，开始使用精度为1 s的计时器，通过观察窗上液面的变化量来测定泄漏率。选择的时间间隔要符合泄漏率测量精度等级要求，表14-1给出了各等级泄漏率建议的时间间隔。做一个系列的泄漏率测量，直到泄漏率相对于预期的等级成为恒定值。由于液体浸入垫片细孔需要的时间较长，进行液体介质泄漏率测定比进行气体介质泄漏率测定泄漏率变化的时间周期更长。对于非常低的泄漏率，几个小时才能达到泄漏率恒定。除非另有规定，建议低泄漏率材料的测定在30 min～1 h后进行。

(5) 当试验完成后，关闭阀A和阀D，打开阀E和阀C，释放掉介质压力。然后卸开试验装置，取出试样。

(6) 至少以3个试样的测试结果计算出精密度。

14.10.3　试验方法B——气体泄漏率测试

(1) 随着阀B打开和阀C关闭，打开阀A并调节气体压力到规定的内压力。仔细调节压力调节器使得气体压力保持在尽可能接近规定的压力。等待2 min，使得垫片松弛和泄漏率趋于平衡。然后关闭阀 B,使用精度为 1 s 的计时器,通过观察压力计液面的变化来测定泄漏率。

(2) 测量泄漏率 3 个时间间隔段并记录泄漏率结果。对于一定的设备,为使试验结果更准确,测量的时间间隔应根据泄漏率大小而改变,建议按表 14-1 确定时间间隔。

表 14-1 气体泄漏试验的时间间隔

泄漏率/(mL/ min)	时间间隔/ min
大于 15	0.2
1～15	1
0.2～1.0	3
0.05～0.2	10
0.01～0.05	30
0.005～0.01	60

14.11 结果计算

14.11.1 试验方法 A

将最后 3 次连续的时间间隔的平均值转换成泄漏率,以每小时毫升数表示。

14.11.2 试验方法 B

通过记录的观察窗或压力计上读数的变化量乘以标定系数而得到泄漏的毫升数,再用此泄漏量除以相应的用分钟表示的时间间隔而得出以每分钟毫升数表示的泄漏率,最后将其转换成每小时毫升数。

14.12 试验报告

试验报告包括下列内容:

a. 样本材料的标记,包括厚度;

b. 使用的试验方法:A 或 B;

c. 试验介质和介质压力;

d. 被测试样数量和每次的法兰压紧力;

e. 在各自法兰压紧力下测得的泄漏率;

f. 所有被测试样在同一试验条件下的平均泄漏率;

g. 试验报告还应包括环境温度和泄漏试验的持续时间。

14.13 精密度和偏倚

14.13.1 试验方法 A——液体泄漏率测试的精密度

(1) 以 ASTM 燃料油 A 为试验液体,内压力 0.103 MPa,通过实验室间测试得出试验方法 A 的固有变异(估计的标准差)S,在表 14-2 给出。

(2) 如果平均值相差不超过 2 mL/h,可以认为两个实验室间对同一批材料 n 次测定的平均值是一致的,或按供需双方的协议确定。

14.13.2 试验方法 B——液体和气体泄漏率测试的精密度

试验方法 B 的再现性——表 14-3 给出在 3 个成员实验室间对同一种材料测试得出的实验室间精密度数据,采用 3 种不同的法兰压紧力,试验介质为 ASTM 燃料油 A 和干燥的氮气,介质压力为 0.21 MPa,这些数据按指导书 ASTM E691《实验室研究确定试验方法精确度作业指导书》计算得出。

表 14-2　试验方法 A 的精密度数据(再现性)

材料	法兰压紧力/MPa	平均值/(mL/h)	标准差
A	2.8	32.20	10.60
B	2.1	2.49	2.68
C	6.3	47.70	28.20
D	3.4	2.30	1.80
E	10.3	2.00	1.30

表 14-3　试验方法 B 的精密度数据(再现性)

法兰压紧力/MPa	平均值/(mL/h)	实验室内标准差	实验室间标准差	变异系数	
				实验室内	实验室间
材料 A——氮气					
4.4	0.687	0.04	0.14	9.5	22.6
6.9	0.273	0.07	0.11	15.3	42.8
17.2	0.044 9	0.008 2	0.233	18.3	55.0
ASTM 燃料油 A					
4.4	0.008 48	0.004 4	0.004 0	52.5	70.2
6.9	0.009 70	0.004 6	0.007 1	46.6	86.7
17.2	0.003 01	0.000 8	0.004 2	25.0	137.8
材料 B——氮气					
4.4	11.47	0.062	5.69	5.4	49.9
6.9	6.49	1.87	3.11	28.8	55.9
17.2	2.24	0.78	0.98	34.9	56.0
ASTM 燃料油 A					
4.4	0.169	0.032 1	0.029 8	19.0	26.0
6.9	0.122	0.015 8	0.032 0	12.9	29.1
17.2	0.030	0.006 5	0.012 7	21.9	47.9

14.13.3　偏倚

因为没有满意的参考材料用于确定本标准测定垫片材料的密封性能的偏倚，所以得不到关于偏倚的描述。

第15章　垫片材料蠕变松弛率试验方法

本章内容根据GB/T 20671.5—2006《非金属垫片材料分类体系及试验方法　第5部分:垫片材料蠕变松弛率试验方法》进行编写。

15.1　适用范围

(1) 该试验方法规定了垫片材料在一定时间内承受一定的压力下,蠕变松弛率的测定方法。

① 试验方法A——借助于螺栓上的一个标定过的应变计来测定蠕变松弛率。

② 试验方法B——借助于一根带有千分表的标定过的螺栓来测定蠕变松弛率。

(2) 该试验方法不涉及与其使用有关的安全问题。使用者有责任考虑安全和健康问题,并在使用前确定规章限制的应用范围。

15.2　方法概述

(1) 在这两种方法中,试样将放置在两个平圆板之间受压,压力由紧扣圆板的螺栓和螺母提供。

(2) 试验方法A一般在室温下进行,应力由螺栓上标定过的应变计来测定。在试验中,从加载开始到试验结束,每隔一段时间读取一次应变显示器上的读数。应变显示器上的读数被换算成初始应力的百分数,然后绘出该百分数与时间(以小时为单位)对数的关系曲线。在全部试验时间范围内,任何给定的时间的初始应力损失或松弛的百分率能够从曲线上查出。

(3) 试验方法B在室温或高温下进行,应力通过用千分表测量标定过的螺栓的长度变化来确定。在试验开始和试验结束时,分别测量螺栓的长度,计算出松弛的百分率。

15.3　意义和用途

这些试验方法的设计是用于在受控条件下,比较相关的材料在用时间为函数的给定压力的保持率。栓接法兰中的部分扭矩损失是蠕变松弛造成的结果。但扭矩损失也会由螺栓变长、法兰变形和震动引起,所以试验所得结果应与实际应用情况对照。当供需双方同意时,这些试验方法可以用作例行试验。

注1:试验方法B从应用于石棉垫片材料而来,在颁布时的证明数据不适用于其他垫片材料。

15.4　试验设备

15.4.1　试验方法A

(1) 应变显示器。

(2) 记时器。

(3) 松弛率测定仪：包括两块平圆板（上、下各一块）、一根装有应变计的螺栓、一个螺母和一个推力轴承，见图 15-1。

(4) 应变计：应变灵敏度系数(2.0±0.1)%的 120 Ω 电阻。应变计用来指示拉伸应变，应放置在抵消扭矩、温度、弯曲影响的适当位置。应变计装在螺栓的小直径上，距螺栓顶部约 50.8 mm。装有应变计的螺栓必须标定。

15.4.2　试验方法 B

(1) 松弛率测定仪：包括两块平圆板、带有特殊孔的标定过的螺栓、垫圈和螺母，其材质为 ASTM A193《用于高温的合金钢和不锈钢螺栓材料规范》B7 级合金钢（参见15.12）或 ASTM B637《用于高温的沉淀硬化镍合金棒、锻件和锻坯规范》UNS N07718 级高温合金（参见15.12）或其他合金，结构应满足规定试验温度标定程序（参见 15.10）的需要，还有一套千分表组件，见图 15-2。

(2) 套筒扳手。

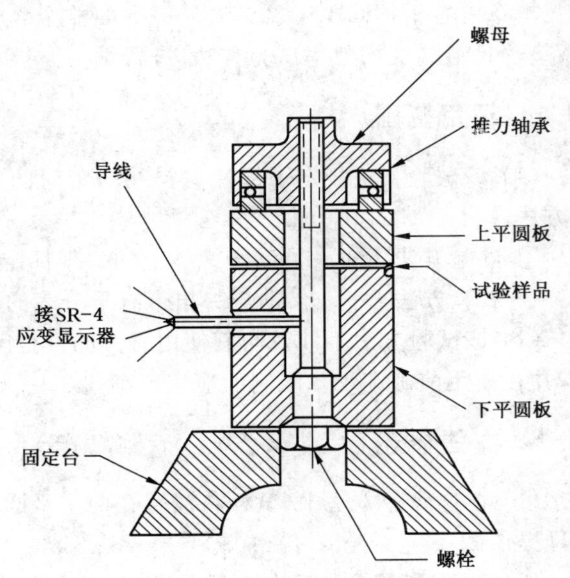

图 15-1　松弛率测定仪——试验方法 A

15.5　试验样品

(1) 试验方法 A

试样应为内径(33.02±0.05) mm、外径(52.32±0.05)mm 的环形。

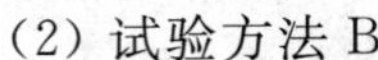

(2) 试验方法 B

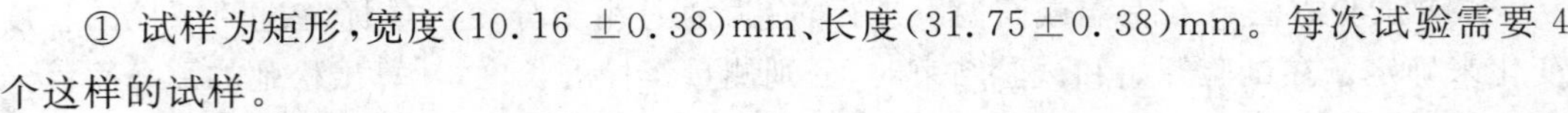

① 试样为矩形，宽度(10.16 ±0.38)mm、长度(31.75±0.38)mm。每次试验需要 4 个这样的试样。

② 也可以使用面积为 1 290 mm^2 的环形试样。推荐采用内径 15.62 mm、外径 43.56 mm的试样。

③ 对于 4 型 2 类材料，试样应为 152.4 mm 的一个长条。

(3) 试验应至少进行 3 次，应准备足够的试样。

(4) 试样的公称厚度应为 0.8 mm。其他厚度由供需双方协商确定。对于 4 型材料，公称厚度应不大于 1.78 mm。

15.6　试样调节或预处理

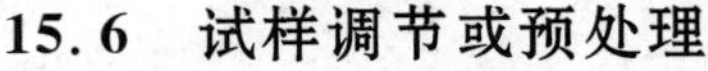

按照 GB/T 20671.1《非金属垫片材料分类体系及试验方法　第 1 部分：非金属垫片材料分类体系》调节切割好的试样。

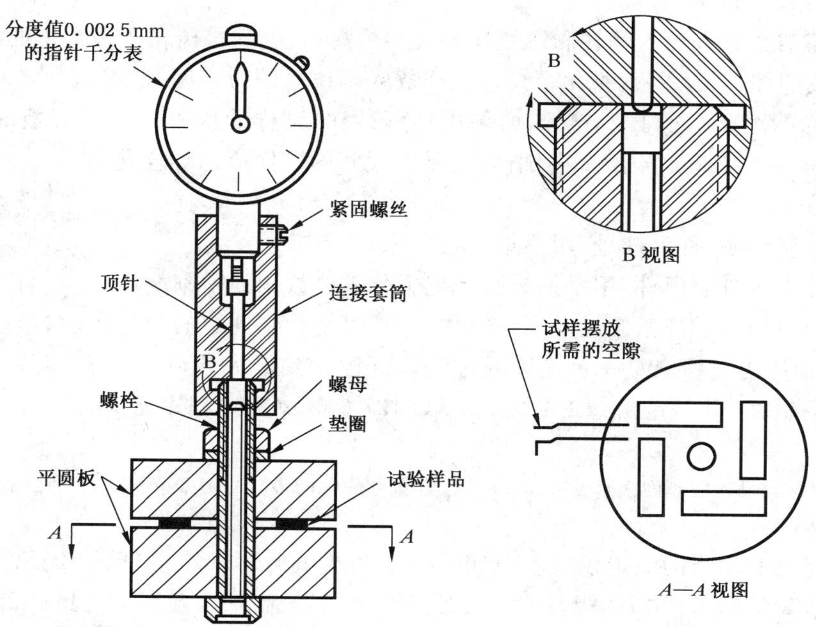

图 15-2 松弛率测定仪和千分表组件——试验方法 B

15.7 试验程序

15.7.1 试验方法 A

(1) 清洁所有表面(平圆板和试样),不能沾有蜡、脱模剂和油(用异辛烷或其他合适的溶剂擦拭)。润滑螺栓的螺纹。

(2) 使用(13.8±0.3)MPa 的初始应力,另有规定除外。

(3) 试验在 21 ℃～30 ℃下进行,另有规定除外。

(4) 拆开松弛率测定仪,把试样放入两块平圆板之间。试样的内直径与平圆板的内直径应尽可能同圆心。把螺栓头安在固定台中,拧上推力轴承和螺母,用手或仅够固定试样的力轻轻拧紧。

(5) 连接并平衡应变显示器。记录读数。然后将应变显示器的读数调整到规定的初始应力(注意:在上述读数上添加微英寸就会改变应力和应变计螺栓标定值)。

(6) 通过用死扳手紧固螺母给垫片施加压力,直到应变显示器达到平衡。对于17.8 kN的压力来说,需要大约 30 N·m 的扭矩。压力应以均匀的速率施加,需在(10±2)s 内达到规定的压力,这就是"初始应力"。

(7) 从达到规定的"初始应力"开始计时。依次 10 s、1 min、6 min、30 min、1 h、5 h、24 h等读取应变显示器上的读数,直到试验结束(试验完后检查应变显示器的零点)。

(8) 将在 15.7.1(7)获取的应变显示器的读数转化为"初始应力"的百分数。然后在半对数坐标纸上绘出这些百分数和时间(以小时为单位)对数的关系曲线。

15.7.2　试验方法 B

(1) 清洁所有表面。轻轻润滑螺栓螺纹和垫圈，石墨和二硫化钼是常用的润滑剂。

(2) 按照图 15-2 所示，把 4 个矩形试样放入两块平圆板之间，确保试样之间及它们距平圆板边缘的距离不小于 2 mm。如果用环形试样，试样的内直径与平圆板的内直径应尽可能同圆心。如果是 4 型 2 类试样，在平圆板间的试样应以螺栓孔为中心，确保两个尾端交叠至少 6.35 mm。

(3) 放好垫圈，拧上螺母，用手指拧紧。

(4) 拧上千分表组件，用手指拧紧。把千分表读数调到零刻度。

(5) 通过用扳手拧紧螺母向试样施加压力，直至达到规定的千分表读数，记录该读数(D_0)。施加压力过程应是一个连续的过程，3 s 内达到最大载荷。对于 26.7 kN 的压力来说，典型的螺栓伸长量是 0.122 2 mm～0.127 0 mm(标定程序见 15.10)。卸去千分表组件。

注 2：当试验材料的厚度大于 0.8 mm 时，拧紧螺母的时间最长可延长至 5 s，以满足施加试验载荷的需要。

(6) 将夹有试样的测定仪放入(100±2)℃的热风循环烘箱中，保持 22 h。如果另有规定，对于 ASTM A193 B7 级材质的松弛率测定仪，最高试验温度不应超过 204.4 ℃；对于 ASTM B637 UNS N07718 材质的松弛率测定仪，最高试验温度不应超过 482.2 ℃。

(7) 从烘箱中取出夹有试样的测定仪，冷却到室温。

(8) 重新安上千分表组件，用手指拧紧。把千分表读数调到零刻度。松开螺母(不要扰动千分表组件)，记录千分表读数(D_f)。

(9) 按式(15-1)计算蠕变松弛率：

$$\text{蠕变松弛率}(\%)=[(D_0-D_f)/D_0]\times 100 \quad \cdots\cdots(15\text{-}1)$$

15.8　试验报告

试验报告应包括下列内容：

a. 被测材料的牌号和标记；

b. 试验温度；

c. 试验的用时，以小时为单位；

d. 所用的“初始应力”和试样厚度；

e. 每个试样的应力损失百分率；

f. 按 15.8e 记录的所有试验结果的平均值。

15.9　精密度和偏倚

(1) 这些精密度和偏倚数据已按指导书 ASTM D3040《与橡胶和橡胶试验有关的标准的精密度报告指导书》算出。术语和其他试验及统计概念解释请参考该指导书。

(2) 7 个实验室试验了以下 5 种垫片材料(GB/T 20671.1 的分类代码)的蠕变松弛率：1 型 1 类；1 型 2 类；5 型 1 类；7 型 1 类；7 型 2 类。所有的实验室都用试验方法 B、1 型材料的调节程序。矩形试样沿着材料的压延方向裁取。试验按照本标准试验方法 B

进行，20.68 MPa 的初始应力施加在 1 290 mm^2 试样面积上，总压力为 26.7 kN。试验在 100 ℃下进行了 22 h。用 ASTM A193《用于高温的合金钢和不锈钢螺栓材料规范》B7 级合金钢材质的松弛率测定仪，对每种材料进行了 3 个平行样试验。

(3) ASTM A193 B7 级合金钢材质的松弛率测定仪的精密度结果在表 15-1 给出。

(4) 附加的关于 ASTM B637 UNS N07718 材质的松弛率测定仪评定的 F-38《垫片材料蠕变松弛率试验方法》循环试验数据在 15.11 中给出。

表 15-1 垫片材料蠕变松弛率试验的精密度(用变异系数法表示)

材料的型号和类别 GB/T 20671.1	蠕变松弛率/%		重复性			再现性		
	范围	平均值	*S*	*CV*/%	*LSD*/%	*S*	*CV*/%	*LSD*/%
1 型 1 类	11.5～15.4	13.3	1.22	9.4	26.5	1.58	11.9	33.7
1 型 2 类	27.2～33.7	30.9	1.87	6.2	17.6	2.52	8.2	23.1
5 型 1 类	4.0～8.9	6.3	1.27	18.1	51.2	2.01	31.9	90.1
7 型 1 类	14.2～24.5	18.1	1.33	8.0	22.7	3.93	21.8	61.5
7 型 2 类	20.7～28.5	26.0	0.97	4.2	11.8	3.10	11.9	33.7

注：1. *S*＝标准偏差(standrad deviation)；
CV＝变异系数(coefficient of variation)%＝(*S*×100)/平均值；
LSD＝在 95%的置信度水平上，两次独立的试验结果之间的显著性差异最小值(least significant difference)%，$=2\sqrt{2}(CV)$。
2. 环形试样代替矩形试样能够用在 1 型 2 类、5 型 1 类、7 型 1 类和 7 型 2 类。由于试验结果有统计上的显著差异，1 型 1 类不能用环形试样代替矩形试样。

15.10 试验方法 B 中蠕变松弛测定仪的螺栓标定程序

15.10.1 注意事项

(1) 标定之前在高温下预处理被标定的螺栓，以消除应力。

(2) 标定预处理后的螺栓，并在使用后定期标定。若使用温度超过 205 ℃，标定周期则应比低温使用时更短。

(3) 为保证螺栓使用性能正常，如果被标定的螺栓在 26.7 kN 的作用力下伸长量小于 0.114 mm 或大于 0.140 mm，则这根螺栓应废弃。

15.10.2 设备

(1) 松弛率测定仪：按照 15.4.2(1)，稍作改进，使每个平圆板能插进一对钢制定位销。

(2) 垫片：类似垫圈，厚度(0.80±0.13)mm。

(3) 拉力试验机：有供给和记录 26.7 kN 载荷的能力。最大允许系统误差为所施加载荷的 0.5%。

(4) 标定装置：把松弛率测定仪和拉力试验机相连接的机构，见图 15-3。

15.10.3 标定程序

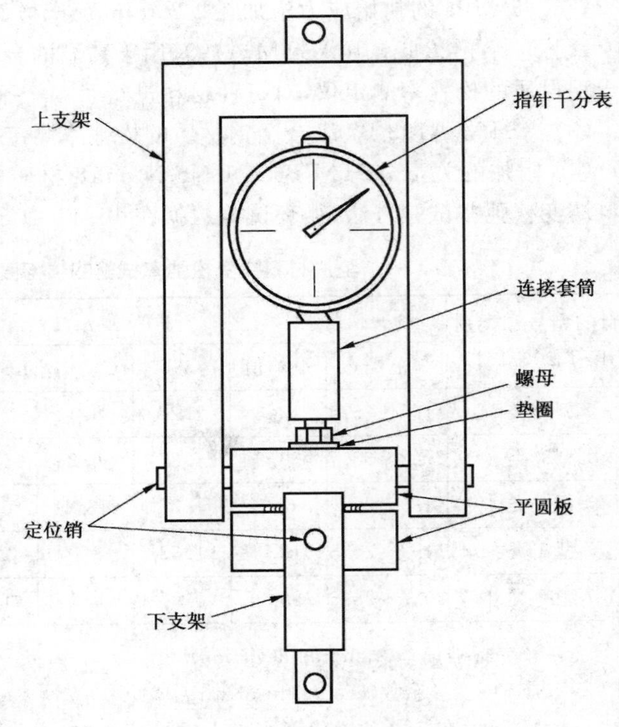

图 15-3 螺栓标定装置示意图

(1) 如果被标定的螺栓是新的,必须首先按下述步骤进行预处理。在不放垫片的情况下,安装好松弛率测定仪。向螺栓施加载荷,使其获得(0.13±0.001 3)mm 的位移值,记录这个值,并作为原始位移值。把该测定仪放入循环热风烘箱中,烘箱温度应预先调至超过最高试验温度 28 ℃。22 h 后,从烘箱中取出该测定仪,冷却到室温。撤去螺栓上的载荷,测量位移值,精确到 0.001 3 mm,记录这个值,并作为终点位移值。重复上述操作循环,直至一次循环和下一次循环的原始位移值和终点位移值的差值没有显示进一步减小的趋向。一般螺栓的原始和终点位移值的差异将稳定在 3%或更小。

注:一般螺栓的预处理有 7 次或 7 次以下的上述操作循环就足够了。

(2) 用钢垫圈代替垫片,只用手指拧紧螺母。如图 15-3 那样,把测定仪安装在标定机构中。调整间距,不要使拉伸载荷施加到测定仪的螺栓上。将千分表调到零刻度。施加拉伸力,直到载荷达到 4.45 kN。保持这个载荷,记录千分表指示的螺栓伸长量,估读精确到 0.001 3 mm。继续向螺栓加载,记录下载荷从 4.45 kN 增加到 26.7 kN 的螺栓伸长量。

(3) 卸去测定仪螺栓上的载荷。如果千分表没有回到零刻度(±0.002 5 mm 范围内),则应剔除这组数据,重新把千分表调到零刻度,按 15.10.3(2)重新向螺栓加载,记录螺栓伸长量。向松弛率测定仪螺栓连续施加载荷 3 次,记录下各次 4.45 kN 以上载荷的螺栓伸长量。

(4) 在线性坐标纸上标出平均螺栓伸长量和对应的螺栓载荷的坐标点,绘制螺栓标定曲线。这个曲线必须是一条直线。

15.11 ASTM B637 UNS N07718 试验数据整理结果

关于 ASTM B637 UNS N07718 级高温合金材质的松弛率测定仪的试验数据整理结果已由 ASTM 蠕变松弛率课题组(F3.20.01)完成,作为资料在表 15-2 中给出以供参考。

表 15-2 试验方法 B 试验数据——ASTM B637 UNS N07718

%

	试验者	实验室 1				实验室 2[1)]				实验室 3	
	温度/℃	100	177	260	343	100	260	371	482	371	482
7 型 1 类	样品 1	25.6	32.3	42.5	44.2	26.7	50.9	49.9	80.4	43.5	68.0
	样品 2	24.3	31.6	45.8	41.6	27.6	51.3	50.3	82.4	45.1	78.5
	样品 3	22.3	29.6	46.7	41.8	27.2	52.3	49.8	83.4	47.4	74.4
	平均	24.1	31.2	45.0	42.5	27.2	51.5	50.0	82.1	45.3	73.6
7 型 2 类	样品 1	13.4	21.5	32.5	34.2	17.6	33.3	41.4	41.3	42.6	42.4
	样品 2	11.9	19.4	32.4	35.6	16.7	34.0	41.7	41.5	40.0	42.6
	样品 3	12.2	17.7	31.3	36.0	17.6	33.8	42.2	41.3	41.9	42.4
	平均	12.5	19.5	32.1	35.3	17.3	33.7	41.8	41.4	41.5	42.5
7 型 1 类	样品 1	13.6	20.1	21.6	25.6	15.5	30.8	32.3	56.9	34.8	54.3
	样品 2	12.4	19.4	25.8	25.6	15.6	30.4	32.1	56.0	27.8	53.7
	样品 3	9.6	17.9	25.0	23.9	16.2	32.5	36.1	56.3	29.8	59.8
	平均	11.9	19.1	24.1	25.0	15.8	31.2	33.5	56.4	30.8	55.9
5 型 1 类	样品 1	5.2	1.9	4.0	5.7	4.7	7.7	10.7	22.2	10.7	29.5
	样品 2	2.8	3.0	4.5	3.8	4.9	7.4	9.9	18.1	7.7	18.5
	样品 3	2.4	1.5	3.6	2.4	5.5	5.9	10.8	30.2	6.9	35.2
	平均	3.5	2.1	4.0	4.0	5.0	7.0	10.5	20.2	8.4	27.7
	试验者	实验室 4				实验室 5					
	温度/℃	100	177	260	288	100	177	260	371		
7 型 1 类	样品 1	27.0	35.5	46.4	45.3	18.5	30.4	46.0	47.8		
	样品 2	9.8	34.9	37.6	42.1	19.0	30.0	50.0	40.0		
	样品 3	42.8	38.1	46.4	46.4						
	平均	26.5	36.2	43.5	44.6	18.8	30.2	48.0	43.9		
7 型 2 类	样品 1	14.7	21.1	32.0	30.4	10.9	18.5	34.8	37.0		
	样品 2	10.5	20.6	28.1	31.6	14.0	20.0	29.0	35.0		
	样品 3	13.0	19.0	29.9	28.7						
	平均	12.7	20.2	30.0	30.2	12.5	19.3	31.9	36.0		
7 型 1 类	样品 1	11.3	20.0	22.4	24.9	6.5	17.4	32.6	26.1		
	样品 2	14.9	19.4	22.4	23.6	8.0	18.0	26.0	31.0		
	样品 3	13.5	16.4	24.9	23.8						
	平均	13.2	18.6	23.2	24.1	7.3	17.7	29.3	28.6		
5 型 1 类	样品 1	1.2	5.2	4.7	6.3	3.3	2.2	5.4	6.5		
	样品 2	1.3	1.3	1.8	4.8	3.0	4.0	5.0	9.0		
	样品 3	2.0	4.5	3.2	4.9						
	平均	1.5	3.7	3.2	5.3	3.2	3.1	5.2	7.8		

1)实验室 2 使用的标定过的松弛率测定仪材质为 A-286 合金钢。

15.12　试验方法B松弛率测定仪用材质技术指标示例

ASTM F38—00规定,试验方法B松弛率测定仪用材质为ASTM A193 B7级合金钢或ASTM B637 UNS N07718级高温合金或其他合金。前面两种合金的主要技术指标列于表15-3和表15-4。

表15-3　ASTM A193 B7级合金钢主要技术指标

类型	铬钼铁素体钢						
化成学成质量分数/%	C	Mn	Si	Cr	Mo	P	S
	0.37～0.49	0.65～1.10	0.15～0.35	0.75～1.20	0.15～0.25	≤0.035	≤0.040
力学性能	拉伸强度	屈服强度	4D伸长率	最大硬度	最小回火温度		断面收缩率
	≥795 MPa	≥655 MPa	≥16%	302HB	593 ℃		≥50%
注:1.上述指标摘自ASTM A193/A193M—99《高温用合金钢和不锈钢螺栓材料规范》。 2.上述指标接近于我国标准GB/T 3077《合金结构钢》中的42CrMo钢。							

表15-4　ASTM B637 UNS N07718级合金钢主要技术指标

化学成分质量分数/%	Ni	Cr	Mo	Nb+Ta	Ti
	50.0～55.0	17.0～21.0	2.80～3.30	4.75～5.50	0.65～1.15
	C	Mn	Si	P	S
	≤0.08	≤0.35	≤0.35	≤0.015	≤0.015
	Co	Al	B	Cu	Fe
	≤1.0	0.20～0.80	≤0.006	≤0.30	剩余
热处理	固溶热处理:924 ℃～1 010 ℃保持最少0.5 h,空气冷却或快速冷却。 沉淀硬化处理:718 ℃±14 ℃保持8 h,加热炉冷却到621 ℃±14 ℃保持至总沉淀热处理时间达到18 h,空气冷却。				
力学性能	拉伸强度	屈服强度	50 mm伸长率	断面收缩率	布氏硬度
	≥1 275 MPa	≥1 034 MPa	≥12%	≥15%	≥331
断裂应力	试验温度649 ℃,应力690 MPa,最少23 h,50 mm伸长率最小5%。				
注:1.上述指标摘自ASTM B637—98《高温用硬质镍合金棒、锻件和锻坯规范》。 2.上述指标与我国标准GB/T 14992《高温合金牌号》中的GH 4169相类似。					

第16章　垫片材料柔软性试验方法

本章内容根据GB/T 20671.8—2006《非金属垫片材料分类体系及试验方法　第8部分：非金属垫片材料柔软性试验方法》进行编写。

16.1　适用范围

(1) 该试验方法规定了非金属垫片材料柔软性的测定方法。试验样品从供给商业用途的板材货物中切取或成品垫片中抽取。通常归类为橡胶制品的材料除外，因为它们属于ASTM D2000类别。

(2) 该试验方法不涉及与其使用有关的安全问题。使用者有责任考虑安全和健康问题，并在使用前确定规章限制的应用范围。

16.2　方法概述

试样围绕一个圆棒弯曲180°，该圆棒的直径大小与试样的厚度有关。具有纤维取向的材料，横向和纵向都要试验。高温调节用来模拟储存期限。低温调节用来模拟低温环境下的贮运。也可以按照GB/T 20671.3《非金属垫片材料分类体系及试验方法　第3部分：垫片材料耐液性试验方法》浸各种液体后进行柔软性试验

16.3　意义和用途

该试验方法用来衡量非金属垫片材料耐贮运和加工的能力。垫片材料在冲裁成垫片和在安装期间的耐损能力对垫片的使用性能的影响是不可忽视的。

16.4　试验设备

(1) 钢质冲模：要求其尺寸为12.7 mm×154.4 mm。

(2) 循环热风烘箱：要求能保持100 ℃±1 ℃。

(3) 冷冻箱：要求能保持−40 ℃±1 ℃。

(4) 试验圆棒：要求直径从4.8 mm～101.6 mm的一个系列。

16.5　试验样品

试样应干净利落地冲切，边缘垂直，无破损、裂痕或擦伤。含有石棉(1型)和合成纤维(7型)的材料最小厚度应为0.4 mm，最大厚度6.3 mm。软木垫片(2型)最小厚度应为3.2 mm，软木橡胶材料最小厚度应为1.6 mm，它们的最大厚度4.8 mm。纤维素(3型)垫片材料最小厚度应为0.127 mm，最大厚度应为1.6 mm。柔性石墨(5型)最小厚度应为0.127 mm，最大厚度0.8 mm。

16.6　试样调节

试样应按照 GB/T 20671.1《非金属垫片材料分类体系及试验方法　第 1 部分：非金属垫片材料分类体系》进行调节。

16.7　试验温度

降低温试验外，其余试验在 21 ℃～30 ℃下进行。低温试验在－40 ℃±1 ℃下进行。

16.8　试验程序

（1）把试样一端紧贴在试验圆棒上，用手指缓慢加力使试样紧贴圆棒环绕 180°。采用减小圆棒直径的办法，在新的试样长度上，重复这样的弯曲，直至破坏发生。破坏是指弯曲试样 5 s±1 s 后所发生的任何裂纹、折断或表面分层。

（2）将试样放入 100 ℃±2 ℃的循环热风烘箱中，保持 70 h。取出试样，按 GB/T 20671.1的调节程序冷却到室温。含软木的材料应允许冷却（24±1）h。然后用人工老化后的试样，按 16.8（1）的规定进行试验。

（3）将试样和试验圆棒放入－40 ℃±1 ℃的冷冻箱中，保持 6 h。不要从冷冻箱中取出试样和圆棒，直接在冷冻箱中按 16.8（1）的规定对试样进行试验。

16.9　试验报告

（1）以试样能够被弯曲并且没有出现任何破坏迹象的最小试验圆棒直径为试验结果。报告中应指明试样是原始的、老化后的、低温处理的或其他任何情况下的试验结果。有纤维取向的材料横向和纵向都要报告。挠曲系数可以用该最小直径除以试样公称原始厚度（表示到最接近 0.4 mm）求得。

（2）试验报告应包括下列内容：

a. 完整的样本描述，包括：商业牌号、来源、制造商和厚度等；

b. 生产日期（如果知道）和进行本试验方法产生的偏差；

c. 试验结果以未出现破坏迹象所用的最小圆棒直径或按 16.8（1）测定的挠曲系数表示，或两者同时表示。

16.10　精密度和偏倚

该试验方法测得的试验结果是基于目测，不能从本试验方法中获得精密度的定量数据。

第17章　垫片材料与金属表面粘附性试验方法

本章内容根据GB/T 20671.6—2006《非金属垫片材料分类体系及试验方法　第6部分:垫片材料与金属表面粘附性试验方法》进行编写。

17.1　适用范围

(1) 该试验方法规定了测定垫片材料在压力下粘附到金属表面的程度的方法。描述的试验条件是垫片应用中经常遇到的情况。当供需双方意见一致时,试验条件也可根据特殊应用的需要而修改。该试验方法推荐的最高试验温度是205 ℃。

(2) 该试验方法不涉及与其使用有关的安全问题。使用者有责任考虑安全和健康问题,并在使用前确定规章限制的应用范围。

17.2　方法概述

本试验方法规定的程序包括将垫片材料试样放置在两块选定的金属平圆板之间,给组件加载,使其承受规定的条件。分离平板所需的拉伸力以牛顿来计量和记录,随后计算以兆帕表示的应力(每单位面积力)。

注1:分离平板需要的拉伸力有可能超过8 896 N。

注2:这套装置也可用于按照GB/T 20671.5《非金属垫片材料分类体系及试验方法　第5部分:垫片材料蠕变松弛率试验方法》方法B蠕变松弛率的测定。

17.3　意义和用途

在一定条件下,当垫片材料封闭在金属法兰之间受压时,粘附性增大。粘附性是考察垫片材料是否易于移卸的一个重要指标。由于在应用中,其他可变的因素可能影响这一性能,测得的结果与外界条件关系密切。本试验方法规定了一组典型的试验条件,当供需双方同意时,可作为验收试验。

17.4　试验设备

(1) 热风循环烘箱:能够保持100 ℃±2 ℃或供需双方认可的其他温度。

(2) 试验装置

由两块带孔平圆板(每块平圆板侧面的两孔相隔180°)、一根标定过的螺栓、垫圈、螺母、一套千分表组件(该装置与GB/T 20671.5方法B的装置一致)、钢制定位销和一个钢支架或类似的定位销夹持装置组成。钢支架连接在拉力试验机的夹头上,使试验机提供的拉伸力垂直于平圆板表面,见图17-1。标准平圆板表面是光滑的[使用8/0干金刚砂纸打磨获得,参考17.5(2)],但是,其他表面处理可以由供需双方协商确定。

(3) 套筒扳手:规格为9/16in。

(4) 拉力试验机:要求试验机的两个夹头能够以1.3 mm/ min的速度分离,并装配有记录或显示最大拉力的装置。

(5) 拉伸连接器:指上、下支架(见图17-1)。

(6) 干金刚砂纸:指规格为8/0干金刚砂纸。

(7) 二硫化钼:要求二硫化钼为粉状或雾状。

17.5 试验样品

(1) 试验应用3个环形试样。细心地冲切试样,尽量减少毛刺或碎纤维。试样表面应保持清洁,无油渍或其他杂质。在试样切割操作期间,任何用于润滑模具或为其他目的而与试样接触的物品,均不应使用。试样内径32.25 mm～32.31 mm、外径51.7 mm～51.9 mm。

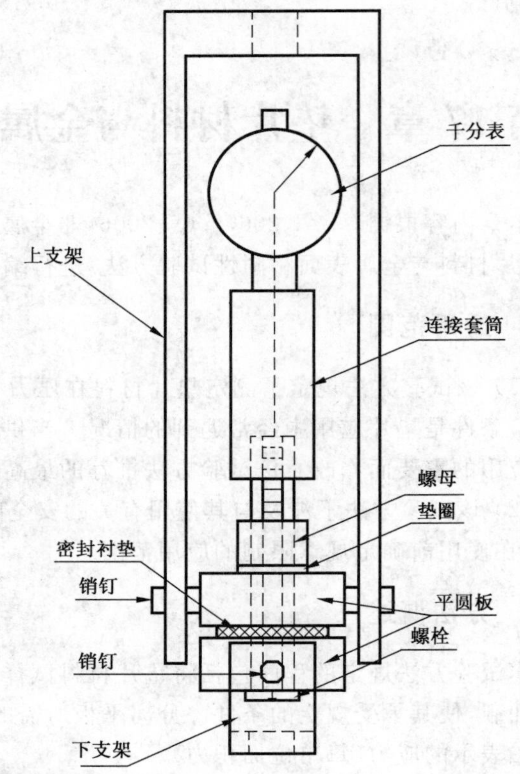

注:平圆板是平整的圆形特定金属板,直径76 mm,最小厚度25.4 mm。每块平圆板的中心应有一个贯通的孔,孔径10.3 mm。平圆板的所有边均应稍微倒角,两个平面应加工到足以保证互相平行。每块平圆板与试样的接触面采用各实验室一致同意的统一的研磨工艺,研磨到粗糙度最大1.6 μm。

图17-1 垫片材料与金属表面粘附性试验装置综合组件

(2) 试验中使用的金属平圆板,应除去其上所有试验过的垫片材料的残余物。建议采用的清洁方法如下:将8/0干金刚砂纸固定在一个坚硬光滑的平面上,砂粒磨料一面朝上并保持在水平位置。用手抓紧或借助于适当的夹具固定住金属平圆板,在金刚砂纸上摩擦来精加工与试样接触的表面。以8字形的模式做往复运动,一直持续到平圆板达到相同的光洁度。如果平圆板表面有细齿状或不标准,可以使用软青铜刷来清洁,在这种情况下,在下一个试验前,应采用合适的工具测量表面的精磨状况。然后用实验室级丙酮将平圆板擦洗干净,彻底清除任何外来杂质。平圆板清洁后,组件用于试验前,只能从边缘拿放,手不能接触清洁后的表面。清洁后的时间限制见17.7(1)。

17.6 试样调节

(1) 按照GB/T 20671.1《非金属垫片材料分类体系及试验方法 第1部分:非金属垫片材料分类体系》所规定的各类材料的调节程序调节切割好的试样。当供需双方同意时，可根据特殊的应用要求改变调节条件。

(2) 试验装置组装前，将试验装置的组件—金属平圆板、标定过的螺栓、垫圈、螺母在21 ℃～27 ℃的条件下，放置至少4 h。

17.7 试验程序

(1) 平圆板清洁后30 min内，将调节好的垫片环形试样小心地夹在两块平圆板之间。仔细地将一块平圆板上的定位销孔调整到与另一块平圆板上的定位销孔相差90°。

(2) 用二硫化钼粉或喷剂(建议不要用油)轻轻地润滑垫圈和螺栓的螺纹。小心地将螺栓穿过两块平板、试样和垫圈，旋上螺母，用手指轻轻拧紧。上述操作要仔细小心，避免润滑物沾污试样和平圆板表面。

(3) 把套筒扳手套在螺母上。然后将千分表组件装在标定过的螺栓的顶端，用手指轻轻拧紧。把千分表指针调到零读数。

(4) 通过用扳手拧紧螺母向试样施加预定的压力，直至千分表读数达到规定值，记录千分表的实际读数(D_0)。施加这个压力应是一个连续的过程，3 s内达到规定载荷。压力为26.7 kN时，典型的螺栓伸长量为0.122 2 mm～0.127 0 mm。对于2型或3型垫片材料，根据供需双方的一致意见，压力可适当减小。

(5) 卸去千分表和套筒扳手。

(6) 将平板/试样组件放入100 ℃±2 ℃的热风循环烘箱中，保持22 h。另有规定除外。

(7) 从烘箱中取出平板/试样组件，在相对湿度40%～60%、温度21 ℃～27 ℃的环境下，用风扇冷却1 h。

(8) 按17.7(3)的方法，重新装上套筒扳手和千分表组件，并把千分表读数调到零刻度。

(9) 在不扰动千分表组件的情况下，松开螺母。记录4分表读数(D_f)。

(10) 如果需要，按式(17-1)计算蠕变松弛率：

$$蠕变松弛率(\%)=[(D_0-D_f)/D_0]\times 100 \quad\cdots\cdots(17\text{-}1)$$

(11) 从平圆板/试样组件上卸去螺母、垫圈和螺栓。在除去试样上的螺栓力后30 min内，测试组件的垫片粘附性。

(12) 安装拉伸连接器和支架，使一个连接器和支架与另一个成90°。将平圆板/试样组件通过定位销装在上、下支架上。将支架连接到拉力试验机的上、下夹头上。进行这步操作要十分仔细小心，避免通过平圆板对试样导入任何应力，任何时候都不得碰撞、敲击或震动平圆板。

(13) 启动拉力试验机，使上、下夹头以1.3 mm/ min的速度分离，直至两个平圆板彻底分离。以牛顿记录此时的最大拉伸载荷，此即该垫片材料与这种金属表面的粘结力。如果需要以兆帕表示时，可以通过载荷除以试样面积(1 290 mm^2)计算。

17.8　试验报告

试验报告应包括以下内容：

a. 被测材料的识别标记号码；

b. 调节和试验期间的环境温度和相对湿度；

c. 试验持续时间，h；

d. 应用的初始应力和试样厚度；

e. 每片试样的蠕变松弛率(如果需要)；

f. 按 17.8e 记录的所有蠕变松弛率试验结果的平均值(如果需要)；

g. 每片试样与平圆板分离时所需的拉伸力，N(如果需要，可换算成单位应力)；

h. 按 17.8g 记录的所有拉伸力结果的平均值；

i. 在每块平圆板上试样任何的撕裂、纤维的拉扯或材料的集结；

j. 如果使用的平圆板表面有细齿纹或不标准，其表面精磨情况。

17.9　精密度和偏倚

下列数据应用于判断 100 ℃时的试验结果的可接受性。

(1) 重复性

材料识别	平均分离力/N
铝	556
钢	970
铸铁	1 032

(2) 再现性

	变异系数	
材料识别	同一实验室	不同实验室
铝	92.8	34.1
钢	41.3	30.8
铸铁	40.3	27.6

第18章　软木垫片材料胶结物耐久性试验方法

本章内容根据GB/T 20671.9—2006《非金属垫片材料分类体系及试验方法　第9部分：软木垫片材料胶结物耐久性试验方法》进行编写。

18.1　适用范围

（1）该试验方法规定了测定含软木材料的胶结物耐久性的3种方法。

（2）该试验方法不涉及与其使用有关的安全问题。使用者有责任考虑安全和健康问题，并在使用前确定规章限制的应用范围。

18.2　术语和定义

散解是指试样内胶结剂的粘聚性能丧失，试样分解成散碎的软木粒。

18.3　方法概述

把材料的样品置于特定的液体中，通过目测散解情况，确定其胶结物的化学耐久性。

18.4　意义和用途

该试验方法用来测定用于制造软木垫片的胶结剂的化学固化状况。试验结果仅用于指示该材料在高温和外界环境下预期的使用效果。

18.5　试验装置

（1）冲模：为圆型，面积645.2 mm^2（直径28.6 mm）。

（2）回流冷凝器和锥形烧瓶：为带磨口玻璃，容量250 mL。

（3）金属容器：为带盖金属容器。

（4）循环热风烘箱：要求热风烘箱能保持100 ℃±1 ℃。

（5）实验室通风橱：应具有强力抽风性能。

18.6　危险性或注意事项

（1）在带有强力抽风的实验室通风橱内进行该试验。

（2）将一些防溅用玻璃碎渣或石子放进锥形烧瓶内，以保证必需的平稳沸腾。

（3）进行该试验的试验员应佩戴合适的护眼装置、耐酸手套和围裙或工作服。

（4）锥形烧瓶应彻底冷却后再移动，以防止可能的灼伤。

18.7　试验样品

（1）试样应为直径约28 mm的圆片。

(2) 试样的厚度应由供需双方商定，一般采用公称厚度 3.175 mm 的试样。

18.8　试样调节

试验前，将试样放在温度 21 ℃～30 ℃、相对湿度 50%～55%的具有空气循环的容器或房间内调节至少 46 h。

18.9　试验程序

18.9.1　程序 A——水漂浮试验

置 75 mL 蒸馏水于试验装置的锥形烧瓶中，并使水沸腾。然后将 3 块试样放到烧瓶里的液体中，试验 3 h。试验终了时，检查试样是否出现任何散解的现象。

18.9.2　程序 B——酸漂浮试验

采用顶部装有冷凝回流器的锥形烧瓶。置 75 mL 盐酸溶液(质量浓度 35%)于锥形瓶中，并使该溶液沸腾。然后将 3 块试样放到烧瓶里的溶液中，试验 0.5 h。试验终了时，检查试样是否出现任何散解的现象。

18.9.3　程序 C——油漂浮试验

置 75mL ASTM 1 号油于一个金属容器内，将盛油的容器放在循环热风烘箱中加热到 100 ℃。待油温达到 100 ℃后，将 3 块试样放到油中，保持该试验温度 2 h。试验终了时，检查试样是否出现任何散解的现象。

18.10　试验报告

(1)以在相应的液体中漂浮后试样散解或未散解报告试验结果。

(2)试验报告还应包括下列内容：

a. 完整的样本描述，包括商业牌号、来源及制造商等；

b. 生产日期(如果知道)。

18.11　精密度和偏倚

该试验方法在精密度和偏倚上未做工作。该试验方法获得到的结果是基于目测，精密度的定量数据是不能从该试验方法中获得的。

第19章　合成聚合材料抗霉性测定方法

本章内容根据 GB/T 20671.11—2006《非金属垫片材料分类体系及试验方法　第11部分:合成聚合材料抗霉性测定方法》进行编写。

19.1　适用范围

(1) 该方法规定了以发霉的方式测定霉变对合成聚合材料性能的影响,制备的物件可以是管、杆、片和薄膜材料。借助于现行的 ASTM 试验方法测定其霉变后光学、机械和电性能的变化。

(2) 该试验方法不涉及与其使用有关的安全问题。使用者有责任考虑安全和健康问题,并在使用前确定规章限制的应用范围。

19.2　方法概述

该方法所描述的程序包括:为了测定相关特性,选择适当的试样,用合适的生物体接种试样,在利于生长的环境条件下培养接种的试样,检查和鉴定所看见的微生物生长情况,移出试样并观察试验。试样可以是未经清洗的或清洗、整修后的试样。

19.3　意义和用途

(1) 这些材料的合成聚合物组分通常是抗真菌的,因为它不适合作真菌生长的碳源。通常是其他成分,例如增塑剂、纤维素、润滑剂、稳定剂、着色剂,它们是造成霉菌侵蚀塑料材料的主要原因。在温度 2 ℃～38 ℃、相对湿度为 60%～100%的有利于腐蚀的条件下,能够抵抗微生物侵蚀是非常重要的。

(2) 预料到的结果如下:

a. 表面腐蚀、变色、透射衰减(光学)和

b. 易受影响的增塑剂、修正剂和润滑剂的析出,导致增加模数(刚度)、质量、尺寸和其他物理性能的变化以及像绝缘性能、介电常数、功率因数和绝缘强度等电性能退化。

(3) 电性能的变化通常主要由表面生长及所伴随的湿度和新陈代谢排泄物引起的 pH 值变化所造成的。其他的影响包括由增塑剂、润滑剂和其他工艺添加剂的不均匀分布引起的优先生长。在这些材料上的腐蚀常常留下离子化导电路径。在以薄膜形式或作为敷层的产物上发现了明显的物理变化,该产物表面积与体积之比很高,并且营养材料如增塑剂和润滑剂借助于生物体继续扩散到它们可利用的表面。

(4) 因为生物体腐蚀大多是局部加速或抑制,再现的可能性相对较低。为了确保腐

蚀状态的判断不是太乐观，观察到的最严重的腐蚀程度应报告。

(5) 试样的调节，例如暴露在淋洗、风化、热处理之下等，可能对抗霉性有重大的影响。这些影响的测定未包括在本方法中。

19.4　试验装置

(1) 料皿：为玻璃或塑料器皿，用于保存平放的试样。根据试样的尺寸，建议使用以下容器：

① 直径不大于 75 mm 的试样使用 100 mm×100 mm 的塑料盒子或者用直径 150 mm的盖子覆盖培养皿。

② 对于直径为 75 mm 以上的试样，例如长而硬的条子，要使用大的培养皿，硼硅酸玻璃盘子或者尺寸为 400 mm×500 mm 的烤盘，用矩形玻璃覆盖。

(2) 培养箱：所有试验方法的培养设备都应保持温度 28 ℃～30 ℃、相对湿度不小于 85%。建议使用自动干湿计记录。

19.5　试剂和材料

19.5.1　试剂的纯度

在所有试验中都要使用具有一定等级的化学试剂。如果无特别说明，所有试剂都应符合美国化学协会分析试剂委员会的要求。其他等级的试剂也可以使用，但是必须首先确定该试剂具有足够高的纯度满足使用要求，没有降低测试的精确度。

19.5.2　水的纯度

如无特别说明，所用水要用蒸馏水或具有同等纯度的水。

19.5.3　营养盐琼脂

按一升水中溶解指定重量的下列试剂准备介质：

磷酸二氢钾(KH_2PO_4)	0.7 g
七水硫酸镁($MgSO_4 \cdot 7H_2O$)	0.7 g
硝酸铵(NH_4NO_3)	1.0 g
氯化钠(NaCl)	0.005 g
七水硫酸亚铁($FeSO_3 \cdot 7H_2O$)	0.002 g
七水硫酸锌($ZnSO_4 \cdot 7H_2O$)	0.002 g
一水硫酸锰($MnSO_4 \cdot H_2O$)	0.001 g
琼脂	15.0 g
磷酸氢钾(K_2HPO_4)	0.7 g

(1) 在 121 ℃下对试验介质进行高压灭菌消毒 20 min。通过添加 0.01 mol/L (0.01 N)的 NaOH 溶液调整介质的 pH 值，使杀菌消毒后的介质 pH 值在 6.0～6.5 之间。

(2) 为要求的试验准备充足的介质。

19.5.4　混合菌类孢子悬浮液

(1)准备培养菌时用下列真菌：

	ATCC No.	MYCO No.
黑曲霉菌	9 642	386
绳状青霉菌	11 797	391
球状毛壳菌	6 205	459
绿色胶球菌	9 645	365
金菌素孢	15 233	279

把以上真菌单独培养在合适的介质如马铃薯葡萄糖琼脂中。在接近 3 ℃～10 ℃中保存不少于 4 个月。用次培养菌在 28 ℃～30 ℃下用 7 d(天)～20 d(天)在所准备的孢子悬浮液中孵卵。

(2) 把每种菌的次培养菌倒入 10 mL 的消毒水或者包含 0.05 g/L 的无毒润湿剂的消毒溶液如二辛钠琥珀酸盐中制备孢子悬浮液。用消过毒的铂或者镍铬合金轻轻地擦拭所试验有机物培养基生长的表面。

(3) 把孢子倒入消过毒的包含 45 mL 消毒水和 10 颗～15 颗直径为 5 mm 玻璃丸的 125 mL 锥形瓶中。用力摇动锥形瓶以使孢子从基体中释放出来并且打碎孢子块。

(4) 为了移除菌丝体碎片，把摇动后的悬浮液通过铺有一薄层消过毒的玻璃绒的玻璃漏斗过滤到锥形瓶中。

(5) 在无菌的情况下分离过滤后的孢子悬浮液，丢弃浮在表面的液体。把滤渣放入 50 mL 消过毒的水中并且分离。

(6) 用这种方式每种菌洗 3 次。把最终洗过的滤渣用消过毒的营养盐溶液稀释，最后的悬浮液应包含孢子数为 1 000 000 个/mL±2 000 000 个/mL。

(7) 试验中所用的每种有机物重复以上操作，并且和等体积的孢子悬浮液混合来获得最终的混合孢子悬浮液。

(8) 每天准备新鲜的孢子悬浮液，或者在 3 ℃～10 ℃的冰箱内放置不少于4 d(天)。

19.6 发育能力控制

每组试验在单独培养皿上把 3 张 25 mm 的方形无菌滤纸分别放在硬的营养盐琼脂上。这些孢子悬浮液的接种，通过用消过毒的喷雾器喷洒悬浮液，把有孢子悬浮液的表面全部弄湿。在温度 28 ℃～30 ℃、相对湿度不小于 85%的情况下接种，并且在接种后的 14 d(天)检查。在所有 3 张滤纸控制样品上应有大量的生长。没有这样的生长则要重复试验。

19.7 试验样品

(1) 最简单的样品是 50 mm×50 mm 的矩形片、直径为 50 mm 的圆片或者从待测的材料上切取不少于 76 mm 长的片(棒或管)。完整的成品零件或从成品零件上切出的部分都可用作试验样品。在这样的样品上，效果的观测仅限于外观、生长程度、光的反射或传导，或物理属性如硬度的变化的人工估计。

(2) 薄膜形式的材料如涂层的试验要用尺寸为 50 mm×25 mm 的薄膜。这样的薄膜可以通过在玻璃上铸塑固化后剥离的方式制备，或者通过浸渍(完全覆盖)滤纸或灼烧后的玻璃布的方式制备。

(3) 对于视觉估计，应接种 3 个试样。如果试样的两个面不同，所有 3 个试样的上面和下面都要试验。

19.8　试验程序

19.8.1　接种

把足够的营养盐琼脂注入合适的消过毒的盘[见 19.4(1)]中以得到 3 mm～6 mm 深度的固化脂。琼脂固化后，把样品放在琼脂表面上。通过用 110 kPa 压力的无菌喷雾器喷洒悬浮液的办法将复合孢子悬浮液接种在该表面，包括试验样品的表面，从而使整个表面都被孢子悬浮液润湿。

19.8.2　孵化条件

(1) 覆盖接种的试样，在温度 28 ℃～30 ℃、相对湿度不小于 85%的条件下孵化。

(2) 试验的标准持续时间是孵化 28 d(天)。为了使样本展现两个或两个以上的生长等级，试验至少保持 28 d(天)。最终的报告必须详述孵化持续时间。

19.8.3　明显效果的观测

如果试验仅是明显效果，从孵化容器中取出试样，按下述评价它们：

观测到的在样本上的生长情况 (形成孢子、没有形成孢子，或两者都有)	等级
没有	0
生长痕迹(小于 10%)	1
轻微生长(10%～30%)	2
中等生长(30%～60%)	3
重度生长(60%～完全覆盖)	4

生长痕迹可以定义为分散的、稀疏的菌类生长，例如孢子在最初的接种体里面大量发展，或者外来污染如手指印、昆虫等。连续的蛛网似生长扩散和覆盖整个样品，即使没有遮蔽样品也应评为 2 级。

19.8.4　物理的、光学的或电学属性的影响

清洗孵化后的样品，除去霉菌，把样品在氯化汞水溶液(1+1 000)中浸泡 5 min 后，用自来水漂清。将样品在室温中干燥一夜，然后放在 ASTM D618《试验用塑料调节法》规定的标准试验室环境中(温度 23 ℃±1 ℃、相对湿度 50%±2%)中进行调节，按照规定的方法分别进行试验。

19.9　试验报告

报告中应包含下列信息：

a. 所用的有机物或有机体；

b. 孵化的时间(包括累进)；

c. 根据 19.8.3 判定菌类生长的等级；

d. 对应孵化时间的物理、光学、电学性能的累进变化表。给出观测的数量、方法和观测到的变化的最大值。

19.10　精密度和偏倚

该试验不能得出精密度和偏倚数据。

第20章　垫片材料导热系数测定方法

本章内容根据 GB/T 20671.10—2006《非金属垫片材料分类体系及试验方法　第10部分:垫片材料导热系数测定方法》进行编写。

20.1　适用范围

(1) 该方法规定了定量测量通过材料或系统传热数量的方法。

(2) 该方法类似于 ASTM C518《使用热流量计仪器测量稳态热传输性能的试验方法》的热流计系统,但是本方法改进了容纳高导热能力的小试验样品的容器。

(3) 该方法不涉及与其使用有关的安全问题。使用者有责任考虑安全和健康问题,并在使用前确定规章限制的应用范围。

20.2　术语和定义、符号

20.2.1　术语和定义

固体材料的导热系数(k)是指在垂直于等温面方向上,通过固体材料单位面积、单位温度梯度的稳定的热流速率。用 W/(m·K)表示。

20.2.2　符号

k——导热系数,W/(m·K);

C——热导率,W/(m^2·K);

Δx——试样厚度,mm;

A——试样横截面积,m^2;

q——热流,W;

ϕ——热流传感器输出,mV;

N——热流传感器标定常数,W/(m^2·mV);

$N\phi$——热通量,W/m^2;

ΔT——温度差,℃或 mV;

T_1——试样下表面的温度,℃或 mV;

T_2——试样上表面的温度,℃或 mV;

T_h——热流传感器朝向试样表面的温度,℃或 mV;

T_C——上加热板朝向试样表面的温度,℃或 mV;

T——温度,℃;

δ——通过试样和其邻近面的两接触面总温度差,℃或 mV;

ρ——接触面的热阻系数,(m^2·K)/W;

α——修正系数;

下标 s——未知试样；
下标 r——已知标定试样。

20.3　方法概述

试样和热流传感器夹在两块控制加热板中间。下加热板设定一个比上加热板高的温度，这样就形成了通过试样的热流。热电偶测得的 ΔT 经放大后转化为热流传感器的电输出 ϕ，直接和通过试样的热流成比例，其单位为 W/m²。详细说明见 20.11。本推荐方法用于测量不超过 200 ℃时的热传导，见图 20-1～图 20-5。

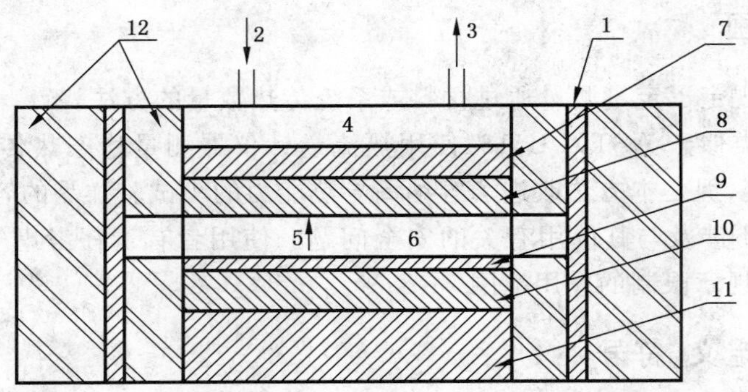

1—绝热体；2—冷却剂；3—冷却剂；4—散热片；5—热流；6—试样；7—绝热层；8—上加热板；9—热流传感器；10—下加热板；11—绝热层；12—绝热层

图 20-1　装有水冷散热片的热流计总装图

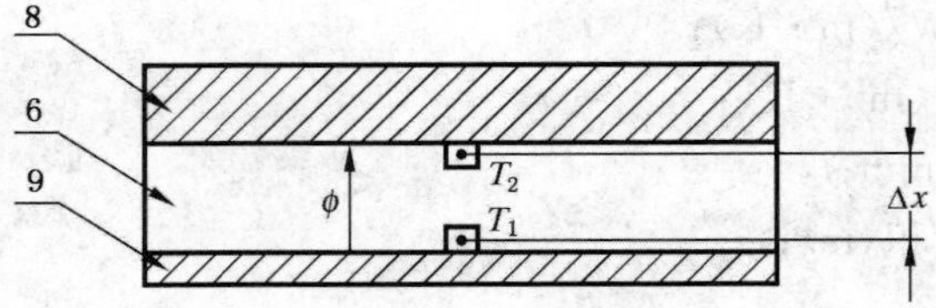

6—试样；8—上加热板；9—热流传感器(HFT)

图 20-2　热流传感器的电输出和带温度传感器的热流部分

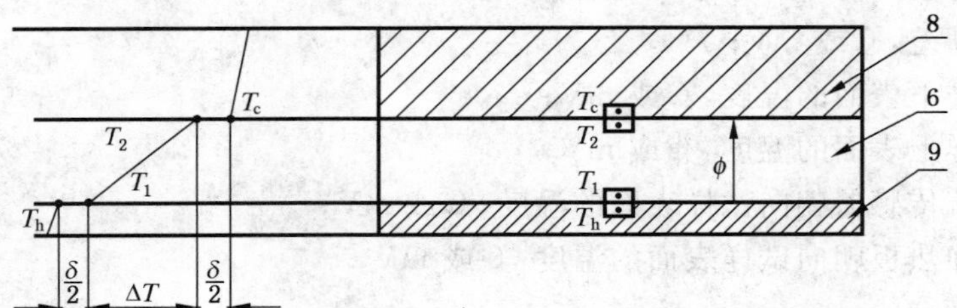

6—试样；8—上加热板；9—热流传感器(HFT)

图 20-3　测定试样两面温度梯度的热电偶位置

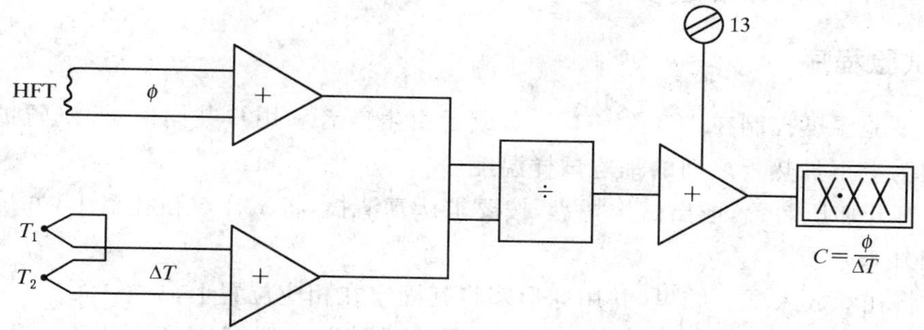

13—数字表

图 20-4　试样两端的温度差和热流传感器信号放大后输出并通过计算机处理于数字表上显示

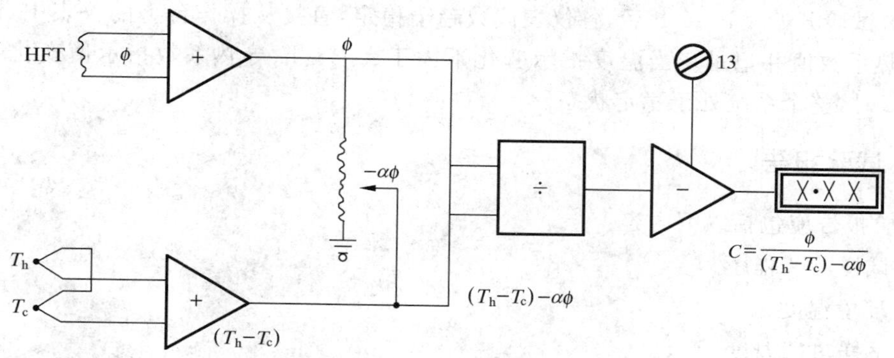

13—数字表

图 20-5　在测试未知导热系数的试样前修正系数 α 的标定过程示意图

20.4　意义和用途

(1) 该方法用于比较在控制条件下相关联的材料以及保持最小数量的热传导的能力。试验结果和野外试验结果相关联是为了预测特殊用途下的热传导性。

(2) 在用户和生产者同意的情况下，该方法用于常规试验。

20.5　试验装置

热流传感器(HFT)，包括控制加热板，热电偶和类似计算机的模块。

20.6　试验样品

试样尺寸为直径(50.8±0.25) mm，厚度为 2.29 mm～12.7 mm。

20.7　试样调节

试样根据 GB/T 20671.1—2006《非金属垫片材料分类体系及试验方法　第 1 部分：

非金属垫片材料分类体系》的要求进行调节。

20.8　试验程序

建议试验温度控制在 100 ℃～175 ℃或者由生产者和用户共同商定。(防护加热器通常设定为上下加热板之间的平均试样温度。)

(1) 打开加压装置，取出试样托盘，按要求认真清扫，将试样放在托盘上，并确保托盘中无任何外来杂质。

(2) 将托盘放入试验腔里，并用球形塞将其固定在相应位置上。

(3) 关闭试验腔门，将空气控制开关置于“上升挡”，放置试样单元自动上升，直到使试样夹在上下加热板中间为止。通过调节单元后部的压力调节器来控制试样所受压力。建议最大压力为 0.345 MPa。在保证重复性结果的前提下具体试验压力由生产者和用户确定。

(4) 试验开始 1 h～2 h 后，各仪表读数趋于稳定，直接从操作台上的仪表中，读取试样的导热系数值并记录。当温度指示变化不大于±5%/h、导热系数指示值变化不大于±2%/h 时，整个系统处于稳定状态。

20.9　试验报告

试验报告应包括以下内容：

a. 试样调节程序

b. 环境温度

c. 试样热端温度，T_h

d. 试样冷端温度，T_c

e. 试样温度差，$T_h - T_c$

f. 试样的平均温度，$(T_h + T_c)/2$

g. 试样厚度，Δx

h. 导热系数，k

i. 试样所受压力

20.10　精度和偏倚

试验的精度误差应小于±5%。

20.11　导热系数理论推导

20.11.1　总说明

(1) 将试样放在两平面中间，每个平面具有不同的温度，这样热流就会通过试样从热的一端传向冷的一端。导热系数通过式(20-1)算出：

$$k = \frac{q}{A}\frac{\Delta x}{\Delta T} \quad \mathrm{W/(m \cdot K)} \qquad \cdots\cdots(20\text{-}1)$$

式中：q——通过试样的热流，W；

A——试样的横截面积，m^2；

Δx——试样厚度，mm；

ΔT——温度差，℃。

(2) 单位面积的热流可以用热流传感器测量，该敏感装置产生的电输出正比于热通量 q/A。把热流传感器的输出记为 ϕ，这样导热系数可写为：

$$k=N\phi\frac{\Delta x}{\Delta T} \quad\cdots\cdots(20\text{-}2)$$

(3) 等式中 ϕ，ΔT 和 Δx 都可以用简单的方式测得，而标定常数 N 通过已知导热系数的试样确定。

20.11.2 计算

当热平衡建立后，各数据通过各种传感器测定并记录。数据的简化取决于测量试样温度的热电偶所处的位置。

(1) 若热电偶装在试样的表面，那么：

$$\Delta T-T_1-T_2(\text{mV}) \quad\cdots\cdots(20\text{-}3)$$

注：考虑到放在下表面的热电偶，试样厚度必须调整。见图 20-2。

(2) 首先用已知导热系数 k_r 的标准样进行标定。此过程和未知试样的过程等同，如下：

① 未知试样的导热系数：

$$k_s=N\phi_s\frac{\Delta x_s}{\Delta T_s} \quad\cdots\cdots(20\text{-}4)$$

② 已知试样的导热系数：

$$k_r=N\phi_r\frac{\Delta x_r}{\Delta T_r} \quad\cdots\cdots(20\text{-}5)$$

③ 将已知试样和未知试样进行合并：

$$k_s=k_r\frac{\phi_s}{\phi_r}\frac{\Delta x_s}{\Delta x_r}\frac{\Delta T_r}{\Delta T_s} \quad\cdots\cdots(20\text{-}6)$$

(3) 若热电偶总是在试样表面邻近，见图 20-3。由于接触阻力的存在，T_h 和 T_c 之差所获得 ΔT 和实际通过试样的 ΔT 并不相等（正确的系数通过标定试验数据获得）。

(4) 校准试样必须有一套热电偶安装在上下表面的凹槽内。校准过程中获得以下结果：

$$k_r=N\phi_r\frac{\Delta x_r}{\Delta T_r} \quad\cdots\cdots(20\text{-}7)$$

其中：$\Delta T_r=T_1-T_2$ ……(20-8)

(5) 从各热电偶的测量值，可算出界面的总温度差，如式(20-9)：

$$\delta=(T_h-T_c)_r-\Delta T_r \quad\cdots\cdots(20\text{-}9)$$

界面的温度差与热通量成比例，如下式：

$$\delta=\rho N\phi_r \quad\cdots\cdots(20\text{-}10)$$

其中 ρ 是比例常数，主要取决于试样的表面状况和施加于试样上的压力。只要试验中试样所受压力不变，ρ 基本上维持一个常数不变。接触系数 ρ 由等式(20-11)获得：

$$\rho=\frac{\delta}{N\phi_r} \qquad \cdots\cdots(20\text{-}11)$$

(6) 当测试未知导热系数试样时，记录以下数据：ϕ_s，T_h，T_c 和 ΔA_s。正确的通过试样的温度差为：

$$\Delta T_s=(T_h-T_c)_s-\rho N\phi_s \qquad \cdots\cdots(20\text{-}12)$$

把式(20-11)代入式(20-12)得：

$$\Delta T_s=(T_h-T_c)_s-\delta\frac{\phi_s}{\phi_r} \qquad \cdots\cdots(20\text{-}13)$$

未知试样的导热系数为：

$$k_s=N\phi_s\frac{\Delta x_s}{\Delta T_s} \qquad \cdots\cdots(20\text{-}14)$$

合并式(20-14)和式(20-5)得出：

$$k_s=k_r\frac{\phi_s}{\phi_r}\frac{\Delta x_s}{\Delta x_r}\frac{\Delta T_r}{\Delta T_s} \qquad \cdots\cdots(20\text{-}15)$$

其中：

$$\Delta T_r=T_1-T_2 \qquad \cdots\cdots(20\text{-}16)$$

$$\Delta T_s=(T_h-T_c)_s-\delta\frac{\phi_s}{\phi_r} \qquad \cdots\cdots(20\text{-}17)$$

其中：

$$\delta=(T_h-T_c)_r-\Delta T_r \qquad \cdots\cdots(20\text{-}18)$$

(7) 将式(20-16)～式(20-18)代入式(20-15)得：

$$k_s=k_r\frac{\Delta x_s}{\Delta x_r}\frac{1}{1-\left(\frac{T_h-T_c}{T_1-T_2}\right)r-\frac{\phi_r}{\phi_s}\frac{(T_h-T_c)_s}{(T_1-T_2)_r}} \qquad \cdots\cdots(20\text{-}19)$$

注：若不存在接触阻力，δ 等于零，式(20-4)和式(20-14)相同。注意校准数据，下标 r 需要在一定的温度水平线上获得。除了平均试样温度外热电偶读数用 mV 表示，不需要转换为 C。

(8) 若用模拟计算机计算被测试样的导热系数 k，并将热电偶安装在试样表面，那么，ΔT 可通过连接于其上的热电偶示值差求得。热传感器和 ΔT 信号放大后，分别以电信号显示于数字电压表上(图 20-4)。再经多级放大，得到一个在数量上等于试样热导率($C=k/\Delta x$)的电压值。换言之，如果试样的热导率为 15W/(m^2·K)，则模拟计算机的输出电压为 15 mV。导热系数 k 可通过乘以试样的厚度 Δx 得到。

(9) 然而，仪器须先通过已知导热系数的试样进行标定，待热平衡建立后，C 值由 $k/\Delta x$ 确定，通过调整，使显示值与 C 值相同。

(10) 若热电偶固定于与试样毗连的两个表面，在测定试样的温度差(ΔT)时考虑到界面阻力须做一个修正值。两固定热电偶的温差(T_h-T_c)须减去一个与热流传感器的输出 ϕ[见等式(20-10)]成比例的修正系数。通过试样的温度差如下式：

$$\Delta T=(T_h-T_c)-\alpha\phi \qquad \cdots\cdots(20\text{-}20)$$

通过模拟计算机计算，可算出试样的热导率 C 为：

$$C=\frac{\phi}{(T_h-T_c)-\alpha\phi} \qquad \cdots\cdots(20\text{-}21)$$

经多级放大后显示正确的值。

(11) 标定程序就是首先得到正确的修正系数 α,通过调整得到适当的 C 值。标定的试样表面必须有一个凹槽。将热电偶与计算机的 ΔT 输入口相连接,修正系数 α 调整到零(见图 20-5)。通过调整获得标定试样的 C 值。然后将热电偶连接到计算机的 ΔT 通道上,调整修正系数 α 直到和刚才所显示的 C 值相同。检测被测试样时,C 值直接以数字的形式显示。此 C 值乘以相应厚度得到导热系数 k。

20.11.3 资料性建议

(1) 试验方法和装置是作为与导热系数的相对顺序相关联的显示工具而建立的,目的并不是编写规范方面的用途,因为它不能提供材料导热系数的可靠数据。

(2) 所提到的设备是带有厚铜板基础的绝热铜护套和与之相配合的包含有绝缘铜塞的接收器。当上板、防护套和试样处于恒温时,通过试样的热流是通过带有热电偶的接收器缓慢的温度变化测量的。通过试样热流的速率正比于试样面积和其表面的 ΔT,反比于试样厚度。固定夹具建议当热端温度达到 100 ℃时使用,然而当腔内温度用调温器控制并且和浸没式加热器一块进行电子传递时 150 ℃的测试采用无油型传热流动计。那么这个设备就包括铜防护套、表面绝热装置、带绝缘铜塞的接收器,检流计、浸没式加热器、千分尺、秒表、电子传递仪和调温器。

(3) 试样也可以是直径(76.2±0.76)mm,厚度从 2.29 mm~12.7 mm 的试样,镶嵌在或压入具有相似结构比试样薄 1.52 mm~2.29 mm 的(152.4±0.76)mm 正方形装置里面。该装置提供从试样中消耗的传热阻力。准备试样与所考虑的垫片相似。

(4) 以下试样程序效果更好

① 用铜镍合金线一端连接于铜防护套,另一端连接于接收器。用铜线一端连接于接收器的铜接线柱,另一端连接在检流计的阳极。再用一根铜线连接于防护套的铜接线柱,另一端连接在检流计的阴极。

② 往防护套中加注蒸馏水,用控制浸没式加热器的变压器(或调温器/电子传递仪)使其缓慢沸腾(定态)。用 5 kg 的环形块放在防护套上方。

③ 当检流计的偏差稳定时才是定态。

④ 当达到定态(大约 20 min)时,把放有试样的防护套放在接收器上方,开始计时。

注:试样和防护套尽可能快地转移并且在转移的时候保持试样的位置不变是非常重要的。

⑤ 在 20.11.3(4)④获得最大偏差读数为零。

⑥ 每隔 3 min 测量检流计的偏差 d,读取 10 次读数。

⑦ 如果在 10 次读数之前蒸馏水发生蒸发,加入所需的沸腾的水。

⑧ 当达到定态(检流计零偏差)时,把带有 5 kg 环块的防护套和试样一块放在接收器上方。须在室温下操作。根据热导率在一定的时间间隔内记录检流计偏差。保持液体在恒温。从数学公式可以看出来:

$$t=-2.303\frac{LMC}{kA}(\log d-\log d_0) \qquad \cdots\cdots(20\text{-}22)$$

因此在绘图时,包括 $\log d_0$ 在内的其他数量均为常数,t 作为纵坐标 $\log d$ 作为横坐标就是一条直线。t 相对 $\log d$ 的斜率 m 为:

$$m=-2.303\frac{LMC}{kA} \qquad \cdots\cdots(20\text{-}23)$$

根据斜率 m 再乘以 60 s 就可以计算出导热系数 k(W/m · K),如下式：

$$k=-2.303\frac{LMC}{mA} \qquad \cdots\cdots(20\text{-}24)$$

式中：t——时间，min；

L——试样厚度，m；

M——铜套质量，kg；

C——铜套的热导率，数值为 389.1 J/kg · K；

A——铜套面积，m^2；

k——导热系数；

d——偏差(d_0：刚开始计时时的偏差)。

第五篇

国外典型法兰用垫片标准介绍

本篇对国外(包括国际)典型垫片标准的介绍主要分3部分:国际垫片标准、美国管法兰用垫片标准及欧共体法兰用垫片标准。

ISO垫片标准主要为国际标准化组织ISO/TC 5黑色金属管及管件技术委员会下属的SC 10金属法兰及法兰连接分技术委员会发布的ISO 7483:1991《ISO 7005法兰标准中使用的垫片尺寸》,是一个较为稳定的尺寸标准,主要解决垫片的尺寸互换问题。标准包括从属于欧洲法兰及美洲法兰用垫片两个不同体系的垫片尺寸。该标准的具体内容为:对垫片的一般要求;非金属扁平垫片;缠绕式垫片;金属环连接垫片;非金属包覆垫片;波纹形、扁平形或齿形(或槽形)金属垫片及带填料的金属垫片;

与垫片相适应的法兰密封面形式及由用户提供的信息资料等8部分内容。前6部分内容为标准正文,后2部分为标准的参考内容。

美国管法兰用垫片标准包括最新版本的两个标准:一个是ASME B16.21—2011,《管法兰用非金属平垫片》,它是ANSI/ASME B16.21—2005标准的修订版;另一个是ASME B16.20—2007《管法兰用环连接式、缠绕式及夹套式金属垫片》,它是ASME B16.20—1998标准的修订版。这两个法兰用垫片标准的内容新颖、完整,标准中同时规定了以米制为单位和以英制为单位(美国通用单位)的两种数值。以英制为单位的垫片尺寸表格在标准的附录中单独列出,但该附录系为强制性附录,和标准正文所规定的内容具有同等地位。

欧共体法兰用垫片标准为新发布的标准,共有两个系列:一个是从属欧洲法兰垫片体系的EN或BS EN标准,即:EN 1514-1～EN 1514-4、EN 1514-6～EN 1514-7及BS EN 1514-8共7个标准;另一个是从属于美洲法兰垫片体系的BS EN 12560-1～BS EN 12560-7共7个标准。这两个系列的垫片标准彼此不能进行互换。

就欧共体法兰用垫片标准而言,鉴于从属于美洲法兰垫片体系的垫片标准,其内容主要来自于美国标准,在美国标准中已作了详细介绍,因此,本篇对这部分只介绍3个标准:即EN 12560-3:2001、EN 12560-4:2001及EN 12560-6:2003。

第 21 章　ISO 法兰用垫片标准

国际标准化组织 ISO/TC5 黑色金属管及管件技术委员会下属的 SC10 金属法兰及法兰连接分技术委员会发布的 ISO 7483—1991《ISO 7005 法兰标准中使用的垫片尺寸》，是一个较为稳定的尺寸标准，主要是对垫片的基本尺寸进行统一，解决为法兰配套尺寸互换问题。标准包括从属于欧洲法兰垫片及美洲法兰垫片两个不同体系的垫片尺寸。该标准共包括 8 个部分的内容，分别为：对垫片总的要求；非金属扁平垫片；缠绕式垫片；金属环连接垫片；非金属包覆垫片；波纹形、扁平形或齿形（或槽形）金属垫片及带填料的金属垫片；与垫片相适应的法兰密封面型式及由用户提供的信息资料。前 6 部分为标准的正文，后 2 部分为标准的参考信息。

21.1　对垫片总的要求

21.1.1　适用范围

ISO 7483 标准规定了用于 ISO 7005-1《金属法兰　第 1 部分：钢法兰》、ISO 7005-2《金属法兰　第 2 部分：铸铁法兰》和 ISO 7005-3《金属法兰　第 3 部分：铜合金及复合材料法兰》中相配合的下列垫片尺寸：

a. 非金属扁平垫片；

b. 螺旋缠绕式垫片；

c. 金属环连接垫片；

d. 非金属包覆垫片；

e. 波纹形、扁平形或齿形金属垫片及带填料的金属垫片。

对于每一类垫片相适应的公称尺寸（DN）和公称压力（PN）的范围在第 21.2～21.6 节中作了规定。

21.1.2　定义

ISO 7483 标准中使用了 ISO 6708 中规定的公称尺寸（DN）定义和 ISO 7268 中规定的公称压力（PN）定义。

21.1.3　垫片类型

ISO 7483 标准中规定的垫片类型见表 21-1。

21.2　非金属扁平垫片

21.2.1　垫片设计

垫片应由以下任一类别的板材制成：

表 21-1　垫片类型

垫　片	简　图	见章节	垫　片	简　图	见章节
无织物橡胶			八角形环垫		21.4
带织物嵌入物的橡胶			椭圆形环垫		
带织物嵌入物的或带加强丝的橡胶			包覆垫片	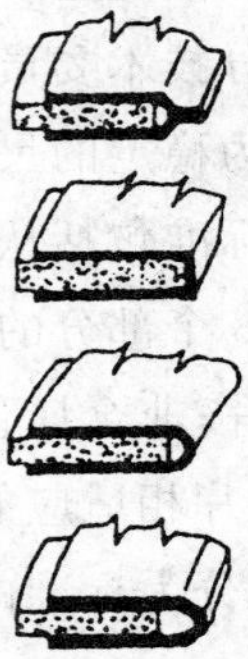	21.5
塑料			带填料的波纹状金属垫片或带填料的夹套波纹状金属垫片	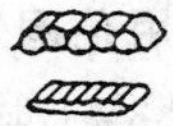	
带或不带嵌入物的膨胀石墨		21.2	波纹状金属垫片		
用于操作条件下，含有适当粘结剂的压制纤维			带或不带附加垫片材料层的槽状金属垫片		21.6
植物纤维			带填料的夹套金属平垫片		
软木基			实心金属平垫片		
带定心环和内环的缠绕式垫片					
带定心环的缠绕式垫片		21.3			
带内环的缠绕式垫片					
仅是缠绕的密封元件					

警告：含石棉的材料应受到法律制约，法律要求提请注意，当处理这种材料时，应确保这些材料不会构成对人身健康的危害。

注：1. 法兰密封面型式按 ISO 7005-1、ISO 7005-2 及 ISO 7005-3 规定。21.7 给出的与垫片相适应的法兰密封面仅供参考。

2. 订购垫片时用户提供的资料按 21.8 规定。

a. 单层扁平片材；或

b. 叠片组成的层板。

注：垫片常用材料的示例见表 21-1。

按该标准压制的纤维垫片可以含有石棉。含石棉的材料应受法律制约，法律要求在处理石棉时，要确保它们不会构成对人身健康的危害。

21.2.2 垫片型式

垫片应为下列型式之一：

a. 适用于 A 型（全平面）或 B 型（突平面）法兰密封面的全平面垫片，见图 21-1 和图 21-5a)；

b. 适用于 A 型（全平面）或 B 型（突平面）法兰密封面的 IBC（螺栓中心圆内侧）垫片，见图 21-2 和图 21-5b)；

c. 适用于 C/D 型法兰密封面的榫槽式垫片，见图 21-3 和图 21-5b)；

d. 适用于 E/F 型法兰密封面的凹凸式垫片，见图 21-4 和图 21-5b)；

e. 拼合式垫片（见下面的注）。

注：在上述 a、b、c 中所规定的垫片型式，若垫片外径大于 1 500 mm 时，仅适宜于采用拼合方式制造。就制造大规格的垫片而言，用户应与垫片制造商或供应商协商决定。

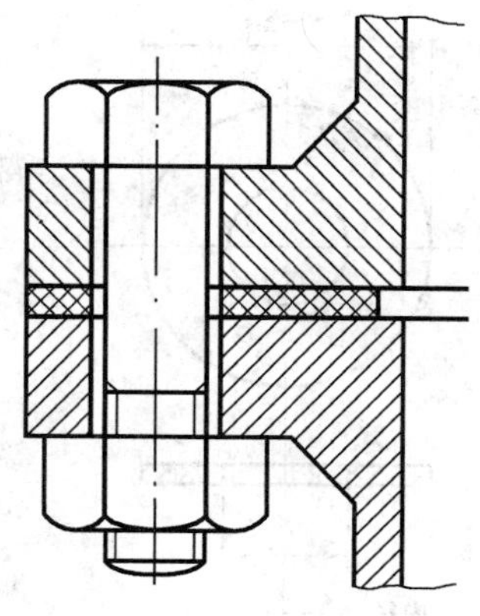

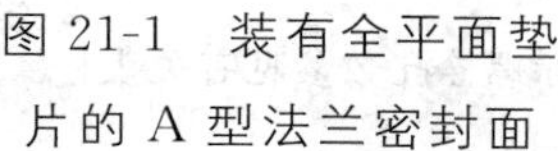

图 21-1 装有全平面垫片的 A 型法兰密封面

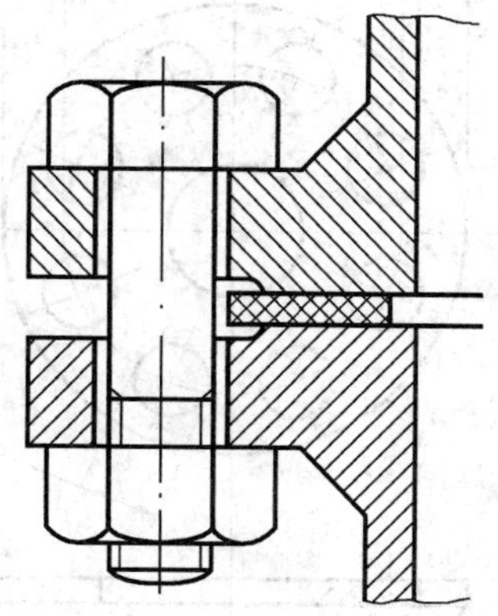

注：对于 PN 20、PN 50、PN 110 及 PN 150 bar 的 IBC 垫片延伸至与螺栓相切。

图 21-2 装有 IBC 垫片的 B 型法兰密封面

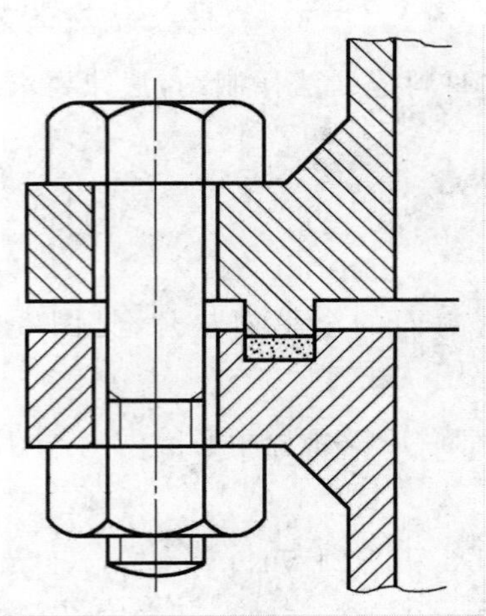

图 21-3　装有榫槽式垫片的 C/D 型法兰密封面

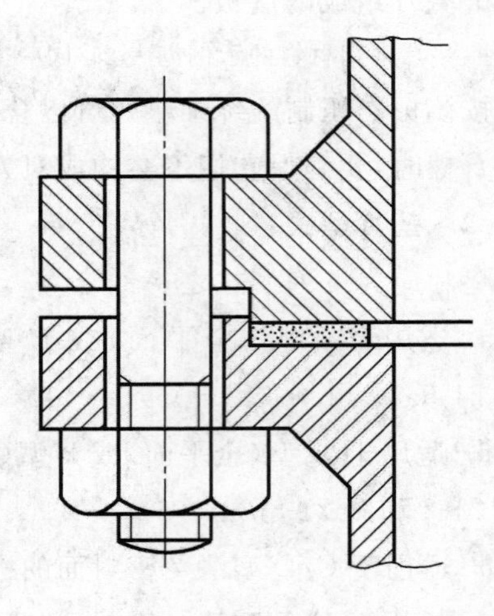

图 21-4　装有凹凸式垫片的 E/F 型法兰密封面

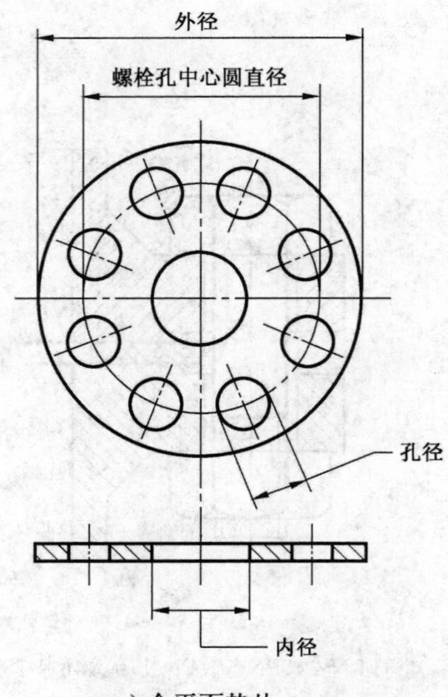

a) 全平面垫片

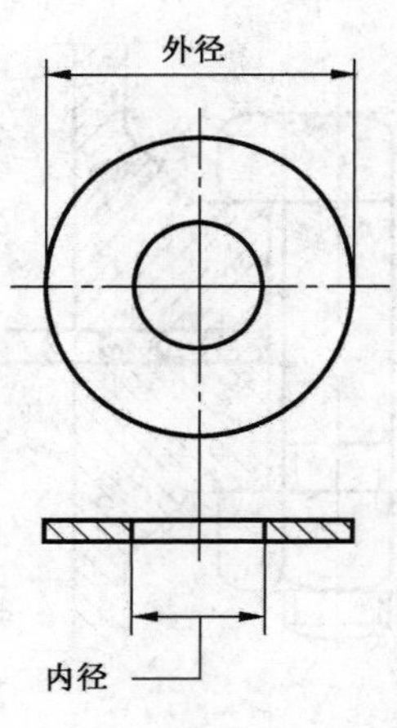

b) IBC 垫片(榫槽面及凹凸面垫片)

注:此图为示意图,螺栓孔数不一定是实际准确数。实际螺栓孔数参见有关表格。

图 21-5　垫片的平面图尺寸

21.2.3 垫片规格范围

对于不同型式的垫片，其适用法兰公称尺寸(DN)和公称压力(PN)的垫片规格范围见表21-2。

表 21-2 垫片规格范围

mm

法兰公称压力 PN/bar	查阅尺寸的表号	垫片型式							
		全平面		IBC 面		榫槽面		凹凸面	
		公称尺寸范围 DN							
		从	到	从	到	从	到	从	到
2.5	表 21-4	10	600	10	4 000				
6	表 21-5	10	600	10	3 600				
10	表 21-6	10	2 000	10	3 000	10	1 000	10	1 000
16	表 21-7	10	2 000	10	2 000	10	1 000	10	1 000
20	表 21-8	15	600	15	1 500				
25	表 21-9	10	2 000	10	2 000	10	1 000	10	1 000
40	表 21-10	10	600	10	600	10	600	10	600
50	表 21-11			15	1 500	15	600	15	600
110	表 21-11			15	1 500	15	600	15	600
150	表 21-11			15	1 200	15	600	15	600

21.2.4 垫片尺寸

21.2.4.1 厚度

对于表21-1垫片类型中所规定的非金属垫片材料，其垫片厚度见表21-3。

表 21-3 垫片厚度

mm

垫片材料	厚度									
	0.25	0.4	0.5	0.8	1	1.5	2	3	5	6.4
无织物橡胶						×	×	×	×	
带织物嵌入物的橡胶						×		×	×	
带织物嵌入物的或带加强丝的橡胶								×	×	
塑料					×	×	×	×		
不带嵌入物的膨胀石墨				×	×	×	×			
带嵌入物的膨胀石墨					×	×	×			
含有粘结剂的压制纤维			×	×	×	×	×	×		
植物纤维	×	×	×	×	×		×			
软木基						×		×	×	×
注：×——优先选用。										

21.2.4.2 尺寸

垫片尺寸见表 21-4～表 21-11，垫片平面图尺寸见图 21-5。

表 21-4 PN 2.5 法兰用垫片尺寸

mm

公称尺寸 DN	垫片内径	IBC 垫片外径	全平面垫片尺寸
10	使用 PN 6 的尺寸	使用 PN 6 的尺寸	使用 PN 6 的尺寸
15			
20			
25			
32			
40			
50			
65			
80			
100			
125			
150			
200			
250			
300			
350			
400			
450			
500			
600			
700			
800			
900			
1 000			
1 200	1 220	1 290	
1 400	1 420	1 490	
1 600	1 620	1 700	
1 800	1 820	1 900	
2 000	2 020	2 100	
2 200	2 220	2 307	
2 400	2 420	2 507	
2 600	2 620	2 707	
2 800	2 820	2 924	
3 000	3 020	3 124	
3 200	3 220	3 324	
3 400	3 420	3 524	
3 600	3 620	3 734	
3 800	3 820	3 931	
4 000	4 020	4 131	

表 21-5 PN 6 法兰用垫片尺寸

mm

公称尺寸 DN	垫片内径	IBC 垫片外径	全平面垫片			
			外径	孔数	孔径	螺栓中心圆直径
10	18	39	75	4	11	50
15	22	44	80	4	11	55
20	27	54	90	4	11	65
25	34	64	100	4	11	75
32	43	76	120	4	14	90
40	49	86	130	4	14	100
50	61	96	140	4	14	110
65	77	116	160	4	14	130
80	89	132	190	4	18	150
100	115	152	210	4	18	170
125	141	182	240	8	18	200
150	169	207	265	8	18	225
200	220	262	320	8	18	280
250	273	317	375	12	18	335
300	324	373	440	12	22	395
350	356	423	490	12	22	445
400	407	473	540	16	22	495
450	458	528	595	16	22	550
500	508	578	645	20	22	600
600	610	679	755	20	26	705
700	712	784				
800	813	890				
900	915	990				
1 000	1 016	1 090				
1 200	1 220	1 307				
1 400	1 420	1 524				
1 600	1 620	1 724				
1 800	1 820	1 931				
2 000	2 020	2 138				
2 200	2 220	2 348				
2 400	2 420	2 558				
2 600	2 620	2 762				
2 800	2 820	2 972				
3 000	3 020	3 172				
3 200	3 220	3 382				
3 400	3 420	3 592				
3 600	3 620	3 805				

表 21-6　PN 10 法兰用垫片尺寸

mm

公称尺寸 DN	垫片内径[1]	IBC 垫片外径	全平面垫片 外径	全平面垫片 孔数	全平面垫片 孔径	全平面垫片 螺栓中心圆直径	凹凸面外径	榫槽面 内径	榫槽面 外径
10	使用 PN 40 的尺寸	使用 PN 40 的尺寸	使用 PN 40 的尺寸				使用 PN 40 的尺寸	使用 PN 40 的尺寸	
15									
20									
25									
32									
40									
50									
65[2]									
80									
100	使用 PN 16 的尺寸	使用 PN 16 的尺寸	使用 PN 16 的尺寸						
125									
150									
200			340	8	22	295			
250	273	328	395	12	22	350			
300	324	378	445	12	22	400			
350	356	438	505	16	22	460			
400	407	489	565	16	26	515			
450	458	539	615	20	26	565			
500	508	594	670	20	26	620			
600	610	695	780	20	30	725			
700	712	810	895	24	30	840	使用 PN 25 的尺寸	使用 PN 25 的尺寸	
800	813	917	1 015	24	33	950			
900	915	1 017	1 115	28	33	1 050			
1 000	1 016	1 124	1 230	28	36	1 160			
1 200	1 220	1 341	1 455	32	39	1 380			
1 400	1 420	1 548	1 675	36	42	1 590			
1 600	1 620	1 772	1 915	40	48	1 820			
1 800	1 820	1 972	2 115	44	48	2 020			
2 000	2 020	2 182	2 325	48	48	2 230			
2 200	2 220	2 385							
2 400	2 420	2 595							
2 600	2 620	2 795							
2 800	2 820	3 015							
3 000	3 020	3 230							

1）榫槽面垫片除外。

2）此种垫片也适用于具有 4 个螺栓孔的法兰。

表 21-7 PN 16 法兰用垫片尺寸

mm

公称尺寸DN	垫片内径[1]	IBC垫片外径	全平面垫片				凹凸面外径	榫槽面	
			外径	孔数	孔径	螺栓中心圆直径		内径	外径
10	使用PN 40的尺寸	使用PN 40的尺寸	使用PN 40的尺寸				使用PN 40的尺寸	使用PN 40的尺寸	
15									
20									
25									
32									
40									
50									
65[2]									
80									
100	115	162	220	8	18	180			
125	141	192	250	8	18	210			
150	169	218	285	8	22	240			
200	220	273	340	12	22	295			
250	273	329	405	12	26	355			
300	324	384	460	12	26	410			
350	356	444	520	16	26	470			
400	407	495	580	16	30	525			
450	458	555	640	20	30	585			
500	508	617	715	20	33	650			
600	610	734	840	20	36	770			
700	712	804	910	24	36	840	使用PN 25的尺寸	使用PN 25的尺寸	
800	813	911	1 025	24	39	950			
900	915	1 011	1 125	28	39	1 050			
1 000	1 016	1 128	1 255	28	42	1 170			
1 200	1 220	1 342	1 485	32	48	1 390			
1 400	1 420	1 542	1 685	36	48	1 590			
1 600	1 620	1 765	1 930	40	55	1 820			
1 800	1 820	1 965	2 130	44	55	2 020			
2 000	2 020	2 170	2 345	48	60	2 230			

1）榫槽面垫片除外。

2）此种垫片也适用于具有 4 个螺栓孔的法兰。

表 21-8　PN 20 法兰用垫片尺寸

mm

公称尺寸 DN	垫片内径	IBC 垫片外径	全平面垫片			
			外径	孔数	孔径	螺栓中心圆直径
15	22	46.5	90	4	16	60.5
20	27	56	100	4	16	70
25	34	65.5	110	4	16	79.5
32	43	75	120	4	16	89
40	49	84.5	130	4	16	98.5
50	61	102.5	150	4	20	120.5
65	73	121.5	180	4	20	139.5
80	89	134.5	190	4	20	152.5
100	115	172.5	230	8	20	190.5
125	141	196	255	8	22	216
150	169	221.5	280	8	22	241.5
200	220	278.5	345	8	22	298.5
250	273	338	405	12	26	362
300	324	408	485	12	26	432
350	356	449	535	12	29.5	476
400	407	513	600	16	29.5	540
450	458	548	635	16	32.5	578
500	508	605	700	20	32.5	635
600	610	716.5	815	20	35.5	749.5
650	660	773				
700	711	830				
750	762	881				
800	813	939				
850	864	990				
900	914	1 047				
950	965	1 111				
1 000	1 016	1 161				
1 050	1 067	1 218				
1 100	1 118	1 275				
1 150	1 168	1 326				
1 200	1 219	1 383				
1 250	1 270	1 435				
1 300	1 321	1 492				
1 350	1 372	1 549				
1 400	1 422	1 606				
1 450	1 473	1 663				
1 500	1 524	1 714				

表 21-9 PN 25 法兰用垫片尺寸

mm

公称尺寸 DN	垫片内径[1)]	IBC 垫片外径	全平面垫片				凹凸面外径	榫槽面	
			外径	孔数	孔径	螺栓中心圆直径		内径	外径
10	使用 PN 40 的尺寸	使用 PN 40 的尺寸	使用 PN 40 的尺寸				使用 PN 40 的尺寸	使用 PN 40 的尺寸	
15									
20									
25									
32									
40									
50									
65									
80									
100									
125									
150									
200	220	284	360	12	26	310			
250	273	340	425	12	30	370			
300	324	400	485	16	30	430			
350	356	457	555	16	33	490			
400	407	514	620	16	36	550			
450	458	564	670	20	36	600			
500	508	624	730	20	36	660			
600	610	731	845	20	39	770			
700	712	833	960	24	42	875	777	751	777
800	813	942	1 085	24	48	990	882	856	882
900	915	1 042	1 185	28	48	1 090	987	961	987
1 000	1 016	1 154	1 320	28	55	1 210	1 092	1 062	1 092
1 200	1 220	1 365	1 530	32	55	1 420			
1 400	1 420	1 580	1 755	36	60	1 640			
1 600	1 620	1 800	1 975	40	60	1 860			
1 800	1 820	2 002	2 195	44	68	2 070			
2 000	2 020	2 232	2 425	48	68	2 300			

1)榫槽面垫片除外。

表 21-10 PN 40 法兰用垫片尺寸

mm

公称尺寸 DN	垫片内径[1]	IBC 垫片外径	全平面垫片				凹凸面外径	榫槽面	
			外径	孔数	孔径	螺栓中心圆直径		内径	外径
10	18	46	90	4	14	60	34	24	34
15	22	51	95	4	14	65	39	29	39
20	27	61	105	4	14	75	50	36	50
25	34	71	115	4	14	85	57	43	57
32	43	82	140	4	18	100	65	51	65
40	49	92	150	4	18	110	75	61	75
50	61	107	165	4	18	125	87	73	87
65	77	127	185	8	18	145	109	95	109
80	89	142	200	8	18	160	120	106	120
100	115	168	235	8	22	190	149	129	149
125	141	194	270	8	26	220	175	155	175
150	169	224	300	8	26	250	203	183	203
200	220	290	375	12	30	320	259	239	259
250	273	352	450	12	33	385	312	292	312
300	324	417	515	16	33	450	363	343	363
350	356	474	580	16	36	510	421	395	421
400	407	546	660	16	39	585	473	447	473
450	458	571	685	20	39	610	523	497	523
500	508	628	755	20	42	670	575	549	575
600	610	747	890	20	48	795	675	649	675

1)榫槽面垫片除外。

表21-11 PN 50、PN 110及PN 150法兰用垫片尺寸

mm

公称尺寸 DN	垫片内径[1]	IBC垫片外径			凹凸面外径	榫槽面	
		PN 50	PN 110	PN 150		内径	外径
15	22	52.5	52.5	62.5	35	25.5	35
20	27	64.5	64.5	69	43	33.5	43
25	34	71	71	77.5	51	38	51
32	43	80.5	80.5	87	63.5	47.5	63.5
40	49	94.5	94.5	97	73	54	73
50	61	109	109	141	92	73	92
65	73	129	129	163.5	105	85.5	105
80	89	148.5	148.5	166.5	127	108	127
100	115	180	192	205	157	132	157
125	141	215	240	246.5	186	160.5	186
150	169	250	265	287.5	216	190.5	216
200	220	306	319	357.5	270	238	270
250	273	360.5	399	434	324	286	324
300	324	421	456	497.5	381	343	381
350	356	484.5	491	520	413	374.5	413
400	407	538.5	564	574	470	425.5	470
450	458	495.5	612	638	533	489	533
500	508	653	682	687.5	584	533.5	584
600	610	774	790	837.5	692	641.5	692
650	660	834	866	880			
700	711	898	913	946			
750	762	952	970	1 040			
800	813	1 006	1 024	1 076			
850	864	1 057	1 074	1 136			
900	914	1 116	1 130	1 199			
950	965	1 053	1 106	1 199			
1 000	1 016	1 114	1 157	1 250			
1 050	1 067	1 164	1 219	1 301			
1 100	1 118	1 219	1 270	1 369			
1 150	1 168	1 273	1 327	1 437			
1 200	1 219	1 324	1 388	1 488			
1 250	1 270	1 377	1 448	—			
1 300	1 321	1 428	1 499	—			
1 350	1 372	1 493	1 556	—			
1 400	1 422	1 544	1 615	—			
1 450	1 473	1 595	1 666	—			
1 500	1 524	1 706	1 732	—			

1)榫槽面垫片除外。

21.3　缠绕式垫片

21.3.1　垫片类型

缠绕式垫片应为下列类型之一：

a. 装有定位环和内环的密封元件；

b. 只装有定位环的密封元件；

c. 只装有内环的密封元件；

d. 只有密封元件。

注：类型图见表 21-1。

按 ISO 7483 标准制作的缠绕式垫片可以含石棉。含石棉的材料应受法律制约，法律要求处理石棉时，要确保它们不会构成对人身健康的危害。

缠绕式垫片的典型结构见图 21-6。为了适用于 A 型或 B 型法兰密封面，密封元件应设计成能装入按表 21-12 所规定的相应的定位环。密封元件与定位环之间的间隙应使密封元件在正常操作时不会从环中掉出来。

注：1. 密封元件的金属缠绕带形状由制造厂(商)选择。

2. 垫片材料由制造厂(商)选择以适应操作条件。因此，用户有责任在询价或订货单中详细说明工作条件。

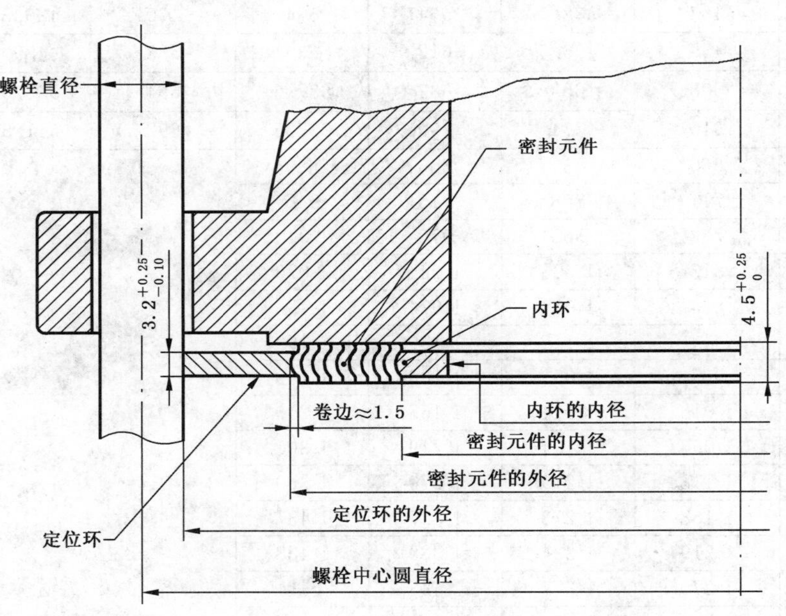

图 21-6　装有定位环及内环的缠绕式垫片的典型结构

(适用于 DN 1000 及其以下规格的 B 型法兰密封面)

21.3.2 与法兰密封面相配的垫片类型

21.3.2.1 对于A型(全平面)或B型(突平面)法兰密封面

所有垫片应装有定位环,PN 150、PN 260和PN 420 bar的垫片以及所有含聚四氟乙烯(PTFE)的垫片应装有内环。标准推荐PN 20、PN 25、PN 40、PN 50和PN 110 bar的垫片使用内环;对于PN 10和PN 16 bar法兰用垫片也可以配备内环。对于PN 10、PN 16、PN 20、PN 25、PN 40、PN 50或PN 110 bar的垫片,如果需要带内环,用户应在订货单或询价单中详细说明。

与A型和B型法兰密封面配合使用的两种垫片型式见图21-7。

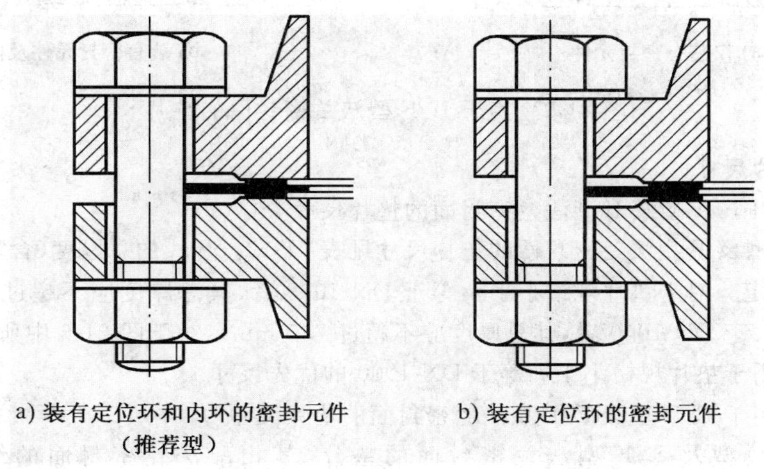

a) 装有定位环和内环的密封元件(推荐型)　　b) 装有定位环的密封元件

图21-7 用于A型或B型法兰密封面的垫片

21.3.2.2 对于C/D型(榫面和槽面)法兰密封面

只能使用密封元件。与C/D型法兰密封面配合使用的垫片型式见图21-8。

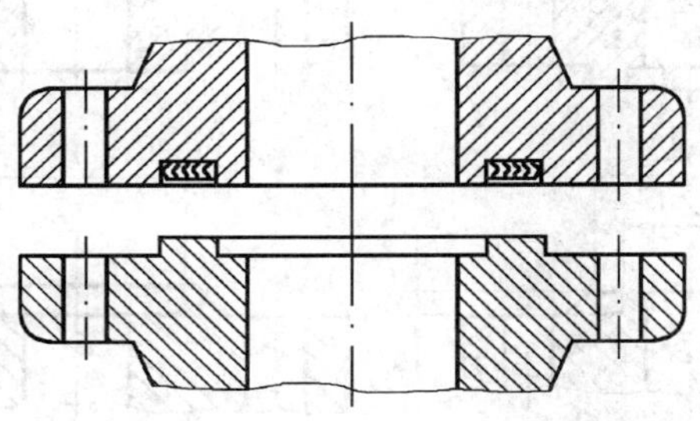

图21-8 用于C/D型法兰密封面的垫片

21.3.2.3 对于 E/F 型(凹面和凸面)法兰密封面

只能使用密封元件或使用装有内环的密封元件。如果要求装内环,用户应在定货单或询价单中进行说明。E/F 型法兰密封面用垫片型式见图 21-9。

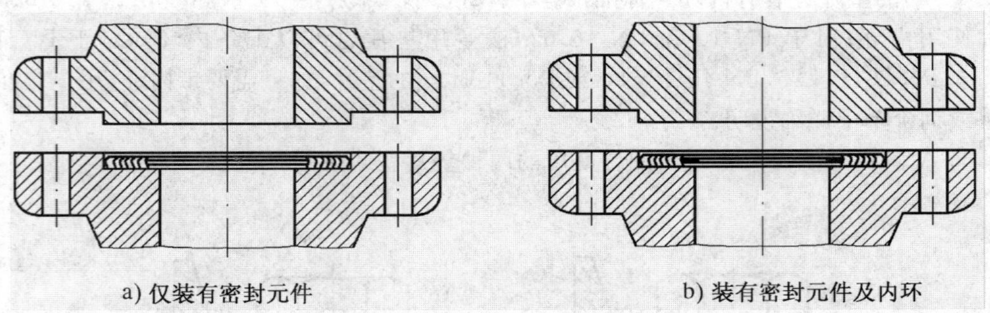

图 21-9 用于 E/F 型法兰密封面的垫片

21.3.3 垫片尺寸

21.3.3.1 用于 A 型及 B 型法兰密封面的垫片尺寸

用于 A 型及 B 型法兰密封面的垫片尺寸见表 21-12。垫片的总厚度(含填充料)应按图 21-6 的规定。对于垫片规格小于及等于 DN 1000 者,其总厚度应不超过 5.2 mm;对于垫片规格大于 DN 1000 者,其总厚度应不超过 7.5 mm。对于图 21-6 中所规定的垫片的厚度是适用于垫片规格小于和等于 DN 1000 的优先尺寸。

21.3.3.2 用于 C/D 型及 E/F 型法兰密封面的垫片尺寸

用于 C/D 型及 E/F 型法兰密封面的垫片,其相配法兰密封面的结构型式见图 21-10,法兰密封面尺寸见表 21-13。

21.3.3.3 用于 E/F 型法兰密封面的装有内环的垫片尺寸

用于 E/F 型法兰密封面的装有内环的垫片(见图 21-9b),其内环的最小内径见表 21-12。

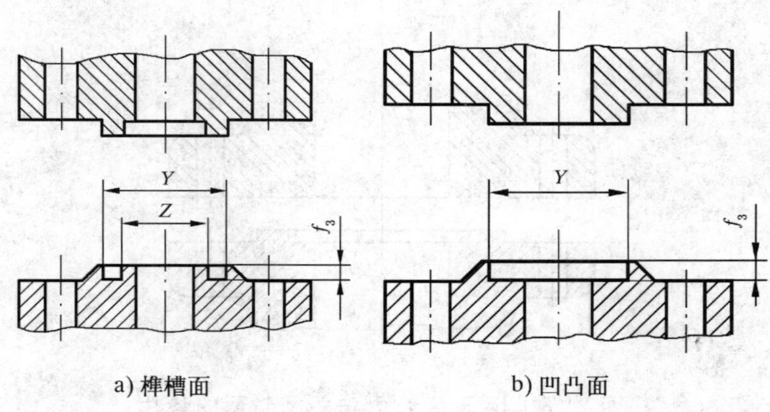

图 21-10 法兰密封面:榫槽面(C/D 型)及凹凸面(E/F 型)

表 21-12 缠绕式垫片尺寸 mm

公称尺寸 DN	定位环外径[1),2)]									
	PN 10	PN 16	PN 20	PN 25	PN 40	PN 50	PN 110	PN 150	PN 260	PN 420
10	48	48	—	48	48	—	—	—	—	—
15	53	53	46.5	53	53	52.5	52.5	62.5	62.5	69
20	63	63	56	63	63	66.5	66.5	69	69	75
25	73	73	65.5	73	73	73	73	77.5	77.5	84
32	84	84	75	84	84	82.5	82.5	87	87	103
40	94	94	84.5	94	94	94.5	94.5	97	97	116
50	109	109	104.5	109	109	111	111	141	141	144.5
65	129	129	123.5	129	129	129	129	163.5	163.5	167
80	144	144	136.5	144	144	148.5	148.5	166.5	173	195.5
100	164	164	174.5	170	170	180	192	205	208.5	234
125	194	194	196	196	196	215	240	246.5	263	279
150	220	220	221.5	226	226	250	265	287.5	281.5	316.5
200	275	275	278.5	286	293	306	319	357.5	351.5	386
250	330	331	338	343	355	360.5	399	434	434.5	475.5
300	380	386	408	403	420	421	456	497.5	519.5	547
350	440	446	449	460	477	484.5	491	520	579	
400	491	498	513	517	549	538.5	564	574	641	
450	541	558	548	567	574	595.5	612	638	702.5	
500	596	620	605	627	631	653	682	697.5	756	
600	698	737	716.5	734	750	774	790	837.5	900.5	
650	—	—	773	—		834	866	880		
700	813	807	830	836		898	913	946		
750	—	—	881	—		952	970	1 040		
800	920	914	939	945		1 006	1 024	1 076		
850	—	—	990	—		1 057	1 074	1 136		
900	1 020	1 014	1 047	1 045		1 136	1 130	1 199		
950			1 111			1 053	1 106	1 199		
1 000			1 161			1 114	1 157	1 250		
1 050			1 218			1 164	1 219	1 301		
1 100			1 275			1 219	1 270	1 369		
1 150			1 326			1 273	1 327	1 437		
1 200			1 383			1 324	1 388	1 488		
1 250			1 435			1 377	1 448			
1 300			1 492			1 428	1 499			
1 350			1 549			1 493	1 556			
1 400			1 606			1 544	1 615			
1 450			1 663			1 595	1 666			
1 500			1 714			1 706	1 732			

续表 21-12　　mm

公称尺寸 DN	密封元件外径 max					
	PN 20	PN 10,PN 16,PN 25,PN 40	PN 50	PN 110	PN 150	PN 260,PN 420
10	—	36.4	—	—	—	—
15	32.4	40.4	32.4	32.4	32.4	32.4
20	40.1	47.4	40.1	40.1	40.1	40.1
25	48	55.4	48	48	48	48
32	60.9	66.4	60.9	60.9	60.9	60.9
40	70.4	72.4	70.4	70.4	70.4	70.4
50	86.1	86.4	86.1	86.1	86.1	86.1
65	98.9	103.4	98.9	98.9	98.9	98.9
80	121.1	117.4	121.1	121.1	121.1	121.1
100	149.6	144.4	149.6	149.6	149.6	149.6
125	178.4	170.4	178.4	178.4	178.4	178.4
150	210	200.4	210	210	210	210
200	263.9	255.4	263.9	263.9	263.9	263.9
250	317.9	310.4	317.9	317.9	317.9	317.9
300	375.1	360.4	375.1	375.1	375.1	375.1
350	406.8	405.4	406.8	406.8	406.8	406.8
400	464	458.4	464	464	464	464
450	527.5	512.4	527.5	527.5	527.5	527.5
500	578.3	566.4	578.3	578.3	578.3	578.3
600	686.2	675.4	686.2	686.2	686.2	686.2
650	737.3	—	737.3	737.3	737.3	
700	788.3	778.5	788.3	788.3	788.3	
750	845.3	—	845.3	845.3	845.3	
800	896.3	879.5	896.3	896.3	902.5	
850	946.8	—	946.8	946.8	953.3	
900	997.8	980.5	997.8	1 004.3	1 010.5	
950	1 018		1 018	1 042.6	1 087.1	
1 000	1 071.1		1 071.1	1 098.5	1 150.6	
1 050	1 131.5		1 131.5	1 156.9	1 201.4	
1 100	1 182.3		1 182.3	1 214.1	1 258.5	
1 150	1 229		1 229	1 264.9	1 322	
1 200	1 287.1		1 287.1	1 322	1 372.8	
1 250	1 349.4		1 347.4	1 372.8		
1 300	1 398.2		1 398.2	1 423.6		
1 350	1 455.4		1 455.4	1 480.8		
1 400	1 506.2		1 506.2	1 531.6		
1 450	1 563.3		1 563.3	1 588.7		
1 500	1 614.1		1 614.1	1 645.9		

续表 21-12 mm

公称尺寸DN	带内环垫片用密封元件内径 min				内环内径 min	
	PN 20	PN 10,PN 16,PN 25,PN 40	PN 50,PN 110,PN 150,PN 260	PN 420	PN 10,PN 16,PN 25,PN 40	PN 20,PN 50,PN 110,PN 150,PN 260,PN 420
10	—	23.6	—	—	15	—
15	18.7	27.6	18.7	18.7	19	14.3
20	26.6	33.6	25	25	24	20.6
25	32.9	40.6	31.4	31.4	30	27
32	45.6	49.6	44.1	39.3	39	34.9
40	53.6	55.6	50.4	47.2	45	41.3
50	69.5	67.6	66.3	58.3	56	52.4
65	82.2	83.6	79	69.5	72	63.5
80	101.2	96.6	94.9	91.7	84	77.8
100	126.6	122.6	120.3	117.1	108	103
125	153.6	147.6	147.2	142.5	133	128.5
150	180.6	176.6	174.2	171.1	160	154
200	231.4	228.6	225	215.5	209	203.2
250	286.9	282.6	280.6	269.5	262	254
300	339.3	331.6	333	323.5	311	303.2
350	371.1	374.6	364.7	—	355	342.9
400	421.9	425.6	415.5	—	406	393.7
450	475.9	476.6	469.5	—	452	444.5
500	526.7	527.6	520.3	—	508	495.3
600	631.4	634.6	625.1	—	610	596.9
650	660	—	660		—	660
700	711	734	711		710	711
750	762	—	762		—	762
800	813	835	813		811	813
850	864	—	864		—	864
900	914	933	914		909	914
950	965		965			965
1 000	1 016		1 016			1 016
1 050	1 067		1 067			1 067
1 100	1 118		1 118			1 118
1 150	1 168		1 168			1 168
1 200	1 219		1 219			1 219
1 250	1 270		1 270			1 270
1 300	1 321		1 321			1 321
1 350	1 371		1 371			1 371
1 400	1 422		1 422			1 422
1 450	1 475		1 473			1 473
1 500	1 524		1 524			1 524

1)适用于 ISO 7005-1、ISO 7005-2 及 ISO 7005-3 的米制螺栓。

2)对于公称尺寸 DN 小于等于 600,外径公差为 $^{0}_{-0.8}$;对于公称尺寸 DN 大于 600,外径公差为 $^{0}_{-1.5}$。

表 21-13　榫槽面(C/D 型)及凹凸面(E/F 型)法兰密封面尺寸　mm

公称尺寸 DN	法兰面尺寸					
	Y	Z	f_3	Y	Z	f_3
	PN 10,PN 16,PN 25,PN 40			PN 20,PN 50,PN 110,PN 150,PN 260,PN 420		
10	35	23	3	—	—	—
15	40	28	3	36.5	24	5
20	51	35	3	44.5	32	5
25	58	42	3	52.5	36.5	5
32	66	50	3	65	46	5
40	76	60	3	74.5	52.5	5
50	88	72	3	93.5	71.5	5
65	110	94	3	106.5	84	5
80	121	105	3	128.5	106.5	5
100	150	128	3.5	159	130.5	5
125	176	154	3.5	187.5	159	5
150	204	182	3.5	217.5	189	5
200	260	238	3.5	271.5	236.5	5
250	313	291	3.5	325.5	284.5	5
300	364	342	3.5	382.5	341.5	5
350	422	394	4	414.5	373	5
400	474	446	4	471.5	424	5
450	524	496	4	535	487.5	5
500	574	548	4	586	532	5
600	676	648	4	694	640	5
700	778	750	4			
800	883	853	4			
900	988	960	4			
1000	1 094	1 060	5			

注：1. Y 为槽外径；Z 为槽内径；f_3 为槽深度。

2. 适应这些槽尺寸的垫片内、外径取决于各个制造厂的垫片特性。

21.4　金属环连接垫片

21.4.1　垫片类型

与 J 型(环连接)法兰密封面配合使用的金属垫片的横截面形状(见图 21-11)为：

a. 八角形；或

b. 椭圆形。

图 21-11 所示的法兰连接表明了八角形和椭圆形环连接垫片。如果用户需要特殊截面形状的环连接垫片时,应在询价和/或订货单中说明。

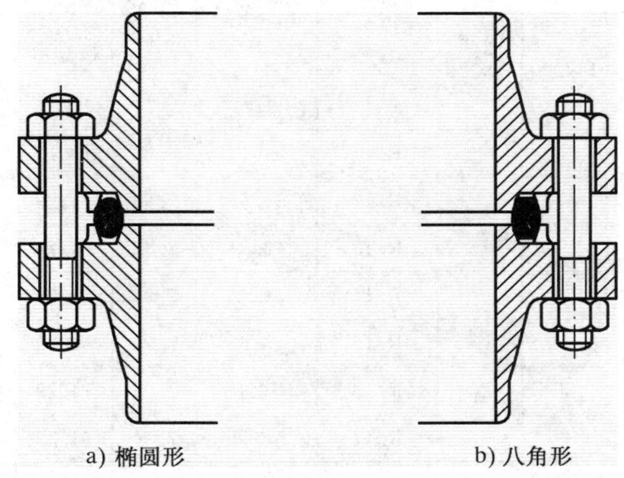

图 21-11　装入后的金属环连接垫片详图

21.4.2　垫片尺寸和公差

21.4.2.1　垫片尺寸

金属环连接垫片尺寸见图 21-12 和表 21-14。法兰槽和垫片的尺寸应为:当连接装配在一起时,两法兰便分开。对于每一公称压力(PN)标记的法兰,其分开的大致距离在 ISO 7005-1 的相应表格中给出。

21.4.2.2　垫片尺寸公差

环连接垫片的尺寸公差见图 21-12 和表 21-15。当出现小的锻造飞边时,如它所处的位置不妨碍环在槽内的正常密封,则是允许的。

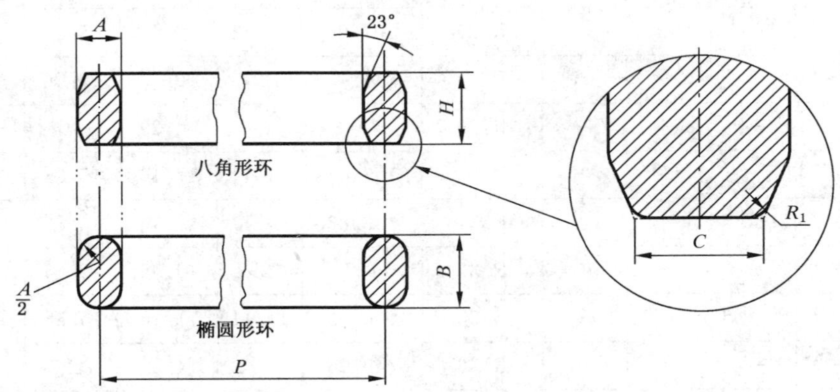

$R_1=1.6$ mm(环宽 $A\leqslant22.3$ mm);

$R_1=2.4$ mm(环宽 $A>22.3$ mm)。

图 21-12　金属环连接垫片尺寸

表 21-14　金属环连接垫片标志号及尺寸　　mm

公称尺寸 DN					环标志号	平均节径 P	环宽 A	环高		八角形环的平面宽度 C
PN 20	PN 50 及 PN110	PN150	PN260	PN420				椭圆形 B	八角形 H	
—	15	—	—	—	R. 11	34. 13	6. 35	11. 11	9. 53	4. 32
—	—	15	15	—	R. 12	39. 69	7. 94	14. 29	12. 7	5. 23
—	32	—	—	15	R. 13	42. 34	7. 94	14. 29	12. 7	5. 23
—	—	20	20	—	R. 14	44. 45	7. 94	14. 29	12. 7	5. 23
25	—	—	—	—	R. 15	47. 63	7. 94	14. 29	12. 7	5. 23
—	25	25	25	20	R. 16	50. 8	7. 94	14. 29	12. 7	5. 23
32	—	—	—	—	R. 17	57. 15	7. 94	14. 29	12. 7	5. 23
—	32	32	32	25	R. 18	60. 33	7. 94	14. 29	12. 7	5. 23
40	—	—	—	—	R. 19	65. 09	7. 94	14. 29	12. 7	5. 23
—	40	40	40	—	R. 20	68. 26	7. 94	14. 29	12. 7	5. 23
—	—	—	—	32	R. 21	72. 24	11. 11	17. 46	15. 88	7. 75
50	—	—	—	—	R. 22	82. 55	7. 94	14. 29	12. 7	5. 23
—	50	—	—	40	R. 23	82. 55	11. 11	17. 46	15. 88	7. 75
—	—	50	50	—	R. 24	95. 25	11. 11	17. 46	15. 88	7. 75
65	—	—	—	—	R. 25	101. 6	7. 94	14. 29	12. 7	5. 23
—	65	—	—	50	R. 26	101. 6	11. 11	17. 46	15. 88	7. 75
—	—	65	65	—	R. 27	107. 95	11. 11	17. 46	15. 88	7. 75
—	—	—	—	65	R. 28	111. 13	12. 7	19. 05	17. 46	8. 66
80	—	—	—	—	R. 29	114. 3	7. 94	14. 29	12. 7	5. 23
—	80[1)]	—	—	—	R. 30	117. 48	11. 11	17. 46	15. 88	7. 75
—	80[2)]	80	—	—	R. 31	123. 83	11. 11	17. 46	15. 88	7. 75
—	—	—	—	80	R. 32	127	12. 7	19. 05	17. 46	8. 66
—	—	—	80	—	R. 35	136. 53	11. 11	17. 46	15. 88	7. 75
100	—	—	—	—	R. 36	149. 23	7. 94	14. 29	12. 7	5. 23
—	100	100	—	—	R. 37	149. 23	11. 11	17. 49	15. 88	7. 75
—	—	—	—	100	R. 38	157. 16	15. 88	22. 23	20. 64	10. 49
—	—	—	100	—	R. 39	161. 93	11. 11	17. 46	15. 88	7. 75

续表 21-14

mm

公称尺寸 DN					环标志号	平均节径 P	环宽 A	环高		八角形环的平面宽度 C
PN 20	PN 50 及 PN110	PN150	PN260	PN420				椭圆形 B	八角形 H	
125	—	—	—	—	R. 40	171.45	7.94	14.29	12.7	5.23
—	125	125	—	—	R. 41	180.98	11.11	17.46	15.88	7.75
—	—	—	—	125	R. 42	190.5	19.05	25.4	23.81	12.32
150	—	—	—	—	R. 43	193.68	7.94	14.29	12.7	5.23
—	—	—	125	—	R. 44	193.68	11.11	17.46	15.88	7.55
—	150	150	—	—	R. 45	211.14	11.11	17.46	15.88	7.75
—	—	—	150	—	R. 46	211.14	12.7	19.05	17.46	8.66
—	—	—	—	150	R. 47	228.6	19.05	25.4	23.81	12.32
200	—	—	—	—	R. 48	247.65	7.91	14.29	12.7	5.23
—	200	200	—	—	R. 49	269.88	11.11	17.46	15.88	7.75
—	—	—	200	—	R. 50	269.88	15.88	22.23	20.64	10.49
—	—	—	—	200	R. 51	279.4	22.23	28.58	26.99	14.81
250	—	—	—	—	R. 52	304.8	7.94	14.29	12.7	5.23
—	250	250	—	—	R. 53	323.85	11.11	17.16	15.88	7.75
—	—	—	250	—	R. 54	323.85	15.88	22.23	20.64	10.49
—	—	—	—	250	R. 55	342.9	28.58	36.51	34.93	19.81
300	—	—	—	—	R. 56	381	7.94	14.29	12.7	5.23
—	300	300	—	—	R. 57	381	11.11	17.46	15.88	7.75
—	—	—	300	—	R. 58	381	22.23	28.58	26.99	14.81
350	—	—	—	—	R. 59	396.88	7.94	14.29	12.7	5.23
—	—	—	—	300	R. 60	406.4	31.75	39.69	38.1	22.33
—	350	—	—	—	R. 61	419.1	11.11	17.46	15.88	7.75
—	—	350	—	—	R. 62	419.1	15.88	22.23	20.64	10.49
—	—	—	350	—	R. 63	419.1	25.4	33.34	31.75	17.3
400	—	—	—	—	R. 64	454.03	7.94	14.29	12.7	5.23
—	400	—	—	—	R. 65	469.9	11.11	17.46	15.88	7.75
—	—	400	—	—	R. 66	469.9	15.88	22.23	20.64	10.49

续表 21-14

mm

公称尺寸 DN					环标志号	平均节径 P	环宽 A	环高		八角形环的平面宽度 C
PN 20	PN 50 及 PN110	PN150	PN260	PN420				椭圆形 B	八角形 H	
—	—	—	400	—	R. 67	469. 9	28. 58	36. 51	34. 93	19. 81
450	—	—	—	—	R. 68	517. 53	7. 94	14. 29	12. 7	5. 23
—	450	—	—	—	R. 69	533. 4	11. 11	17. 46	15. 88	7. 75
—	—	450	—	—	R. 70	533. 4	19. 05	25. 4	23. 81	12. 32
—	—	—	450	—	R. 71	533. 4	28. 58	36. 51	34. 93	19. 81
500	—	—	—	—	R. 72	558. 8	7. 94	14. 29	12. 7	5. 23
—	500	—	—	—	R. 73	584. 2	12. 7	19. 05	17. 46	8. 66
—	—	500	—	—	R. 74	584. 2	19. 05	25. 4	23. 81	12. 32
—	—	—	500	—	R. 75	584. 2	31. 75	39. 69	38. 1	22. 33
—	500	—	—	—	R. 81	635	14. 29		19. 1	9. 6
—	650	—	—	—	R. 93	749. 3	19. 1		23. 8	12. 3
—	700	—	—	—	R. 94	800. 1	19. 1		23. 8	12. 3
—	750	—	—	—	R. 95	857. 25	19. 1		23. 8	12. 3
—	800	—	—	—	R. 96	914. 4	22. 2		27	14. 8
—	850	—	—	—	R. 97	965. 2	22. 2		27	14. 8
—	900	—	—	—	R. 98	1 022. 35	22. 2		27	14. 8
—	—	650	—	—	R. 100	749. 3	28. 6		34. 9	19. 8
—	—	700	—	—	R. 101	800. 1	31. 7		38. 1	22. 3
—	—	750	—	—	R. 102	857. 25	31. 7		38. 1	22. 3
—	—	800	—	—	R. 103	914. 4	31. 7		38. 1	22. 3
—	—	850	—	—	R. 104	965. 2	34. 9		41. 3	24. 8
—	—	900	—	—	R. 105	1 022. 35	34. 9		41. 3	24. 8
600	—	—	—	—	R. 76	673. 1	7. 94	14. 29	12. 7	5. 23
—	600	—	—	—	R. 77	692. 15	15. 88	22. 23	20. 54	10. 49
—	—	600	—	—	R. 78	692. 15	25. 4	33. 34	31. 75	17. 3
—	—	—	600	—	R. 79	692. 15	34. 93	44. 45	41. 25	24. 82

1）仅适用于搭接管端的松套带颈法兰的环连接(15 型法兰)；

2）适用于搭接管端的松套带颈法兰以外的法兰。

表 21-15 环垫尺寸公差

符号	名称	极限偏差
P	环的平均节径	±0.8 mm
A	环的宽度	±0.2 mm
B 及 H	环的高度[1)]	±0.4 mm
C	八角形环的平面宽度 角度 23°	±0.2 mm ±30′
R_1	环的半径	±0.4 mm

1) 只要任意给定环的高度的偏差在其整个圆周范围内不超过 0.4 mm，垫片高度（B 或 H）的极限偏差可为＋1.2 mm。

21.4.3 垫片表面特征

当用标准粗糙度比较样块通过视觉或触觉比较测定时，八角形垫片的 23°表面及椭圆形垫片接触表面的表面粗糙度值见表 21-16。

表 21-16 环面的表面粗糙度 μm

Ra	Rz
≤1.6	≤6.3

注：Ra 及 Rz 按 ISO 468 的规定。

21.4.4 标识号

对于表 21-14 中所规定的金属环连接垫片，应该标有 R 字母的数字标识号。

21.4.5 标志

每个环垫的外表面应做以下内容的标志：

a. 制造厂名或商标；

b. 前面有 R 字母的垫片标识号；

c. 材料标志。

当使用 21.4.6 中所列的材料时，应采用所规定的材料标志代号。做标志不应损害接触表面或使垫片产生有害变形。

21.4.6 金属环连接垫片的典型材料

金属环连接垫片的典型材料及其推荐的最大硬度值见表 21-17。当使用所列的材料时，也应使用所给定的相应标志代号（见上面的 21.4.5）。

垫片材料的硬度值应低于法兰材料的硬度值，以确保紧密连接。然而，对某些合金钢，金属环连接垫片的硬度值不大可能低于法兰材料的硬度值。例如，不锈钢合金法兰，热处理后若具有最佳耐腐蚀性，就应与用同一材料制成的垫片具有相同的硬度等级，并退火至最低硬度。

表 21-17 环连接垫片的硬度值及材料标志代号

金属环连接垫片材料	推荐最大硬度		标志代号
	布氏[1] HB	洛氏[2] HRB	
软铁	90	56	D
低碳钢	120	68	S
含4%至6%铬/0.5%钼钢	130	72	F5[3]
410号钢	170	86	S410
304号钢	160	83	S304
316号钢	160	83	S316
321号钢	160	83	S321
347号钢	160	83	S347
316Ti号钢	160	83	S316Ti

1）布氏硬度用 3 000 kg 载荷测量，软铁除外（软铁用 500 kg 载荷测量）。

2）洛氏硬度用 100 kg 载荷及用直径为 1.59 mm 的钢球测量。

3）F5 标志仅仅表示 ASTM A182/A182M—87a 化学成分要求。

21.5 非金属包覆垫片

21.5.1 垫片类型

非金属包覆垫片类型见图 21-13。

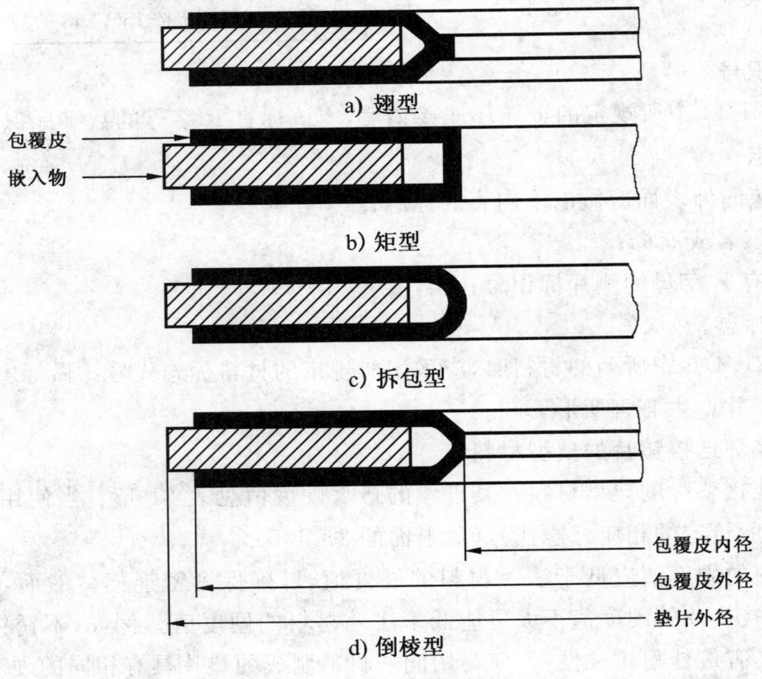

图 21-13 非金属包覆垫片

垫片包覆皮通常用PTFE制成，而嵌入物通常用压缩纤维结合板（包括石棉）加工而成，也可使用适合于特殊用途的其他材料制成。对于每一种类型的垫片，只适用于一定公称尺寸(DN)及公称压力(PN)的法兰，并取决于制造条件。

对于含石棉的材料，应受到法律制约，法律要求提请注意，在处理这种材料时，应确保这些材料不会构成对人身健康的危害。

21.5.2 垫片应用

垫片应适用于A型（全平面）或B型（突面）法兰密封面。

21.5.3 垫片尺寸

非金属包覆垫片的尺寸见表21-18。

表21-18 非金属包覆垫片尺寸

mm

公称尺寸 DN	包覆皮内径 min	包覆皮外径 min	垫片外径						
			PN 6	PN 10	PN 16	PN 20	PN 25	PN 40	PN 50
10	18	36	39	46	46	—	46	46	—
15	22	40	44	51	51	46.5	51	51	52.5
20	27	50	54	61	61	56	61	61	66.5
25	34	60	64	71	71	65.5	71	71	73
32	43	70	76	82	82	75	82	82	82.5
40	49	80	86	92	92	84.5	92	92	94.5
50	61	92	96	107	107	104.5	107	107	111
65	77	110	116	127	127	123.5	127	127	129
80	89	126	132	142	142	136.5	142	142	148.5
100	115	151	152	162	162	174.5	168	168	180
125	141	178	182	192	192	196	194	194	215
150	169	206	207	218	218	221.5	224	224	250
200	220	260	262	273	273	278.5	284	290	306
250	273	314	317	328	329	338	340	352	360.5
300	324	365	373	378	384	408	400	417	421
350	356	412	423	438	444	449	457	474	484.5
400	407	469	473	489	495	513	514	546	538.5
450	458	528	528	539	555	548	564	571	595.5
500	508	578	578	594	617	605	624	628	653
600	610	679	679	695	734	716.5	731	747	774

21.6　波纹形、扁平形或齿形金属垫片及带填料的金属垫片

21.6.1　垫片类型

垫片应为下列类型之一：

a. 带填料的波纹形金属垫片或带填料的波纹形包覆金属垫片；

b. 波纹形金属垫片；

c. 带或不带附加垫片材料层的齿形金属垫片；

d. 带填料的扁平包覆金属垫片；

e. 实体扁平金属垫片。

带填料的波纹形金属垫片或带填料的波纹形金属包覆垫片，带或不带附加垫片材料层的齿形金属垫片和带填料的扁平金属包覆垫片可以含有石棉。含石棉材料应受法律制约，法律要求在处理它们时应保证它们不造成对健康的危害。

垫片材料可由制造厂选择以适应操作条件。因此，用户有责任在询价单及/或订单中规定操作条件。

21.6.2　垫片型式

垫片应适用于 A 型(全平面)或 B 型(突面)法兰(见图 21-14)，并应为下列型式中的任一种：

a. 自动定位的；

b. 装有一个定位环的。

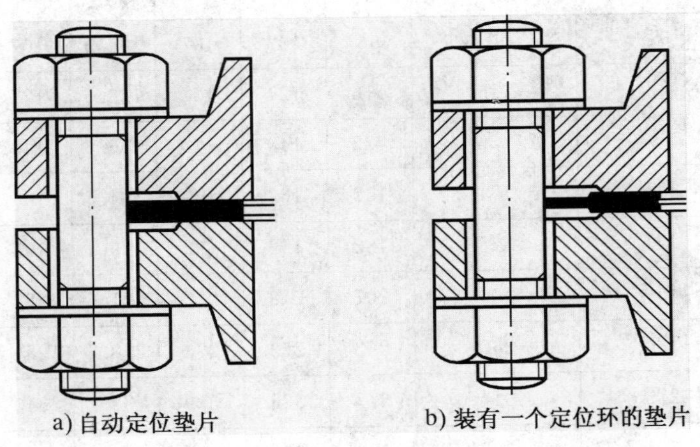
a) 自动定位垫片　　b) 装有一个定位环的垫片

注：图形所示为 B 型突面密封面法兰。

图 21-14　A 型或 B 型法兰密封面用垫片

21.6.3　垫片尺寸

波纹形、扁平形或齿形金属垫片及带填料的金属垫片的尺寸见表 21-19。

表 21-19 波纹形、扁平形或齿形金属垫片及带填料的金属垫片尺寸 mm

公称尺寸 DN	垫片内径 min		垫片外径[1)]									
	PN 10 PN 16 PN 25 PN 40	PN 20 PN 50 PN 110 PN 150 PN 260 PN 420	PN 10	PN 16	PN 20	PN 25	PN 40	PN 50	PN 110	PN 150	PN 260	PN 420
10	18	—	48	48	—	48	48	—	—	—	—	—
15	22	22	53	53	46.5	53	53	52.5	52.5	62.5	62.5	69
20	27	27	63	63	56	63	63	66.5	66.5	69	69	75
25	34	34	73	73	65.5	73	73	73	73	77.5	77.5	84
32	43	43	84	84	75	84	84	82.5	82.5	87	87	103
40	49	49	94	94	84.5	94	94	94.5	94.5	97	97	116
50	61	61	109	109	104.5	109	109	111	111	141	141	144.5
65	77	73	129	129	123.5	129	129	129	129	163.5	163.5	167
80	89	89	144	144	136.5	144	144	148.5	148.5	166.5	173	195.5
100	115	115	164	164	174.5	170	170	180	192	205	208.5	234
125	141	141	194	194	196	196	196	215	240	246.5	253	279
150	169	169	220	220	221.5	226	226	250	265	287.5	281.5	316.5
200	220	220	275	275	278.5	286	293	306	319	357.5	351.5	386
250	273	273	330	331	338	343	355	360.5	399	434	434.5	475.5
300	324	324	380	386	408	403	420	421	456	497.5	519.5	547
350	356	356	440	446	449	460	477	484.5	491	520	579	—
400	407	407	491	498	513	517	549	538.5	564	574	641	—
450	458	458	541	558	548	567	574	595.5	612	638	702.5	—
500	508	508	596	620	605	627	631	653	682	697.5	756	—
600	610	610	698	737	716.5	734	750	774	790	837.5	900.5	—
700	712	—	813	807	—	836	—	—	—	—	—	—
800	813	—	920	914	—	945	—				—	—
900	915	—	1 020	1 014	—	1 045	—			—	—	—

1）垫片外径等于螺栓中心圆直径减去螺栓直径。

21.7　与垫片相适应的法兰密封面型式

按 ISO 7005-1、ISO 7005-2 和 ISO 7005-3 所规定的法兰密封面型式见图 21-15。

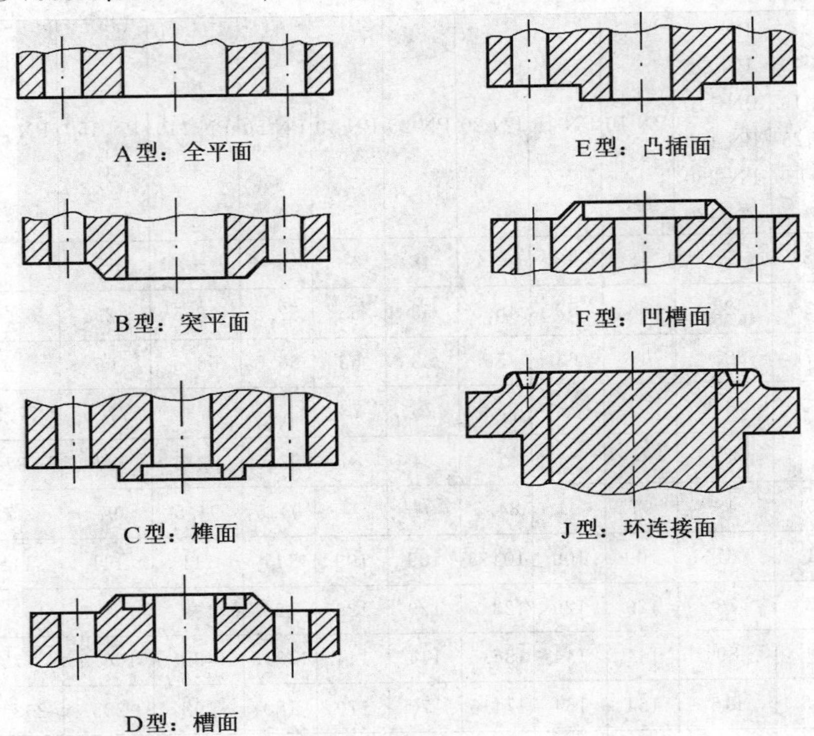

图 21-15　按 ISO 7005-1、ISO 7005-2 和 ISO 7005-3 所规定的法兰密封面型式

21.8　由用户提供的信息资料

当按此国际标准订购垫片时，用户应提供下列资料。

21.8.1　通用资料

a. 本国际标准编号，即 ISO 7483；

b. 垫片类型(见 21.2～21.6)；

c. 公称尺寸，例如 DN 100；

d. 公称压力，例如 PN 25；

e. 预期工作条件。

21.8.2　对于非金属平垫片

除上述 21.8.1 规定的通用资料外，还应提供以下资料：

a. 垫片型式；

b. 厚度；

c. 材料。

21.8.3 对于缠绕式垫片

除上述21.8.1规定的通用资料外，还应提供以下资料：

a. 垫片类型；

b. 对于A型或B型法兰密封面用PN 10、PN 16、PN 20、PN 25、PN 40、PN 50或PN 110垫片，是否需要带内环；

c. 对于E/F型法兰密封面垫片，是否需要带内环。

21.8.4 对于金属环连接垫片

除上述21.8.1规定的通用资料外，还应提供以下资料：

a. 是需要八角形还是需要椭圆形垫片；

b. 环的标志号；

c. 材料。

21.8.5 对于非金属包覆垫片

除上述21.8.1规定的通用资料外，还应提供以下资料：

a. 垫片类型；

b. 材料。

21.8.6 对于波纹形、扁平形或齿形金属垫片及带填料的金属垫片

除上述21.8.1规定的通用资料外，还应提供以下资料：

a. 垫片类型；

b. 垫片型式。

第22章　美国管法兰用垫片标准

美国管法兰用垫片标准比较典型的有两个：一个是《管法兰用非金属平垫片》标准，最新版本为 ASME B16.21—2011；另一个是《管法兰用环连接式、缠绕式及夹套式金属垫片》标准，最新版本为 ASME B16.20—2007。这两个标准均为美国国家标准，由美国机械工程师学会(ASME)对标准技术内容负责解释。

22.1　管法兰用非金属平垫片(ASME B16.21—2011)

22.1.1　适用范围

ASME B16.21—2011 标准涉及非金属平垫片的型式、规格、材料、尺寸、公差和标记。这些垫片的尺寸适用于以下标准中所包括的法兰：

ASME B16.1《铸铁管法兰和法兰管件》；

ASME B16.5《管法兰和法兰管件》；

ASME B16.24《Class 150、Class 300、Class 400、Class 900、Class 1500 及 Class 2500 的铸造铜合金管法兰和法兰管件》；

ASME B16.47《大直径钢制管法兰》；

MSS SP-51-2007《Class 150 LW 耐腐蚀铸造法兰和法兰管件》。

22.1.2　总则

22.1.2.1　相关的单位

该标准规定了以米制为单位和以英制为单位(美国通用单位)的两种数值，但螺栓直径和法兰螺栓孔直径除外(螺栓直径和法兰螺栓孔直径仅以英寸为单位表示)。这些单位制被看作独立的两种标准单位。标准文本中，美国通用的单位用括弧表示或用单独的表格列出。由于每一种计量单位表示的数值并非精确相等，因此，要求每一种单位制彼此应单独使用。除螺栓直径和法兰螺栓孔直径外，如混合使用两种单位制表示的数值，可能会造成与本标准的不一致。

22.1.2.2　质量体系

按该标准制造的产品应按质量体系的程序进行，该程序应遵循 ISO 9000 系列某一适合的标准的原则。对于制造厂的质量体系程序，是否需要确定一个独立的组织机构进行注册和/或产品认证乃是制造厂的职责。采购者在制造厂的场所应能得到演示程序符合性的详细文件。应采购者的请求，制造厂还应提供其产品所使用的该质量体系程序的书面摘要说明。所谓产品制造厂系指按该标准标志或识别要求的在产品上示出的完整厂名或商标。

22.1.2.3　法兰接头

法兰接头虽然是相互连接的，但它是由单个独立的元件组成：即法兰、垫片和连接螺栓，这些元件通过装配工组装在一起。对于所有这些元件的选择和使用必须进行适当的控制，以得到满意的紧密连接。法兰组合连接补充指南可以由 ASME PCC-1《螺栓法兰组合连接的压力限制指南》获得。

22.1.2.4　型式

垫片型式及适用的法兰密封面为：

垫片型式	法兰密封面
全平面型	全平面密封面
平垫环型	突面密封面

22.1.2.5　规格

NPS(后面紧跟尺寸数字）是管子公称规格的标志，它符合 ASME B36.10M《焊接和无缝轧制钢管》规定。NPS 与国际标准中所使用的公称尺寸 DN 有关。两者的换算关系如下：

NPS：	1/2	3/4	1	1¼	1½	2	2½	3	3½	4
DN：	15	20	25	32	40	50	65	80	90	100

注：对于 NPS≥4 者，相近的 DN＝25×NPS

22.1.2.6　压力等级标志

Class(后面紧跟尺寸数字)为按照引用法兰标准所规定的通用法兰压力-温度等级用的标志。

22.1.3　材料

22.1.3.1　成分

垫片应采用弹性的或柔软的材料制造。可加入金属或非金属组合物作为增强或填充材料。

22.1.3.2　使用要求

对于给定的操作条件，选择合适的材料乃是使用者的职责。这些材料要符合相关法规及规范的要求。所选择的材料应该与流体介质和操作时的压力-温度条件相适应。

22.1.4　尺寸及公差(含米制及英制的两种尺寸表格)

22.1.4.1　尺寸

（1）以米制为单位的垫片尺寸见表 22-1～表 22-9。

（2）以英制为单位的垫片尺寸见表 22-10～表 22-18。

表 22-1　ASME B16.1 Class 25 铸铁管法兰和法兰管件用垫片尺寸　mm

公称尺寸 NPS/in	垫片内径	平垫环外径	全平面垫片			
			垫片外径	螺栓孔数	螺栓孔直径	螺栓中心圆直径
4	114	175	229	8	3/4	190.5
5	141	200	254	8	3/4	215.9
6	168	225	279	8	3/4	241.3
8	219	283	343	8	3/4	298.5
10	273	346	406	12	3/4	362.0

续表 22-1　　mm

公称尺寸 NPS/in	垫片内径	平垫环外径	全平面垫片			
			垫片外径	螺栓孔数	螺栓孔直径	螺栓中心圆直径
12	324	416	483	12	3/4	431.8
14	356	457	533	12	7/8	476.3
16	406	521	597	16	7/8	539.8
18	457	559	635	16	7/8	577.9
20	508	616	699	20	7/8	635.0
24	610	730	813	20	7/8	749.3
30	762	892	984	28	1	914.4
36	914	1 064	1 168	32	1	1 085.9
42	1 067	1 232	1 346	36	1⅛	1 257.3
48	1 219	1 397	1 511	44	1⅛	1 422.4
54	1 372	1 568	1 683	44	1⅛	1 593.9
60	1 524	1 730	1 854	52	1¼	1 759.0
72	1 829	2 067	2 197	60	1¼	2 095.5
84	2 134	2 394	2 534	64	1⅜	2 425.7
96	2 438	2 724	2 877	68	1⅜	2 755.9

表 22-2　ASME B16.1 Class 125 铸铁管法兰和法兰管件用垫片尺寸　　mm

公称尺寸 NPS/in	垫片内径	平垫环外径	全平面垫片			
			垫片外径	螺栓孔数	螺栓孔直径	螺栓中心圆直径
1	33	67	108	4	5/8	79.4
1¼	42	76	117	4	5/8	88.9
1½	49	86	127	4	5/8	98.4
2	60	105	152	4	3/4	120.7
2½	73	124	178	4	3/4	139.7
3	89	137	191	4	3/4	152.4
3½	102	162	216	8	3/4	177.8
4	114	175	229	8	3/4	190.5
5	141	197	254	8	7/8	215.9
6	168	222	279	8	7/8	241.3
8	219	279	343	8	7/8	298.5

续表 22-2 mm

公称尺寸 NPS/in	垫片内径	平垫环外径	全平面垫片			
			垫片外径	螺栓孔数	螺栓孔直径	螺栓中心圆直径
10	273	352	406	12	1	362.0
12	324	410	483	12	1	431.8
14	356	451	533	12	1⅛	476.3
16	406	514	597	16	1⅛	539.8
18	457	549	635	16	1¼	577.9
20	508	606	699	20	1¼	635.0
24	610	718	813	20	1⅜	749.3
30	762	883	984	28	1⅜	914.4
36	914	1 048	1 168	32	1⅝	1 085.9
42	1 067	1 219	1 346	36	1⅝	1 257.3
48	1 219	1 384	1 511	44	1⅝	1 422.4

表 22-3 ASME B16.1 Class 250 铸铁管法兰和法兰管件用平环垫片尺寸 mm

公称尺寸 NPS/in	垫片内径	平环垫外径	公称尺寸 NPS/in	垫片内径	平环垫外径
1	33	73	10	273	362
1¼	42	83	12	324	422
1½	49	95	14	356	486
2	60	111	16	406	540
2½	73	130	18	457	597
3	89	149	20	508	654
3½	102	165	24	610	775
4	114	181	30	762	953
5	141	216	36	914	1 118
6	168	251	42	1 067	1 289
8	219	308	48	1 219	1 492

表 22-4　ASME B16.5 Class 150 管法兰和法兰管件用垫片尺寸　mm

公称尺寸 NPS/in	垫片内径	平垫环外径	全平面垫片			
			垫片外径	螺栓孔数	螺栓孔直径	螺栓中心圆直径
1/2	21	48	89	4	5/8	60.3
3/4	27	57	98	4	5/8	69.9
1	33	67	108	4	5/8	79.4
1¼	42	76	117	4	5/8	88.9
1½	48	86	127	4	5/8	98.4
2	60	105	152	4	3/4	120.7
2½	73	124	178	4	3/4	139.7
3	89	137	191	4	3/4	152.4
3½	102	162	216	8	3/4	177.8
4	114	175	229	8	3/4	190.5
5	141	197	254	8	7/8	215.9
6	168	222	279	8	7/8	241.3
8	219	279	343	8	7/8	298.5
10	273	340	406	12	1	362.0
12	324	410	483	12	1	431.8
14	356	451	533	12	1⅛	476.3
16	406	514	597	16	1⅛	539.8
18	457	549	535	16	1¼	577.9
20	508	606	699	20	1¼	635.0
24	610	718	813	20	1⅜	749.3

表 22-5　ASME B16.5 Class 300、Class 400、Class 600 和 Class 900 管法兰和法兰管件用平环垫片尺寸　mm

公称尺寸 NPS/in	垫片内径	垫片外径			
		Class 300	Class 400	Class 600	Class 900
1/2	21	54	54	54	64
3/4	27	67	67	67	70
1	33	73	73	73	79
1¼	42	83	83	83	89
1½	48	95	95	95	98
2	60	111	111	111	143
2½	73	130	130	130	165
3	89	149	149	149	168
3½	102	165	162	162	—

续表 22-5

mm

公称尺寸 NPS/in	垫片内径	垫片外径			
		Class 300	Class 400	Class 600	Class 900
4	114	181	178	194	206
5	141	216	213	241	248
6	168	251	248	267	289
8	219	308	305	321	359
10	273	362	359	400	435
12	324	422	419	457	498
14	356	486	483	492	521
16	406	540	537	565	575
18	457	597	594	613	638
20	508	654	648	683	699
24	610	775	768	791	838

表 22-6 ASME B16.24 Class 150 和 Class 300 铸铜合金管法兰和法兰管件用全平面垫片尺寸

mm

公称尺寸 NPS/in	垫片内径	Class 150				Class 300			
		垫片外径	螺栓孔数	螺栓孔直径/in	螺栓中心圆直径	垫片外径	螺栓孔数	螺栓孔直径/in	螺栓中心圆直径
1/2	21	89	4	5/8	60.3	95	4	5/8	66.7
3/4	27	98	4	5/8	69.9	117	4	3/4	82.6
1	33	108	4	5/8	79.4	124	4	3/4	88.9
1¼	42	117	4	5/8	88.9	133	4	3/4	98.4
1½	48	127	4	5/8	98.4	156	4	7/8	114.3
2	60	152	4	3/4	120.7	165	8	3/4	127.0
2½	73	178	4	3/4	139.7	191	8	7/8	149.2
3	89	191	4	3/4	152.4	210	8	7/8	168.3
3½	102	216	8	3/4	177.8	229	8	7/8	184.2
4	114	229	8	3/4	190.5	254	8	7/8	200.0
5	141	254	8	7/8	215.9	279	8	7/8	235.0
6	168	279	8	7/8	241.3	318	12	7/8	269.9
8	219	343	8	7/8	298.5	381	12	1	330.2
10	273	406	12	1	362.0	—	—	—	—
12	324	483	12	1	431.8	—	—	—	—

表 22-7　ASME B16.47 Class 150、Class 300、Class 400 和 Class 600
A 系列大直径钢制法兰用平环垫片尺寸

mm

公称尺寸 NPS/in	垫片内径	垫片外径			
		Class 150	Class 300	Class 400	Class 600
22[1)]	559	660	705	702	733
26	660	775	835	832	867
28	771	832	899	892	914
30	762	883	953	946	972
32	813	940	1 006	1 003	1 022
34	864	991	1 057	1 054	1 073
36	914	1 048	1 118	1 118	1 130
38	965	1 111	1 054	1 073	1 105
40	1 016	1 162	1 114	1 127	1 156
42	1 067	1 219	1 165	1 178	1 219
44	1 118	1 276	1 219	1 232	1 270
46	1 168	1 327	1 273	1 289	1 327
48	1 219	1 384	1 324	1 346	1 391
50	1 270	1 435	1 378	1 403	1 448
52	1 321	1 492	1 429	1 454	1 499
54	1 372	1 549	1 492	1 518	1 556
56	1 422	1 607	1 543	1 568	1 613
58	1 473	1 664	1 594	1 619	1 664
60	1 524	1 715	1 645	1 683	1 721

1）NPS 22 仅供参考。ASME B16.47 未列出此规格。

表 22-8　ASME B16.47 Class 75、Class 150、Class 300、Class 400 和 Class 600
B 系列大直径钢制法兰用平环垫片尺寸

mm

公称尺寸 NPS/in	垫片内径	垫片外径				
		Class 75	Class 150	Class 300	Class 400	Class 600
26	600	708	725	772	746	765
28	711	759	776	826	800	819
30	762	810	827	886	857	879
32	813	860	881	940	911	933
34	864	911	935	994	962	997
36	914	973	987	1 048	1 022	1 048
38	965	1 024	1 045	1 099	—	—
40	1 016	1 075	1 095	1 149	—	—
42	1 067	1 126	1 146	1 200	—	—

续表 22-8 mm

公称尺寸 NPS/in	垫片内径	垫片外径				
		Class 75	Class 150	Class 300	Class 400	Class 600
44	1 118	1 181	1 197	1 251	—	—
46	1 168	1 232	1 256	1 318	—	—
48	1 219	1 283	1 307	1 368	—	—
50	1 270	1 334	1 357	1 419	—	—
52	1 321	1 387	1 408	1 470	—	—
54	1 372	1 438	1 464	1 530	—	—
56	1 422	1 495	1 514	1 594	—	—
58	1 473	1 546	1 580	1 656	—	—
60	1 524	1 597	1 630	1 705	—	—

表 22-9 MSS SP-51 Class 150 LW 耐腐蚀铸造法兰和法兰管件用全平面垫片尺寸 mm

公称尺寸 NPS/in	垫片内径	垫片外径	螺栓孔数	螺栓孔直径/in	螺栓中心圆直径
1/4	14	64	4	7/16	42.9
3/8	17	64	4	7/16	42.9
1/2	21	89	4	5/8	60.3
3/4	27	98	4	5/8	69.9
1	33	108	4	5/8	79.4
1¼	42	117	4	5/8	88.9
1½	48	127	4	5/8	98.4
2	60	152	4	3/4	120.7
2½	73	178	4	3/4	139.7
3	89	191	4	3/4	152.4
4	114	229	8	3/4	190.5
5	141	254	8	7/8	215.9
6	168	279	8	7/8	241.3
8	219	343	8	7/8	298.5
10	273	406	12	1	362.0
12	324	483	12	1	431.8

表 22-10　ASME B16.1 Class 25 铸铁管法兰和法兰管件用垫片尺寸　in

公称尺寸 NPS	垫片内径	平垫环外径	全平面垫片			
			垫片外径	螺栓孔数	螺栓孔直径	螺栓中心圆直径
4	4.50	6.88	9.00	8	0.75	7.50
5	5.56	7.88	10.00	8	0.75	8.50
6	6.62	8.88	11.00	8	0.75	9.50
8	8.62	11.12	13.50	8	0.75	11.75
10	10.75	13.62	16.00	12	0.75	14.25
12	12.75	16.38	19.00	12	0.75	17.00
14	14.00	18.00	21.00	12	0.88	18.75
16	16.00	20.50	23.50	16	0.88	21.25
18	18.00	22.00	25.00	16	0.88	22.75
20	20.00	24.25	27.50	20	0.88	25.00
24	24.00	28.75	32.00	20	0.88	29.50
30	30.00	35.12	38.75	28	1.00	36.00
36	36.00	41.88	46.00	32	1.00	42.75
42	42.00	48.50	53.00	36	1.12	49.50
48	48.00	55.00	59.50	44	1.12	56.00
54	54.00	61.75	66.25	44	1.12	62.75
60	60.00	68.12	73.00	52	1.25	69.25
72	72.00	81.38	86.50	60	1.25	82.50
84	84.00	94.25	99.75	64	1.38	95.50
96	96.00	107.25	113.25	68	1.38	108.50

表 22-11　ASME B16.1 Class 125 铸铁管法兰和法兰管件用垫片尺寸　in

公称尺寸 NPS	垫片内径	平垫环外径	全平面垫片			
			垫片外径	螺栓孔数	螺栓孔直径	螺栓中心圆直径
1	1.31	2.62	4.25	4	0.62	3.12
1¼	1.66	3.00	4.62	4	0.62	3.50
1½	1.91	3.38	5.00	4	0.62	3.88
2	2.38	4.12	6.00	4	0.75	4.75
2½	2.88	4.88	7.00	4	0.75	5.50
3	3.50	5.38	7.50	4	0.75	6.00
3½	4.00	6.38	8.50	8	0.75	7.00
4	4.50	6.88	9.00	8	0.75	7.50
5	5.56	7.75	10.00	8	0.88	8.50

续表 22-11　　in

公称尺寸 NPS	垫片内径	平垫环外径	全平面垫片			
			垫片外径	螺栓孔数	螺栓孔直径	螺栓中心圆直径
6	6.62	8.75	11.00	8	0.88	9.50
8	8.62	11.00	13.50	8	0.88	11.75
10	10.75	13.88	16.00	12	1.00	14.25
12	12.75	16.12	19.00	12	1.00	17.00
14	14.00	17.75	21.00	12	1.12	18.75
16	16.00	20.25	23.50	16	1.12	21.25
18	18.00	21.62	25.00	16	1.25	22.75
20	20.00	23.88	27.50	20	1.25	25.00
24	24.00	28.25	32.00	20	1.38	29.50
30	30.00	34.75	38.75	28	1.38	36.00
36	36.00	41.25	46.00	32	1.62	42.75
42	42.00	48.00	53.00	36	1.62	49.50
48	48.00	54.50	59.50	44	1.62	56.00

表 22-12　ASME B16.1 Class 250 铸铁管法兰和法兰管件用平环垫片尺寸　　in

公称尺寸 NPS	垫片内径	平垫环外径	公称尺寸 NPS	垫片内径	平垫环外径
1	1.31	2.88	10	10.75	14.25
1¼	1.66	3.25	12	12.75	16.62
1½	1.91	3.75	14	14.00	19.12
2	2.38	4.38	16	16.00	21.25
2½	2.88	5.12	18	18.00	23.50
3	3.50	5.88	20	20.00	25.75
3½	4.00	6.50	24	24.00	30.50
4	4.50	7.12	30	30.00	37.50
5	5.56	8.50	36	36.00	44.00
6	6.62	9.88	42	42.00	50.75
8	8.62	12.12	48	48.00	58.75

表 22-13 ASME B16.5 Class 150 管法兰和法兰管件用垫片尺寸 in

公称尺寸 NPS	垫片内径	平垫环外径	全平面垫片			
			垫片外径	螺栓孔数	螺栓孔直径	螺栓中心圆直径
1/2	0.84	1.88	3.50	4	0.62	2.38
3/4	1.06	2.25	3.88	4	0.62	2.75
1	1.31	2.62	4.25	4	0.62	3.12
1¼	1.66	3.00	4.63	4	0.62	3.50
1½	1.91	3.38	5.00	4	0.62	3.88
2	2.38	4.12	6.00	4	0.75	4.75
2½	2.88	4.88	7.00	4	0.75	5.50
3	3.50	5.38	7.50	4	0.75	6.00
3½	4.00	6.38	8.50	8	0.75	7.00
4	4.50	6.88	9.00	8	0.75	7.50
5	5.56	7.75	10.00	8	0.88	8.50
6	6.62	8.75	11.00	8	0.88	9.50
8	0.62	11.00	13.50	8	0.88	11.75
10	10.75	13.38	16.00	12	1.00	14.25
12	12.75	16.13	19.00	12	1.00	17.00
14	14.00	17.75	21.00	12	1.12	18.75
16	16.00	20.25	23.50	16	1.12	21.25
18	18.00	21.62	25.00	16	1.25	22.75
20	20.00	23.88	27.50	20	1.25	25.00
24	24.00	28.25	32.00	20	1.38	29.50

表 22-14 ASME B16.5 Class 300、Class 400、Class 600 和 Class 900 管法兰和法兰管件用平环垫片尺寸 in

公称尺寸 NPS	垫片内径	垫片外径			
		Class 300	Class 400	Class 600	Class 900
1/2	0.84	2.12	2.12	2.12	2.50
3/4	1.06	2.62	2.62	2.62	2.75
1	1.31	2.88	2.88	2.88	3.12
1¼	1.66	3.25	3.25	3.25	3.50
1½	1.91	3.75	3.75	3.75	3.88
2	2.38	4.38	4.38	4.38	5.62
2½	2.88	5.12	5.12	5.12	6.50
3	3.50	5.88	5.88	5.88	6.62

续表 22-14

in

公称尺寸 NPS	垫片内径	垫片外径			
		Class 300	Class 400	Class 600	Class 900
3½	4.00	6.50	6.38	6.38	—
4	4.50	7.12	7.00	7.62	8.12
5	5.56	8.50	8.38	9.50	9.75
6	6.62	9.88	9.75	10.50	11.38
8	8.62	12.12	12.00	12.62	14.12
10	10.75	14.25	14.12	15.75	17.12
12	12.75	16.62	16.50	18.00	19.62
14	14.00	19.12	19.00	19.38	20.50
16	16.00	21.25	21.12	22.25	22.62
18	18.00	23.50	23.38	24.12	25.12
20	20.00	25.75	25.50	26.88	27.50
24	24.00	30.50	30.25	31.12	33.00

表 22-15　ASME B16.24 Class 150 和 Class 300 铸铜合金管法兰和法兰管件用全平面垫片尺寸

in

公称尺寸 NPS	垫片内径	Class 150				Class 300			
		垫片外径	螺栓孔数	螺栓孔直径	螺栓中心圆直径	垫片外径	螺栓孔数	螺栓孔直径	螺栓中心圆直径
1/2	0.84	3.50	4	0.62	2.38	3.75	4	0.62	2.62
3/4	1.06	3.88	4	0.62	2.75	4.62	4	0.75	3.25
1	1.31	4.25	4	0.62	3.12	4.88	4	0.75	3.50
1¼	1.66	4.62	4	0.62	3.50	5.25	4	0.75	3.88
1½	1.91	5.00	4	0.62	3.88	6.12	4	0.88	4.50
2	2.38	6.00	4	0.75	4.75	6.50	8	0.75	5.00
2½	2.88	7.00	4	0.75	5.50	7.50	8	0.88	5.88
3	3.50	7.50	4	0.75	6.00	8.25	8	0.88	6.62
3½	4.00	8.50	8	0.75	7.00	9.00	8	0.88	7.25
4	4.50	9.00	8	0.75	7.50	10.00	8	0.88	7.88
5	5.56	10.00	8	0.88	8.50	11.00	8	0.88	9.25
6	6.62	11.00	8	0.88	9.50	12.50	12	0.88	10.63
8	8.62	13.50	8	0.88	11.75	15.00	12	1.00	13.00
10	10.75	16.00	12	1.00	14.25	—	—	—	—
12	12.75	19.00	12	1.00	17.00	—	—	—	—

表 22-16 ASME B16.47 Class 150、Class 300、Class 400 和 Class 600 A 系列大直径钢制法兰用平环垫片尺寸

in

公称尺寸 NPS	垫片内径	垫片外径			
		Class 150	Class 300	Class 400	Class 600
22[1)]	22.00	26.00	27.75	27.63	28.88
26	26.00	30.50	32.88	32.75	34.12
28	28.00	32.75	35.38	35.12	36.00
30	30.00	34.75	37.50	37.25	38.25
32	32.00	37.00	39.62	39.50	40.25
34	34.00	39.00	41.62	41.50	42.25
36	36.00	41.25	44.00	44.00	44.50
38	38.00	43.75	41.50	42.26	43.50
40	40.00	45.75	43.88	44.58	45.50
42	42.00	48.00	45.88	46.38	48.00
44	44.00	50.25	48.00	48.50	50.00
46	46.00	52.25	50.12	50.75	52.26
48	48.00	54.50	52.12	53.00	54.75
50	50.00	56.50	54.25	55.25	57.00
52	52.00	58.75	56.25	57.26	59.00
54	54.00	61.00	58.75	59.75	61.25
56	56.00	63.25	60.75	61.75	63.50
58	58.00	65.50	62.75	63.75	65.50
60	60.00	67.50	64.75	66.25	67.75

1）NPS 仅供参考。ASME B16.47 未列出此规格。

表 22-17 ASME B16.47 Class 75、Class 150、Class 300、Class 400 和 Class 600 B 系列大直径钢制法兰用平环垫片尺寸

in

公称尺寸 NPS	垫片内径	垫片外径				
		Class 75	Class 150	Class 300	Class 400	Class 600
26	26.00	27.88	28.56	30.38	29.38	30.12
28	28.00	29.88	30.56	32.50	31.50	32.25
30	30.00	31.88	32.56	34.88	33.75	34.62
32	32.00	33.88	34.69	37.00	35.88	36.75
34	34.00	35.88	36.81	39.12	37.88	39.25
36	36.00	38.31	38.88	41.25	40.25	41.25

续表 22-17

in

公称尺寸 NPS	垫片内径	垫片外径				
		Class 75	Class 150	Class 300	Class 400	Class 600
38	38.00	40.31	41.12	43.25	—	—
40	40.00	42.31	43.12	45.25	—	—
42	42.00	44.31	45.12	47.25	—	—
44	44.00	46.50	47.12	49.25	—	—
46	46.00	48.50	49.44	51.88	—	—
48	48.00	50.50	51.44	53.88	—	—
50	50.00	52.50	53.44	55.88	—	—
52	52.00	54.62	55.44	57.88	—	—
54	54.00	56.62	57.62	61.25	—	—
56	56.00	58.88	59.62	62.75	—	—
58	58.00	60.88	62.19	65.19	—	—
60	60.00	62.88	64.19	67.12	—	—

表 22-18 MSS SP-51 Class 150 LW 耐腐蚀铸造法兰和法兰管件用全平面垫片尺寸

in

公称尺寸 NPS	垫片内径	垫片外径	螺栓孔数	螺栓孔直径	螺栓中心圆直径
1/4	0.56	2.50	4	0.44	1.69
1/8	0.69	2.50	4	0.44	1.69
1/2	0.84	3.50	4	0.62	2.38
3/4	1.06	3.88	4	0.62	2.75
1	1.31	4.25	4	0.62	3.12
1¼	1.66	4.62	4	0.62	3.50
1½	1.91	5.00	4	0.62	3.88
2	2.38	6.00	4	0.75	4.75
2½	2.88	7.00	4	0.75	5.50
3	3.50	7.50	4	0.75	6.00
4	4.50	9.00	8	0.75	7.50
5	5.56	10.00	8	0.88	8.50
6	6.62	11.00	8	0.88	9.50
8	8.62	13.60	8	0.88	11.75
10	10.75	16.00	12	1.00	14.25

续表 22-18　　in

公称尺寸 NPS	垫片内径	垫片外径	螺栓孔数	螺栓孔直径	螺栓中心圆直径
12	12.75	19.00	12	1.00	17.00
14	14.00	21.00	12	1.12	18.75
16	16.00	23.50	16	1.12	21.25
18	18.00	25.00	16	1.25	22.75
20	20.00	27.50	20	1.25	25.00
24	24.00	32.00	20	1.38	29.50

22.1.4.2　公差

(1) 外径公差

对于 NPS 12 和小于 NPS 12 的垫片，公差为 $^{0}_{-1.5}$mm$\left(^{0}_{-0.06in}\right)$；

对于 NPS 14 和大于 NPS 14 的垫片，公差为 $^{0}_{-3.0}$mm$\left(^{0}_{-0.12in}\right)$。

(2) 内径公差

对于 NPS 12 和小于 NPS 12 的垫片，公差为±1.5 mm(±0.06 in)；

对于 NPS 14 和大于 NPS 14 的垫片，公差为±3.0 mm(±0.12 in)。

(3) 螺栓中心圆直径公差为±1.5 mm(±0.06 in)。

(4) 相邻螺栓孔中心距公差为±1.0 mm(±0.03 in)。

22.1.5　标志

22.1.5.1　材料标志

如果不是用户有要求，垫片材料应标出材料制造厂名称或商标及材料牌号等内容的标记。

22.1.5.2　垫片标志

垫片的包装上应标出包括 NPS、Class 、垫片制造厂名、材料牌号、厚度等内容的标记，并且在包装壳上或每个垫片上面标出 ASME B16.21 标记或标签。

22.2　管法兰用环连接式、缠绕式及夹套式金属垫片(ASME B16.20—2007)

该标准为 ASME B16.20—1998 的最新修订版，主要是在标准中采用了米制尺寸，作为与美国通用单位独立的衡量单位；标准中的强制性附录 1 增加了以英制单位(美国通用单位)表示的尺寸表。

22.2.1　范围

22.2.1.1　总则

ASME B16.20—2007 标准涉及环连接式、缠绕式及夹套式金属垫片的材料、尺寸、公差和标志。这些垫片的尺寸适用于以下标准中所包括的法兰：

ASME B16.5《管法兰和法兰管件》；

ASME B16.47《大直径钢法兰 NPS 26 至 NPS 60》；

API 6A《阀门和井口设备规范》；

ISO 10423《石油天然气工业 钻井和生产设备 井口和采油树设备》。

ASME B16.20 标准中所包括的垫片为突面密封面和平面密封面法兰用缠绕式金属垫片和金属夹套式垫片。

22.2.1.2 质量体系

按该标准制造的产品应按质量体系的程序进行，该程序应遵循 ISO 9000 系列某一适合的标准的原则。对于制造厂的质量体系程序，是否需要确定一个独立的组织机构进行注册和/或产品认证乃是制造厂的职责。采购者在制造厂的场所应能得到演示程序符合性的详细文件。应采购者的请求，制造厂还应提供其产品所使用的该质量体系程序的书面摘要说明。所谓产品制造厂系指按该标准标志或识别要求的在产品上示出的完整厂名或商标。

22.2.1.3 相关单位

该标准规定了以米制为单位和以英制为单位（英国通用单位）的两种数值。这些单位制被看作独立的两种标准单位。标准正文中，美国通用的单位用括弧表示或用单独的表格表示。由于每一种计量单位表示的数值并非精确相等，因此，要求每一种单位彼此应独立使用。如混合使用两种单位制表示的数值，可能会造成与本标准的不一致。

22.2.2 环连接金属垫片

22.2.2.1 型式

环连接垫片的横截面为八角形或椭圆形。

22.2.2.2 规格

环连接垫片应使用 R、RX 或 BX 编号来识别。该环号与法兰的规格（NPS）、压力等级（Class）和相应法兰标准（ASME B16.5、ASME B16.47、API 6A 或 ISO 10423）有关。

22.2.2.3 材料

（1）总则：表 22-19 列出了一些环连接垫片的材料，用户应根据适宜的工作条件进行选择。建议所选用的材料硬度低于相配法兰的硬度。

（2）硬度：环连接垫片的最大硬度值见表 22-19。

22.2.2.4 标志

每个垫片的外表面应标有制造厂名称或商标，垫片号前冠以字母 R，RX 或 BX，之后标注垫片材料识别号。材料识别号见表 22-20。垫片上还应有 ASME B16.20 标志，加标志时不应使垫片产生有害变形或影响密封的完整性。环连接垫片的标志见表 22-20。

22.2.2.5 尺寸与公差

（1）以米制为单位的环连接垫片尺寸及公差见图 22-1～图 22-3 和表 22-21～表 22-26。

（2）以英制为单位的环连接垫片尺寸及公差见图 22-4～图 22-6 和表 22-27～表 22-29。

表 22-19　环连接垫片的最大硬度

环形垫片材料	最大硬度	
	布氏	洛氏“B”级
软铁[1]	90	56
低碳钢	120	68
4%～6%铬、0.5%钼钢	130	72
410 型钢	170	86
304 型钢	160	83
316 型钢	160	83
347 型钢	160	83

1）可以是低碳钢，但硬度不得超过布氏硬度 90、洛氏“B”级硬度 56。

表 22-20　环连接垫片的标志

环形垫片材料	识别号	标志示例[1]
软铁[2]	D	R51D
低碳钢	S	R51S
4%～6%铬，0.5%钼钢	F[3]	R51F5
410 型钢	S410	R51S410
304 型钢	S304	R51S304
316 型钢	S316	R51S316
347 型钢	S347	R51S347

1）此代号应放在制造厂名称或识别商标位置之后。

2）可以是最大硬度不超过布氏硬度 90 或洛氏“B”硬度 56 的低碳钢。

3）F5 识别号仅表示 ASTM 技术规范 A182—72 所要求的化学成分。

22.2.2.6　表面粗糙度

R 和 RX 型环垫表面的表面粗糙度应不超过 1.6 μm(63 μin)。BX 型环垫表面的表面粗糙度应不超过 0.8 μm(32 μin)。表面粗糙度应适于垫片所密封的表面。

22.2.2.7　标识号

环连接垫片应具有尺寸标记的标识号。标识号或环号见表 22-21～表 22-29。

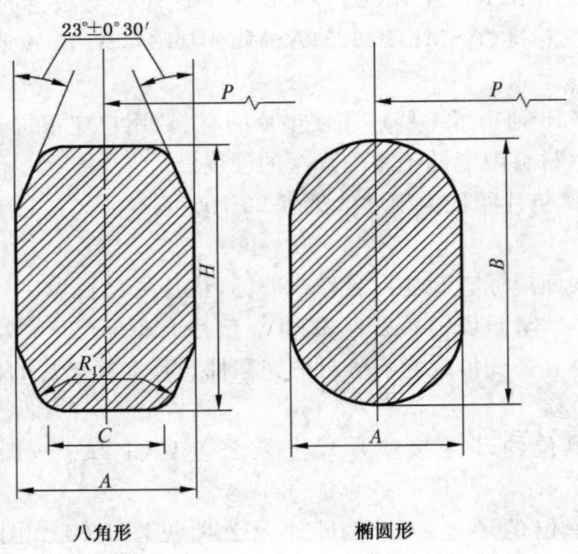

图 22-1　R 型环垫

表 22-21　R 型平环垫片尺寸与公差

mm

环垫号	圆环平均节径	环垫宽度	环垫高度		八角形环垫平面宽度	八角形环垫圆角半径
			椭圆形	八角形		
	$P\pm0.18$	$A\pm0.20$	$B^{+1.3[1)]}_{-0.5}$	$H^{+1.3[1)]}_{-0.5}$	$C\pm0.20$	$R_1\pm0.5$
R-11	34.14	6.35	11.2	9.7	4.32	1.5
R-12	39.70	7.95	14.2	12.7	5.23	1.5
R-13	42.88	7.95	14.2	12.7	5.23	1.5
R-14	44.45	7.95	14.2	12.7	5.23	1.5
R-15	47.63	7.95	14.2	12.7	5.23	1.5
R-16	50.80	7.95	14.2	12.7	5.23	1.5
R-17	57.15	7.95	14.2	12.7	5.23	1.5
R-18	60.33	7.95	14.2	12.7	5.23	1.5
R-19	65.10	7.95	14.2	12.7	5.23	1.5
R-20	68.28	7.95	14.2	12.7	5.23	1.5
R-21	72.24	11.13	17.5	16.0	7.75	1.5
R-22	82.55	7.95	14.2	12.7	5.23	1.5
R-23	82.55	11.13	17.5	16.0	7.75	1.5
R-24	95.25	11.13	17.5	16.0	7.75	1.5
R-25	101.60	7.95	14.2	12.7	5.23	1.5
R-26	101.60	11.13	17.5	16.0	7.75	1.5
R-27	107.95	11.13	17.5	16.0	7.75	1.5
R-28	111.13	12.70	19.1	17.5	8.66	1.5
R-29	114.30	7.95	14.2	12.7	5.23	1.5
R-30	117.48	11.13	17.5	16.0	7.75	1.5
R-31	123.83	11.13	17.5	16.0	7.75	1.5
R-32	127.00	12.70	19.1	17.5	8.66	1.5
R-33	131.78	7.95	14.2	12.7	5.23	1.5
R-34	131.78	11.13	17.5	16.0	7.75	1.5
R-35	136.53	11.13	17.5	16.0	7.75	1.5
R-36	149.23	7.95	14.2	12.7	5.23	1.5
R-37	149.23	11.13	17.5	16.0	7.75	1.5
R-38	157.18	15.88	22.4	20.6	10.49	1.5
R-39	161.93	11.13	17.5	16.0	7.75	1.5
R-40	171.45	7.95	14.2	12.7	5.23	1.5
R-41	180.98	11.13	17.5	16.0	7.75	1.5
R-42	190.50	19.05	25.4	23.9	12.32	1.5

续表 22-21　mm

环垫号	圆环平均节径	环垫宽度	环垫高度		八角形环垫平面宽度	八角形环垫圆角半径
			椭圆形	八角形		
	$P\pm0.18$	$A\pm0.20$	$B^{+1.3}_{-0.5}$ [1)]	$H^{+1.3}_{-0.5}$ [1)]	$C\pm0.20$	$R_1\pm0.5$
R-43	193.68	7.95	14.2	12.7	5.23	1.5
R-44	193.68	11.13	17.5	16.0	7.75	1.5
R-45	211.15	11.13	17.5	16.0	7.75	1.5
R-46	211.15	12.70	19.1	17.5	8.66	1.5
R-47	228.60	19.05	25.4	23.9	12.32	1.5
R-48	247.65	7.95	14.2	12.7	5.23	1.5
R-49	269.88	11.13	17.5	16.0	7.75	1.5
R-50	269.88	15.88	22.4	20.6	10.49	1.5
R-51	279.40	22.23	28.7	26.9	14.81	1.5
R-52	304.80	7.95	14.2	12.7	5.23	1.5
R-53	323.85	11.13	17.5	16.0	7.75	1.5
R-54	323.85	15.88	22.4	20.6	10.49	1.5
R-55	342.90	28.58	36.6	35.1	19.81	2.3
R-56	381.00	7.95	14.2	12.7	5.23	1.5
R-57	381.00	11.13	17.5	16.0	7.75	1.5
R-58	381.00	22.23	28.7	26.9	14.81	1.5
R-59	396.88	7.95	14.2	12.7	5.23	1.5
R-60	406.40	31.75	39.6	38.1	22.33	2.3
R-61	419.10	11.13	17.5	16.0	7.75	1.5
R-62	419.10	15.88	22.4	20.6	10.49	1.5
R-63	419.10	25.40	33.3	31.8	17.30	2.3
R-64	454.03	7.95	14.2	12.7	5.23	1.5
R-65	469.90	11.13	17.5	16.0	7.75	1.5
R-66	469.90	15.88	22.4	20.6	10.49	1.5
R-67	469.90	28.58	36.6	35.1	19.81	2.3
R-68	517.53	7.95	14.2	12.7	5.23	1.5
R-69	533.40	11.13	17.5	16.0	7.75	1.5
R-70	533.40	19.05	25.4	23.9	12.32	1.5
R-71	533.40	28.58	36.6	35.1	19.81	2.3
R-72	558.80	7.95	14.2	12.7	5.23	1.5
R-73	584.20	12.70	19.1	17.5	8.66	1.5
R-74	584.20	19.05	25.4	23.9	12.32	1.5

续表 22-21

mm

环垫号	圆环平均节径 $P\pm0.18$	环垫宽度 $A\pm0.20$	环垫高度		八角形环垫平面宽度 $C\pm0.20$	八角形环垫圆角半径 $R_1\pm0.5$
			椭圆形 $B^{+1.3}_{-0.5}$[1)]	八角形 $H^{+1.3}_{-0.5}$[1)]		
R-75	584.20	31.75	39.6	38.1	22.33	2.3
R-76	673.10	7.95	14.2	12.7	5.23	1.5
R-77	692.15	15.88	22.4	20.6	10.49	1.5
R-78	692.15	25.40	33.3	31.8	17.30	2.3
R-79	692.15	34.93	44.5	41.4	24.82	2.3
R-80	615.95	7.95	—	12.7	5.23	1.5
R-81	635.00	14.30	—	19.1	9.58	1.5
R-82	57.15	11.13	—	16.0	7.75	1.5
R-84	63.50	11.13	—	16.0	7.75	1.5
R-85	79.38	12.70	—	17.5	8.66	1.5
R-86	90.50	15.88	—	20.6	10.49	1.5
R-87	100.03	5.88	—	20.6	10.49	1.5
R-88	123.83	19.05	—	23.9	12.32	1.5
R-89	114.30	19.05	—	23.9	12.32	1.5
R-90	155.58	22.23	—	26.9	14.81	1.5
R-91	260.35	31.75	—	38.1	22.33	2.3
R-92	228.60	11.13	17.5	16.0	7.75	1.5
R-93	749.30	19.05	—	23.9	12.32	1.5
R-94	800.10	19.05	—	23.9	12.32	1.5
R-95	857.25	19.05	—	23.9	12.32	1.5
R-96	914.40	22.23	—	26.9	14.81	1.5
R-97	965.20	22.23	—	26.9	14.81	1.5
R-98	1 022.35	22.23	—	26.9	14.81	1.5
R-99	234.95	11.13	—	16.0	7.75	1.5
R-100	749.30	28.58	—	35.1	19.81	2.3
R-101	800.10	31.75	—	38.1	22.33	2.3
R-102	857.25	31.75	—	38.1	22.33	2.3
R-103	914.40	31.75	—	38.1	22.33	2.3
R-104	965.20	34.93	—	41.4	24.82	2.3
R-105	1 022.35	34.93	—	41.4	24.82	2.3

1)在此公差范围内，任意给定环的整个圆周上的高度变化不应超过 0.5 mm。

表 22-22　适用于引用法兰标准中的 **R** 型环垫用管子规格　　in

环垫号	压力等级											
	ASME B16.5					API 6B				ASME B16.47 A 系列		
	Class 150	Class 300～Class 600	Class 900	Class 1500	Class 2500	Class 720～Class 960[1)]	Class 2000	Class 3000	Class 10000[1)]	Class 150	Class 300～Class 600	Class 900
R-11	—	1/2	—	—	—	—	—	—	—	—	—	—
R-12	—	—	1/2	1/2	—	—	—	—	—	—	—	—
R-13	—	3/4	—	—	1/2	—	—	—	—	—	—	—
R-14	—	—	3/4	3/4	—	—	—	—	—	—	—	—
R-15	1	—	—	—	—	—	—	—	—	—	—	—
R-16	—	1	1	1	3/4	1	1	1	1	—	—	—
R-17	1¼	—	—	—	—	—	—	—	—	—	—	—
R-18	—	1¼	1¼	1¼	1	1¼	1¼	1¼	1¼	—	—	—
R-19	1½	—	—	—	—	—	—	—	—	—	—	—
R-20	—	1½	1½	1½	—	1½	1½	1½	1½	—	—	—
R-21	—	—	—	—	1¼	—	—	—	—	—	—	—
R-22	2	—	—	—	—	—	—	—	—	—	—	—
R-23	—	2	—	—	1½	2	2	—	—	—	—	—
R-24	—	—	2	2	—	—	—	2	2	—	—	—
R-25	2½	—	—	—	—	—	—	—	—	—	—	—
R-26	—	2½	—	—	2	2½	2½	—	—	—	—	—
R-27	—	—	2½	2½	—	—	—	2½	2½	—	—	—
R-28	—	—	—	—	2½	—	—	—	—	—	—	—
R-29	3	—	—	—	—	—	—	—	—	—	—	—
R-30[2)]	—	3	—	—	—	—	—	—	—	—	—	—
R-31	—	3	3	—	—	3	3	3	—	—	—	—
R-32	—	—	—	—	3	—	—	—	—	—	—	—
R-33	3½	—	—	—	—	—	—	—	—	—	—	—
R-34	—	3½	—	—	—	—	—	—	—	—	—	—
R-35	—	—	—	3	—	—	—	—	3	—	—	—
R-36	4	—	—	—	—	—	—	—	—	—	—	—
R-37	—	4	4	—	—	4	4	4	3½	—	—	—
R-38	—	—	—	—	4	—	—	—	—	—	—	—

续表 22-22

in

环垫号	压力等级											
	ASME B16.5					API 6B				ASME B16.47 A 系列		
	Class 150	Class 300～Class 600	Class 900	Class 1500	Class 2500	Class 720～Class 960[1)]	Class 2000	Class 3000	Class 10000[1)]	Class 150	Class 300～Class 600	Class 900
R-39	—	—	—	4	—	—	—	—	4	—	—	—
R-40	5	—	—	—	—	—	—	—	—	—	—	—
R-41	—	5	5	—	—	5	5	5	—	—	—	—
R-42	—	—	—	—	5	—	—	—	—	—	—	—
R-43	6	—	—	—	—	—	—	—	—	—	—	—
R-44	—	—	—	5	—	—	—	—	5	—	—	—
R-45	—	6	6	—	—	6	6	6	—	—	—	—
R-46	—	—	—	6	—	—	—	—	6	—	—	—
R-47	—	—	—	—	6	—	—	—	—	—	—	—
R-48	8	—	—	—	—	—	—	—	—	—	—	—
R-49	—	8	8	—	—	8	8	8	—	—	—	—
R-50	—	—	—	8	—	—	—	—	8	—	—	—
R-51	—	—	—	—	8	—	—	—	—	—	—	—
R-52	10	—	—	—	—	—	—	—	—	—	—	—
R-53	—	10	10	—	—	10	10	10	—	—	—	—
R-54	—	—	—	10	—	—	—	—	10	—	—	—
R-55	—	—	—	—	10	—	—	—	—	—	—	—
R-56	12	—	—	—	—	—	—	—	—	—	—	—
R-57	—	12	12	—	—	12	12	12	—	—	—	—
R-58	—	—	—	12	—	—	—	—	—	—	—	—
R-59	14	—	—	—	—	—	—	—	—	—	—	—
R-60	—	—	—	—	12	—	—	—	—	—	—	—
R-61	—	14	—	—	—	14	14	14	—	—	—	—
R-62	—	—	14	—	—	—	—	—	—	—	—	—
R-63	—	—	—	14	—	—	—	—	—	—	—	—
R-64	16	—	—	—	—	—	—	—	—	—	—	—

续表 22-22　　in

环垫号	压力等级											
	ASME B16.5					API 6B				ASME B16.47 A 系列		
	Class 150	Class 300～Class 600	Class 900	Class 1500	Class 2500	Class 720～Class 960[1]	Class 2000	Class 3000	Class 10000[1]	Class 150	Class 300～Class 600	Class 900
R-65	—	16	—	—	—	16	16	—	—	—	—	—
R-66	—	—	16	—	—	—	—	16	—	—	—	—
R-67	—	—	—	16	—	—	—	—	—	—	—	—
R-68	18	—	—	—	—	—	—	—	—	—	—	—
R-69	—	18	—	—	—	18	18	—	—	—	—	—
R-70	—	—	18	—	—	—	—	18	—	—	—	—
R-71	—	—	—	18	—	—	—	—	—	—	—	—
R-72	20	—	—	—	—	—	—	—	—	—	—	—
R-73	—	20	—	—	—	20	20	—	—	—	—	—
R-74	—	—	20	—	—	—	—	20	—	—	—	—
R-75	—	—	—	20	—	—	—	—	—	—	—	—
R-76	24	—	—	—	—	—	—	—	—	—	—	—
R-77	—	24	—	—	—	—	—	—	—	—	—	—
R-78	—	—	24	—	—	—	—	—	—	—	—	—
R-79	—	—	—	24	—	—	—	—	—	—	—	—
R-80	—	—	—	—	—	—	—	—	—	—	—	—
R-81	—	—	—	—	—	—	—	—	—	—	—	—
R-82	—	—	—	—	—	—	—	—	1	—	—	—
R-84	—	—	—	—	—	—	—	—	1½	—	—	—
R-85	—	—	—	—	—	—	—	—	2	—	—	—
R-86	—	—	—	—	—	—	—	—	2½	—	—	—
R-87	—	—	—	—	—	—	—	—	3	—	—	—
R-88	—	—	—	—	—	—	—	—	4	—	—	—
R-89	—	—	—	—	—	—	—	—	3½	—	—	—
R-90	—	—	—	—	—	—	—	—	5	—	—	—
R-91	—	—	—	—	—	—	—	—	10	—	—	—
R-92	—	—	—	—	—	—	—	—	—	—	—	—
R-93	—	—	—	—	—	—	—	—	—	—	26	—
R-94	—	—	—	—	—	—	—	—	—	—	28	—
R-95	—	—	—	—	—	—	—	—	—	—	30	—

续表 22-22

in

环垫号	压力等级											
	ASME B16.5					API 6B				ASME B16.47 A 系列		
	Class 150	Class 300～Class 600	Class 900	Class 1500	Class 2500	Class 720～Class 960[1]	Class 2000	Class 3000	Class 10000[1]	Class 150	Class 300～Class 600	Class 900
R-96	—	—	—	—	—	—	—	—	—	—	32	—
R-97	—	—	—	—	—	—	—	—	—	—	34	—
R-98	—	—	—	—	—	—	—	—	—	—	36	—
R-99	—	—	—	—	—	—	8	8	—	—	—	—
R-100	—	—	—	—	—	—	—	—	—	—	—	26
R-101	—	—	—	—	—	—	—	—	—	—	—	28
R-102	—	—	—	—	—	—	—	—	—	—	—	30
R-103	—	—	—	—	—	—	—	—	—	—	—	32
R-104	—	—	—	—	—	—	—	—	—	—	—	34
R-105	—	—	—	—	—	—	—	—	—	—	—	36

注：API 6D 和 API 600 端法兰使用 ASME B16.5 或 ASME B16.47A 系列中相同管子规格的垫片。

1）API 6B Class 720、Class 960 和 Class 10000 法兰已作废。数据仅供参考。

2）R30 型仅用于搭接法兰。

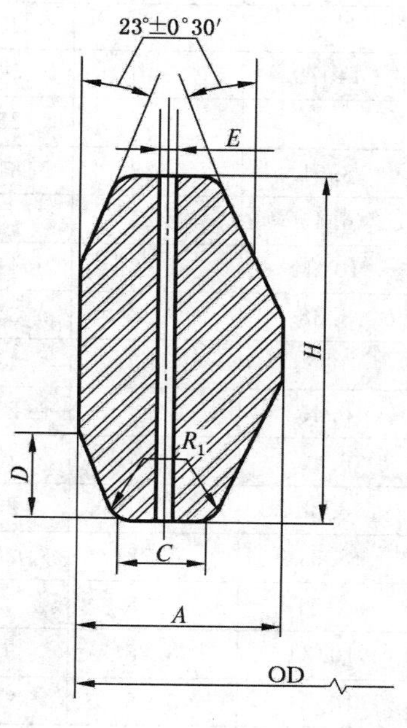

图 22-2 RX 型环垫

表 22-23　RX 型环垫尺寸与公差

mm

环垫号	环垫外径 $OD^{+0.51}_{0}$	环垫宽度 $A^{+0.2}_{0}$[1]	平面宽度 $C^{+0.15}_{0}$	外斜面高度 $D^{0}_{-0.76}$	环垫高度 $H^{+0.2}_{0}$[2]	八角形环垫圆角半径 $R_1\pm0.5$	通孔规格 $E\pm0.5$[3]
RX-20	76.20	8.74	4.62	3.18	19.05	1.5	—
RX-23	93.27	11.91	6.45	4.24	25.40	1.5	—
RX-24	105.97	11.91	6.45	4.24	25.40	1.5	—
RX-25	109.55	8.74	4.62	3.18	19.05	1.5	—
RX-26	111.91	11.91	6.45	4.24	25.40	1.5	—
RX-27	118.26	11.91	6.45	4.24	25.40	1.5	—
RX-31	134.54	11.91	6.45	4.24	25.40	1.5	—
RX-35	147.24	11.91	6.45	4.24	25.40	1.5	—
RX-37	159.94	11.91	6.45	4.24	25.40	1.5	—
RX-39	172.64	11.91	6.45	4.24	25.40	1.5	—
RX-41	191.69	11.91	6.45	4.24	25.40	1.5	—
RX-44	204.39	11.91	6.45	4.24	25.40	1.5	—
RX-45	221.84	11.91	6.45	4.24	25.40	1.5	—
RX-46	222.25	13.49	6.68	4.78	28.58	1.5	—
RX-47	245.26	19.84	10.34	6.88	41.28	2.3	—
RX-49	280.59	11.91	6.45	4.24	25.40	1.5	—
RX-50	283.36	16.66	8.51	5.28	31.75	1.5	—
RX-53	334.57	11.91	6.45	4.24	25.40	1.5	—
RX-54	337.34	16.66	8.51	5.28	31.75	1.5	—
RX-57	391.72	11.91	6.45	4.24	25.40	1.5	—
RX-63	441.73	27.00	14.78	8.46	50.80	2.3	—
RX-65	480.62	11.91	6.45	4.24	25.40	1.5	—
RX-66	457.99	16.66	8.51	5.28	31.75	1.5	—
RX-69	544.12	11.91	6.45	4.24	25.40	1.5	—
RX-70	550.06	19.84	10.34	6.88	41.28	2.3	—
RX-73	596.11	13.49	6.68	5.28	31.75	1.5	—
RX-74	600.86	19.84	10.34	6.88	41.28	2.3	—
RX-82	67.87	11.91	6.45	4.24	25.40	1.5	1.5
RX-84	74.22	11.91	6.45	4.24	25.40	1.5	1.5
RX-85	90.09	13.49	6.68	4.24	25.40	1.5	1.5
RX-86	103.58	15.09	8.51	4.78	28.58	1.5	2.3
RX-87	113.11	15.09	8.51	4.78	28.58	1.5	2.3
RX-88	139.29	17.48	10.34	5.28	31.75	1.5	3.0
RX-89	129.77	18.26	10.34	5.28	31.75	1.5	3.0
RX-90	174.63	19.84	12.17	7.42	44.45	2.3	3.0

续表 22-23

mm

环垫号	环垫外径 $OD^{+0.51}_{0}$	环垫宽度 $A^{+0.2}_{0}$ [1]	平面宽度 $C^{+0.15}_{0}$	外斜面高度 $D^{0}_{-0.76}$	环垫高度 $H^{+0.2}_{0}$ [2]	八角形环垫圆角半径 $R_1\pm0.5$	通孔规格 $E\pm0.5$ [3]
RX-91	286.94	30.18	19.81	7.54	45.24	2.3	3.0
RX-99	245.67	11.91	6.45	4.24	25.40	1.5	—
RX-201	51.46	5.74	3.20	1.45	11.30	0.5[5]	—
RX-205	62.31	5.56	3.05	1.83[4]	11.10	0.5[5]	—
RX-210	97.64	9.53	5.41	3.18[4]	19.05	0.8[5]	—
RX-215	140.89	11.91	5.33	4.24[4]	25.40	1.5[5]	—

1）在此公差范围内任意给定环，在整个圆周上的宽度变化应不超过 0.10 mm。
2）在此公差范围内任意给定环，在整个圆周上的高度变化应不超过 0.10 mm。
3）只有 RX-82～RX-91 环垫才要求按图 22-2 所示制做压力通孔。孔的中心线应位于尺寸 C 的中间。
4）这些尺寸的公差为：$^{0}_{-0.38}$ mm。
5）这些尺寸的公差为：$^{+0.5}_{0}$ mm。

表 22-24　适用于 API 6B 标准中的 RX 型圆环垫片相配的管子规格

in

环垫号	压力等级(对于 API 6B)			
	Class 720～Class 960 Class 2000[1]	Class 2900[1]	Class 3000	Class 5000
RX-20	1½	—	1½	1½
RX-23	2	—	—	—
RX-24	—	—	2	2
RX-25	—	—	—	3⅛
RX-26	2½	—	—	—
RX-27	—	—	2½	2½
RX-31	3	—	3	—
RX-35	—	—	—	3
RX-37	4	—	4	—
RX-39	—	—	—	4
RX-41	5	—	5	—
RX-44	—	—	—	5
RX-45	6	—	6	—
RX-46	—	—	—	6
RX-47	—	—	—	8[2]
RX-49	8	—	8	—
RX-50	—	—	—	8
RX-53	10	—	10	—
RX-54	—	—	—	10
RX-57	12	—	12	—

续表 22-24

in

环垫号	压力等级(对于 API 6B)			
	Class 720～Class 960 Class 2000[1]	Class 2900[1]	Class 3000	Class 5000
RX-63	—	—	—	14
RX-65	16	—	—	—
RX-66	—	—	16	—
RX-69	18	—	—	—
RX-70	—	—	18	—
RX-73	20	—	—	—
RX-74	—	—	20	—
RX-82	—	1	—	—
RX-84	—	1½	—	—
RX-85	—	2	—	—
RX-86	—	2½	—	—
RX-87	—	3	—	—
RX-88	—	4	—	—
RX-89	—	3½	—	—
RX-90	—	5	—	—
RX-91	—	10	—	—
RX-99	8[2]	—	8[2]	—
RX-201	—	—	—	1⅜
RX-205	—	—	—	1 13/16
RX-210	—	—	—	2 9/16
RX-215	—	—	—	4 1/16

1) API 6B Class 720、Class 960 和 Class 2900 法兰已作废，数据仅供参考。

2) 剖分式法兰连接。

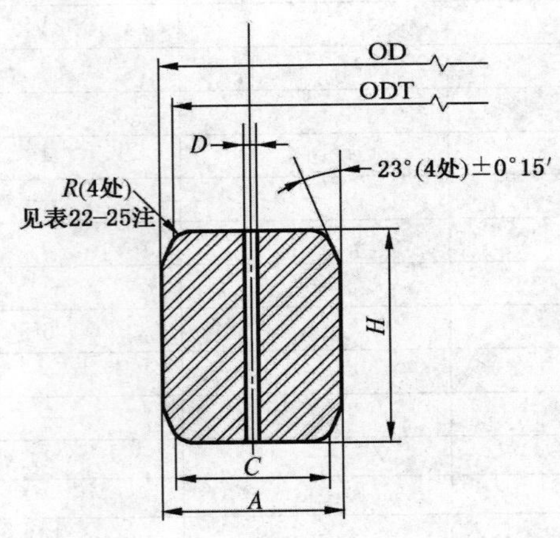

图 22-3　BX 型环垫

表 22-25 BX 型环垫尺寸与公差

mm

环垫号	公称规格	环垫外径 $OD_{-0.15}^{0}$	环垫高度 $H_{0}^{+0.20}$[1]	环垫宽度 $A_{0}^{+0.20}$[2]	平面外径 ODT±0.05	平面宽度 $C_{0}^{+0.15}$	通孔规格 $D\pm0.5$[3]
BX-150	43	72.19	9.30	9.30	70.87	7.98	1.5
BX-151	46	76.40	9.63	9.63	75.03	8.26	1.5
BX-152	52	84.68	10.24	10.24	83.24	8.79	1.5
BX-153	65	100.94	11.38	11.38	99.31	9.78	1.5
BX-154	78	116.84	12.40	12.40	115.09	10.64	1.5
BX-155	103	147.96	14.22	14.22	145.95	12.22	1.5
BX-156	179	237.92	18.62	18.62	235.28	15.98	3.0
BX-157	229	294.46	20.98	20.98	291.49	18.01	3.0
BX-158	279	352.04	23.14	23.14	348.77	19.86	3.0
BX-159	346	426.72	25.70	25.70	423.09	22.07	3.0
BX-160	346	402.59	23.83	13.74	399.21	10.36	3.0
BX-161	422	491.41	28.07	16.21	487.45	12.24	3.0
BX-162	422	475.49	14.22	14.22	473.48	12.22	1.5
BX-163	476	556.16	30.10	17.37	551.89	13.11	3.0
BX-164	476	570.56	30.10	24.59	566.29	20.32	3.0
BX-165	540	624.71	32.03	18.49	620.19	13.97	3.0
BX-166	540	640.03	32.03	26.14	635.51	21.62	3.0
BX-167	680	759.36	35.86	13.11	754.28	8.03	1.5
BX-168	680	765.25	35.86	16.05	760.17	10.97	1.5
BX-169	130	173.51	15.85	12.93	171.27	10.69	1.5
BX-170	168	218.03	14.22	14.22	216.03	12.22	1.5
BX-171	218	267.44	14.22	14.22	265.43	12.22	1.5
BX-172	283	333.07	14.22	14.22	331.06	12.22	1.5
BX-303	762	852.75	37.95	16.97	847.37	11.61	1.5

注:半径 R 应为垫片高度 H 的 8%～12%。

1) 在此公差范围内任意环垫,在整个圆周上的高度变化应不超过 0.1 mm。

2) 在此公差范围内任意环垫,在整个圆周上的宽度变化应不超过 0.10 mm。

3) 每个垫片要求按图 22-3 所示制做一个压力通孔。孔的中心线应位于尺寸 C 的中点。

表 22-26　适用于 API 6BX 标准用 BX 型圆环垫片相配的管子规格

环垫号	压力等级(对于 API 6BX)					
	Class 2000	Class 3000	Class 5000	Class 10000	Class 15000	Class 20000
BX-150	—	—	—	$1\frac{11}{16}$	$1\frac{11}{16}$	—
BX-151	—	—	—	$1\frac{13}{16}$	$1\frac{13}{16}$	$1\frac{13}{16}$
BX-152	—	—	—	$2\frac{1}{16}$	$2\frac{1}{16}$	$2\frac{1}{16}$
BX-153	—	—	—	$2\frac{9}{16}$	$2\frac{9}{16}$	$2\frac{9}{16}$
BX-154	—	—	—	$3\frac{1}{16}$	$3\frac{1}{16}$	$3\frac{1}{16}$
BX-155	—	—	—	$4\frac{1}{16}$	$4\frac{1}{16}$	$4\frac{1}{16}$
BX-156	—	—	—	$7\frac{1}{16}$	$7\frac{1}{16}$	$7\frac{1}{16}$
BX-157	—	—	—	9	9	9
BX-158	—	—	—	11	11	11
BX-159	—	—	—	$13\frac{5}{8}$	$13\frac{5}{8}$	$13\frac{5}{8}$
BX-160	—	—	$13\frac{5}{8}$	—	—	—
BX-161	—	—	$16\frac{3}{4}$	—	—	—
BX-162	—	—	$16\frac{3}{4}$	$16\frac{3}{4}$	$16\frac{3}{4}$	—
BX-163	—	—	$18\frac{3}{4}$	—	—	—
BX-164	—	—	—	$18\frac{3}{4}$	$18\frac{3}{4}$	—
BX-165	—	—	$21\frac{1}{4}$	—	—	—
BX-166	—	—	—	$21\frac{1}{4}$	—	—
BX-167	$26\frac{3}{4}$	—	—	—	—	—
BX-168	—	$26\frac{3}{4}$	—	—	—	—
BX-169	—	—	—	$5\frac{1}{8}$	—	—
BX-170	—	—	—	$6\frac{5}{8}$	$6\frac{5}{8}$	—
BX-171	—	—	—	$8\frac{9}{16}$	$8\frac{9}{16}$	—
BX-172	—	—	—	$11\frac{5}{32}$	$11\frac{5}{32}$	—
BX-303	30	30	—	—	—	—

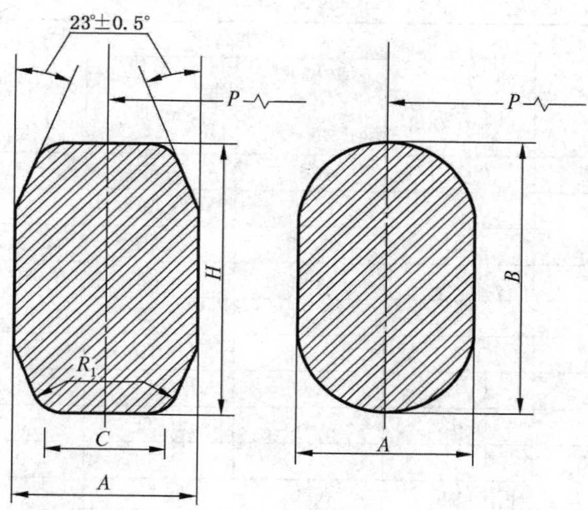

图 22-4 R 型环垫

表 22-27 R 型环垫尺寸与公差

in

环垫号	圆环平均节径	环垫宽度	环垫高度		八角形环垫平面宽度	八角形环垫圆角半径
			椭圆形	八角形		
	$P\pm0.007$	$A\pm0.008$	$B^{+0.05}_{-0.02}$ 1)	$H^{+0.05}_{-0.02}$ 1)	$C\pm0.008$	$R_1\pm0.02$
R-11	1.344	0.250	0.44	0.38	0.170	0.06
R-12	1.563	0.313	0.56	0.50	0.206	0.06
R-13	1.688	0.313	0.56	0.50	0.206	0.06
R-14	1.750	0.313	0.56	0.50	0.206	0.06
R-15	1.875	0.313	0.56	0.50	0.206	0.06
R-16	2.000	0.313	0.56	0.50	0.206	0.06
R-17	2.250	0.313	0.56	0.50	0.206	0.06
R-18	2.375	0.313	0.56	0.50	0.206	0.06
R-19	2.563	0.313	0.56	0.50	0.206	0.06
R-20	2.688	0.313	0.56	0.50	0.206	0.06
R-21	2.844	0.438	0.69	0.63	0.305	0.06
R-22	3.250	0.313	0.56	0.50	0.206	0.06
R-23	3.250	0.438	0.69	0.63	0.305	0.06
R-24	3.750	0.438	0.69	0.63	0.305	0.06
R-25	4.000	0.313	0.56	0.50	0.206	0.06
R-26	4.000	0.438	0.69	0.63	0.305	0.06
R-27	4.250	0.438	0.69	0.63	0.305	0.06
R-28	4.375	0.500	0.75	0.69	0.341	0.06
R-29	4.500	0.313	0.56	0.50	0.206	0.06
R-30	4.625	0.438	0.69	0.63	0.305	0.06

续表 22-27

in

环垫号	圆环平均节径	环垫宽度	环垫高度		八角形环垫平面宽度	八角形环垫圆角半径
			椭圆形	八角形		
	$P\pm0.007$	$A\pm0.008$	$B^{+0.05[1)]}_{-0.02}$	$H^{+0.05[1)]}_{-0.02}$	$C\pm0.008$	$R_1\pm0.02$
R-31	4.875	0.438	0.69	0.63	0.305	0.06
R-32	5.000	0.500	0.75	0.69	0.341	0.06
R-33	5.188	0.313	0.56	0.50	0.206	0.06
R-34	5.188	0.438	0.69	0.63	0.305	0.06
R-35	5.375	0.438	0.69	0.63	0.305	0.06
R-36	5.875	0.313	0.56	0.50	0.206	0.06
R-37	5.875	0.438	0.69	0.63	0.305	0.06
R-38	6.188	0.625	0.88	0.81	0.413	0.06
R-39	6.375	0.438	0.69	0.63	0.305	0.06
R-40	6.750	0.313	0.56	0.50	0.206	0.06
R-41	7.125	0.438	0.69	0.63	0.305	0.06
R-42	7.500	0.750	1.00	0.94	0.485	0.06
R-43	7.625	0.313	0.56	0.50	0.206	0.06
R-44	7.625	0.438	0.69	0.63	0.305	0.06
R-45	8.313	0.438	0.69	0.63	0.305	0.06
R-46	8.313	0.500	0.75	0.69	0.341	0.06
R-47	9.000	0.750	1.00	0.94	0.485	0.06
R-48	9.750	0.313	0.56	0.50	0.206	0.06
R-49	10.625	0.438	0.69	0.63	0.305	0.06
R-50	10.625	0.625	0.88	0.81	0.413	0.06
R-51	11.000	0.875	1.13	1.06	0.583	0.06
R-52	12.000	0.313	0.56	0.50	0.206	0.06
R-53	12.750	0.438	0.69	0.63	0.305	0.06
R-54	12.750	0.625	0.88	0.81	0.413	0.06
R-55	13.500	1.125	1.44	1.38	0.780	0.09
R-56	15.000	0.313	0.56	0.50	0.206	0.06
R-57	15.000	0.438	0.69	0.63	0.305	0.06
R-58	15.000	0.875	1.13	1.06	0.583	0.06
R-59	15.625	0.313	0.56	0.50	0.206	0.06
R-60	16.000	1.250	1.56	1.50	0.879	0.09
R-61	16.500	0.438	0.69	0.63	0.305	0.06
R-62	16.500	0.625	0.88	0.81	0.413	0.06
R-63	16.500	1.000	1.31	1.25	0.681	0.09
R-64	17.875	0.313	0.56	0.50	0.206	0.06
R-65	18.500	0.438	0.69	0.63	0.305	0.06
R-66	18.500	0.625	0.88	0.81	0.413	0.06
R-67	18.500	1.125	1.44	1.38	0.780	0.09
R-68	20.375	0.313	0.56	0.50	0.206	0.06
R-69	21.000	0.438	0.69	0.63	0.305	0.06
R-70	21.000	0.750	1.00	0.94	0.485	0.06

续表 22-27　　in

环垫号	圆环平均节径 $P\pm0.007$	环垫宽度 $A\pm0.008$	环垫高度		八角形环垫平面宽度 $C\pm0.008$	八角形环垫圆角半径 $R_1\pm0.02$
			椭圆形 $B^{+0.05}_{-0.02}$[1]	八角形 $H^{+0.05}_{-0.02}$[1]		
R-71	21.000	1.125	1.44	1.38	0.780	0.09
R-72	22.000	0.313	0.56	0.50	0.206	0.06
R-73	23.000	0.500	0.75	0.69	0.341	0.06
R-74	23.000	0.750	1.00	0.94	0.485	0.06
R-75	23.000	1.250	1.56	1.50	0.879	0.09
R-76	26.500	0.313	0.56	0.50	0.206	0.06
R-77	27.250	0.625	0.88	0.81	0.413	0.06
R-78	27.250	1.000	1.31	1.25	0.681	0.09
R-79	27.250	1.375	1.75	1.63	0.977	0.09
R-80	24.250	0.313	—	0.50	0.206	0.06
R-81	25.000	0.563	—	0.75	0.377	0.06
R-82	2.250	0.438	—	0.63	0.305	0.06
R-84	2.500	0.438	—	0.63	0.305	0.06
R-85	3.125	0.500	—	0.69	0.341	0.06
R-86	3.563	0.625	—	0.81	0.413	0.06
R-87	3.938	0.625	—	0.81	0.413	0.06
R-88	4.875	0.750	—	0.94	0.485	0.06
R-89	4.500	0.750	—	0.94	0.485	0.06
R-90	6.125	0.875	—	1.06	0.583	0.06
R-91	10.250	1.250	—	1.50	0.879	0.09
R-92	9.000	0.438	0.69	0.63	0.305	0.06
R-93	29.500	0.750	—	0.94	0.485	0.06
R-94	31.500	0.750	—	0.94	0.485	0.06
R-95	33.750	0.750	—	0.94	0.485	0.06
R-96	36.000	0.875	—	1.06	0.583	0.06
R-97	38.000	0.875	—	1.06	0.583	0.06
R-98	40.250	0.875	—	1.06	0.583	0.06
R-99	9.250	0.438	—	0.63	0.305	0.06
R-100	29.500	1.125	—	1.38	0.780	0.09
R-101	31.500	1.250	—	1.50	0.879	0.09
R-102	33.750	1.250	—	1.50	0.879	0.09
R-103	36.000	1.250	—	1.50	0.879	0.09
R-104	38.000	1.375	—	1.63	0.977	0.09
R-105	40.250	1.375	—	1.63	0.977	0.09

1）在此公差范围内，任意给定环在整个圆周上的高度变化不应超过 0.02 in。

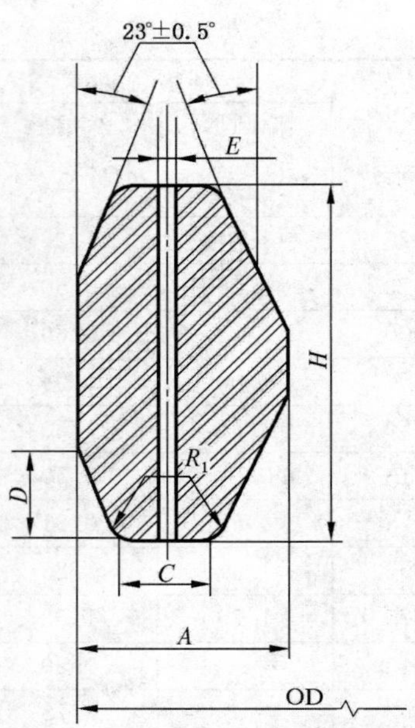

图 22-5　RX 型环垫

表 22-28　RX 型环垫尺寸与公差　in

环垫号	环垫外径 $OD^{+0.20}_{0}$	环垫宽度 $A^{+0.008}_{0}$ [1)]	平面宽度 $C^{+0.006}_{0}$	外斜面高度 $D^{0}_{-0.030}$	环垫高度 $H^{+0.008}_{0}$ [2)]	八角形环垫圆角半径 $R_1\pm0.02$	通孔规格 $E\pm0.02$ [3)]
RX-20	3.000	0.344	0.182	0.125	0.750	0.06	—
RX-23	3.672	0.469	0.254	0.167	1.000	0.06	—
RX-24	4.172	0.469	0.254	0.167	1.000	0.06	—
RX-25	4.313	0.344	0.182	0.125	0.750	0.06	—
RX-26	4.406	0.469	0.254	0.167	1.000	0.06	—
RX-27	4.656	0.469	0.254	0.167	1.000	0.06	—
RX-31	5.297	0.469	0.254	0.167	1.000	0.06	—
RX-35	5.797	0.469	0.254	0.167	1.000	0.06	—
RX-37	6.297	0.469	0.254	0.167	1.000	0.06	—
RX-39	6.797	0.469	0.254	0.167	1.000	0.06	—
RX-41	7.547	0.469	0.254	0.167	1.000	0.06	—
RX-44	8.047	0.469	0.254	0.167	1.000	0.06	—
RX-45	8.734	0.469	0.254	0.167	1.000	0.06	—
RX-46	8.750	0.531	0.263	0.188	1.125	0.06	—
RX-47	9.656	0.781	0.407	0.271	1.625	0.09	—
RX-49	11.047	0.469	0.254	0.167	1.000	0.06	—
RX-50	11.156	0.656	0.335	0.208	1.250	0.06	—
RX-53	13.172	0.469	0.254	0.167	1.000	0.06	—
RX-54	13.281	0.656	0.335	0.208	1.250	0.06	—
RX-57	15.422	0.469	0.254	0.167	1.000	0.06	—

续表 22-28

in

环垫号	环垫外径 $OD^{+0.20}_{0}$	环垫宽度 $A^{+0.008}_{0}$ 1)	平面宽度 $C^{+0.006}_{0}$	外斜面高度 $D^{0}_{-0.030}$	环垫高度 $H^{+0.008}_{0}$ 2)	八角形环垫圆角半径 $R_1\pm0.02$	通孔规格 $E\pm0.02$ 3)
RX-63	17.391	1.063	0.582	0.333	2.000	0.09	—
RX-65	18.922	0.469	0.254	0.167	1.000	0.06	—
RX-66	18.031	0.656	0.335	0.208	1.250	0.06	—
RX-69	21.422	0.469	0.254	0.167	1.000	0.06	—
RX-70	21.656	0.781	0.407	0.271	1.625	0.09	—
RX-73	23.469	0.531	0.263	0.208	1.250	0.06	—
RX-74	23.656	0.781	0.407	0.271	1.625	0.09	—
RX-82	2.672	0.469	0.254	0.167	1.000	0.06	0.06
RX-84	2.922	0.469	0.254	0.167	1.000	0.06	0.06
RX-85	3.547	0.531	0.263	0.167	1.000	0.06	0.06
RX-86	4.078	0.594	0.335	0.188	1.125	0.06	0.09
RX-87	4.453	0.594	0.335	0.188	1.125	0.06	0.09
RX-88	5.484	0.688	0.407	0.208	1.250	0.06	0.12
RX-89	5.109	0.719	0.407	0.208	1.250	0.06	0.12
RX-90	6.875	0.781	0.479	0.292	1.750	0.09	0.12
RX-91	11.297	1.188	0.780	0.297	1.781	0.09	0.12
RX-99	9.672	0.469	0.254	0.167	1.000	0.06	—
RX-201	2.026	0.226	0.126	0.057	0.445	0.02 3)	—
RX-205	2.453	0.219	0.120	0.072 4)	0.437	0.02 5)	—
RX-210	3.844	0.375	0.213	0.125 4)	0.750	0.03 5)	—
RX-215	5.547	0.469	0.210	0.167 4)	1.000	0.06 5)	—

1）在此公差范围内，任意给定环在整个圆周上的宽度变化应不超过 0.004 in。

2）在此公差范围内，任意给定环在整个圆周上的高度变化应不超过 0.004 in。

3）只有 RX-82～RX-91 型环垫才要求按图 22-5 所示制做压力通孔。孔中心线应位于尺寸 C 的中间。

4）这些尺寸的公差为：$^{0}_{-0.015}$ in。

5）这些尺寸的公差为：$^{+0.02}_{0}$ in。

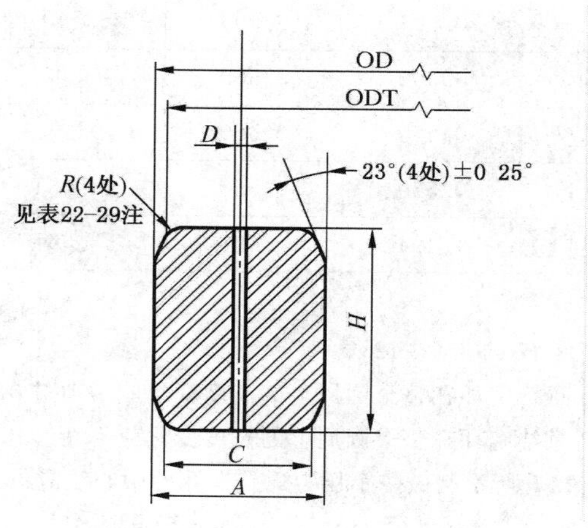

图 22-6 BX 型环垫

表 22-29　BX 型环垫尺寸与公差

in

环垫号	公称规格	环垫外径 $OD_{-0.005}^{0}$	环垫高度 $H_{0}^{+0.008}$ 1)	环垫宽度 $A_{0}^{+0.008}$ 2)	平面外径 ODT±0.002	平面宽度 $C_{0}^{+0.006}$	通孔规格 D±0.02 3)
BX-150	1$\frac{11}{16}$	2.842	0.366	0.366	2.790	0.314	0.06
BX-151	1$\frac{13}{16}$	3.008	0.379	0.379	2.954	0.325	0.06
BX-152	2$\frac{1}{16}$	3.334	0.403	0.403	3.277	0.346	0.06
BX-153	2$\frac{9}{16}$	3.974	0.448	0.448	3.910	0.385	0.06
BX-154	3$\frac{1}{16}$	4.600	0.488	0.488	4.531	0.419	0.06
BX-155	4$\frac{1}{16}$	5.825	0.560	0.560	5.746	0.481	0.06
BX-156	7$\frac{1}{16}$	9.367	0.733	0.733	9.263	0.629	0.12
BX-157	9	11.593	0.826	0.826	11.476	0.709	0.12
BX-158	11	13.860	0.911	0.911	13.731	0.782	0.12
BX-159	13$\frac{5}{8}$	16.800	1.012	1.012	16.657	0.869	0.12
BX-160	13$\frac{5}{8}$	15.850	0.938	0.541	15.717	0.408	0.12
BX-161	16$\frac{5}{8}$	19.347	1.105	0.638	19.191	0.482	0.12
BX-162	16$\frac{5}{8}$	18.720	0.560	0.560	18.641	0.481	0.06
BX-163	18$\frac{3}{4}$	21.896	1.185	0.684	21.728	0.516	0.12
BX-164	18$\frac{3}{4}$	22.463	1.185	0.968	22.295	0.800	0.12
BX-165	21$\frac{1}{4}$	24.595	1.261	0.728	24.417	0.550	0.12
BX-166	21$\frac{1}{4}$	25.198	1.261	1.029	25.020	0.851	0.12
BX-167	26$\frac{3}{4}$	29.896	1.412	0.516	29.696	0.316	0.06
BX-168	26$\frac{3}{4}$	30.128	1.412	0.632	29.928	0.432	0.06
BX-169	5$\frac{1}{8}$	6.831	0.624	0.509	6.743	0.421	0.06
BX-170	6$\frac{5}{8}$	8.584	0.560	0.560	8.505	0.481	0.06
BX-171	8$\frac{9}{16}$	10.529	0.560	0.560	10.450	0.481	0.06
BX-172	11$\frac{5}{32}$	13.113	0.560	0.560	13.034	0.481	0.06
BX-303	30	33.573	1.494	0.668	33.361	0.457	0.06

注：半径 R 应为环垫高度 H 的 8%～12%。

1) 在此公差范围内，任意给定环在整个圆周上的高度变化应不超过 0.004 in。

2) 在此公差范围内，任意给定环在整个圆周上的宽度变化应不超过 0.004 in。

3) 每个环垫要求按图 22-6 所示制做一个压力通孔。孔的中心线应位于尺寸 C 的中间。

22.2.3 缠绕式垫片

22.2.3.1 规格及压力等级

装有定位环及内环[见 22.2.3.2(4)及 22.2.3.2(5)]的缠绕式垫片，均以法兰规格(NPS)、压力等级(Class)和适用的法兰标准(ASME B16.5 或 ASME B16.47)加以标识。

22.2.3.2 尺寸与公差

(1) 总则：装有定位环和内环的缠绕式垫片尺寸与公差见图 22-7～图 22-12 和表 22-30～表 22-41。其中图 22-7～图 22-9 和表 22-30～表 22-35 为米制单位的垫片尺寸；图 22-10～图 22-12 和表 22-36～表 22-41 为英制单位的垫片尺寸。

(2) 结构：缠绕式垫片由预成型的金属绕带和扁平填料带相互交错重叠螺旋缠绕压紧而成(按圈数计数环绕层)。对制成的垫片，在垫片两个接触表面上，填充物与金属带应基本齐平，但不能低于缠绕金属。金属缠绕带的厚度应为 0.15 mm～0.23 mm(0.00 in～0.009 in)。填充物的厚度由制造厂确定。

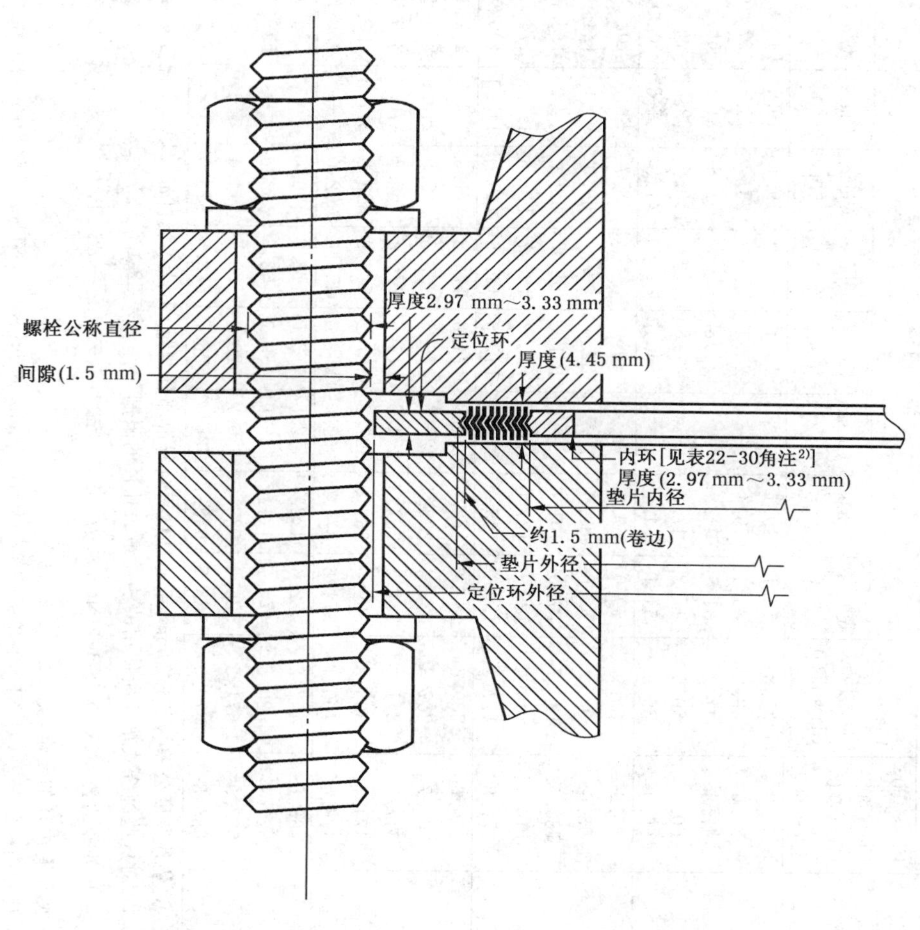

图 22-7

表 22-30 ASME B16.5 法兰用缠绕式垫片的尺寸 mm

法兰规格 NPS	垫片外径[1) Class 150，Class 300，Class 400，Class 600	垫片外径[1) Class 900，Class 1500，Class 2500	垫片内径[2),3)] Class 150	Class 300	Class 400[5)]	Class 600	Class 900[5)]	Class 1500	Class 2500[5)]	定位环外径[4)] Class 150	Class 300	Class 400[5)]	Class 600	Class 900[5)]	Class 1500	Class 2500[5)]
1/2	31.8	31.8	19.1	19.1	—	19.1	—	19.1	19.1	47.8	54.1	—	54.1	—	63.5	69.9
3/4	39.6	39.6	25.4	25.4	—	25.4	—	25.4	25.4	57.2	66.8	—	66.8	—	69.9	76.2
1	47.8	47.8	31.8	31.8	—	31.8	—	31.8	31.8	66.8	73.2	—	73.2	—	79.5	85.9
1¼	60.5	60.5	47.8	47.8	—	47.8	—	39.6	39.6	76.2	82.6	—	82.6	—	88.9	104.9
1½	69.9	69.9	54.1	54.1	—	54.1	—	47.8	47.8	85.9	95.3	—	95.3	—	98.6	117.6
2	85.9	85.9	69.9	69.9	—	69.9	—	58.7	58.7	104.9	111.3	—	111.3	—	143.0	146.1
2½	98.6	98.6	82.6	82.6	—	82.6	—	69.9	69.9	124.0	130.3	—	130.3	—	165.1	168.4
3	120.7	120.7	101.6	101.6	—	101.6	95.3	92.2	92.2	136.7	149.4	—	149.4	168.4	174.8	196.9
4	149.4	149.4	127.0	127.0	120.7	120.7	120.7	117.6	117.6	174.8	181.1	177.8	193.8	206.5	209.6	235.0
5	177.8	177.8	155.7	155.7	147.6	147.6	147.6	143.0	143.0	196.9	215.9	212.9	241.3	247.7	254.0	279.4
6	209.6	209.6	182.6	182.6	174.8	174.8	174.8	171.5	171.5	222.3	251.0	247.7	266.7	289.1	282.7	317.5
8	263.7	257.3	233.4	233.4	225.6	225.6	222.3	215.9	215.9	279.4	308.1	304.8	320.8	358.9	352.6	387.4
10	317.5	311.2	287.3	287.3	274.6	274.6	276.4	266.7	270.0	339.9	362.0	358.9	400.1	435.1	435.1	476.3
12	374.7	368.3	339.9	339.9	327.2	327.2	323.9	323.9	317.5	409.7	422.4	419.1	457.2	498.6	520.7	549.4
14	406.4	400.1	371.6	371.6	362.0	362.0	355.6	362.0	—	450.9	485.9	482.6	492.3	520.7	577.9	—
16	463.6	457.2	422.4	422.4	412.8	412.8	412.8	406.4	—	514.4	539.8	536.7	565.2	574.8	641.4	—
18	527.1	520.7	474.7	474.7	469.9	469.9	463.6	463.6	—	549.4	596.9	593.9	612.9	638.3	704.9	—
20	577.9	571.5	525.5	525.5	520.7	520.7	520.7	514.4	—	606.6	654.1	647.7	682.8	698.5	755.7	—
24	685.8	679.5	628.7	628.7	628.7	628.7	628.7	616.0	—	717.6	774.7	768.4	790.7	838.2	901.7	—

注：1. 垫片厚度公差为±1.3 mm，系通过垫片金属带部分测量，不计入填料带。填料带厚度可以稍微高出金属带厚度。

2. 对这些缠绕式垫片所使用的法兰最大孔径的限制条件见表 22-43。

1）垫片外径的公差，对 NPS 1/2-NPS 8，为±0.8 mm，对 NPS 10～NPS 24，为 $^{+1.5}_{-0.8}$ mm。

2）使用有内环的要求，见 22.2.3.2(5)。

3）垫片内径的公差，对 NPS 1/2～NPS 8，为±0.4 mm，对 NPS 10～NPS 24，为±0.8 mm。

4）定位环外径的公差为±0.8 mm。

5）没有 Class 400、NPS 1/2～NPS 3(使用 Class 600)，Class 900、NPS 1/2～NPS 2½（使用 Class 1500）或 Class 2500、NPS 14 及更大的法兰。

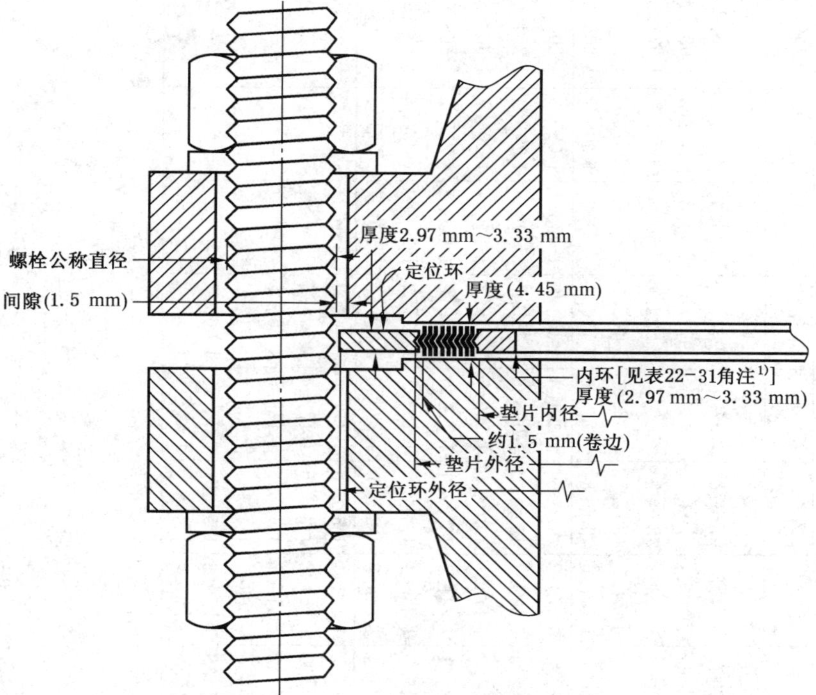
厚度2.97 mm～3.33 mm
螺栓公称直径
定位环
厚度(4.45 mm)
间隙(1.5 mm)
内环[见表22-31角注1)]
厚度(2.97 mm～3.33 mm)
垫片内径
约1.5 mm(卷边)
垫片外径
定位环外径

图 22-8

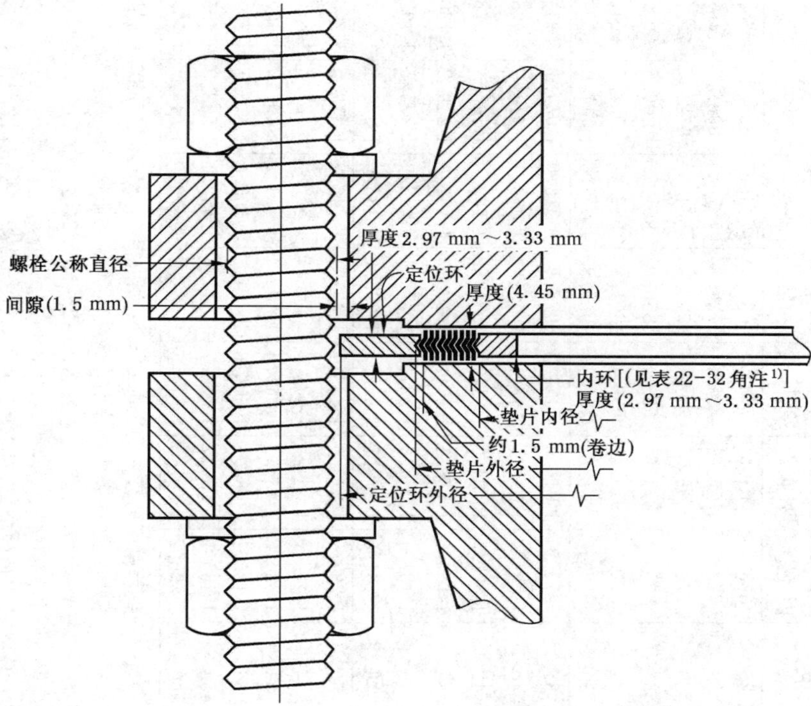
厚度2.97 mm～3.33 mm
螺栓公称直径
定位环
厚度(4.45 mm)
间隙(1.5 mm)
内环[(见表22-32角注1)]
厚度(2.97 mm～3.33 mm)
垫片内径
约1.5 mm(卷边)
垫片外径
定位环外径

图 22-9

表 22-31 ASME B16.47 A 系列法兰用缠绕式垫片的尺寸 mm

法兰规格 NPS	Class 150			Class 300			Class 400			Class 600			Class 900		
	垫片		定位环	垫片		定位环	垫片		定位环	垫片		定位环	垫片		定位环
	内径1),2)	外径3)	外径4)	内径1),2)	外径3)	外径4)	内径1),2)	外径3)	外径4)	内径1),2)	外径3)	外径4)	内径1),2),5)	外径3),5)	外径4),5)
26	673.1	704.9	774.7	685.8	736.6	835.2	685.8	736.6	831.9	685.8	736.6	866.9	685.8	736.6	882.7
28	723.9	755.7	831.9	736.6	787.4	898.7	736.6	787.4	892.3	736.6	787.4	914.4	736.6	787.4	946.2
30	774.7	806.5	882.7	793.8	844.6	952.5	793.8	844.6	946.2	793.8	844.6	971.6	793.8	844.6	1 009.7
32	825.5	860.6	939.8	850.9	901.7	1 006.6	850.9	901.7	1 003.3	850.9	901.7	1 022.4	850.9	901.7	1 073.2
34	876.3	911.4	990.6	901.7	952.5	1 057.4	901.7	952.5	1054.1	901.7	952.5	1 073.2	901.7	952.5	1 136.7
36	927.1	968.5	1 047.8	955.8	1 006.6	1 117.6	955.8	1 006.6	1 117.6	955.8	1 006.6	1 130.3	958.9	1 009.7	1 200.2
38	977.9	1 019.3	1 111.3	977.9	1 016.0	1 054.1	971.6	1 022.4	1 073.2	990.6	1 041.4	1 104.9	1 035.1	1 085.9	1 200.2
40	1 028.7	1 070.1	1 162.1	1 022.4	1 070.1	1 114.6	1 025.7	1 076.5	1 127.3	1 047.8	1 098.6	1 155.7	1 098.6	1 149.4	1 251.0
42	1 079.5	1 124.0	1 219.2	1 073.2	1 120.9	1 165.4	1 076.5	1 127.3	1 178.1	1 104.9	1 155.7	1 219.2	1 149.4	1 200.2	1 301.8
44	1 130.3	1 178.1	1 276.4	1 130.3	1 181.1	1 219.2	1 130.3	1 181.1	1 231.9	1 162.1	1 212.9	1 270.0	1 206.5	1 257.3	1 368.6
46	1 181.1	1 228.9	1 327.2	1 178.1	1 228.9	1 273.3	1 193.8	1 244.6	1 289.1	1 212.9	1 263.7	1 327.2	1 270.0	1 320.8	1 435.1
48	1 231.9	1 279.7	1 384.3	1 235.2	1 286.0	1 324.1	1 244.6	1 295.4	1 346.2	1 270.0	1 320.8	1 390.7	1 320.8	1 371.6	1 485.9
50	1 282.7	1 333.5	1 435.1	1 295.4	1 346.2	1 378.0	1 295.4	1 346.2	1 403.4	1 320.8	1 371.6	1 447.8	—	—	—
52	1 333.5	1 384.3	1 492.3	1 346.2	1 397.0	1 428.8	1 346.2	1 397.0	1 454.2	1 371.6	1 422.4	1 498.6	—	—	—
54	1 384.3	1 435.1	1 549.4	1 403.4	1 454.2	1 492.3	1 403.4	1 454.2	1 517.7	1 428.8	1 479.6	1 555.8	—	—	—
56	1 435.1	1 485.9	1 606.6	1 454.2	1 505.0	1 543.1	1 454.2	1 505.0	1 568.5	1 479.6	1 530.4	1 612.9	—	—	—
58	1 485.9	1 536.7	1 663.7	1 511.3	1 562.1	1 593.9	1 505.0	1 555.8	1 619.3	1 536.7	1 587.5	1 663.7	—	—	—
60	1 536.7	1 587.5	1 714.5	1 562.1	1 612.9	1 644.7	1 568.5	1 619.3	1 682.8	1 593.9	1 644.7	1 733.6	—	—	—

注:1. 垫片厚度的公差为±0.13 mm,沿垫片的金属带部分两边测量,不包括可能稍微突出金属的填充带。

2. 使用这些缠绕式垫片的最大法兰孔径的限制条件见表 22-44。

3. ASME B16.47 A 系列 NPS 12～NPS 24 法兰的凸台式密封面尺寸与 ASME B16.5 法兰相同。

1) 使用有内环的要求,见 22.2.3.2(5)。

2) 垫片内径的公差,对 NPS 26～NPS 34,为±0.8 mm,对 NPS 36～NPS 60,为±1.3 mm。

3) 垫片外径的公差,对 NPS 26～NPS 60,为±1.5 mm。

4) 定位环外径的公差为±0.8 mm。

5) 没有 Class 900、NPS 50 及更大的法兰。

表 22-32 ASME B16.47 B 系列法兰用缠绕式垫片的尺寸

mm

法兰规格 NPS	Class 150			Class 300			Class 400			Class 600			Class 900		
	垫片		定位环	垫片		定位环	垫片		定位环	垫片		定位环	垫片		定位环
	内径[1),2)]	外径[3)]	外径[4)]	内径[1),2)]	外径[3)]	外径[4)]	内径[1),2)]	外径[3)]	外径[4)]	内径[1),2)]	外径[3)]	外径[4)]	内径[1),2),5)]	外径[3),5)]	外径[4),5)]
26	673.1	698.5	725.4	673.1	711.2	771.7	666.8	698.5	746.3	663.7	714.5	765.3	692.2	749.3	838.2
28	723.9	749.3	776.2	723.9	762.0	825.5	714.5	749.3	800.1	704.9	755.7	819.2	743.0	800.1	901.7
30	774.7	800.1	827.0	774.7	812.8	886.0	765.3	806.5	857.3	778.0	828.8	879.6	806.5	857.3	958.9
32	825.5	850.9	881.1	825.5	863.6	939.8	812.8	860.6	911.4	831.9	882.7	933.5	863.6	914.4	1 016.0
34	876.3	908.1	935.0	876.3	914.4	993.9	866.9	911.4	962.2	889.0	939.8	997.0	920.8	971.6	1 073.2
36	927.1	958.9	987.6	927.1	965.2	1 047.8	917.7	965.2	1 022.4	939.8	990.6	1 047.8	946.2	997.0	1 124.0
38	974.9	1 009.7	1 044.7	1 009.7	1 047.8	1 098.6	971.6	1 022.4	1 073.2	990.6	1 041.4	1 104.9	1 035.1	1 085.9	1 200.2
40	1 022.4	1 063.8	1 095.5	1 060.5	1 098.6	1 149.4	1 025.7	1 076.5	1 127.3	1 047.8	1 098.6	1 155.7	1 098.6	1 149.4	1 251.0
42	1 079.5	1 114.6	1 146.3	1 111.3	1 149.4	1 200.2	1 076.5	1 127.3	1 178.1	1 104.9	1 155.7	1 219.2	1 149.4	1 200.2	1 301.8
44	1 124.0	1 165.4	1 197.1	1 162.1	1 200.2	1 251.0	1 130.3	1 181.1	1 231.9	1 162.1	1 212.9	1 270.0	1 206.5	1 257.3	1 368.6
46	1 181.1	1 224.0	1 255.8	1 216.2	1 254.3	1 317.8	1 193.8	1 244.6	1 289.1	1 212.9	1 263.7	1 327.2	1 270.0	1 320.8	1 435.1
48	1 231.9	1 270.0	1 306.6	1 263.7	1 311.4	1 368.6	1 244.6	1 295.4	1 346.2	1 270.0	1 320.8	1 390.7	1 320.8	1 371.6	1 485.9
50	1 282.7	1 325.6	1 357.4	1 317.8	1 355.9	1 419.4	1 295.4	1 346.2	1 403.4	1 320.8	1 371.6	1 447.8	—	—	—
52	1 333.5	1 376.4	1 408.2	1 368.6	1 406.7	1 470.2	1 346.2	1 397.0	1 454.2	1 371.6	1 422.4	1 498.6	—	—	—
54	1 384.3	1 422.4	1 463.8	1 403.4	1 454.2	1 530.4	1 403.4	1 454.2	1 517.7	1 428.8	1 479.6	1 555.8	—	—	—
56	1 444.8	1 478.0	1 514.6	1 479.6	1 524.0	1 593.9	1 454.2	1 505.0	1 568.5	1 479.6	1 530.4	1 612.9	—	—	—
58	1 500.1	1 528.8	1 579.6	1 535.2	1 573.3	1 655.8	1 505.0	1 555.8	1 619.3	1 536.7	1 587.5	1 663.7	—	—	—
60	1 557.3	1 586.0	1 630.4	1 589.0	1 630.4	1 706.6	1 568.5	1 619.3	1 682.8	1 593.9	1 644.7	1 733.6	—	—	—

注：1. 垫片厚度的公差为±0.13 mm，沿垫片的金属带部分两边测量，不包括可能稍微突出金属的填充带。

2. 使用这些螺旋缠绕式垫片的最大法兰孔径的限制条件见表 22-45。

1）使用有内环的要求，见 22.2.3.2(5)。

2）垫片内径的公差，对 NPS 26～NPS 34，为±0.8 mm，对 NPS 36～NPS 60，为±1.3 mm。

3）垫片外径的公差，对 NPS 26～NPS 60，为±1.5 mm。

4）定位环外径的公差为±0.8 mm。

5）没有 Class 900、NPS 50 及更大的法兰。

表 22-33　ASME B16.5 法兰用缠绕式垫片内环的内径　mm

法兰规格 NPS	压力等级						
	Class 150	Class 300	Class 400[1)]	Class 600	Class 900[1)]	Class 1500	Class 2500[1)]
1/2	14.2	14.2	—	14.2	—	14.2	14.2
3/4	20.6	20.6	—	20.6	—	20.6	20.6
1	26.9	26.9	—	26.9	—	26.9	26.9
1¼	38.1	38.1	—	38.1	—	33.3	33.3
1½	44.5	44.5	—	44.5	—	41.4	41.4
2	55.6	55.6	—	55.6	—	52.3	52.3
2½	66.5	66.5	—	66.5	—	63.5	63.5
3	81.0	81.0	—	81.0	78.7	78.7	78.7
4	106.4	106.4	102.6	102.6	102.6	97.8	97.8
5	131.8	131.8	128.3	128.3	128.3	124.5	124.5
6	157.2	157.2	154.9	154.9	154.9	147.3	147.3
8	215.9	215.9	205.7	205.7	196.9	196.9	196.9
10	268.2	268.2	255.3	255.3	246.1	246.1	246.1
12	317.5	317.5	307.3	307.3	292.1	292.1	292.1
14	349.3	349.3	342.9	342.9	320.8	320.8	—
16	400.1	400.1	389.9	389.9	374.7	368.3	—
18	449.3	449.3	438.2	438.2	425.5	425.5	—
20	500.1	500.1	489.0	489.0	482.6	476.3	—
24	603.3	603.3	590.6	590.6	590.6	577.9	—

注：1. 内环的厚度为 2.97 mm～3.33 mm。

2. 规格 NPS 1/2～NPS 3 的内径公差为±0.8 mm，更大规格的内径公差为±1.5 mm。使用标准内环的最小管壁厚见表 22-42。

3. 对于使用内环的要求，参见 22.2.3.2(5)。

1) 没有 Class 400、NPS 1/2～NPS 3 法兰(使用 Class 600)，没有 Class 900、NPS 1/2～NPS 2½ 法兰(使用 Class 1500)或没有 Class 2500、NPS 14 及更大的法兰。

表 22-34　ASME B16.47 A 系列法兰间用缠绕式垫片的内环的内径　mm

法兰规格 NPS	压力等级				
	Class 150	Class 300	Class 400	Class 600	Class 900[1)]
26	654.1	654.1	660.4	647.7	660.4
28	704.9	704.9	711.2	698.5	711.2
30	755.7	755.7	755.7	755.7	768.4
32	806.5	806.5	812.8	812.8	812.8

续表 22-34

mm

法兰规格 NPS	压力等级				
	Class 150	Class 300	Class 400	Class 600	Class 900[1)]
34	857.3	857.3	863.6	863.6	863.6
36	908.1	908.1	917.7	917.7	920.8
38	958.9	952.5	952.5	952.5	1 009.7
40	1 009.7	1 003.3	1 000.3	1 009.7	1 060.5
42	1 060.5	1 054.1	1 051.1	1 066.8	1 111.3
44	1 111.3	1 104.9	1 104.9	1 111.3	1 155.7
46	1 162.1	1 152.7	1 168.4	1 162.1	1 219.2
48	1 212.9	1 209.8	1 206.5	1 219.2	1 270.0
50	1 263.7	1 244.6	1 257.3	1 270.0	—
52	1 314.5	1 320.8	1 308.1	1 320.8	—
54	1 358.9	1 352.6	1 352.6	1 378.0	—
56	1 409.7	1 403.4	1 403.4	1 428.8	—
58	1 460.5	1 447.8	1 454.2	1 473.2	—
60	1 511.3	1 524.0	1 517.7	1 530.4	—

注：1. 内环的厚度为 2.97 mm～3.33 mm。

2. 内径公差为±3.0 mm。

3. 这些内环适用于 9.53 mm 或以上的管壁厚度。

4. 内环使用的要求，参见 22.2.3.2(5)。

1）没有 Class 900、NPS 50 及更大的法兰。

表 22-35　ASME B16.47 B 系列法兰间用的缠绕式垫片内环的内径

mm

法兰规格 NPS	压力等级				
	Class 150	Class 300	Class 400	Class 600	Class 900[1)]
26	654.1	654.1	654.1	644.7	666.8
28	704.9	704.9	701.8	685.8	717.6
30	755.7	755.7	752.6	752.6	781.1
32	806.5	806.5	800.1	793.8	838.2
34	857.3	857.3	850.9	850.9	895.4
36	908.1	908.1	898.7	901.7	920.8
38	958.9	971.6	952.5	952.5	1 009.7
40	1 009.7	1 022.4	1 000.3	1 009.7	1 060.5
42	1 060.5	1 085.9	1 051.1	1 066.8	1 111.3
44	1 111.3	1 124.0	1 104.9	1 111.3	1 155.7

续表 22-35　　mm

法兰规格 NPS	压力等级				
	Class 150	Class 300	Class 400	Class 600	Class 900[1)]
46	1 162.1	1 178.1	1 168.4	1 162.1	1 219.2
48	1 212.9	1 231.9	1 206.5	1 219.2	1 270.0
50	1 263.7	1 267.0	1 257.3	1 270.0	—
52	1 314.5	1 317.8	1 308.1	1 320.8	—
54	1 365.3	1 365.3	1 352.6	1 378.0	—
56	1 422.4	1 428.8	1 403.4	1 428.8	—
58	1 478.0	1 484.4	1 454.2	1 473.2	—
60	1 535.2	1 557.3	1 517.7	1 530.4	—

注：1. 内环的厚度为 2.97 mm～3.33 mm。

2. 内径公差为±3.0 mm。

3. 这些内环适用于 9.53 mm 或以上的管壁厚度。

4. 内环使用的要求，参见 22.2.3.2(5)。

1）没有 Class 900、NPS 50 及更大的法兰。

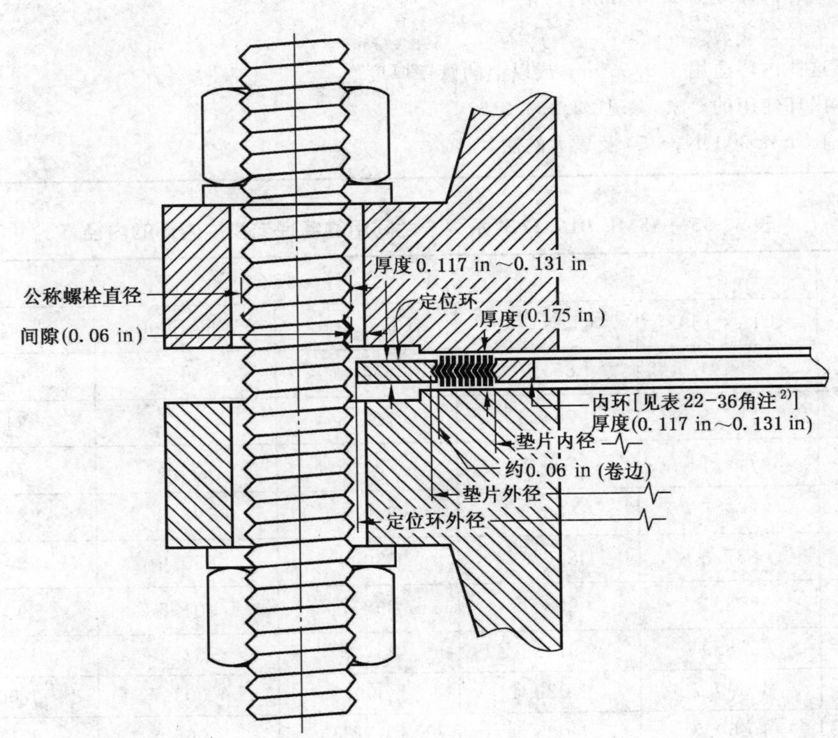

图 22-10

表 22-36 ASME B16.5 法兰用缠绕式垫片的尺寸

in

法兰规格 NPS	垫片外径[1]		垫片内径[2),3)]							定位环外径[4]						
	Class 150, Class 300, Class 400, Class 600	Class 900, Class 1500, Class 2500	Class 150	Class 300	Class 400[5]	Class 600	Class 900[5]	Class 1500	Class 2500[5]	Class 150	Class 300	Class 400[5]	Class 600	Class 900[5]	Class 1500	Class 2500[5]
1/2	1.25	1.25	0.75	0.75	—	0.75	—	0.75	0.75	1.88	2.13	—	2.13	—	2.50	2.75
3/4	1.56	1.56	1.00	1.00	—	1.00	—	1.00	1.00	2.25	2.63	—	2.63	—	2.75	3.00
1	1.88	1.88	1.25	1.25	—	1.25	—	1.25	1.25	2.63	2.88	—	2.88	—	3.13	3.38
1¼	2.38	2.38	1.88	1.88	—	1.88	—	1.56	1.56	3.00	3.25	—	3.25	—	3.50	4.13
1½	2.75	2.75	2.13	2.13	—	2.13	—	1.88	1.88	3.38	3.75	—	3.75	—	3.88	4.63
2	3.38	3.38	2.75	2.75	—	2.75	—	2.31	2.31	4.13	4.38	—	4.38	—	5.63	5.75
2½	3.88	3.88	3.25	3.25	—	3.25	—	2.75	2.75	4.88	5.13	—	5.13	—	6.50	6.63
3	4.75	4.75	4.00	4.00	—	4.00	3.75	3.63	3.63	5.38	5.88	—	5.88	6.63	6.88	7.75
4	5.88	5.88	5.00	5.00	4.75	4.75	4.75	4.63	4.63	6.88	7.13	7.00	7.63	8.13	8.25	9.25
5	7.00	7.00	6.13	6.13	5.81	5.81	5.81	5.63	5.63	7.75	8.50	8.38	9.50	9.75	10.00	11.00
6	8.25	8.25	7.19	7.19	6.88	6.88	6.88	6.75	6.75	8.75	9.88	9.75	10.50	11.38	11.13	12.50
8	10.38	10.13	9.19	9.19	8.88	8.88	8.75	8.50	8.50	11.00	12.13	12.00	12.63	14.13	13.88	15.25
10	12.50	12.25	11.31	11.31	10.81	10.81	10.88	10.50	10.63	13.38	14.25	14.13	15.75	17.13	17.13	18.75
12	14.75	14.50	13.38	13.38	12.88	12.88	12.75	12.75	12.50	16.13	16.63	16.50	18.00	19.63	20.50	21.63
14	16.00	15.75	14.63	14.63	14.25	14.25	14.00	14.25	—	17.75	19.13	19.00	19.38	20.50	22.75	—
16	18.25	18.00	16.63	16.63	16.25	16.25	16.25	16.00	—	20.25	21.25	21.13	22.25	22.63	25.25	—
18	20.75	20.50	18.69	18.69	18.50	18.50	18.25	18.25	—	21.63	23.50	23.38	24.13	25.13	27.75	—
20	22.75	22.50	20.69	20.69	20.50	20.50	20.50	20.25	—	23.88	25.75	25.50	26.88	27.50	29.75	—
24	27.00	26.75	24.75	24.75	24.75	24.75	24.75	24.25	—	28.25	30.50	30.25	31.13	33.00	35.50	—

注:1. 垫片厚度的公差为±0.005 in,沿垫片的金属带部分测量,不包括可能稍微突出金属的填充带。

2. 使用这些缠绕式垫片的最大法兰孔径的限制条件见表 22-46。

1) 垫片外径的公差,对 NPS 1/2-NPS 8,为±0.03 in,对 NPS 10～NPS 24,为$^{+0.06}_{-0.03}$ in。

2) 对内环使用的要求,见 22.2.3.2(5)。

3) 垫片内径的公差,对 NPS 1/2～NPS 8,为±0.016 in,对 NPS 10～NPS 24,为±0.03 in。

4) 定位环外径的公差为±0.03 in。

5) 没有 Class 400、NPS 1/2～NPS 3(使用 Class 600),Class 900、NPS 1/2～NPS 2½(使用 Class 1500)或 Class 2500、NPS 14 及更大的法兰。

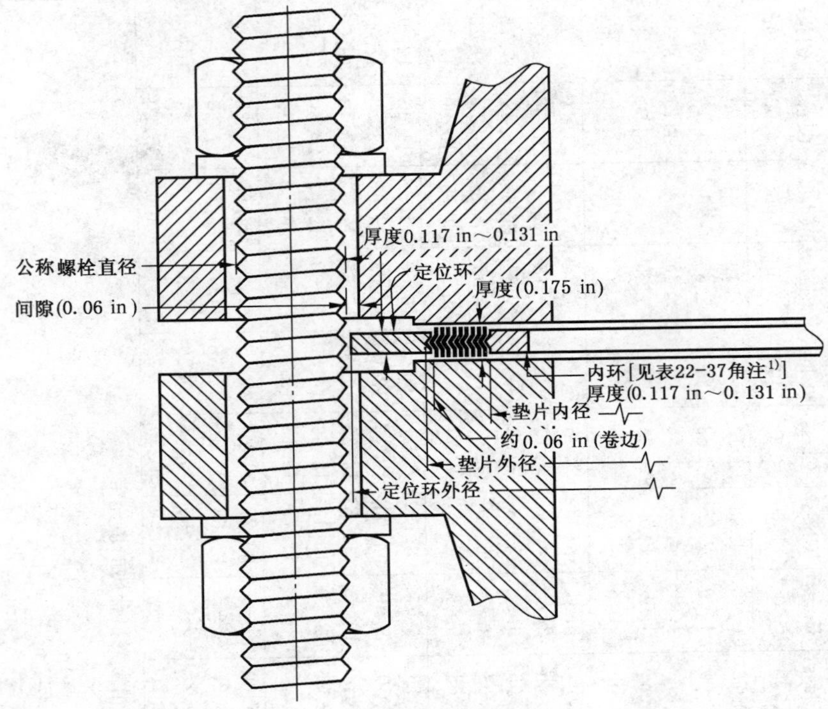
厚度0.117 in～0.131 in
公称螺栓直径
定位环
厚度(0.175 in)
间隙(0.06 in)
内环[见表22-37角注1)]
厚度(0.117 in～0.131 in)
垫片内径
约0.06 in(卷边)
垫片外径
定位环外径

图 22-11

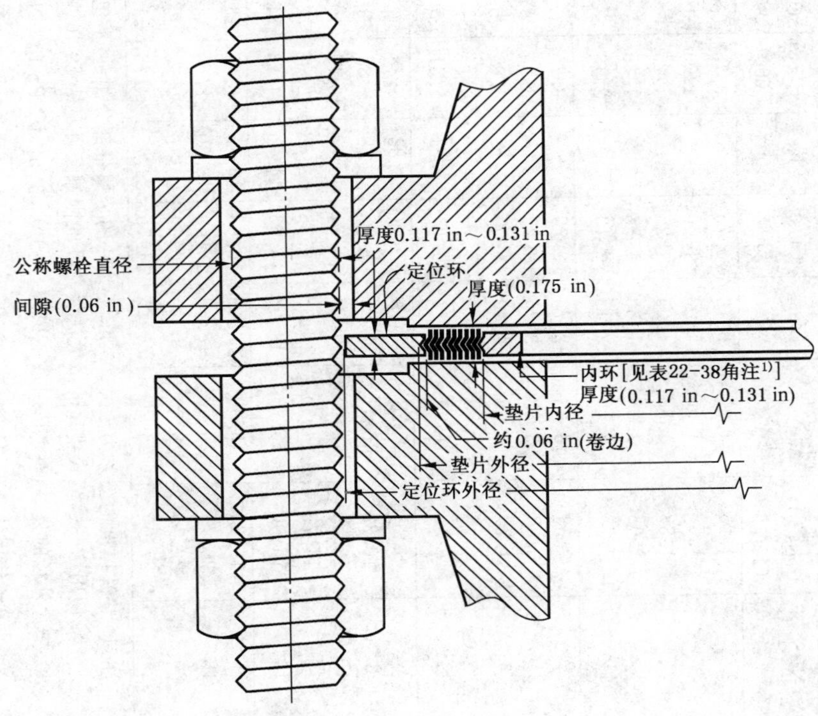
厚度0.117 in～0.131 in
公称螺栓直径
定位环
厚度(0.175 in)
间隙(0.06 in)
内环[见表22-38角注1)]
厚度(0.117 in～0.131 in)
垫片内径
约0.06 in(卷边)
垫片外径
定位环外径

图 22-12

表 22-37 ASME B16.47 A 系列法兰用缠绕式垫片的尺寸

in

法兰规格 NPS	Class 150			Class 300			Class 400			Class 600			Class 900		
	垫片		定位环	垫片		定位环	垫片		定位环	垫片		定位环	垫片		定位环
	内径[1),2)]	外径[3)]	外径[4)]	内径[1),2)]	外径[3)]	外径[4)]	内径[1),2)]	外径[3)]	外径[4)]	内径[1),2)]	外径[3)]	外径[4)]	内径[1),2),5)]	外径[3),5)]	外径[4),5)]
26	26.50	27.75	30.50	27.00	29.00	32.88	27.00	29.00	32.75	27.00	29.00	34.13	27.00	29.00	34.75
28	28.50	29.75	32.75	29.00	31.00	35.38	29.00	31.00	35.13	29.00	31.00	36.00	29.00	31.00	37.25
30	30.50	31.75	34.75	31.25	33.25	37.50	31.25	33.25	37.25	31.25	33.25	38.25	31.25	33.25	39.75
32	32.50	33.88	37.00	33.50	35.50	39.63	33.50	35.50	39.50	33.50	35.50	40.25	33.50	35.50	42.25
34	34.50	35.88	39.00	35.50	37.50	41.63	35.50	37.50	41.50	35.50	37.50	42.25	35.50	37.50	44.75
36	36.50	38.13	41.25	37.63	39.63	44.00	37.63	39.63	44.00	37.63	39.63	44.50	37.75	39.75	47.25
38	38.50	40.13	43.75	38.50	40.00	41.50	38.25	40.25	42.25	39.00	41.00	43.50	40.75	42.75	47.25
40	40.50	42.13	45.75	40.25	42.13	43.88	40.38	42.38	44.38	41.25	43.25	45.50	43.25	45.25	49.25
42	42.50	44.25	48.00	42.25	44.13	45.88	42.38	44.38	46.38	43.50	45.50	48.00	45.25	47.25	51.25
44	44.50	46.38	50.25	44.50	46.50	48.00	44.50	46.50	48.50	45.75	47.75	50.00	47.50	49.50	53.88
46	46.50	48.38	52.25	46.38	48.38	50.13	47.00	49.00	50.75	47.75	49.75	52.25	50.00	52.00	56.50
48	48.50	50.38	54.50	48.63	50.63	52.13	49.00	51.00	53.00	50.00	52.00	54.75	52.00	54.00	58.50
50	50.50	52.50	56.50	51.00	53.00	54.25	51.00	53.00	55.25	52.00	54.00	57.00	—	—	—
52	52.50	54.50	58.75	53.00	55.00	56.25	53.00	55.00	57.25	54.00	56.00	59.00	—	—	—
54	54.50	56.50	61.00	55.25	57.25	58.75	55.25	57.25	59.75	56.25	58.25	61.25	—	—	—
56	56.50	58.50	63.25	57.25	59.25	60.75	57.25	59.25	61.75	58.25	60.25	63.50	—	—	—
58	58.50	60.50	65.50	59.50	61.50	62.75	59.25	61.25	63.75	60.50	62.50	65.50	—	—	—
60	60.50	62.50	67.50	61.50	63.50	64.75	61.75	63.75	66.25	62.75	64.75	68.25	—	—	—

注：1. 垫片厚度的公差为±0.005 in，沿垫片的金属带部分两边测量，不包括可能稍微突出金属的填充带。

2. 使用这些缠绕式垫片的最大法兰孔径的限制条件见表 22-47。

3. ASME B16.47 A 系列 NPS 12～NPS 24 法兰的凸台式密封面尺寸与 ASME B16.5 法兰相同。

1）使用有内环的要求，见 22.2.3.2(5)。

2）垫片内径的公差，对 NPS 26～NPS 34，为±0.03 in，对 NPS 36～NPS 60，为±0.05 in。

3）垫片外径的公差，对 NPS 26～NPS 60，为±0.06 in。

4）定位环外径的公差为±0.03 in。

5）没有 Class 900、NPS 50 及更大的法兰。

表 22-38　ASME B16.47 B 系列法兰用缠绕式垫片的尺寸　in

法兰规格 NPS	Class 150			Class 300			Class 400			Class 600			Class 900		
	垫片		定位环	垫片		定位环	垫片		定位环	垫片		定位环	垫片		定位环
	内径1),2)	外径3)	外径4)	内径1),2)	外径3)	外径4)	内径1),2)	外径3)	外径4)	内径1),2)	外径3)	外径4)	内径1),2),5)	外径3),5)	外径4),5)
26	26.50	27.50	28.56	26.50	28.00	30.38	26.25	27.50	29.38	26.13	28.13	30.13	27.25	29.50	33.00
28	28.50	29.50	30.56	28.50	30.00	32.50	28.13	29.50	31.50	27.75	29.75	32.25	29.25	31.50	35.50
30	30.50	31.50	32.56	30.50	32.00	34.88	30.13	31.75	33.75	30.63	32.63	34.63	31.75	33.75	37.75
32	32.50	33.50	34.69	32.50	34.00	37.00	32.00	33.88	35.88	32.75	34.75	36.75	34.00	36.00	40.00
34	34.50	35.75	36.81	34.50	36.00	39.13	34.13	35.88	37.88	35.00	37.00	39.25	36.25	38.25	42.25
36	36.50	37.75	38.88	36.50	38.00	41.25	36.13	38.00	40.25	37.00	39.00	41.25	37.25	39.25	44.25
38	38.37	39.75	41.13	39.75	41.25	43.25	38.25	40.25	42.25	39.00	41.00	43.50	40.75	42.75	47.25
40	40.25	41.88	43.13	41.75	43.25	45.25	40.38	42.38	44.38	41.25	43.25	45.50	43.25	45.25	49.25
42	42.50	43.88	45.13	43.75	45.25	47.25	42.38	44.38	46.38	43.50	45.50	48.00	45.25	47.25	51.25
44	44.25	45.88	47.13	45.75	47.25	49.25	44.50	46.50	48.50	45.75	47.75	50.00	47.50	49.50	53.88
46	46.50	48.19	49.44	47.88	49.38	51.88	47.00	49.00	50.75	47.75	49.75	52.25	50.00	52.00	56.50
48	48.50	50.00	51.44	49.75	51.63	53.88	49.00	51.00	53.00	50.00	52.00	54.75	52.00	54.00	58.50
50	50.50	52.19	53.44	51.88	53.38	55.88	51.00	53.00	55.25	52.00	54.00	57.00	—	—	—
52	52.50	54.19	55.44	53.88	55.38	57.88	53.00	55.00	57.25	54.00	56.00	59.00	—	—	—
54	54.50	56.00	57.63	55.25	57.25	60.25	55.25	57.25	59.75	56.25	58.25	61.25	—	—	—
56	56.88	58.18	59.63	58.25	60.00	62.75	57.25	59.25	61.75	58.25	60.25	63.50	—	—	—
58	59.07	60.19	62.19	60.44	61.94	65.19	59.25	61.25	63.75	60.50	62.50	65.50	—	—	—
60	61.31	62.44	64.19	62.56	64.19	67.19	61.75	63.75	66.25	62.75	64.75	68.25	—	—	—

注：1. 垫片厚度的公差为±0.005 in，沿垫片的金属带部分两边测量，不包括可能稍微突出金属的填充物带。

2. 使用这些缠绕式垫片的最大法兰孔径的限制条件见表 22-45。

1）使用有内环的要求，见 22.2.3.2(5)。

2）垫片内径的公差，对 NPS 26～NPS 34，为±0.03 in，对 NPS 36～NPS 60，为±0.05 in。

3）垫片外径的公差，对 NPS 26～NPS 60，为±0.06 in。

4）定位环外径的公差为±0.03 in。

5）没有 Class 900、NPS 50 及更大的法兰。

表 22-39　ASME B16.5 法兰用缠绕式垫片内环的内径　in

法兰规格 NPS	压力等级						
	Class 150	Class 300	Class 400[1)]	Class 600	Class 900[1)]	Class 1500	Class 2500[1)]
1/2	0.56	0.56	—	0.56	—	0.56	0.56
3/4	0.81	0.81	—	0.81	—	0.81	0.81
1	1.06	1.06	—	1.06	—	1.06	1.06
1¼	1.50	1.50	—	1.50	—	1.31	1.31
1½	1.75	1.75	—	1.75	—	1.63	1.63
2	2.19	2.19	—	2.19	—	2.06	2.06
2½	2.62	2.62	—	2.62	—	2.50	2.50
3	3.19	3.19	—	3.19	3.10	3.10	3.10
4	4.19	4.19	4.04	4.04	4.04	3.85	3.85
5	5.19	5.19	5.05	5.05	5.05	4.90	4.90
6	6.19	6.19	6.10	6.10	6.10	5.80	5.80
8	8.50	8.50	8.10	8.10	7.75	7.75	7.75
10	10.56	10.56	10.05	10.05	9.69	9.69	9.69
12	12.50	12.50	12.10	12.10	11.50	11.50	11.50
14	13.75	13.75	13.50	13.50	12.63	12.63	—
16	15.75	15.75	15.35	15.35	14.75	14.50	—
18	17.69	17.69	17.25	17.25	16.75	16.75	—
20	19.69	19.69	19.25	19.25	19.00	18.75	—
24	23.75	23.75	23.25	23.25	23.25	22.75	—

注：1. 内环的厚度为 0.117 in～0.131 in。

2. 规格 NPS 1/2～NPS 3 的内径公差为±0.03 in，更大规格的内径公差为±0.06 in。使用标准内环的最小管壁厚度见表 22-42。

3. 对于使用内环的要求，参见 22.2.3.2(5)。

1) 没有 Class 400、NPS 1/2～NPS 3 法兰（使用 Class 600），没有 Class 900、NPS 1/2～NPS 2½法兰（使用 Class 1500）或没有 Class 2500、NPS 14 及更大的法兰。

表 22-40　ASME B16.47 A 系列法兰间用缠绕式垫片的内环的内径　in

法兰规格 NPS	压力等级				
	Class 150	Class 300	Class 400	Class 600	Class 900[1)]
26	25.75	25.75	26.00	25.50	26.00
28	27.75	27.75	28.00	27.50	28.00
30	29.75	29.75	29.75	29.75	30.25
32	31.75	31.75	32.00	32.00	32.00

续表 22-40　　in

法兰规格 NPS	压力等级				
	Class 150	Class 300	Class 400	Class 600	Class 900[1)]
34	33.75	33.75	34.00	34.00	34.00
36	35.75	35.75	36.13	36.13	36.25
38	37.75	37.50	37.50	37.50	39.75
40	39.75	39.50	39.38	39.75	41.75
42	41.75	41.50	41.38	42.00	43.75
44	43.75	43.50	43.50	43.75	45.50
46	45.75	45.38	46.00	45.75	48.00
48	47.75	47.63	47.50	48.00	50.00
50	49.75	49.00	49.50	50.00	—
52	51.75	52.00	51.50	52.00	—
54	53.50	53.25	53.25	54.25	—
56	55.50	55.25	55.25	56.25	—
58	57.50	57.00	57.25	58.00	—
60	59.50	60.00	59.75	60.25	—

注：1. 内环的厚度为 0.117 in～0.131 in。
2. 内径公差为±0.12 in。
3. 这些内环适用于 0.38 in 或以上的管壁厚度。
4. 内环使用的要求，参见 22.2.3.2(5)。

1）没有 Class 900、NPS 50 及更大的法兰。

表 22-41　ASME B16.47 B 系列法兰间用的缠绕式垫片的内环的内径　　in

法兰规格 NPS	压力等级				
	Class 150	Class 300	Class 400	Class 600	Class 900[1)]
26	25.75	25.75	25.75	25.38	26.25
28	27.75	27.75	27.63	27.00	28.25
30	29.75	29.75	29.63	29.63	30.75
32	31.75	31.75	31.50	31.25	33.00
34	33.75	33.75	33.50	33.50	35.25
36	35.75	35.75	35.38	35.50	36.25
38	37.75	38.25	37.50	37.50	39.75
40	39.75	40.25	39.38	39.75	41.75
42	41.75	42.75	41.38	42.00	43.75
44	43.75	44.25	43.50	43.75	45.50

续表 22-41

法兰规格 NPS	压力等级				
	Class 150	Class 300	Class 400	Class 600	Class 900[1]
46	45.75	46.38	46.00	45.75	48.00
48	47.75	48.50	47.50	48.00	50.00
50	49.75	49.88	49.50	50.00	—
52	51.75	51.88	51.50	52.00	—
54	53.75	53.75	53.25	54.25	—
56	56.00	56.25	55.25	56.25	—
58	58.19	58.44	57.25	58.00	—
60	60.44	61.31	59.75	60.25	—

注:1. 内环的厚度为 0.117 in～0.131 in。

2. 内径公差为±0.12 in。

3. 这些内环适用于 0.375 in 或以上的管壁厚度。

4. 内环使用的要求,参见 22.2.3.2(5)。

1) 没有 Class 900、NPS 50 及更大的法兰。

(3) 金属带的连接:内缠绕带至少应有三层没有填充物的预制金属带。初始的两层应沿内圆周进行点焊,沿圆周的焊点数至少为 3 点,最大间距为 76 mm(3 in)。外缠绕带层亦最少应有三层没有填充物的预制金属带,并进行点焊,沿圆周的焊点数至少为 3 点,最后一个焊点为终端焊点。

从终端焊点到第一个焊点的距离不应大于 38 mm(1.5 in)。在终端焊点后应继续再绕 4 圈松弛的预制金属缠绕带,可用来将垫片卡在定位环中。

(4) 定位环:所有的缠绕式垫片都应装有定位环。定位环的厚度应为 2.97 mm～3.33 mm(0.117 in～0.131 in)。其内侧直径上应有合适的凹槽以卡住垫片本体。

(5) 内环:缠绕式垫片向内翘曲被认为是潜在的难题。所有采用 PTFE(聚四氟乙烯)填充物的缠绕式垫片均应装有内环。对于柔性石墨填充的缠绕式垫片应提供内环,除非用户另有规定。

对用于以下规格和压力等级法兰、并装有所用填充物材料的缠绕式垫片都应装有内环:

a. NPS 24 和大于 Class 900 的法兰;

b. NPS 12 和大于 Class 1500 的法兰;

c. NPS 4 和大于 Class 2500 的法兰。

由于高螺栓载荷的存在,可能引起外环(定位环)损伤,因此要求这些垫片装有内环。

内环厚度应为 2.97 mm～3.33 mm(0.117 in～0.131 in)。

内环的内径尺寸分米制及英制两种:米制尺寸见表 22-33～表 22-35;英制尺寸见表 22-39～表 22-41。在法兰孔径、安装偏心和公差的最差综合条件下,内环的内径最大可伸入法兰孔径 1.5 mm(0.06 in)。

有内环的垫片只宜用于承插焊法兰、搭接焊法兰、对焊法兰和整体法兰。对于使用带内环垫片的最小管壁厚度参见表 22-42。对于使用不带内环垫片的最大允许内孔尺寸见表 22-43～表 22-47。

(6) 垫片的可压缩性：Class 150、Class 300 和 Class 600 中的 NPS 1/2、NPS 3/4 和 NPS 1 的缠绕式垫片应设计为：以公称螺栓根部直径为基础，在 2500 psi 均匀螺栓应力下，垫片厚度将压缩到 3.30 mm±0.13 mm(0.130 in±0.005 in)。所有其他规格和压力等级的垫片应设计为：在 207 MPa(30 000psi)均匀螺栓应力下，垫片厚度将压缩到 3.30 mm±0.13 mm(0.130 in±0.005 in)。

22.2.3.3 材料

金属缠绕带和填充物材料见表 22-48。内环材料应与缠绕带材料相匹配，除非用户另行规定。定位环可以采用有涂料的、金属镀层的或其他涂层的碳钢板，以防大气腐蚀。

表 22-42 ASME B16.5 法兰使用内环相配缠绕式垫片的最小管壁厚度

<table>
<tr><th rowspan="2">法兰规格
NPS</th><th colspan="7">压力等级</th></tr>
<tr><th>Class 150</th><th>Class 300</th><th>Class 400</th><th>Class 600</th><th>Class 900</th><th>Class 1500</th><th>Class 2500</th></tr>
<tr><td>1/2</td><td rowspan="3" colspan="7">管壁厚度系列号 80</td></tr>
<tr><td>3/4</td></tr>
<tr><td>1</td></tr>
<tr><td>1¼</td><td rowspan="8" colspan="5">管壁厚度系列号 40</td><td colspan="2"></td></tr>
<tr><td>1½</td><td rowspan="4" colspan="2"></td></tr>
<tr><td>2</td></tr>
<tr><td>2½</td></tr>
<tr><td>3</td></tr>
<tr><td>4</td><td rowspan="3" colspan="2">管壁厚度系列号 80</td></tr>
<tr><td>5</td></tr>
<tr><td>6</td></tr>
<tr><td>8</td><td rowspan="8" colspan="2">管壁厚度系列号 10S</td><td rowspan="8" colspan="2">管壁厚度系列号 30</td><td rowspan="8" colspan="2">管壁厚度系列号 80</td><td rowspan="3"></td></tr>
<tr><td>10</td></tr>
<tr><td>12</td></tr>
<tr><td>14</td><td rowspan="5"></td></tr>
<tr><td>16</td></tr>
<tr><td>18</td></tr>
<tr><td>20</td></tr>
<tr><td>24</td></tr>
</table>

注：1. 认定的管壁厚度系列号代表适合于 ASME B16.5 使用内环的最小建议管壁厚度（参考 ASME B36.10 M 和 B36.19 M）。

2. 带有内环的垫片只宜用于承插焊，搭焊，对焊和整体法兰。

3. 内环使用的要求，参见 22.2.3.2(5)。

表 22-43 与缠绕式垫片相配的 ASME B 16.5 法兰最大孔径(米制尺寸)

<table>
<tr><th rowspan="2">法兰规格
NPS</th><th colspan="8">压力等级</th></tr>
<tr><th>Class 75</th><th>Class 150</th><th>Class 300</th><th>Class 400</th><th>Class 600</th><th>Class 900[1)]</th><th>Class 1500[1)]</th><th>Class 2500[1)]</th></tr>
<tr><td>1/2</td><td rowspan="19">无法兰</td><td colspan="2" rowspan="3">仅 WN 法兰[2)]</td><td rowspan="8">无法兰使用
Class 600</td><td rowspan="3">仅 WN 法兰[2)]</td><td rowspan="7">无法兰使用
Class 1 500</td><td colspan="2" rowspan="7">仅 WN 法兰[2)]</td></tr>
<tr><td>3/4</td></tr>
<tr><td>1</td></tr>
<tr><td>1¼</td><td colspan="2" rowspan="2">SO 法兰[3)]
WN 法兰[2)]</td><td rowspan="2">SO 法兰[3)]
WN 法兰[2)]</td></tr>
<tr><td>1½</td></tr>
<tr><td>2</td><td colspan="2" rowspan="2">SO 法兰[3)]
WN 法兰,任意孔径</td><td rowspan="2">SO 法兰[3)]
WN 法兰,任意孔径</td></tr>
<tr><td>2½</td></tr>
<tr><td>3</td><td colspan="2" rowspan="12">SO 法兰
WN 法兰,任意孔径</td><td>SO 法兰[3)]
WN 法兰,任意孔径</td><td></td><td colspan="2" rowspan="3">SW 孔径的 WN 法兰(包括管嘴[4)],但不包括 SO 法兰)</td></tr>
<tr><td>4</td><td colspan="3" rowspan="2">ASME B36.19 M 中说明的管壁厚度系列号 10S 孔径的 WN 法兰(包括管嘴[4)],但不包括 SO 法兰)</td></tr>
<tr><td>5</td></tr>
<tr><td>6</td><td colspan="2" rowspan="3"></td><td colspan="2" rowspan="9">管壁厚度系列号 80 孔径的 WN 法兰(不包括管嘴[4)]和 SO 法兰)[5)]</td><td rowspan="3"></td></tr>
<tr><td>8</td></tr>
<tr><td>10</td></tr>
<tr><td>12</td><td colspan="2" rowspan="6">ASME B36.19M 中说明的管壁厚度系列号 10S 孔径的 WN 法兰
(不包括管嘴[4)]及不包括 SO 法兰)[5)]</td><td rowspan="6">无法兰</td></tr>
<tr><td>14</td></tr>
<tr><td>16</td></tr>
<tr><td>18</td></tr>
<tr><td>20</td></tr>
<tr><td>24</td></tr>
</table>

注:1. 此表表示表 22-30 缠绕式垫片尺寸中推荐的法兰最大孔径,考虑了包含的公差、可能的安装偏差和垫片伸入法兰孔径的可能性。

2. 对非强制性内环、最大的允许法兰孔径,见表 22-42。

3. 缩写:SO=平焊法兰或螺纹法兰;WN=焊颈法兰或对焊法兰;SW=标准管壁。

1) 内环的使用要求,见 22.2.3.2(5)。这些内环在最大孔径、安装偏差和额外公差的最差综合条件下,可最大伸入孔径 1.5 mm。

2) 这些规格中,只要垫片与法兰安装同心,这些垫片适用于标准管壁厚度的法兰孔径的焊颈法兰。这也适用于管嘴。对于任何较大孔径的法兰所使用的垫片是否令人满意,由用户负责确定。

3) 仅在垫片与法兰安装同心时,这些规格的垫片才适用于平焊法兰。

4) 管嘴即长颈对焊法兰;法兰孔径等于此法兰的 NPS。

5) NPS 24 垫片适用于管嘴。

表 22-44　与缠绕式垫片相配的 ASME B16.47 A 系列法兰最大孔径(米制尺寸)

法兰规格 NPS	压力等级				
	Class 150	Class 300	Class 400	Class 600	Class 900
26	1)	2)	2)	2)	2)
28	1)	2)	2)	2)	2)
30	1)	2)	2)	2)	2)
32	1)	2)	2)	2)	2)
34	1)	2)	2)	2)	2)
36	1)	2)	2)	2)	2)
38	1)	2)	2)	2)	2)
40	1)	2)	2)	2)	2)
42	1)	2)	2)	2)	2)
44	1)	2)	2)	2)	2)
46	1)	2)	2)	2)	2)
48	1)	2)	2)	2)	2)
50	1)	2)	2)	2)	3)
52	1)	2)	2)	2)	3)
56	1)	2)	2)	2)	3)
58	1)	2)	2)	2)	3)
60	1)	2)	2)	2)	3)

注：1. 此表表示表 22-31 缠绕式垫片尺寸中推荐的法兰最大孔径，考虑了包含的公差、可能的安装偏差和垫片伸入法兰孔径的可能性。

2. 内环使用的要求，参见 22.2.3.2(5)。

1) 仅适用于孔径不大于 4.75 mm 壁厚的管子内径的对焊法兰。更大的孔径必须逐个校核。

2) 仅适用于孔径不大于 6.4 mm 壁厚管子内径的对焊法兰。除 Class 300、NPS 38 外，孔径大于 7.6 mm 壁厚的管子内径不适用。更大的孔径必须逐个校核。

3) 没有 Class 900、NPS 50 及更大的法兰。

表 22-45　与缠绕式垫片相配的 ASME B16.47 B 系列法兰最大孔径

<table>
<tr><th rowspan="2">法兰规格
NPS</th><th colspan="5">压力等级</th></tr>
<tr><th>Class 150</th><th>Class 300</th><th>Class 400</th><th>Class 600</th><th>Class 900[1)]</th></tr>
<tr><td>26</td><td rowspan="17" colspan="4">具有 ASME B16.47 中说明的最大内径的法兰和整体法兰</td><td rowspan="11"></td></tr>
<tr><td>28</td></tr>
<tr><td>30</td></tr>
<tr><td>32</td></tr>
<tr><td>34</td></tr>
<tr><td>36</td></tr>
<tr><td>38</td></tr>
<tr><td>40</td></tr>
<tr><td>44</td></tr>
<tr><td>46</td></tr>
<tr><td>48</td></tr>
<tr><td>50</td><td>1)</td></tr>
<tr><td>52</td><td>1)</td></tr>
<tr><td>54</td><td>1)</td></tr>
<tr><td>56</td><td>1)</td></tr>
<tr><td>58</td><td>1)</td></tr>
<tr><td>60</td><td>1)</td></tr>
</table>

注：1. 此表表示表 22-32 及表 22-38(指英制尺寸表格)缠绕式垫片尺寸中推荐的法兰最大孔径，考虑了包含的公差、可能的安装偏差和垫片伸入法兰孔径的可能性。

2. 内环使用的要求，见 22.2.3.2(5)。

1) 没有 Class 900、NPS 50 及更大的法兰。

表 22-46 与螺旋缠绕式垫片相配的 ASME B 16.5 法兰最大孔径(英制尺寸)

<table>
<tr><th rowspan="2">法兰规格
NPS</th><th colspan="8">压力等级</th></tr>
<tr><th>Class 75</th><th>Class 150</th><th>Class 300</th><th>Class 400</th><th>Class 600</th><th>Class 900[1]</th><th>Class 1500</th><th>Class 2500</th></tr>
<tr><td>1/2</td><td rowspan="18">无法兰</td><td colspan="2" rowspan="3">仅 WN 法兰[2]</td><td rowspan="8">无法兰使用
Class 600</td><td rowspan="3">仅 WN 法兰[2]</td><td rowspan="8">无法兰使用
Class 1 500</td><td colspan="2" rowspan="8">仅 WN 法兰[2]</td></tr>
<tr><td>3/4</td></tr>
<tr><td>1</td></tr>
<tr><td>1¼</td><td colspan="2" rowspan="2">SO 法兰[3]
WN 法兰[2]</td><td rowspan="2">SO 法兰[3]
WN 法兰[2]</td></tr>
<tr><td>1½</td></tr>
<tr><td>2</td><td colspan="2" rowspan="2">SO 法兰
WN 法兰,任意孔径</td><td rowspan="2">SO 法兰[3]
WN 法兰,任意孔径</td></tr>
<tr><td>2½</td></tr>
<tr><td>3</td><td colspan="2" rowspan="11">SO 法兰
WN 法兰,任意孔径</td><td>SO 法兰[3]
WN 法兰,任意孔径</td></tr>
<tr><td>4</td><td colspan="3" rowspan="3">ASME B36.19M 中说明的管壁厚度系列号 10S 孔径的 WN 法兰(包括管嘴[4],但不包括 SO 法兰)</td><td colspan="2" rowspan="3">SW 孔径的 WN 法兰(包括管嘴[4],但不包括 SO 法兰)</td></tr>
<tr><td>6</td></tr>
<tr><td>8</td></tr>
<tr><td>10</td><td colspan="2" rowspan="2"></td><td colspan="2" rowspan="7">管壁厚度系列号 80 孔径的 WN 法兰(不包括管嘴[4] 和 SO 法兰)[5]</td><td rowspan="3"></td></tr>
<tr><td>12</td></tr>
<tr><td>14</td><td colspan="2" rowspan="5">ASME B36.19M 中说明的管壁厚度系列号 10S 孔径的 WN 法兰(不包括管嘴[4],及不包括 SO 法兰)[5]</td></tr>
<tr><td>16</td><td rowspan="4">无法兰</td></tr>
<tr><td>18</td></tr>
<tr><td>20</td></tr>
<tr><td>24</td></tr>
</table>

注:1. 此表表示表 22-36 缠绕式垫片尺寸中推荐的法兰最大孔径,考虑了包含的公差、可能的安装偏差和垫片伸入法兰孔径的可能性。
2. 对非强制性内环、最大的允许法兰孔径,见表 22-42。
3. 缩写:SO=滑套法兰或螺纹法兰;WN=焊颈法兰;SW=标准壁厚。

1) 内环的使用要求,见 22.2.3.2(5)。这些内环在最大孔径、安装偏差和额外公差的最差综合条件下,可最大伸入孔径 0.06 in。
2) 这些规格中,只要垫片与法兰安装同心,这些垫片适用于标准管壁厚度的法兰孔径的焊颈法兰。这也适用于管嘴。对于任何较大孔径的法兰所使用的垫片是否令人满意,由用户负责确定。
3) 仅在垫片与法兰安装同心时,这些规格的垫片才适用于滑套法兰。
4) 管嘴即长颈对焊法兰;法兰孔径等于此法兰的 NPS。
5) NPS 24 垫片适用于管嘴。

表 22-47　ASME B16.47 A 系列法兰与螺旋缠绕式垫片相配的最大孔径(英制尺寸)

法兰规格 NPS	压力等级				
	Class 150	Class 300	Class 400	Class 600	Class 900
26	1)	2)	2)	2)	2)
28	1)	2)	2)	2)	2)
30	1)	2)	2)	2)	2)
32	1)	2)	2)	2)	2)
34	1)	2)	2)	2)	2)
36	1)	2)	2)	2)	2)
38	1)	2)	2)	2)	2)
40	1)	2)	2)	2)	2)
42	1)	2)	2)	2)	2)
44	1)	2)	2)	2)	2)
46	1)	2)	2)	2)	2)
48	1)	2)	2)	2)	2)
50	1)	2)	2)	2)	3)
52	1)	2)	2)	2)	3)
56	1)	2)	2)	2)	3)
58	1)	2)	2)	2)	3)
60	1)	2)	2)	2)	3)

注:1. 此表表示表 22-37 缠绕式垫片尺寸中推荐的法兰最大孔径,考虑了包含的公差、可能的安装偏差和垫片伸入法兰孔径的可能性。

2. 内环使用的要求,参见 22.2.3.2(5)。

1) 仅适用于孔径不大于 0.187 in 壁厚的管子内径的对焊法兰。更大的内径必须逐个校核。

2) 仅适用于孔径不大于 0.25 in 壁厚的管子内径的对焊法兰。除 Class 300、NPS 38 外,孔径大于 0.30 in 壁厚的管子不适用。更大的孔径必须逐个校核。

3) 没有 Class 900、NPS 50 及更大的法兰。

表 22-48 缠绕式垫片材料的颜色标记和缩写标记

材料	缩写标记	颜色标记	材料	缩写标记	颜色标记
金属缠绕材料			Ni-Cr-Fe	—	—
碳钢	CRS	银色	镍铬铁合金 600	INC 600	金色
304 SS	304	黄色	等级 600	—	—
304 L SS	304 L	无色	Ni-Cr-Fe-Cb	—	—
309 SS	309	无色	镍铬铁合金 625	INC 625	金色
310 SS	310	无色	等级 625	—	—
316 L SS	316 L	绿色	Ni-Cr-Fe-Ti	—	—
317 L SS	317 L	粟色	镍铬铁合金 X-750	INX	无色
347 SS	347	蓝色	等级 X-750	—	—
321 SS	321	青绿色	Ni-Fe-Cr	—	—
430 SS	430	无色	耐热镍铬铁合金 800	IN 800	白色
Ni-Cu	—	—	等级 800	—	—
蒙乃尔 400	MON	橙色	Ni-Fe-Cr-Mo-Cu	—	—
等级 400	—	—	耐热镍铬铁合金 825	IN 825	白色
镍 200	Ni	红色	等级 825	—	—
钛	Ti	紫色	锆	ZIRC	无色
20Cb-3 合金	A-20	黑色	非金属填充材料		
Ni-Mo	—	—	硅酸镁石棉	ASB	无条纹
镍基合金 B	HAST B	棕色	聚四氟乙烯	PTFE	白色条纹
等级 B2	—	—	云母石墨	制造厂标号	粉红条纹
Ni-Mo-Cr	—	—	柔性石墨	F. G.	灰色条纹
镍基合金 C	HAST C	米色	陶瓷	CER	浅绿色条纹
等级 C-276	—	—			

22.2.3.4 标记

(1) 总则：每个缠绕式垫片的定位环上应做出永久性标记。标记符号的高度最小为 2.5 mm(0.1 in)。定位环上的标记应包括以下内容：

a) 制造厂名或商标；

b) 法兰规格(NPS)；

c) 压力等级(Class)；

d) 缠绕金属材料的缩写(见表 22-48)，当采用 304 不锈钢时其缩写可省略；

e) 填充物材料缩写(见表 22-48)；

f) 定位环和内环金属材料的缩写(见表 22-48)，当定位环采用碳钢，内环采用 304 不锈钢时，其缩写可省略；

g) 法兰标识。用于 ASME B16.47 法兰的垫片应按相应的标准标以 ASME B16.47A

或 ASME B16.47 B。用于 ASME B16.5 法兰的垫片不需要这样的标识。标志实例见表 22-49。

h）标准编号 ASME B16.20。

（2）压力等级：适合于多种压力等级的垫片，应标明全部可用的压力等级（Class）（见表 22-49）。

（3）颜色标记：缠绕式垫片应标以可识别缠绕金属带和填充物材料的颜色代码。定位环外周边上的连续颜色应作为识别缠绕金属带。填充物材料鉴别颜色应标记在定位环的外边缘上，对于 NPS 1½ 及更大规格的垫片应有四条间隔约 90°的色带，更小规格的垫片应至少有两条间隔约 180°的色带。这些颜色标记应符合表 22-48 的规定。缠绕式垫片材料的颜色标记和缩写标记见表 22-48。

表 22-49　螺旋缠绕式垫片的标志实例

说　明	标　志
用 304 型金属缠绕带和柔性石墨（F.G）填充物制成的 ASME B16.5 NPS 3，Class 300 和 Class 600 垫片	3-300/600-F.G. （制造厂商标） ASME B16.20
用 304 型金属缠绕带和陶瓷（CER）填充物制成的 ASME B16.47A 系列 NPS 36，Class 300 垫片	36-300-CER ASME B16.47A （制造厂商标） ASME B16.20
用镍铬铁合金金属缠绕带和聚四氟乙烯（PTFE）填充物制成的，并带镍铬铁合金内环的 ASME B16.5 NPS 12，Class 1500 垫片	12-1500 INC 600-PTFE INC 600 I.R. （制造厂商标） ASME B16.20

22.2.4　夹套式垫片

22.2.4.1　规格及压力等级

夹套式垫片以法兰规格、压力等级（Class）和相应的法兰标准（ASME B16.5 或 ASME B16.47）标识。

22.2.4.2　设计

（1）总则：夹套式垫片应在金属夹套中包封填充材料制成。

（2）夹套厚度：夹套用金属的最小厚度应为 0.38 mm(0.015 in)。

（3）填充材料厚度：填充材料厚度最小应为 1.5 mm(0.06 in)。

（4）其他：其他设计细节，包括填充物的密度，应由垫片制造厂负责确定。

22.2.4.3　尺寸与公差

（1）以米制为单位的夹套式垫片的尺寸与公差见图 22-13～图 22-15 和表 22-50～表 22-52。

（2）以英制为单位的夹套式垫片的尺寸与公差见图 22-16～图 22-18 和表 22-53～表 22-55。

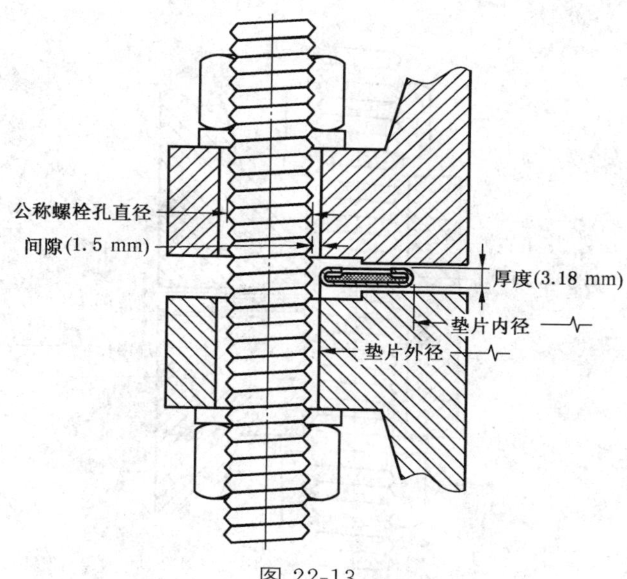

图 22-13

表 22-50 ASME B16.5 法兰用夹套式垫片尺寸

mm

法兰规格 NPS	垫片内径[1]	垫片外径[1]						
		Class 150	Class 300	Class 400[2]	Class 600	Class 900[2]	Class 1500	Class 2500[2]
1/2	22.4	44.5	50.8	—	50.8	—	60.5	66.8
3/4	28.7	54.1	63.5	—	63.5	—	66.8	73.2
1	38.1	63.5	69.9	—	69.9	—	76.2	82.6
1¼	47.8	73.2	79.5	—	79.5	—	85.9	101.6
1½	54.1	82.6	92.2	—	92.2	—	95.3	114.3
2	73.2	101.6	108.0	—	108.0	—	139.7	143.0
2½	85.9	120.7	127.0	—	127.0	—	162.1	165.1
3	108.0	133.4	146.1	—	146.1	165.1	171.5	193.8
4	131.8	171.5	177.8	174.8	190.5	203.2	206.5	231.9
5	152.4	193.8	212.9	209.6	238.3	244.6	251.0	276.4
6	190.5	219.2	247.7	244.6	263.7	285.8	279.4	314.5
8	238.3	276.4	304.8	301.8	317.5	355.6	349.3	384.3
10	285.8	336.6	358.9	355.6	397.0	431.8	431.8	473.2
12	342.9	406.4	419.1	416.1	454.2	495.3	517.7	546.1
14	374.7	447.8	482.6	479.6	489.0	517.7	574.8	—
16	425.5	511.3	536.7	533.4	562.1	571.5	638.3	—
18	489.0	546.1	593.9	590.6	609.6	635.0	701.8	—
20	533.4	603.3	651.0	644.7	679.5	695.5	752.6	—
24	641.4	714.5	771.7	765.3	787.4	835.2	898.7	—

注：垫片厚度公差为$^{+0.8}_{0}$mm。

1)NPS 1/2～NPS 24 垫片的外径和内径公差为$^{+1.5}_{0}$mm。

2)没有 Class 400、NPS 1/2～NPS 3 法兰(用 Class 600)；没有 Class 900、NPS 1/2～NPS 2½ 法兰(用 Class 1 500)；没有 Class 2500、NPS 14 和更大的法兰。

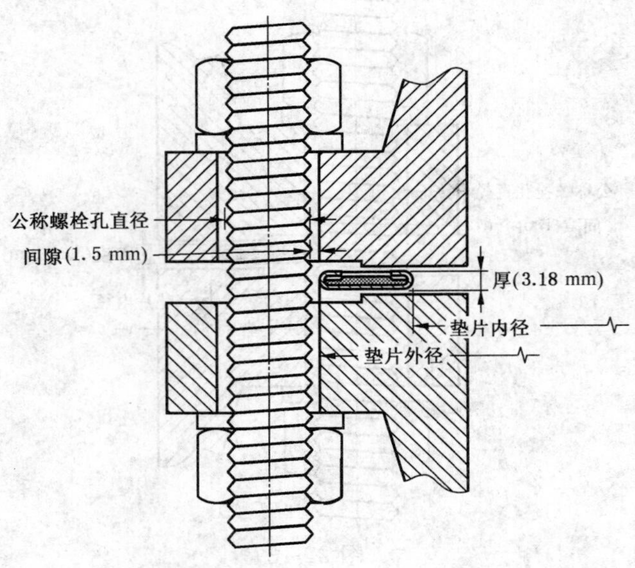

图 22-14

表 22-51 ASME B16.47A 系列法兰用夹套式垫片尺寸 mm

法兰规格 NPS	垫片内径[1]	垫片外径[1]				
		Class 150	Class 300	Class 400	Class 600	Class 900[2]
26	673.1	771.7	831.9	828.8	863.6	879.6
28	723.9	828.8	895.4	889.0	911.4	943.1
30	774.7	879.6	949.5	943.1	968.5	1 006.6
32	825.5	936.8	1 003.3	1 000.3	1 019.3	1 070.1
34	876.3	987.6	1 054.1	1 051.1	1 070.1	1 133.6
36	927.1	1 044.7	1 114.6	1 114.6	1 127.3	1 197.1
38	977.9	1 108.2	1 051.1	1 070.1	1 101.9	1 197.1
40	1 028.7	1 159.0	1 111.3	1 124.0	1 152.7	1 247.9
42	1 079.5	1 216.2	1 162.1	1 174.8	1 216.2	1 298.7
44	1 130.3	1 273.3	1 216.2	1 228.9	1 267.0	1 365.3
46	1 181.1	1 324.1	1 270.0	1 286.0	1 324.1	1 432.1
48	1 231.9	1 381.3	1 320.8	1 343.2	1 387.6	1 482.9
50	1 282.7	1 432.1	1 374.9	1 400.3	1 444.8	—
52	1 333.5	1 489.2	1 425.7	1 451.1	1 495.6	—
54	1 384.3	1 546.4	1 489.2	1 514.6	1 552.7	—
56	1 435.1	1 603.5	1 540.0	1 565.4	1 603.5	—
58	1 485.9	1 660.7	1 590.8	1 616.2	1 660.7	—
60	1 536.7	1 711.5	1 641.6	1 679.7	1 730.5	—

注：垫片厚度公差为 $^{+0.8}_{0}$ mm。

1）NPS 26～NPS 60 垫片的外径和内径公差为 $^{+3.3}_{0}$ mm

2）没有 Class 900、NPS 50 及更大的法兰。

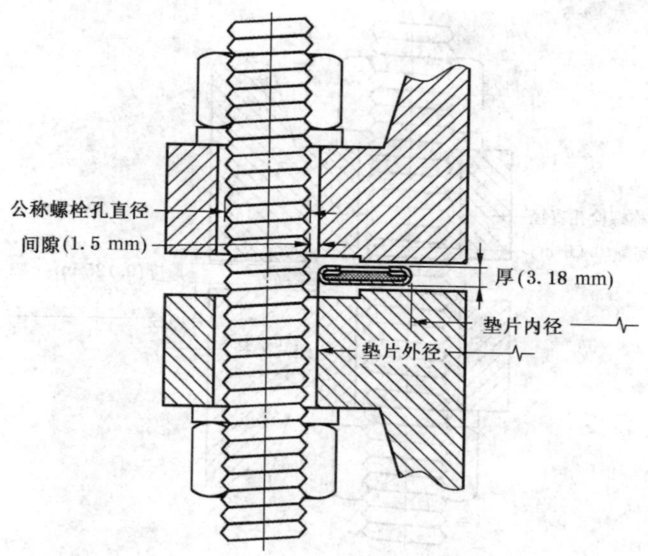

图 22-15

表 22-52 ASME B16.47B 系列法兰用夹套式垫片的尺寸 mm

法兰规格 NPS	垫片内径[1]	垫片外径[1]				
		Class 150	Class 300	Class 400	Class 600	Class 900[2]
26	673.1	722.4	768.4	743.0	762.0	835.2
28	723.9	773.2	822.5	797.1	816.1	898.7
30	774.7	824.0	882.7	854.2	876.3	955.8
32	825.5	877.8	936.8	908.1	930.4	1 013.0
34	876.3	931.9	990.6	958.9	993.9	1 070.1
36	927.1	984.3	1 044.7	1 019.3	1 044.7	1 120.9
38	977.9	1 041.4	1 095.5	1 070.1	1 101.9	1 197.1
40	1 028.7	1 092.2	1 146.3	1 124.0	1 152.7	1 247.9
42	1 079.5	1 143.0	1 197.1	1 174.8	1 216.2	1 298.7
44	1 130.3	1 193.8	1 247.9	1 228.9	1 267.0	1 365.3
46	1 181.1	1 252.5	1 314.5	1 286.0	1 324.1	1 432.1
48	1 231.9	1 303.3	1 365.3	1 343.2	1 387.6	1 482.9
50	1 282.7	1 354.1	1 416.1	1 400.3	1 444.8	—
52	1 333.5	1 404.9	1 466.9	1 451.1	1 495.6	—
54	1 384.3	1 460.5	1 527.3	1 514.6	1 552.7	—
56	1 435.1	1 511.3	1 590.8	1 565.4	1 603.5	—
58	1 485.9	1 576.3	1 652.5	1 616.2	1 660.7	—
60	1 536.7	1 627.1	1 703.3	1 679.7	1 730.5	—

注：垫片厚度公差为 $^{+0.8}_{0}$ mm。

1) NPS 26～NPS 60 垫片的外径和内径公差为 $^{+3.3}_{0}$ mm。

2) 没有 Class 900、NPS 50 及更大的法兰。

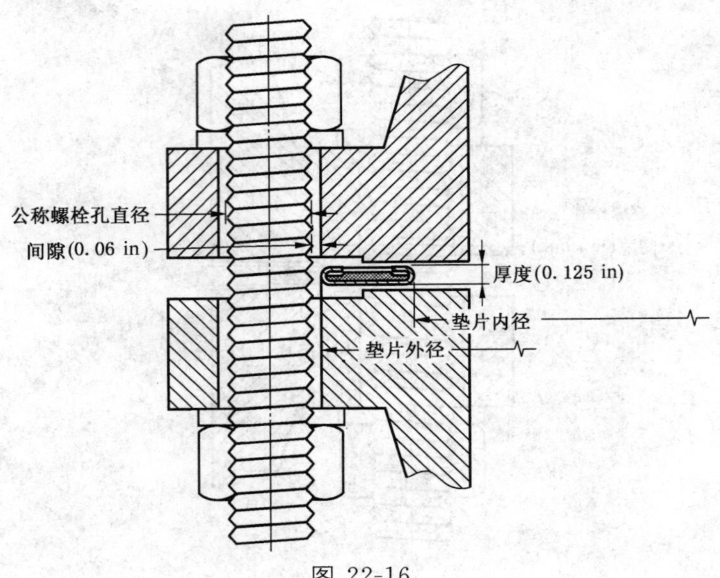

图 22-16

表 22-53　ASME B16.5 法兰用夹套式垫片的尺寸　in

法兰规格 NPS	垫片内径[1]	垫片外径[1]						
		Class 150	Class 300	Class 400[2]	Class 600	Class 900[2]	Class 1500	Class 2500[2]
1/2	0.88	1.75	2.00	—	2.00	—	2.38	2.63
3/4	1.13	2.13	2.50	—	2.50	—	2.63	2.88
1	1.50	2.50	2.75	—	2.75	—	3.00	3.25
1¼	1.88	2.88	3.13	—	3.13	—	3.38	4.00
1½	2.13	3.25	3.63	—	3.63	—	3.75	4.50
2	2.88	4.00	4.25	—	4.25	—	5.50	5.63
2½	3.38	4.75	5.00	—	5.00	—	6.38	6.50
3	4.25	5.25	5.75	—	5.75	6.50	6.75	7.63
4	5.19	6.75	7.00	6.88	7.50	8.00	8.13	9.13
5	6.00	7.63	8.38	8.25	9.38	9.63	9.88	10.88
6	7.50	8.63	9.75	9.63	10.38	11.25	11.00	12.38
8	9.38	10.88	12.00	11.88	12.50	14.00	13.75	15.13
10	11.25	13.25	14.13	14.00	15.63	17.00	17.00	18.63
12	13.50	16.00	16.50	16.38	17.88	19.50	20.38	21.50
14	14.75	17.63	19.00	18.88	19.25	20.38	22.63	—
16	16.75	20.13	21.13	21.00	22.13	22.50	25.13	—
18	19.25	21.50	23.38	23.25	24.00	25.00	27.63	—
20	21.00	23.75	25.63	25.38	26.75	27.38	29.63	—
24	25.25	28.13	30.38	30.13	31.00	32.88	35.38	—

注：垫片厚度公差为 $^{+0.03}_{0}$ in。

1）NPS 1/2～NPS 24 垫片的外径和内径公差为 $^{+0.06}_{0}$ in。

2）没有 Class 400、NPS 1/2～NPS 3 法兰（用 Class 600）；没有 Class 900、NPS 1/2～NPS 2½ 法兰（用 Class 1500）；没有 Class 2500、NPS 14 和更大的法兰。

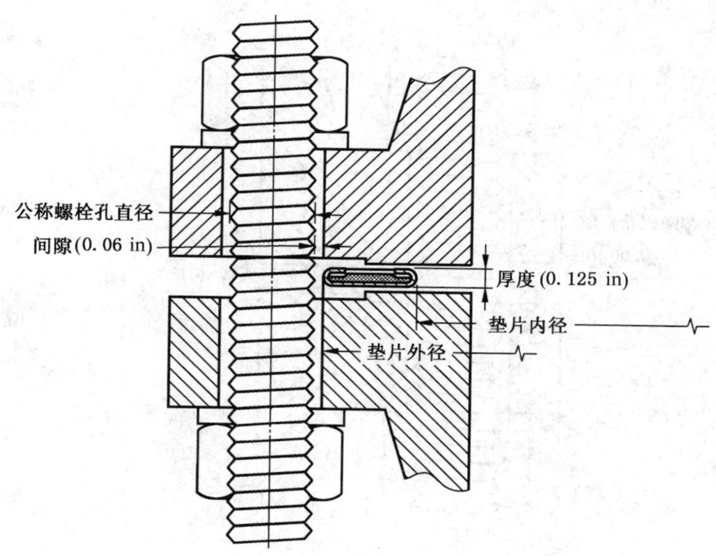

图 22-17

表 22-54 ASME B16.47A 系列法兰用夹套式垫片的尺寸 in

法兰规格 NPS	垫片内径[1]	垫片外径[1]				
		Class 150	Class 300	Class 400	Class 600	Class 900[2]
26	26.50	30.38	32.75	32.63	34.00	34.63
28	28.50	32.63	35.25	35.00	35.88	37.13
30	30.50	34.63	37.38	37.13	38.13	39.63
32	32.50	36.88	39.50	39.38	40.13	42.13
34	34.50	38.88	41.50	41.38	42.13	44.63
36	36.50	41.13	43.88	43.88	44.38	47.13
38	38.50	43.63	41.38	42.13	43.38	47.13
40	40.50	45.63	43.75	44.25	45.38	49.13
42	42.50	47.88	45.75	46.25	47.88	51.13
44	44.50	50.13	47.88	48.38	49.88	53.75
46	46.50	52.13	50.00	50.63	52.13	56.38
48	48.50	54.38	52.00	52.88	54.63	58.38
50	50.50	56.38	54.13	55.13	56.88	—
52	52.50	58.63	56.13	57.13	58.88	—
54	54.50	60.88	58.63	59.63	61.13	—
56	56.50	63.13	60.63	61.63	63.13	—
58	58.50	65.38	62.63	63.63	65.38	—
60	60.50	67.38	64.63	66.13	68.13	—

注：垫片厚度公差为 $^{+0.03}_{0}$ in。

1）NPS 26～NPS 60 垫片的外径和内径公差为 $^{+0.13}_{0}$ in。

2）没有 Class 900、NPS 50 及更大的法兰。

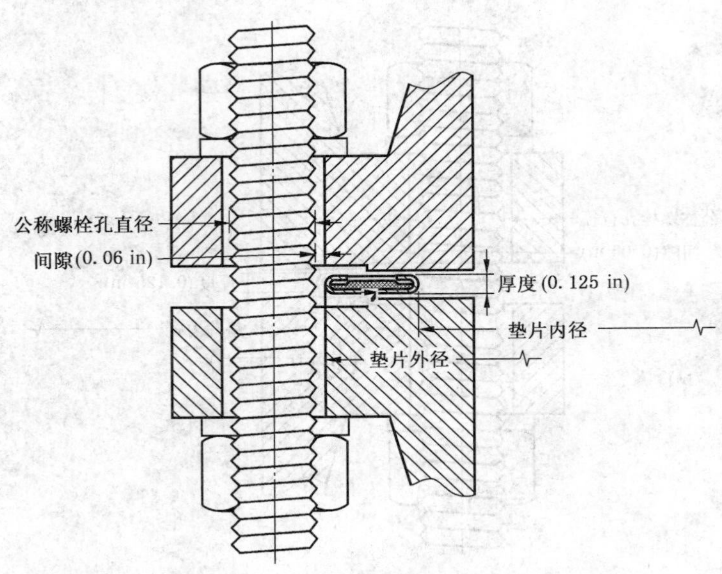

图 22-18

表 22-55　ASME B16.47B系列法兰用夹套式垫片的尺寸　in

法兰规格 NPS	垫片内径[1]	垫片外径[1]				
		Class 150	Class 300	Class 400	Class 600	Class 900[2]
26	26.50	28.44	30.25	29.25	30.00	32.88
28	28.50	30.44	32.38	31.38	32.13	35.38
30	30.50	32.44	34.75	33.63	34.50	37.63
32	32.50	34.56	36.88	35.75	36.63	39.88
34	34.50	36.69	39.00	37.75	39.13	42.13
36	36.50	38.75	41.13	40.13	41.13	44.13
38	38.50	41.00	43.13	42.13	43.38	47.13
40	40.50	43.00	45.13	44.25	45.38	49.13
42	42.50	45.00	47.13	46.25	47.88	51.13
44	44.50	47.00	49.13	48.38	49.88	53.75
46	46.50	49.31	51.75	50.63	52.13	56.38
48	48.50	51.31	53.75	52.88	54.63	58.38
50	50.50	53.31	55.75	55.13	56.88	—
52	52.50	55.31	57.75	57.13	58.88	—
54	54.50	57.50	60.13	59.63	61.13	—
56	56.50	59.50	62.63	61.63	63.13	—
58	58.50	62.06	65.06	63.63	65.38	—
60	60.50	64.06	67.06	66.13	68.13	—

注：垫片厚度公差为$^{+0.13}_{0}$in。

1）NPS 26～NPS 60 垫片的外径和内径公差为$^{+0.13}_{0}$in。

2）没有 Class 900、NPS 50 及更大的法兰。

22.2.4.4 材料

金属夹套材料和填充物材料应按表22-56选取。对于与ASME B16.5法兰配合使用的夹套式垫片限制条件见ASME B16.5的附录C。

22.2.4.5 标记

(1)适用标记:夹套式垫片应使用防水墨汁或同等物进行标记,如垫片规格限制不允许作标记时,应采用加标签的标记。标记符号的最小高度为5 mm(0.2 in)。标记应包括下列内容:

a)制造厂名或商标;

b)法兰规格(NPS);

c)压力等级(Class);

d)夹套材料的缩写(见表22-56),当使用低碳钢时,缩写可以省略;

e)填充物材料缩写(见表22-56);

f)法兰标识。用于ASME B16.47法兰的垫片应按相应的标准标以ASME B16.47A或ASME B16.47B。用于ASME B16.5法兰的垫片则不需要如此标识。标志实例见表22-57。

(2)压力等级:适用于多种压力等级的垫片,应标记全部适用的压力等级(Class)。

表22-56 识别夹套式垫片用材料的缩写标记

材料	缩写
金属材料	
铝(Al)	AL
碳钢(CRS)	CS
铜(Cu)	CU
哈氏合金B[Ni-Mo(等级B2)]	HAST B
哈氏合金C[Ni-Mo-Cr(等级C-276)]	HAST C
因科镍合金600[Ni-Cr-Fe(等级600)]	INC 600
因科镍合金625[Ni-Cr-Fe-Cb(等级625)]	INC 625
镍铁-铬合金800[Ni-Cr-Fe(等级800)]	INC 800
因科镍合金X-750[Ni-Cr-Fe(等级X-750)]	INX
蒙乃尔合金[Ni-Cu(等级400)]	MON
镍(Nickel 200)	NI
软铁	Soft Iron
不锈钢(Ni-Cr)	3-digit
钽(Ta)	TANT
钛(Ti)	TI
填充物材料	
石棉	ASB
陶瓷	CER
柔性石墨	F. G.
聚四氟乙烯	PTFE

表 22-57 夹套式垫片的标志实例

说 明	标 志
用 304 型金属夹套和柔性石墨(F. G)填充物制成的 ASME B16. 5 NPS 2½、Class 150 垫片	2½-150-304/F. G. (制造厂商标) ASME B16. 20
用碳钢夹套和陶瓷填充物制成的 ASME B16. 47B 系列 NPS 30、Class 300 垫片	30-300-CS/CER ASME B16. 47 B (制造厂商标) ASME B16. 20

第23章　欧共体法兰用垫片标准

欧共体最近发布的法兰用垫片标准有两个系列:一个是从属于欧洲法兰垫片体系的EN或BS EN标准,即:EN 1514-1:1997《有或没有加强物的非金属平垫片》、EN 1514-2:2005(E)《钢制管法兰用缠绕式垫片》、EN 1514-3:1997《非金属PTFE(聚四氟乙烯)包覆垫片》、EN 1514-4:1997《钢制管法兰用波纹形、平形或齿形金属垫片和充填料的金属垫片》、EN 1514-6:2003《钢制管法兰用锯齿形金属复合垫片》、EN 1514-7:2004(E)《钢制管法兰用包覆金属夹套的垫片》及BS EN 1514-8:2004《有槽法兰用氯丁橡胶O形环垫片》标准;另一个是从属于美洲法兰垫片体系的EN或BS EN标准,即:EN 12560-1:2001《带或不带填充物的非金属平垫片》、EN 12560-2:2001《钢制法兰用缠绕式垫片》、EN 12560-3:2001《非金属PTFE包覆垫片》、EN 12560-4:2001《钢制法兰用带或不带填充物的波纹形、平形或齿形金属垫片》、EN 12560-5:2001《钢制法兰用金属环连接垫片》、BS EN 12560-6:2003《钢制法兰用锯齿金属复合垫片》及BS EN 12560-7:2004《钢制法兰用金属夹套式包覆垫片》标准。

本章主要介绍从属于欧洲法兰垫片体系的EN 1514-1:1997、EN 1514-2:2005(E)、EN 1514-3:1997、EN 1514-4:1997、EN 1514-6:2003、EN 1514-7:2004(E)及BS EN 1514-8:2004共7个垫片标准及从属于美洲法兰垫片体系的EN 12560-3:2001、EN 12560-4:2001及EN 12560-6:2003共3个垫片标准。

23.1　有或没有加强物的非金属平垫片(EN 1514-1:1997)

23.1.1　适用范围

EN 1514-1:1997《有或没有加强物的非金属平垫片》规定了有或没有加强物的非金属平垫片的尺寸,垫片适用于EN 1092-1:2001《法兰连接　管道、阀门和管件用圆形法兰　第1部分　钢制法兰　PN系列》;EN 1092-2:1997《法兰连接　管道、阀门和管件用圆形法兰　第2部分:铸铁法兰PN系列》;EN 1092-3:2003《法兰连接　管道、阀门、管件和附件用圆形法兰　第3部分:铜合金及其复合材料法兰　PN系列》和EN 1092-4:2002《法兰连接　管道、阀门、管件和附件用圆形法兰　第4部位:铝合金法兰　PN系列》标准规定的法兰以及EN 545:2002《水路系统用铁管、管件、附件及其连接　技术要求及试验方法》;EN 598:1994《排污系统用铁管、管件、附件及其连接　技术要求及试验方法》和EN 969:1998《气路系统用铁管、管件、附件及其连接　技术要求及试验方法》标准规定的管道和管件。其适用的最大公称压力为PN 63(即63 bar),最大公称尺寸为DN 4000(即4 000 mm)。

按该标准制造的垫片可能含有石棉。由于使用含有石棉的材料在欧洲受到法律的限制,因而生产和使用时必须有相应的预防措施,以确保不对人身健康造成危害。

23.1.2　垫片型式

垫片及法兰密封面型式有4种,见图23-1和图23-2。

FF 型垫片:用于 A 型(全平面)和 B 型(突平面)法兰[见图 23-1a)、图 23-2a)];

IBC 型垫片:用于 A 型(全平面)和 B 型(突平面)法兰[见图 23-1b)、图 23-2b)];

TG 型垫片:用于 C/D 型(榫槽面)法兰[见图 23-1c)、图 23-2b)];

SR 型垫片:用于 E/F 型(凹凸面)法兰[见图 23-1d)、图 23-2b)]。

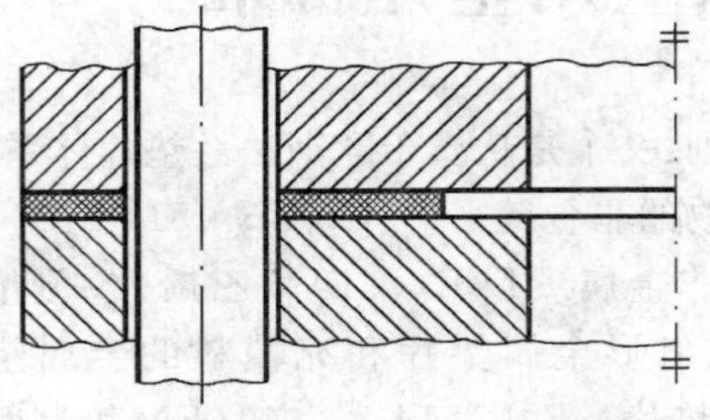

a) 配 FF 型垫片的 A 型法兰密封面

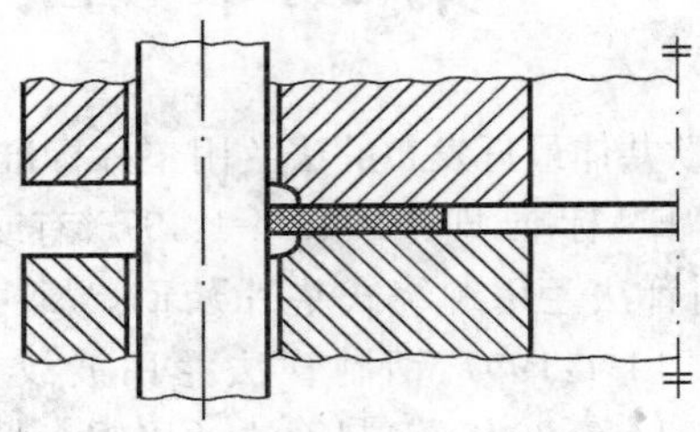

b) 配 IBC 型垫片的 B 型法兰密封面

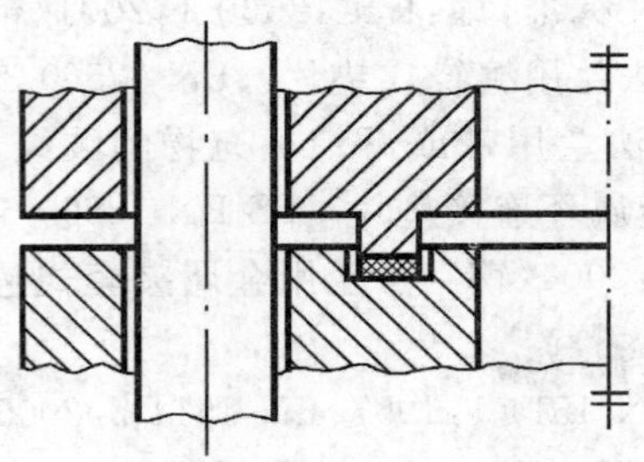

c) 配 TG 型垫片的 C/D 型法兰密封面

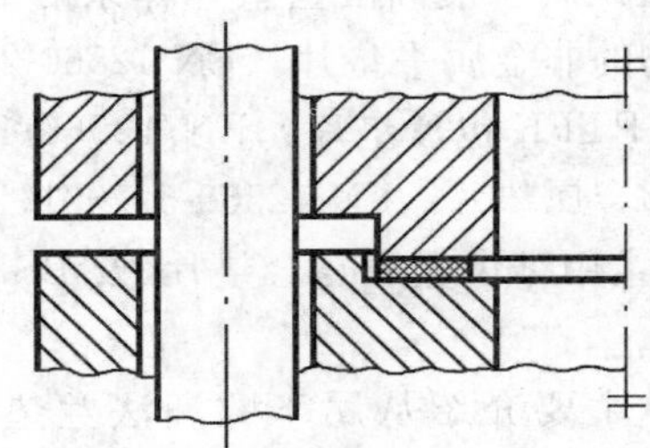

d) 配 SR 型垫片的 E/F 型法兰密封面

图 23-1 垫片及法兰密封面的型式

23.1.3 与垫片相配的法兰密封面型式

EN 1092-1、EN 1092-2、EN 1092-3 和 EN 1092-4 中规定了法兰密封面的型式,见图 23-3。

只有 FF 型和 IBC 型垫片适用于 EN 545、EN 598 和 EN 969 规定的法兰连接。

23.1.4 垫片设计及材料选用

垫片可由一种或多种材料制造,可以是单层或通过多层复合模压方式制成。直径超过 1 500 mm 的垫片也许只能采用拼接型式。对于大尺寸垫片,用户应向制造商或供应商进行咨询。

典型的垫片材料为未增强的橡胶、纤维增强的橡胶、带金属丝的纤维增强橡胶、带金属骨架的橡胶、塑料、带骨架的柔性石墨、含黏结剂的压缩纤维、植物纤维、软木基材料。

应根据介质、操作条件、垫片材料性能、法兰面型式及表面粗糙度以及螺栓载荷的大小选择垫片。在选择特殊用途的垫片时,建议向供应商进行咨询。

23.1.5 垫片尺寸范围

不同公称尺寸和公称压力下各种垫片的尺寸范围见表 23-1。

23.1.6 垫片尺寸

23.1.6.1 厚度

垫片厚度按表 23-2 选取,材料见 23.1.4,该标准规定的垫片厚度不适用于其他的材料。

应根据介质、操作条件、垫片材料性能、法兰面型式及表面粗糙度以及螺栓载荷的大小选择垫片厚度。在特殊用途垫片厚度选择时,可向供应商咨询。

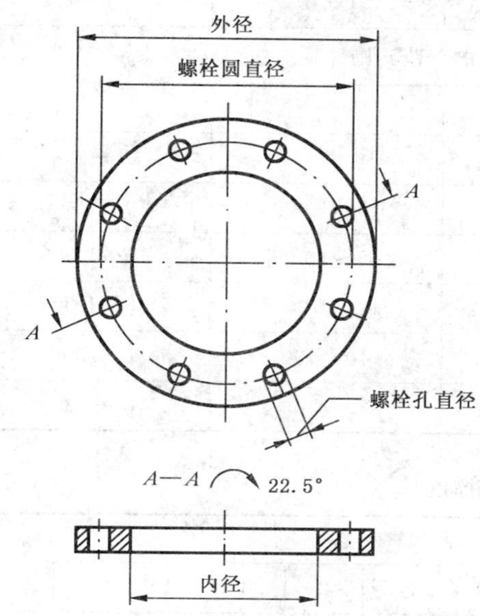

该图说明了螺栓孔的排列，实际螺栓孔的数目根据相关标准确定

a) FF型垫片（用于A、B型法兰密封面）

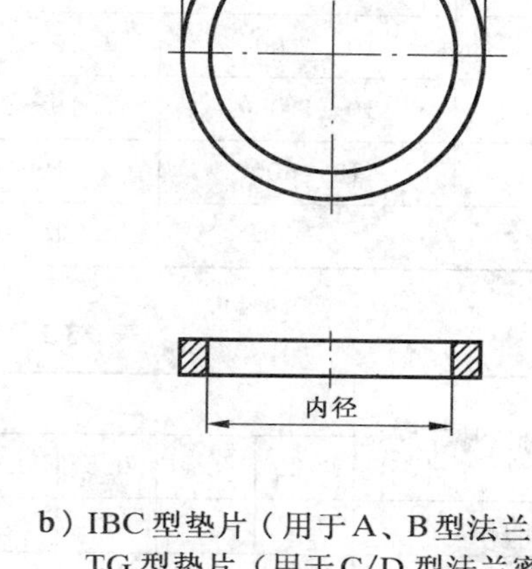

b) IBC型垫片（用于A、B型法兰密封面）
TG型垫片（用于C/D型法兰密封面）
SR型垫片（用于E/F型法兰密封面）

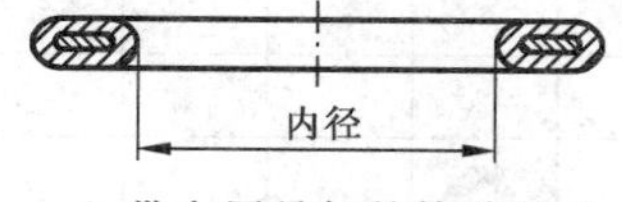

c) 带金属骨架的橡胶垫片

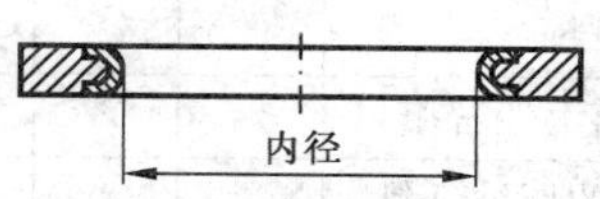

d) 带金属骨架的橡胶垫片

图 23-2　垫片型式与尺寸

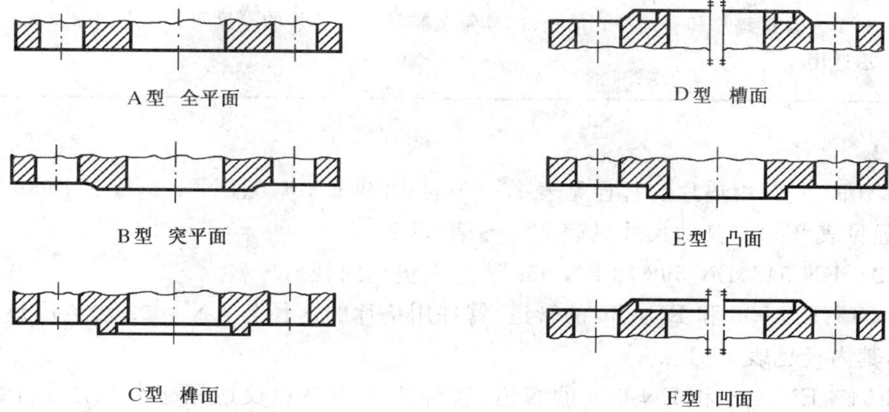

图 23-3　法兰密封面型式

表 23-1　垫片的尺寸范围

mm

公称压力 PN	垫片型式			
	FF 型	IBC 型	TG 型	SR 型
	DN 的范围			
2.5	10～600	10～4 000	—	—
6	10～600	10～3 600	—	—
10	10～2 000	10～3 000	10～1 000	10～1 000
16	10～2 000	10～2 000	10～1 000	10～1 000
25	10～2 000	10～2 000	10～1 000	10～1 000
40	10～600	10～600	10～600	10～600
63	—	10～400	—	—

表 23-2　垫片的厚度

mm

垫片材料	厚度										
	0.25	0.4	0.5	0.8	1	1.5	2	3	4	5	6.4
未增强的橡胶						×	×	×	×	×	
纤维增强橡胶						×		×	×	×	
带金属丝的纤维增强橡胶								×	×	×	
带金属骨架的橡胶								×	×	×	×
塑料					×	×	×	×			
带骨架的柔性石墨		×		×	×	×	×	×			
含黏结剂的压缩纤维	×	×	×	×	×	×	×				
植物纤维	×	×	×	×	×		×				
软木基材料						×		×		×	×
注：对于大直径垫片和一些型式的垫片（如带金属骨架），垫片的厚度可以大于 6.4 mm；"×"表示适用。											

23.1.6.2　直径

EN 1092 法兰用垫片的直径见表 23-3～表 23-9，EN 545、EN 598 和 EN 969 法兰用垫片内径见表 23-10，其他尺寸见表 23-5～表 23-9。

23.1.6.3　EN 545、EN 598 和 EN 969 法兰用垫片内径

EN 545、EN 598 和 EN 969 的管道、管件用垫片的内径与 EN 1092 法兰用垫片的内径不同，其内径见表 23-10。

EN 545、EN 598 和 EN 969 的管道、管件法兰用垫片仅适用于公称压力 PN 10～PN 40，其他垫片尺寸见表 23-5～表 23-9。

表 23-3 PN 2.5 法兰用垫片尺寸

mm

<table>
<tr><th>DN</th><th>垫片内径</th><th>IBC 型垫片外径</th><th>FF 型垫片</th></tr>
<tr><td>10</td><td rowspan="23">使用 PN 6 的尺寸</td><td rowspan="23">使用 PN 6 的尺寸</td><td rowspan="20">使用 PN 6 的尺寸</td></tr>
<tr><td>15</td></tr>
<tr><td>20</td></tr>
<tr><td>25</td></tr>
<tr><td>32</td></tr>
<tr><td>40</td></tr>
<tr><td>50</td></tr>
<tr><td>65</td></tr>
<tr><td>80</td></tr>
<tr><td>100</td></tr>
<tr><td>125</td></tr>
<tr><td>150</td></tr>
<tr><td>200</td></tr>
<tr><td>250</td></tr>
<tr><td>300</td></tr>
<tr><td>350</td></tr>
<tr><td>400</td></tr>
<tr><td>450</td></tr>
<tr><td>500</td></tr>
<tr><td>600</td></tr>
<tr><td>700</td><td rowspan="18">—</td></tr>
<tr><td>800</td></tr>
<tr><td>900</td></tr>
<tr><td>1 000</td></tr>
<tr><td>1 200</td><td>1 220</td><td>1 290</td></tr>
<tr><td>1 400</td><td>1 420</td><td>1 490</td></tr>
<tr><td>1 600</td><td>1 620</td><td>1 700</td></tr>
<tr><td>1 800</td><td>1 820</td><td>1 900</td></tr>
<tr><td>2 000</td><td>2 020</td><td>2 100</td></tr>
<tr><td>2 200</td><td>2 220</td><td>2 307</td></tr>
<tr><td>2 400</td><td>2 420</td><td>2 507</td></tr>
<tr><td>2 600</td><td>2 620</td><td>2 707</td></tr>
<tr><td>2 800</td><td>2 820</td><td>2 924</td></tr>
<tr><td>3 000</td><td>3 020</td><td>3 124</td></tr>
<tr><td>3 200</td><td>3 220</td><td>3 324</td></tr>
<tr><td>3 400</td><td>3 420</td><td>3 524</td></tr>
<tr><td>3 600</td><td>3 620</td><td>3 734</td></tr>
<tr><td>3 800</td><td>3 820</td><td>3 931</td></tr>
<tr><td>4 000</td><td>4 020</td><td>4 131</td></tr>
</table>

表 23-4　PN 6 法兰用垫片尺寸

mm

DN	垫片内径	IBC 型垫片	FF 型垫片			
		外径	外径	孔		螺栓中心圆
				数量	直径	直径
10	18	39	75	4	11	50
15	22	44	80	4	11	55
20	27	54	90	4	11	65
25	34	64	100	4	11	75
32	43	76	120	4	14	90
40	49	86	130	4	14	100
50	61	96	140	4	14	110
60[1)]	72	106	150	4	14	120
65	77	116	160	4	14	130
80	89	132	190	4	18	150
100	115	152	210	4	18	170
125	141	182	240	8	18	200
150	169	207	265	8	18	225
200	220	262	320	8	18	280
250	273	317	375	12	18	335
300	324	373	440	12	22	395
350	356	423	490	12	22	445
400	407	473	540	16	22	495
450	458	528	595	16	22	550
500	508	578	645	20	22	600
600	610	679	755	20	26	705
700	712	784				
800	813	890				
900	915	990				
1 000	1 016	1 090				
1 200	1 220	1 307				
1 400	1 420	1 524				
1 600	1 620	1 724				
1 800	1 820	1 931				
2 000	2 020	2 138				
2 200	2 220	2 348				
2 400	2 420	2 558				
2 600	2 620	2 762				
2 800	2 820	2 972				
3 000	3 020	3 172				
3 200	3 220	3 382				
3 400	3 420	3 592				
3 600	3 620	3 804				

1）仅适用于铸铁法兰。

表 23-5 **PN 10** 法兰用垫片尺寸

mm

DN	垫片内径[2),3)]	IBC 型垫片外径	FF 型垫片 外径	FF 型垫片 孔 数量	FF 型垫片 孔 直径	FF 型垫片 螺栓中心圆直径	SR 型垫片外径	TG 型垫片 内径	TG 型垫片 外径
10	使用 PN 40 的尺寸	使用 PN 40 的尺寸	使用 PN 40 的尺寸				使用 PN 40 的尺寸	使用 PN 40 的尺寸	
15									
20									
25									
32									
40									
50									
60[1)]									
65									
80									
100	使用 PN 16 的尺寸	使用 PN 16 的尺寸	使用 PN 16 的尺寸						
125									
150									
200			340	8	22	295			
250	273	328	395[4)]	12	22	350			
300	324	378	445[4)]	12	22	400			
350	356	438	505	16	22	460			
400	407	489	565	16	26	515			
450	458	539	615	20	26	565			
500	508	594	670	20	26	620			
600	610	695	780	20	30	725			
700	712	810	895	24	30	840	使用 PN 25 的尺寸	使用 PN 25 的尺寸	
800	813	917	1 015	24	33	950			
900	915	1 017	1 115	28	33	1 050			
1 000	1 016	1 124	1 230	28	36	1 160			
1 100	1 120	1 231	1 340	32	39	1 270	—		
1 200	1 220	1 341	1 445	32	39	1 380			
1 400	1 420	1 548	1 675	36	42	1 590			
1 500④	1 520	1 658	1 785	36	42	1 700			
1 600	1 620	1 772	1 915	40	48	1 820			
1 800	1 820	1 972	2 115	44	48	2 020			
2 000	2 020	2 182	2 325	48	48	2 230			
2 200	2 220	2 384	—						
2 400	2 420	2 594							
2 600	2 620	2 794							
2 800	3 820	3 014							
3 000	3 020	3 228							

1）仅适用于铸铁法兰。

2）榫槽面法兰用垫片除外。

3）EN 454、EN 598 和 EN 969 法兰用垫片内径见表 23-10。

4）EN 454、EN 598 和 EN 969 铁管和管件法兰的垫片外径为：

——DN 250：400 mm；

——DN 300：455 mm。

表 23-6　PN 16 法兰用垫片尺寸　　mm

<table>
<tr><th rowspan="3">DN</th><th rowspan="3">垫片
内径[2),3)]</th><th rowspan="3">IBC 型垫片
外径</th><th colspan="4">FF 型垫片</th><th rowspan="3">SR 型垫片
外径</th><th colspan="2">TG 型垫片</th></tr>
<tr><th rowspan="2">外径</th><th colspan="2">孔</th><th rowspan="2">螺栓
圆中心
直径</th><th rowspan="2">内径</th><th rowspan="2">外径</th></tr>
<tr><th>数量</th><th>直径</th></tr>
<tr><td>10</td><td rowspan="10">使用 PN 40
的尺寸</td><td rowspan="10">使用 PN 40
的尺寸</td><td colspan="4" rowspan="10">使用 PN 40 的尺寸</td><td rowspan="21">使用 PN 40
的尺寸</td><td colspan="2" rowspan="21">使用 PN 40
的尺寸</td></tr>
<tr><td>15</td></tr>
<tr><td>20</td></tr>
<tr><td>25</td></tr>
<tr><td>32</td></tr>
<tr><td>40</td></tr>
<tr><td>50</td></tr>
<tr><td>60[1)]</td></tr>
<tr><td>65</td></tr>
<tr><td>80</td></tr>
<tr><td>100</td><td>115</td><td>162</td><td>220</td><td>8</td><td>18</td><td>180</td></tr>
<tr><td>125</td><td>141</td><td>192</td><td>250</td><td>8</td><td>18</td><td>210</td></tr>
<tr><td>150</td><td>169</td><td>218</td><td>285</td><td>8</td><td>22</td><td>240</td></tr>
<tr><td>200</td><td>220</td><td>273</td><td>340</td><td>12</td><td>22</td><td>295</td></tr>
<tr><td>250</td><td>273</td><td>329</td><td>405[4)]</td><td>12</td><td>26</td><td>355</td></tr>
<tr><td>300</td><td>324</td><td>384</td><td>460[4)]</td><td>12</td><td>26</td><td>410</td></tr>
<tr><td>350</td><td>356</td><td>444</td><td>520</td><td>16</td><td>26</td><td>470</td></tr>
<tr><td>400</td><td>407</td><td>495</td><td>580</td><td>16</td><td>30</td><td>525</td></tr>
<tr><td>450</td><td>458</td><td>555</td><td>640</td><td>20</td><td>30</td><td>585</td></tr>
<tr><td>500</td><td>508</td><td>617</td><td>715</td><td>20</td><td>33</td><td>650</td></tr>
<tr><td>600</td><td>610</td><td>734</td><td>840</td><td>20</td><td>36</td><td>770</td></tr>
<tr><td>700</td><td>712</td><td>804</td><td>910</td><td>24</td><td>36</td><td>840</td><td rowspan="4">使用 PN 25
的尺寸</td><td colspan="2" rowspan="4">使用 PN 25
的尺寸</td></tr>
<tr><td>800</td><td>813</td><td>911</td><td>1 025</td><td>24</td><td>39</td><td>950</td></tr>
<tr><td>900</td><td>915</td><td>1 011</td><td>1 125</td><td>28</td><td>39</td><td>1 050</td></tr>
<tr><td>1 000</td><td>1 016</td><td>1 128</td><td>1 255</td><td>28</td><td>42</td><td>1 170</td></tr>
<tr><td>1 100</td><td>1 120</td><td>1 228</td><td>1 355</td><td>32</td><td>42</td><td>1 270</td><td colspan="3" rowspan="7">—</td></tr>
<tr><td>1 200</td><td>1 220</td><td>1 342</td><td>1 485</td><td>32</td><td>48</td><td>1 390</td></tr>
<tr><td>1 400</td><td>1 420</td><td>1 542</td><td>1 685</td><td>36</td><td>48</td><td>1 590</td></tr>
<tr><td>1 500[1)]</td><td>1 520</td><td>1 654</td><td>1 820</td><td>36</td><td>56</td><td>1 710</td></tr>
<tr><td>1 600</td><td>1 620</td><td>1 764</td><td>1 930</td><td>40</td><td>56</td><td>1 820</td></tr>
<tr><td>1 800</td><td>1 820</td><td>1 964</td><td>2 130</td><td>44</td><td>56</td><td>2 020</td></tr>
<tr><td>2 000</td><td>2 020</td><td>2 168</td><td>2 345</td><td>48</td><td>62</td><td>2 230</td></tr>
</table>

1）仅适用于铸铁法兰。

2）榫槽面法兰用垫片除外。

3）EN 454、EN 598 和 EN 969 法兰用垫片内径见表 23-10。

4）EN 454、EN 598 和 EN 969 铁管和管件法兰用垫片外径为：

——DN 250：400 mm；

——DN 300：455 mm。

表 23-7 PN 25 法兰用垫片尺寸

mm

DN	垫片内径[2),3)]	IBC 型垫片外径	FF 型垫片				SR 型垫片外径	TG 型垫片	
			外径	孔		螺栓圆中心直径		内径	外径
				数量	直径				
10	使用 PN 40 的尺寸	使用 PN 40 的尺寸	使用 PN 40 的尺寸				使用 PN 40 的尺寸	使用 PN 40 的尺寸	
15									
20									
25									
32									
40									
50									
60[1)]									
65									
80									
100									
125									
150									
200	220	284	360	12	26	310			
250	273	340	425	12	30	370			
300	324	400	485	16	30	430			
350	356	457	555	16	33	490			
400	407	514	620	16	36	550			
450	458	564	670	20	36	600			
500	508	624	730	20	36	660			
600	610	731	845	20	39	770			
700	712	833	960	24	42	875	777	751	777
800	813	942	1 085	24	48	990	882	856	882
900	915	1 042	1 185	28	48	1 090	987	961	987
1 000	1 016	1 154	1 320	28	56	1 210	1 029	1 062	1 092
1 100	1 120	1 254	1 420	32	56	1 310	—	—	
1 200	1 220	1 364	1 530	32	56	1 420			
1 400	1 420	1 578	1 755	36	62	1 640			
1 500[1)]	1 520	1 688	1 865	36	62	1 750			
1 600	1 620	1 798	1 975	40	62	1 860			
1 800	1 820	2 000	2 195	44	70	2 070			
2 000	2 020	2 230	2 425	48	70	2 300			

1）仅适用于铸铁法兰。

2）榫槽面法兰用垫片除外。

3）EN 454、EN 598 和 EN 969 法兰用垫片内径见表 23-10。

表 23-8 PN 40 法兰用垫片尺寸

mm

DN	垫片内径[2),3)]	IBC 型垫片外径	FF 型垫片				SR 型垫片外径	TG 型垫片	
			外径	孔		螺栓圆中心直径		内径	外径
				数量	直径				
10	18	46	90	4	14	60	34	24	34
15	22	51	95	4	14	65	39	29	39
20	27	61	105	4	14	75	50	36	50
25	34	71	115	4	14	85	57	43	57
32	43	82	140	4	18	100	65	51	65
40	49	92	150	4	18	110	75	61	75
50	61	107	165	4	18	125	87	73	87
60[1)]	72	117	175	8	18	135	—	—	—
65[4)]	77	127	185	8	18	145	109	95	109
80	89	142	200	8	18	160	120	106	120
100	115	168	235	8	22	190	149	129	149
125	141	194	270	8	26	220	175	155	175
150	169	224	300	8	26	250	203	183	203
200	220	290	375	12	30	320	259	239	259
250	273	352	450	12	33	385	312	292	312
300	324	417	515	16	33	450	363	343	363
350	356	474	580	16	36	510	421	395	421
400	407	546	660	16	39	585	473	447	473
450	458	571	685	20	39	610	523	497	523
500	508	628	755	20	42	670	575	549	575
600	610	747	890	20	48	795	675	649	675

1）仅适用于铸铁法兰。

2）榫槽面法兰用垫片除外。

3）EN 454、EN 598 和 EN 969 法兰用垫片内径见表 23-10。

4）该垫片同样适用于 4 螺栓孔法兰。

表 23-9 PN 63 法兰用垫片尺寸

mm

DN	垫片内径	IBC 型垫片外径	DN	垫片内径	IBC 型垫片外径
10	18	56	100	110	174
15	21	61	125	135	210
20	25	72	150	163	247
25	30	82	175	185	277
32	41	88	200	210	309
40	47	103	250	264	364
50	59	113	300	314	424
60[1)]	68	123	350	360	486
65	73	138	400	415	543
80	86	148			

1）仅适用于铸铁法兰。

表 23-10 EN 454、EN 598 和 EN 969 的管道、管件法兰用垫片内径 mm

DN	垫片内径	DN	垫片内径
350	368	1 000	1 025
400	420	1 100	1 125
450	470	1 200	1 225
500	520	1 400	1 430
600	620	1 500	1 535
700	720	1 600	1 635
800	820	1 800	1 840
900	920	2 000	2 040

23.1.7 标志

垫片应标有如下内容的标志：

a）标准编号，即 EN 1514-1；

b）如果仅适用于 EN 545、EN 598 和 EN 969 的管道和管件，则应标有"S"；

c）垫片型式；

d）公称尺寸；

e）公称压力；

f）垫片厚度；

g）垫片材料；

h）制造厂名称或商标。

例如：EN 1514-1，IBC，DN 300，PN 10，2 mm，柔性石墨，AAA/BBB

EN 1514-1，S，IBC，DN 300，PN 10，3 mm，纤维增强橡胶，AAA/BBB

23.2 钢制法兰用缠绕式垫片[EN 1514-2:2005(E)]

23.2.1 适用范围

EN 1514-2:2005(E)《钢制法兰用缠绕式垫片》规定了 EN 1092-1:2001《法兰及其连接 管道、阀门、管件及附件用圆形法兰，PN 系列 第 1 部分：钢法兰》标准中的平面和突面法兰用缠绕式垫片的尺寸及标志，其公称压力等级为 PN 10、PN 16、PN 25、PN 40、PN 63、PN 100 及 PN 160；公称尺寸为 DN 1000 以下。

23.2.2 一般规定

23.2.2.1 主要特性和范围

（1）总则：对于本欧洲标准来说，对缠绕式垫片设计的必不可少的特性是，垫片内环伸进与法兰连接的管子内孔尽可能降低至最小值。因此，以外环为基准的密封元件与内环的配合选择要遵循此目的。

符合技术要求的缠绕式垫片的性能见图 23-4 及图 23-5，并按以下规定：

a）相对于定位环（外环）的内环中心的偏移：DN 200 以下最大为 0.2 mm，大于

DN 200最大为0.4 mm；

b）定位环厚度：(3±0.25)mm；

c）密封元件定位槽应位于定位环的中心：对中度为±0.1mm；

d）密封元件外径上的空圈数：3～5；

e）密封元件内径上的空圈数：2～3；

f）密封元件内径及外径上的焊点数(即在空圈上)：至少为4点；

g）密封元件的金属带厚度：(0.2±0.02)mm；

h）密封元件的侧面金属带宽度：($4.5^{+0.3}_{0}$)mm；

i）填料带两端面高于金属带两端面的突出量：(0.3±0.1)mm；

j）密封元件的压缩应不引起法兰与定位环之间产生接触；

k）对于石墨粉尘含量最大为2%；

l）PTFE填料不包含回收材料，并可以是热压结的或非热压结的；

m）内环及定位环上的轮廓棱边应去除。

(2) 最大压缩量：在法兰螺栓所能够产生的最大载荷下，应不使定位环与法兰之间达到金属与金属接触。

(3) 内环的使用：所有采用PTFE(聚四氟乙烯)作为填充材料的垫片及压力等级PN 63、PN 100及PN 160的所有垫片都应装有内环。

除上述规定外，大力推荐所有垫片应装有内环。对于压力等级PN 10、PN 25和PN 40的所有垫片，如需要内环，应在订货单中说明。

23.2.2.2　PN标记范围

垫片应标明适用于以下法兰的PN标记中的一个或多个标记：

PN 10、PN 63、PN 25、PN 40、PN 63、PN 100、PN 160。

23.2.2.3　DN(公称尺寸)的范围

垫片公称尺寸应按照表23-11中所规定的范围标明。

23.2.2.4　由用户所提供的说明

当用户需要制造厂规定垫片材料时，应在订购单中提供说明给制造厂。由用户所提供的说明见第23.2.7。

23.2.3　垫片结构

对于规定尺寸的垫片应为图23-4中所规定结构中的任一种。

密封元件与定位环之间的间隙应按图23-5中的规定。

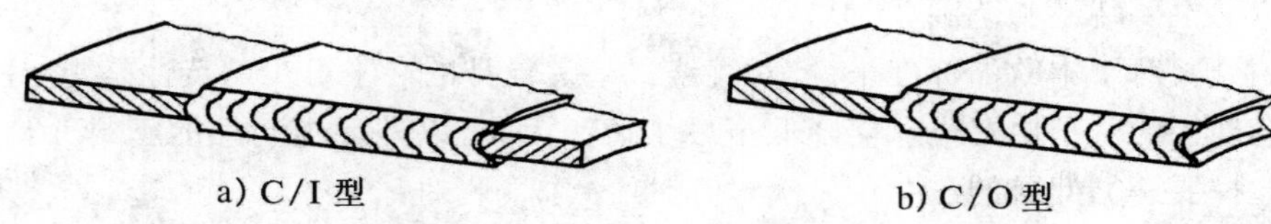

a) C/I型　　b) C/O型

图23-4　缠绕式垫片

尺寸单位：mm

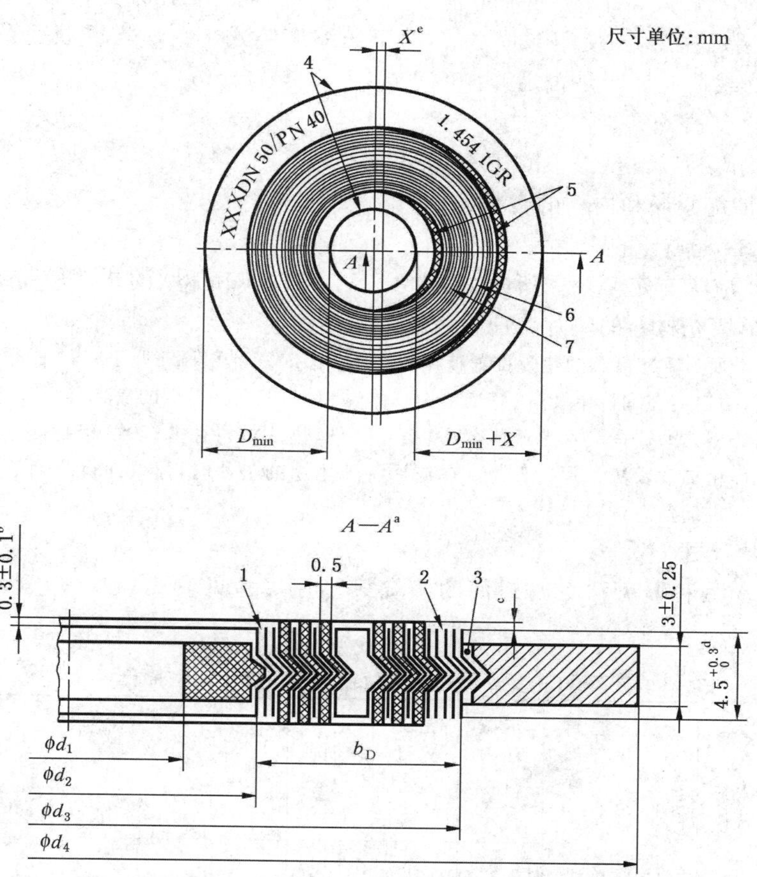

1—2～3 个空圈；2—3～5 个空圈；3—槽对中度±0.1 mm；4—去除棱边；
5—每侧焊点数至少为 4 点；6—金属带厚度为(0.2±0.02)mm；
7—在适于填充材料类型情况下(石墨粉尘含量<2%；不包括回收材料的 PTFE 填料并可以热压结或非热压结)的厚度

[a] 对于尺寸细节见表 23-11。

[b] 最小突出量为 0.2 mm。

[c] 垫片不应压缩到引起法兰与定位环之间产生金属对金属的接触。

[d] 宽度(指密封元件两侧面金属之间的宽度)。

[e] 公差：DN 200 以下最大为 0.2 mm；大于 DN 200 最大为 0.4 mm。
以上这些参数可以控制内环伸进管子内孔的大小。

图 23-5 缠绕式垫片细图

几点注意事项如下：

a）图 23-4 所示为缠绕式垫片的常用结构，适用于 A 型或 B 型法兰；

b）A 型和 B 型法兰密封面在 EN 1092-1 标准中规定；

c）密封元件缠绕金属带的形状由制造厂自行选择；

d）垫片的材料由用户规定，或者用户如需要，可以由制造厂进行选择以适应操作条件。在后者的情况下，用户应在询价单及/或订货单中规定工作条件(见该标准的附录)；

e) 提醒用户注意，在使用垫片之前，对于压缩缠绕式垫片所需的载荷及与 PN 10 法兰同时达到的载荷应证明是否足够。

23.2.4　垫片型式

垫片型式应为以下型式中的任一种，见图 23-4。

C/I 型：带定心环和内环的密封元件；

C/O 型：带定心环的密封元件。

所有垫片应带有定心环。所有 PN 63、PN 100 和 PN 160 的垫片应带有内环。所有含聚四氟乙烯填充材料的垫片都应带有内环。

注 1：对于所有 PN 标志的垫片推荐使用内环，对于 PN 10、PN 25 及 PN 40 的垫片，如果需要内环，用户应在询价单及/或订货单中具体说明(见用户所提供的信息资料)。

注 2：垫片型式的选择应考虑流体介质、操作条件、垫片材料性能、法兰密封面型式、法兰密封面表面粗糙度及法兰螺栓载荷。在选择特殊用途的垫片时，建议向供应商进行咨询(见用户所提供的信息资料)。

23.2.5　垫片尺寸

适用于 A 型和 B 型法兰密封面的缠绕式垫片尺寸见表 23-11。包含填料的总厚度见图 23-5。

表 23-11　A 型和 B 型法兰密封面用缠绕式垫片尺寸　mm

DN	内环内径 d_1	内环宽度 $b_{1R\min}$	密封元件内径 $d_{2\min}$	密封元件宽度 $b_{D\min}$	定位环内径 $d_{3\min}$	密封元件宽度 $b_{D\min}$	定位环内径 $d_{3\min}$	每一压力等级的定位环外径 d_4					
				PN 10，PN 25，PN 40		PN 63，PN 100，PN 160		PN 10	PN 25	PN 40	PN 63	PN 100	PN 160
10	18	3	24	5	34	5	34	46			56		
15	23	3	29	5	39	5	39	51			61		
20	28	3	34	6	46	—	—	61			—		
25	35	3	41	6	53	6	53	71			82		
32	43	3	49	6	61	—	—	82			—		
40	50	3	56	6	68	6	68	92			103		
50	61	4.5	70	8	86	8	86	107			113	119	
65	77	4.5	86	8	102	10	106	127			137	143	
80	90	4.5	99	8	115	10	119	142			148	154	
100	115	6	127	8	143	10	147	162	168		174	180	
125	140	6	152	10	172	12	176	192	194		210	217	

续表 23-11

mm

DN	内环内径 d_1	内环宽度 $b_{1R\min}$	密封元件内径 $d_{2\min}$	密封元件宽度 $b_{D\min}$	定位环内径 $d_{3\min}$	密封元件宽度 $b_{D\min}$	定位环内径 $d_{3\min}$	每一压力等级的定位环外径 d_4					
				PN 10,PN 25,PN 40		PN 63,PN 100,PN 160		PN 10	PN 25	PN 40	PN 63	PN 100	PN 160
150	167	6	179	10	199	12	203	217	224		247	257	
200	216	6	228	10	248	12	252	272	284	290	309	324	
250	267	6	279	12	303	14	307	327	340	352	364	391	388
300	318	6	330	12	354	14	358	377	400	417	424	458	458
350	360	8	376	12	400	14	404	437	457	474	486	512	
400	410	6	422	14	450	17	456	488	514	546	453	572	
500	510	6	522	14	550	17	556	593	624	628	657	704	
600	610	6	622	14	650	17	656	695	731	747	764	813	
700	710	6	722	17	756	20	762	810	833	852	879	950	
800	810	10	830	17	864	20	870	917	942	974	988		
900	910	10	930	17	964	20	970	1017	1042	1084	1108		
1 000	1 010	10	1 030	22	1 074	25	1 080	1 124	1 154	1 194			
注:用这些尺寸时内环将不会进入被密封管子的内孔。													

23.2.6 标志

23.2.6.1 一般要求

垫片定位环上应标有以下信息的标志:

a) 制造商名称或商标;

b) 后跟适当数字的 DN 标记;

c) 后跟适当数字的 PN 标记;

d) 金属缠绕带、填充材料和定位环材料的制造商的代号或颜色标(按第 23.2.6.2 规定),除非定位环采用碳钢,内环采用 304 不锈钢。

例如定位环标记:AAA/BBB,DN 300,PN 25,×××

应给垫片做出标志,或者单独地标志,或者通过多个进行包装,并标上欧洲标准编号,即 EN 1514-2。

23.2.6.2 颜色标志

缠绕式垫片应标以可识别缠绕金属带和填充材料的颜色标志。

定位环的外周边上的连续颜色带可以作为识别缠绕金属带。定位环的外周边上的非连续颜色带可以作为识别填充材料。对于规格小于 DN 40 的垫片,应至少有两条间隔约为 180°的色带;对于规格为 DN 40 及大于 DN 40 的垫片,应至少有四条间隔约为 90°的色带。

颜色标志应符合表 23-12 的规定,对于表 23-12 中没有规定的材料,其颜色标志应由供需双方协商规定。

表 23-12　缠绕式垫片材料的颜色标志及缩写标志

材料(材料牌号)	缩写标志	颜色标志
金属带材料		
碳钢	CRS	银色
X4CrNi 18-10(1.430 1)	304	黄色
X2CrNi 19-11(1.430 6)	304L	无色[1)]
X15CrNiSi 20-12(1.482 8)	309	无色[1)]
X15CrNiSi 25-20(1.484 1)	310	无色[1)]
X5CrNiMo 17-12-2(1.440 1)	316	绿色
X2CrNiMo 17-12-2(1.440 4)	316L	绿色
X6CrNiNb 18-10(1.455 0)	347	蓝色
X6CrNiTi 18-10(1.454 1)	321	绿蓝色
X6Cr 17(1.401 6)	430	无色[1)]
NiCu30Fe(2.436 0)	MON	橙黄色
Ni99.2(2.406 6)	NI	红色
钛	TI	紫色
NiCr20CuMo(2.466 0)	A-20	黑色
NiMo28(2.461 7)	HAST B	褐色
NiMo16Cr15W(2.481 9)	HAST C	米色
NiCr15Fe(2.481 6)	INC 600	金色
NiCr22Mo9Nb(2.485 6)	INC 625	金色
NiCr15Fe7TiAl(2.466 9)	INX	无色[1)]
X10NiCrAlTi32-20(1.487 6)	IN 800	白色
NiCr21Mo(2.485 8)	IN 825	白色
锆	ZIRC	无色[1)]
非金属填料带材料		
温石棉	ASB	无色带
聚四氟乙烯	PTFE	白色带
云母石墨	生产厂的标号	粉红色带
柔性石墨	F.G.	灰色带
陶瓷材料	CER	浅绿色带
1）为防止不同材料制成的同一型式垫片的混淆，建议垫片供应商与用户之间规定某些颜色标志。		

23.2.7 由用户提供的信息资料

在订购垫片之前，垫片型式的选择，建议与垫片供应商商议进行。垫片型式的选择，应考虑到流体介质、操作条件、垫片材料性能、法兰密封面型式及法兰密封面粗糙度以及法兰螺栓载荷等。

在订购垫片时，用户应提供以下信息资料：

a）本欧洲标准编号，即 EN 1514-2；

b）垫片型式（见 23.2.4）；

c）DN（见表 23-11）及特殊内环内径的任何要求；

d）PN 标记（见表 23-11）；

e）是否需要带内环（见 23.2.4 中的注 1 及注 2）；

f）垫片使用的预期操作条件。

23.3 非金属 PTFE（聚四氟乙烯）包覆垫片（EN 1514-3：1997）

23.3.1 适用范围

EN 1514-3：1997《聚四氟乙烯包覆垫片》规定了 EN 1092-1～1092-4 法兰用 IBC 型（垫片位于螺栓孔内侧）包覆非金属材料的聚四氟乙烯包覆垫片的尺寸和标记，垫片公称压力范围为 PN 16～PN 63，最大公称尺寸为 DN 600。

按该标准制造的垫片可能含有石棉。由于使用含有石棉的材料在欧洲受到法律的限制，因而生产和使用时必须有相应的预防措施，以确保不对人身健康造成危害。

23.3.2 垫片型式

如图 23-6 所示，垫片型式为：

A 型：剖切型；

B 型：机加工型；

C 型：折包型。

IBC 型垫片（垫片位于螺栓孔内）用于全平面法兰或突面法兰。

应根据介质、操作条件、垫片材料性能、法兰面型式及粗糙度以及螺栓载荷的大小选择垫片。在选择特殊用途垫片时，建议向供应商进行咨询。

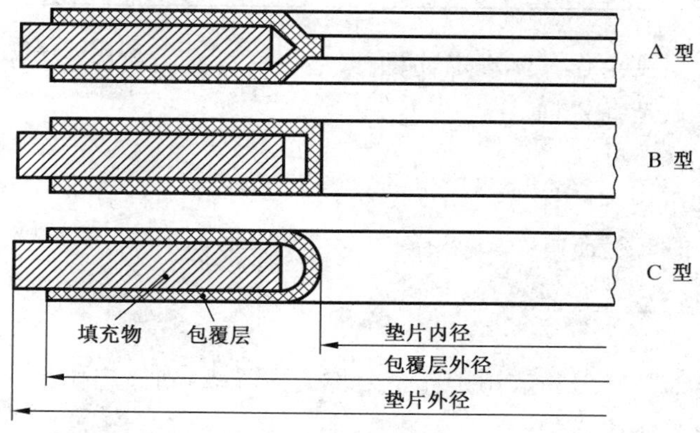

图 23-6 聚四氟乙烯包覆垫片的典型结构

23.3.3　垫片尺寸

聚四氟乙烯包覆垫片的尺寸见表 23-13。

表 23-13　聚四氟乙烯包覆垫片尺寸　mm

DN	垫片最小内径	包覆皮最小外径	垫片外径					
			PN 6	PN 10	PN 16	PN 25	PN 40	PN 63
10	18	36	39	46	46	46	46	56
15	22	40	44	51	51	51	51	61
20	27	50	54	61	61	61	61	72
25	34	60	64	71	71	71	71	82
32	43	70	76	82	82	82	82	88
40	49	80	86	92	92	92	92	103
50	61	92	96	107	107	107	107	113
65	77	110	116	127	127	127	127	138
80	89	126	132	142	142	142	142	148
100	115	151	152	162	162	168	168	174
125	141	178	182	192	192	194	194	210
150	169	206	207	218	218	224	224	247
200	220	260	262	273	273	284	290	309
250	273	314	317	328	329	340	352	364
300	324	365	373	378	384	400	417	424
350	356	412	423	438	444	457	474	486
400	407	469	473	489	495	514	546	543
450	458	528	528	539	555	564	571	—
500	508	578	578	594	617	624	628	—
600	610	679	679	695	734	731	747	—

标准中对垫片厚度未作具体规定，应根据垫片材料性能和特定工况进行选择，建议在选择垫片厚度进向制造商咨询。

23.3.4　标志

垫片应标有如下内容的标志：

a）标准编号，即 EN 1514-3；

b）垫片型式；

c）公称尺寸；

d）公称压力；如某些垫片适用于几个公称压力等级，则亦应作相应的标记；

e）垫片厚度；

f）材料；

g）制造厂名称或商标。

例如：EN1514-3，C，DN 150，PN 6.2 mm，XXX，AAA/BBB

23.4 钢制管法兰用波纹形、平形或齿形金属垫片和带填充料的金属垫片（EN 1514-4：1997）

23.4.1 适用范围

EN 1514-4：1997《钢制法兰用波纹形、平形或齿形金属垫片和带填充料的金属垫片》规定了 EN 1092-1 钢制法兰用 IBC 型（垫片位于螺栓孔内侧）波纹形、平形或齿形金属垫片和带填充料的金属垫片的尺寸和标记，其适用的公称压力为 PN 10、PN 16、PN 25、PN 40、PN 63 和 PN 100，公称尺寸最大为 DN 900。

按该标准制造的垫片可能含有石棉。由于使用含有石棉的材料在欧洲受到法律的限制，因而生产和使用时必须有相应的预防措施，以确保不对人身健康造成危害。

23.4.2 垫片型式

如图 23-7 所示，垫片型式为：

SC/A 型、SC/B 型、SC/C 型、SC/D 型、SC/E 型；

CR/A 型、CR/B 型、CR/C 型、CR/D 型、CR/E 型。

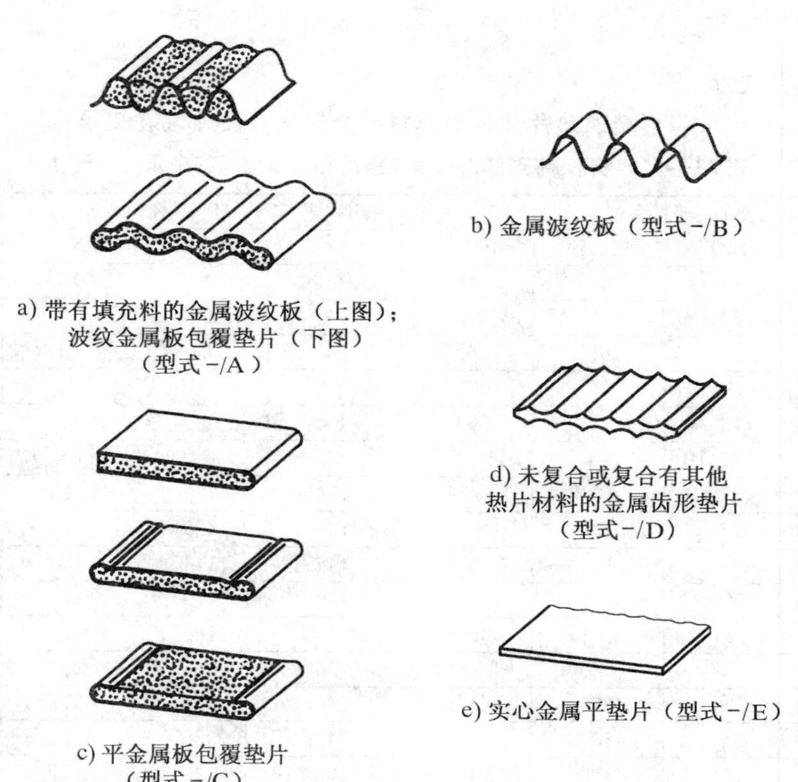

图 23-7 波纹形、平形或齿形金属垫片和带填充料的金属垫片

垫片用于 A 型(全平面)和 B 型(突面)法兰,如图 23-8 所示,其型式为:

自动对中型,即 SC 型;

带定位环型,即 CR 型。

应根据介质、操作条件、垫片材料性能、法兰面型式及表面粗糙度以及螺栓载荷的大小选择垫片。在选择特殊用途的垫片时,建议向供应商进行咨询。

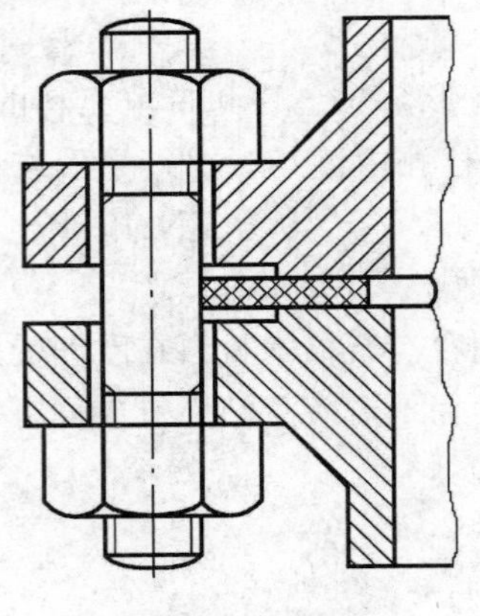

a) 自动对中型

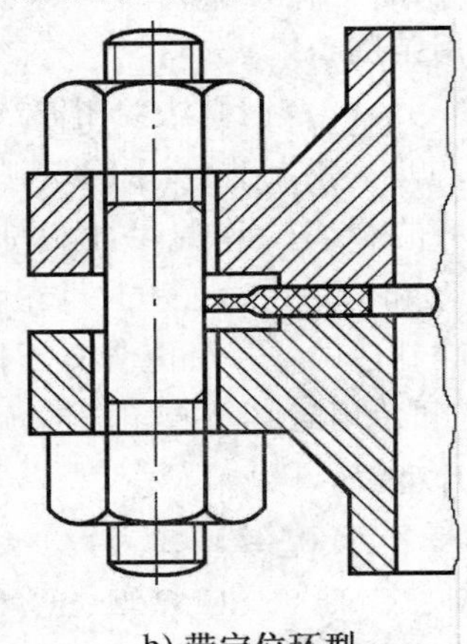

b) 带定位环型

注:图中所示为 B 型突面法兰。

图 23-8　A、B 型法兰密封面用垫片

23.4.3　垫片尺寸

波纹形、平形或齿形金属垫片和带填充料的金属垫片尺寸见表 23-14。

表 23-14　波纹形、平形或齿形金属垫片和带填充料的金属垫片尺寸　mm

DN	垫片最小内径	垫片或定位环外径					
		PN 10	PN 16	PN 25	PN 40	PN 63	PN 100
10	18	48	48	48	48	58	58
15	22	53	53	53	53	63	63
20	27	63	63	63	63	74	74
25	34	73	73	73	73	84	84
32	43	84	84	84	84	90	90
40	49	94	94	94	94	105	105
50	61	109	109	109	109	115	121
65	77	129	129	129	129	140	146
80	89	144	144	144	144	150	156
100	115	164	164	170	170	176	183
125	141	194	194	196	196	213	220
150	169	220	220	226	226	250	260
200	220	275	275	286	293	312	327
250	273	330	331	343	355	367	394
300	324	380	386	403	420	427	461
350	356	440	446	460	477	489	515
400	407	491	498	517	549	546	575

续表 23-14

mm

DN	垫片最小内径	垫片或定位环外径					
		PN 10	PN 16	PN 25	PN 40	PN 63	PN 100
450	458	541	553	567	574	—	—
500	508	596	620	627	631	660	708
600	610	698	737	734	750	768	819
700	712	813	807	836	—	883	956
800	813	920	914	945	—	994	—
900	915	1 020	1 014	1 045	—	1 114	—

23.4.4 标志

垫片应标有如下内容的标志：

a）标准编号，即 EN 1514-4；

b）垫片型式；

c）公称尺寸 DN；

d）公称压力 PN，如某些垫片适用于几个公称压力等级，则亦应作相应的标记；

e）材料；

f）制造厂名称或商标。

例如：EN 1514-4，SC/C，DN 150，PN 63，XXX，AAA/BBB

23.5 钢制管法兰用锯齿形金属复合垫片（EN 1514-6：2003）

23.5.1 适用范围

EN 1514-6：2003《钢制管法兰用锯齿形金属复合垫片》规定了适用于 EN 1092-1 钢制法兰的锯齿金属复合垫片的结构、尺寸及标志，其适用的法兰公称压力为 PN 10、PN 16、PN 25、PN 40、PN 63 和 PN 100；最大公称尺寸在 DN 3000 以下。

23.5.2 术语及定义

23.5.2.1 锯齿形金属复合垫片

锯齿形金属复合垫片由一种带定位环或不带定位环的密封元件组成，定位环可以或不可以刚性固定于密封元件上。密封元件由具有锯齿顶的金属芯和较薄的表面覆盖层组成，合适的密封材料被黏附于每一锯齿面上。金属芯的锯齿面借助合适的密封材料，具有产生高面压区的作用以保证在工作中所需的紧密程度。操作时，密封材料在进入锯齿面时的密度应该大到足以保证锯齿面的齿尖间的密封特性以维持第二次密封。在工作中锯齿面上部的密封材料厚度为最小，通常大约为 0.5mm。锯齿面齿尖的宽度应约为 0.1 mm。

23.5.2.2 DN

DN 的内容见 EN ISO 6708《管道元件　DN（公称尺寸）的定义及选用》。

23.5.2.3 PN

PN 的内容见 EN 1333《管道元件　PN 的定义及选用》。

23.5.3 一般规定

23.5.3.1 PN（公称压力）标记范围

垫片应标明适用于以下法兰的 PN 标记中的一个或多个标记：

PN 10　　PN 40　　PN 250
PN 16　　PN 63　　PN 320
PN 25　　PN 100　　PN 400

23.5.3.2　DN（公称尺寸）范围

垫片公称尺寸按表 23-15 中所规定的范围标明。

该标准中所描述的一般原则，根据供需双方协定，也应适用于表 23-15 中所规定范围以外的垫片。

23.5.3.3　垫片形式

图 23-9 所示的垫片型式，应按以下标明：

NR 型：不带任何定位环的密封元件；

IR 型：带整体定位环的密封元件；

LR 型：带松动定位环的密封元件。

NR 型仅适用于凹凸面法兰或榫槽面法兰。

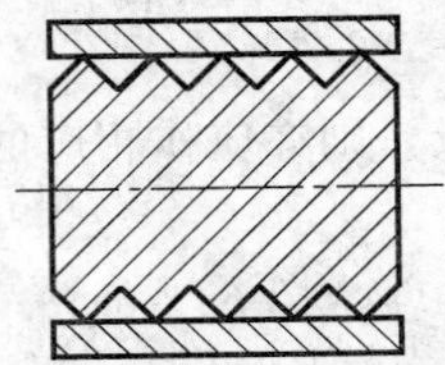

a) NR 型：不带定位环的密封元件

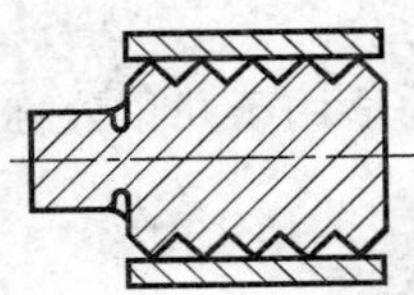

b) IR 型：带整体定位环的密封元件

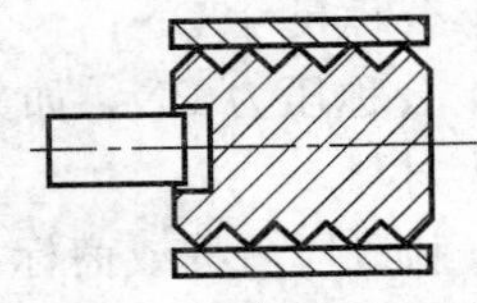

c) LR 型：带松套定位环的密封元件

图 23-9　带有密封面层的锯齿金属复合垫片型式

23.5.3.4　由用户提供的信息资料

垫片材料和型式的选择，应考虑到流体介质、操作条件、垫片材料性能及法兰型式。对于任何特殊用途的垫片选择，建议向垫片供应商进行咨询。垫片供应商将会告知特殊工作时所需的垫片材料。

23.5.4　结构细节

23.5.4.1　一般细节

图 23-9 列出了芯部结构例图，并列出了第 23.5.3.3 所规定的 3 种金属齿形复合垫片的定位环例图（按合适情况定）。

图 23-10 所示为适用于 EN 1092-1～1092-4 中所规定的 A 型法兰密封面和 B 型法兰密封面用典型金属锯齿形复合垫片。

23.5.4.2　芯体

（1）芯体材料：应选择适合于预定工作的芯体材料。芯体厚度（通过锯齿顶上测量）最小值应为锯齿深度的 3 倍。

（2）芯体焊接：如果芯体是焊接结构，那么焊接方法应保证焊缝贯穿芯体整个厚度。焊点数应不多于两点。

（3）芯体的不平度：锯齿芯体超出的不平度，在外径 300 mm 内不大于 3 mm。

23.5.4.3　锯齿

锯齿深度最小为 0.4mm。锯齿节距和锯齿宽度应调整至使齿顶宽度为 0.1 mm。锯

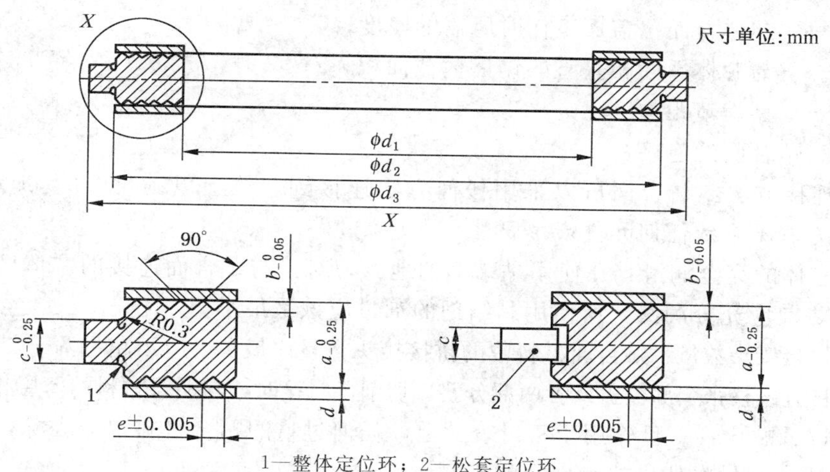

1—整体定位环；2—松套定位环

图 23-10　覆盖密封层的典型锯齿形金属复合垫片

齿芯体的第 1 齿顶和最后一个齿顶应尽可能接近芯体的相应边缘。

根据供需双方协调，可以采用专用齿面及芯部轮廓的齿形。

23.5.4.4　定位环

（1）整体定位环：整体环的厚度最小值为 0.5 mm。至少在定位环的一端应制作切口（即空刀），以防止密封元件由于温度膨胀的结果使定位环与法兰螺栓之间产生干扰。

（2）松动定位环：定位环的厚度最小值为 0.5 mm。当安装定位环时，应保证定位环在芯体定位槽中足够松动以便环在定位槽内紧压时决不会产生温度膨胀效应。定位环可以做成截口并围绕芯体安装。安装环的截口，或者采用相互焊接或相互镶嵌型式。松动定位环的材料可以用碳钢制做。

23.5.4.5　覆盖面层材料

应选择适用于预期工作工况和适用于法兰材料的覆盖面层材料。适用材料包括非常软的、橡胶黏结的材料及金属箔板材等。

面层材料可用合适尺寸的板材、可适用的具有纹理的胶带切割而成，或采取符合本标准其他要求的其他方法制造。

23.5.4.6　覆盖面单位面积质量

为了在工作中建立所需的紧固程度，覆盖面的单位面积质量随着覆盖面材料的厚度和密度；锯齿的深度、宽度和节距；覆盖面材料工作中所需的密度和工作中的芯体上面所需的覆盖面厚度而变化。每单位面积的质量应使得锯齿顶与法兰密封面之间避免金属对金属的接触。

为了指导，将厚度为 0.5 mm、密度为 1.0 g/cm^3 的柔性石墨作为标准值，当其与芯体一起使用时（在锯齿深度为 0.4 mm，齿顶宽度为 0.1 mm 时），通常可以达到令人满意的密封程度。

任何黏附的厚度效应及法兰密封面的沟纹可忽略不计。覆盖面层每单位面积的质量由下列公式求得：

$$每单位面积的质量 = P_s[t+(A_G/P)]$$

式中：P_s——工作中覆盖面所需的密度；

t——芯体上面覆盖面工作时所需的厚度；

A_G——与芯体平面相垂直的锯齿横截面积；

P——锯齿节距。

23.5.4.7 贴合面的连接

(1) 连接方法：贴合面可以采用任何方法连接到芯体上以满足 23.5.4.8 的要求，只要连接方法不导致任何元件产生腐蚀。

(2) 芯体的完全润滑：在使用黏结剂的地方，对于与贴合面连接的芯体区域，在使用黏结剂之前应充分润滑，所使用黏结剂的剂量应该是最小。

(3) 拼接接头数量：贴合面材料中的拼接接头数量应最少，应不超过两个。在结合时，贴合面材料应该整张全部覆盖或者两部分斜口切削，对接时，与贴合材料的薄层相互搭接。

(4) 过量贴合：一旦作用于密封表面上，任何过量的贴合材料都应去除，尤其要注意决不能让过剩材料伸进垫片内径的内侧。

23.5.4.8 贴合面连接的牢固性

选择贴合面材料及连接方法应使贴合面牢靠地固定在应有的位置，并且当法兰中的垫片移动和定位时全都能承受。

密封表面应无损害垫片密封性能的表面瑕疵、损伤等缺陷。

23.5.4.9 典型结构细节

常用结构的细节见图 23-10。图 23-10 中有关尺寸代号名称及其数值为：

a——芯体厚度：4.0 mm；

b——锯齿深度：0.4 mm；

c——定位环厚度：0.5 mm；

d——贴合面材料厚度：0.5 mm；

e——齿顶宽度：0.5 mm。

贴合面层密度为 1.0 g/cm^3。

关于垫片型式的选择，应考虑到流体介质、操作条件、垫片材料性能。对于特殊用途的垫片型式选择，建议向垫片供应商进行咨询。

23.5.5 垫片尺寸

适用于 A 型和 B 型法兰密封面的锯齿形金属复合垫片的直径尺寸见表 23-15。

表 23-15　适用于 A 型和 B 型法兰的锯齿形金属复合垫片尺寸　mm

DN	内径	外径			定位环外径									
		PN10/PN40	PN64/PN160	PN250/PN400	PN 10	PN 16	PN 25	PN 40	PN 64	PN 100	PN 160	PN 250	PN 320	PN 400
10	22	见 PN 64 ～ PN 160	见 PN 250 ～ PN 400	36	46	46	46	46	56	56	56	67	67	67
15	26			42	51	51	51	51	61	61	61	72	72	—
20	31			47	61	61	61	61	—	—	—	—	—	—
25	36			52	71	71	71	71	82	82	82	83	92	104
32	46		62	66	82	82	82	82	—	—	—	—	—	—
40	53		69	73	92	92	92	92	103	103	103	109	119	135
50	65		81	87	107	107	107	107	113	119	119	124	134	150

续表 23-15

mm

DN	内径	外径			定位环外径									
		PN10/PN40	PN64/PN160	PN250/PN400	PN 10	PN 16	PN 25	PN 40	PN 64	PN 100	PN 160	PN 250	PN 320	PN 400
65	81	见 PN 64 ~ PN 160	100	103	127	127	127	127	137	143	143	153	170	192
80	95		115	121	142	142	142	142	148	154	154	170	190	207
100	118		138	146	162	162	168	168	174	180	180	202	229	256
125	142		162	178	192	192	194	194	210	217	217	242	274	301
150	170		190	212	217	217	224	224	247	257	257	284	311	348
175	195		215	245	247	247	254	265	277	287	284	316	358	402
200	220	240	248	280	272	272	284	290	309	324	324	358	398	442
250	270	290	300	340	327	328	340	352	364	391	388	442	488	—
300	320	340	356	400	377	383	400	417	424	458	458	536	—	—
350	375	395	415	—	437	443	457	474	486	512	—	—	—	—
400	426	450	474	—	489	495	514	546	543	572	—	—	—	—
450	480	506	—	—	539	555	—	571	—	—	—	—	—	—
500	530	560	588	—	594	617	624	628	657	704	—	—	—	—
600	630	664	700	—	695	734	731	747	765	813	—	—	—	—
700	730	770	812	—	810	804	833	852	879	950	—	—	—	—
800	830	876	886	—	917	911	942	974	988	—	—	—	—	—
900	930	982	994	—	1 017	1 011	1 042	1 084	1 108	—	—	—	—	—
1 000	1 040	1 098	1 110	—	1 124	1 128	1 154	1 194	1 220	—	—	—	—	—
1 200	1 250	1 320	1 334	—	1 341	1 342	1 364	1 398	1 452	—	—	—	—	—
1 400	1 440	1 522	—	—	1 548	1 542	1 578	1 618	—	—	—	—	—	—
1 600	1 650	1 742	—	—	1 772	1 764	1 798	1 830	—	—	—	—	—	—
1 800	1 850	1 914	—	—	1 972	1 964	2 000	—	—	—	—	—	—	—
2 000	2 050	2 120	—	—	2 182	2 168	2 230	—	—	—	—	—	—	—
2 200	2 250	2 328	—	—	2 384	2 378	—	—	—	—	—	—	—	—
2 400	2 460	2 512	—	—	2 594	—	—	—	—	—	—	—	—	—
2 600	2 670	2 728	—	—	2 794	—	—	—	—	—	—	—	—	—
2 800	2 890	2 952	—	—	3 014	—	—	—	—	—	—	—	—	—
3 000	3 100	3 166	—	—	3 228	—	—	—	—	—	—	—	—	—

表 23-15 中所列的垫片直径公差为：

＜DN 1000　　外径为 $_{-0.4}^{0}$ mm；

内径为 $_{0}^{+0.4}$ mm。

＞DN 1000　　　外径为$_{-1.0}^{0}$ mm；

内径为$_{0}^{+1.0}$ mm。

23.5.6　标志

垫片定位环应标有以下内容的标志：

a）制造厂名或商标；

b）公称尺寸 DN（见表 23-15）；

c）PN 标记（见表 23-15）；

d）就金属密封元件芯、软垫片覆盖层及松套定位环而言（在合适的情况下），应标有按表 23-16 中所规定的缩写标记。

例如：AAA/BBB-DN 100-PN 64-×××

垫片应单独或在包装垫片的包装上标有欧洲标准编号，即 EN 1514-6。

23.5.7　颜色标记

锯齿形金属复合垫片应标有带颜色的标记以识别金属密封元件芯体及软垫片覆盖层。应采用表 23-16 中所规定的有关颜色。

在定位环厚度足够的地方，围绕着定位环的外周边应标有可以识别金属密封元件芯体的连续性的色带；在定位环的外周边上应标有可以识别软垫片覆盖层的间断性色带。

对于规格为 DN 40 以下的垫片，应至少有两条间隔约为 180°的色带，对于规格大于 DN 40 的垫片，应至少有四条间隔为 90°的色带。

当厚度不允许在环或芯体的周边作清晰标记时，则应在定位环的上端面及下端面作标记。

23.5.8　包装

当发送垫片和安装垫片前贮运时，包装应能保护密封面不受损害。大直径垫片应可靠地固定在运输板上或在安全的范围内。

表 23-16　锯齿金属复合垫片颜色标记及缩写标记

材料	缩写标记	颜色标记
金属材料		
碳钢	CRS	银色
X4CrNi18-10（1.430 1）	304	黄色
X2CrNi19-11（1.430 6）	304L	无色
X15CrNiSi20-12（1.482 8）	309	无色
X15CrNiSi25-20（1.484 1）	310	无色
X5CrNiMo17-12-2（1.440 1）	316	绿色
X2CrNiMo17-12-2（1.440 4）	316L	绿色
X6CrNiNb18-10（1.455 0）	347	蓝色
X6CrNiTi18-10（1.454 1）	321	绿蓝色
X6Cr17（1.401 6）	430	无色

续表 23-16

材料	缩写标记	颜色标记
NiCu30Fe（2.4360）	MON	橙色
Ni99.2（2.4066）	Ni	红色
钛	TI	紫色
NiMo28（2.4617）	HAST B	褐色
NiMo16Cr15W（2.4819）	HAST C	米色
NiCr15Fe（2.4816）	INC 600	金色
NiCr22Mo9Nb（2.4856）	INC 625	金色
X10NiCrA/Ti32-20（1.4876）	IN 800	白色
NiCr21Mo（2.4858）	IN 825	白色
软垫片覆盖层材料		
柔性石墨	F. G.	灰色带
聚四氟乙烯	PTFE	白色带
非石棉	制造厂的标号	粉红色带
页硅酸盐	制造厂的标号	浅绿色带
注：根据供需双方协商可以采用其他材料。颜色标记由供需双方协商确定。		

23.5.9 由用户提供的信息资料

在订购垫片之前，垫片型式和材料的选择，建议与垫片供应商商议进行。选择垫片应考虑到流体介质、垫片材料性能、操作温度、法兰型式和法兰材料。

在订购垫片时，用户应提供以下信息资料：

a）本欧洲标准编号，即 EN 1514-6；

b）垫片型式；

c）公称尺寸 DN（见表 23-15）；

d）PN 标记（见表 23-15）；

e）垫片使用所需的垫片材料或预期操作条件（当垫片制造商需要选择垫片的场合）；

f）贴合面材料的种类、厚度和密度；

g）芯体金属材料标志及定位环金属材料标志（在合适的情况下）。

23.6 钢制管法兰用金属夹套式包覆垫片［EN 1514-7：2004（E）］

23.6.1 适用范围

EN 1514-7：2004 规定了适用于 EN 1092-1 钢制法兰的包覆金属夹套式垫片的结构、尺寸及标志，其实用的法兰公称压力为 PN 2.5、PN 6、PN 10、PN 16、PN 25、PN 40、PN 63和 PN 100；最大公称尺寸在 DN 900 以下。

23.6.2　术语和定义

23.6.2.1　包覆金属夹套式垫片

由带或不带定位环的密封元件组成，定位环并不是刚性固定到密封元件上。

注：密封元件系由一个金属夹套芯与一种被黏附于金属夹套芯上表面及下表面的合适的密封材料组成。

23.6.2.2　DN

DN 的内容见 EN ISO 6708《管道元件　DN（公称尺寸）的定义与选用》。

23.6.2.3　PN

PN 的内容见 EN 1333《管道元件　PN 的定义与选用》。

23.6.3　一般规定

23.6.3.1　PN（公称压力）标记范围

垫片应标明适用于以下法兰的 PN 标记中的一个或多个标记：

PN 2.5	PN 16	PN 63
PN 6	PN 25	PN 100
PN 10	PN 40	

23.6.3.2　DN（公称尺寸）范围

垫片的公称尺寸见表 23-18 和表 23-19 中所规定的范围标明。

23.6.3.3　垫片型式

图 23-11 所示的垫片型式，应按以下标明：

SC 型：自定心的密封元件（用于 C/D 型或 E/F 型法兰密封面）；

C/I 型：带内环的密封元件（用于 C/D 型或 EF 型法兰密封面）；

C/O 型：带定位环的密封元件（用于 A 型或 B 型法兰密封面）；

C/IO 型：带定位环和内环的密封元件（用于 A 型或 B 型法兰密封面）。

A 型、B 型、C/D 型、E/F 型法兰密封面在 EN 1092-1《法兰连接　管道、阀门和管件及附件用圆形法兰　第 1 部分：钢法兰》中规定。

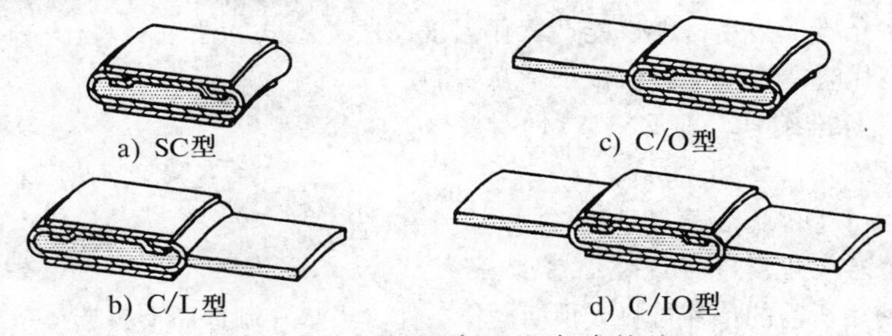

图 23-11　包覆金属夹套式垫片

23.6.3.4　由用户提供的信息资料

垫片材料和型式的选择，应考虑到流体介质、操作条件、垫片材料性能以及法兰型式。对于任何特殊用途的垫片选择，建议向垫片供应商进行咨询。垫片供应商将会告知特殊工作时所需的垫片材料。

23.6.4　结构细节

23.6.4.1　一般细节

包覆金属夹套式垫片应由金属夹套芯与黏附在两边的覆盖层组成。

所有公称尺寸及压力等级的垫片，应设计达到这程度以致施加 200 MPa 的均匀螺栓应力时，垫片能准确地安装定位，并能实现所需的密封水平。

对于规定尺寸的垫片应是图 23-11 中的一种。

23.6.4.2 金属夹套

(1) 金属夹套描述：金属夹套横截面上的内径和外径公差见表 23-18 和表 23-19。金属夹套横截面的厚度取决于柔性填充材料。

(2) 金属夹套材料：所选的金属夹套壳体材料应与预期的工作情况相适应。最常用的材料见表 23-20。金属夹套壳体的厚度应在 0.3 mm～0.5 mm 之间。

23.6.4.3 柔性填充物

(1) 柔性填充物描述：柔性填充物材料的厚度选择应满足：垫片具有较好的压缩率及回弹率，以便尽可能补偿法兰密封面不平度缺陷及适应由于操作条件所引起的各种变化；最终的厚度（含覆盖层）与管道（拧紧后）长度相适应；具有组合安装要求的互换性（凸插与凹槽或榫与槽接触、金属与金属接触等）。

(2) 柔性填充材料：选择填充材料应与预期的操作条件相适应。然而如要控制好机械特性，通常采用以下柔性填充材料：

a. 适宜的膨胀石墨：纯度 98%；粉尘含量最大为 2%；硫含量最大为 $1\,000\times10^{-6}$ (ppm)；卤素含量最大为 50×10^{-6} (ppm)。原始密度应为 1.0 g/cm^3～1.1 g/cm^3。

b. 适宜的膨胀 PTFE（聚四氟乙烯）：膨胀 PTFE 100%不能回收；原始密度应为 0.7 g/cm^3～0.9 g/cm^3。

c. 适宜的柔性云母：金云母（含量＞96%）并含硅黏结剂；原始密度应为 1.8 g/cm^3～1.9 g/cm^3。

23.6.4.4 覆盖层

(1) 覆盖层描述：覆盖层材料与厚度的选择应考虑过程流体和操作条件、法兰密封面型式及其表面粗糙度、法兰螺栓载荷等因素，还要保证良好的密封水平；保证虽然存在法兰密封面缺陷，但还可以有很好的配合。

(2) 覆盖层材料：如要控制好泄漏，通常采用以下覆盖材料：

a. 适宜的膨胀石墨：纯度 98%；粉尘含量最大为 2%；硫含量最大为 $1\,000\times10^{-6}$ (ppm)；卤素含量最大为 50×10^{-6} (ppm)。原始密度应为 1.0 g/cm^3～1.1 g/cm^3。抗黏附覆盖层表面光滑。

b. 适宜的原始 PTFE（聚四氟乙烯）：PTFE 100%不能回收；原始密度应为 1.6 g/cm^3。

c. 适宜的膨胀蛭石：原始密度应为 1.2 g/cm^3。

注：最好是垫片不显示出对法兰密封面的黏附作用。

23.6.4.5 内环及外环

(1) 内环及外环描述：环的厚度取决于密封元件的厚度。环的材料及厚度的选择应与所设想的组装条件（凸插与凹槽或榫与槽接触、金属与金属接触等）相适应；满足过程流体及操作条件，密封元件抵抗超载的要求；保证足够的载荷以确保良好的密封水平。内环及/或外环的内径与外径公差见表 23-18 和表 23-19。

（2）内环及外环材料：对于外环可以按标准选择用碳钢；对于内环应按标准选择与金属夹套壳体材料相同的材料或选择耐腐蚀性能与金属夹套壳体耐腐蚀性能相当的材料或更好的材料。

1 2 3

a) 适用于A型(全平面)或B型(定平面)法兰用垫片(C/O或C/IO型)

23.6.4.6 覆盖面层的连接

（1）连接方法：应采用合适的胶黏剂[最大含氧量低于 50×10^{-6} (ppm)]。

（2）金属夹套芯脱油：当使用黏结剂时，夹套芯在粘结剂使用之前应进行脱油，且所使用粘结剂的量应减至最小。

（3）粘结点的数量：覆盖层面上的粘结点数应减至最少。

（4）超量的覆盖层：一旦与密封面配合用时，任何过量的材料都应清除。特别要注意过量的材料决不能挤入垫片内径的内侧。

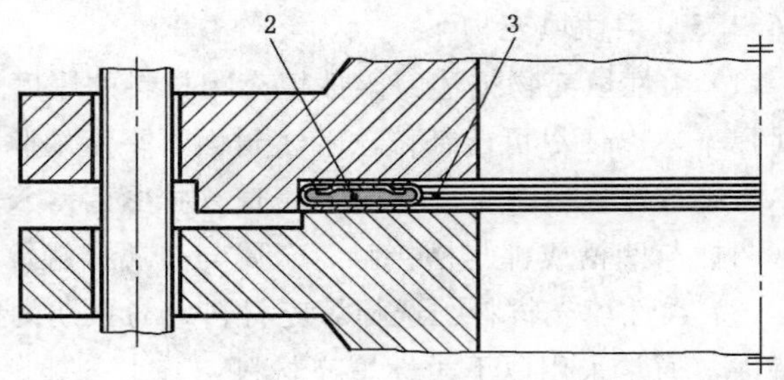

b) 适用于C/D 型(榫/槽面)或EF型(凸插/凹槽面)法兰用垫片(SC或C/I型)

图 23-12 典型包覆金属夹套式垫片组合图例

23.6.4.7 覆盖面层连接的牢固性

为保证覆盖层与夹套的金属充分固定，应确保材料没有任何缺陷，如刀痕、破裂或裂缝等。

23.6.4.8 结构特性细节

作为指导，如按表 23-17 的规定，可获得包覆金属夹套垫片的良好组合。垫片的结构特性细节见表 23-17。

23.6.5 垫片尺寸

23.6.5.1 A 型和 B 型法兰密封面用垫片

适用于 A 型和 B 型法兰密封面的包覆金属夹套垫片尺寸见表 23-18。

表 23-17 垫片结构特性细节

垫片单元		一般石油化工运用	一般化工运用	高温与低压运用场合
金属夹套	壳体材料	316L 不锈钢	蒙乃尔 400	镍铬铁合金 600
	填充材料	膨胀石墨	膨胀 PTFE(聚四氟乙烯)	柔性云母
	填料厚度	1.5 mm	3 mm	2 mm
覆蓄层	材料	石墨	原始 PTFE	膨胀蛭石
	厚度	0.8 mm	1 mm	0.75 mm

续表 23-17

垫片单元		一般石油化工运用	一般化工运用	高温与低压运用场合
定位环(如适用)	材料	碳钢	碳钢	316L 不锈钢
	厚度	2.5 mm	2.5 mm	2.5 mm
内环(如适用)	材料	316L 不锈钢	蒙乃尔 400	镍铬铁合金 600
	厚度	2.5 mm	2.5 mm	2.5 mm

23.6.5.2 C/D 型和 E/F 型法兰密封面用垫片

适用于 C/D 型和 E/F 型法兰密封面的包覆金属夹套垫片尺寸见表 23-19。

表 23-18 适用于 A 型和 B 型法兰密封面的包覆金属夹套垫片尺寸 mm

DN	内环内径[1) min]	密封元件内径[2)] min	密封元件外径[3)]	定位环外径[4)]							
				PN 2.5	PN 6	PN 10	PN 16	PN 25	PN 40	PN 63	PN 100
10	—	19	31	40	40	48	48	48	48	58	58
15	—	19	31	45	45	53	53	53	53	63	63
20	—	25.5	38	55	55	63	63	63	63	74	74
25	—	32	46	65	65	73	73	73	73	84	84
32	36	42	58.5	78	78	84	84	84	84	90	90
40	42	48	68	88	88	94	94	94	94	105	105
50	54	60	84.5	98	98	109	109	109	109	115	121
65	69.5	75.5	100	118	118	129	129	129	129	140	146
80	82.5	88.5	117	134	134	144	144	144	144	150	156
100	107.5	115	145.5	154	154	164	164	170	170	176	183
125	131.5	141.5	173.5	184	184	194	194	196	196	213	220
150	157.5	167.5	202	209	209	220	220	226	226	250	260
200	207.5	217.5	258	264	264	275	275	286	293	312	327
250	260.5	270.5	312	319	319	330	331	343	355	367	394
300	311.5	318	360	375	375	380	386	403	420	427	461
350	343.5	359.5	402.5	425	425	440	446	460	477	489	515
400	394	412.5	459	475	475	491	498	517	549	546	575
450	447	467	519	530	530	541	558	567	574	—	—
500	497	517	571	580	580	596	620	627	631	660	708
600	597.5	617.5	672	681	681	698	737	734	750	768	
700	711.0	727.0	763.0	786	786	813	807	836	—	883	—
800	810.0	826.0	869.0	893	893	920	914	945	—	994	—
900	910.0	924.0	970.0	993	993	1 020	1 014	1045	—	1 114	—
1 000	1 003.0	1 019.0	1 068.0	1 093	1 093	1 127	1 131	1 158	—	1 226	—

续表 23-18　　mm

DN	内环内径[1] min	密封元件内径[2] min	密封元件外径[3]	定位环外径[4]							
				PN 2.5	PN 6	PN 10	PN 16	PN 25	PN 40	PN 63	PN 100
1 100	1 106.0	1 122.0	1 170.0	—	—	1 237	1 231	1 258	—	—	—
1 200	1 206.0	1 222.0	1 270.0	1 293	1 310	1 344	1 345	1 368	—	1 458	—
1 400	1 408.0	1 422.0	1 470.0	1 493	1 527	1 551	1 545	1 584	—	—	—
1 500	1 514.0	1 530.0	1 581.0	—	—	1 661	1 658	1 694	—	—	—
1 600	1 610.0	1626.0	1 678.0	1 703	1 727	1 775	1 768	1 804	—	—	—
1 800	1 811.0	1 827.0	1 879.0	1 903	1 934	1 975	1 968	2 006	—	—	—
2 000	2 012.0	2 028.0	2 079.0	2 103	2 141	2 185	2 174	2 236	—	—	—
2 200	2 215.0	2 231.0	2 286.0	2 310	2 351	2 388	—	—	—	—	—
2 400	2 418.0	2 434.0	2 486.0	2 510	2 561	2 598	—	—	—	—	—
2 600	2 610.0	2 626.0	2 686.0	2 710	2 765	2 798	—	—	—	—	—
2 800	2 812.0	2 828.0	2 892.0	2 927	2 975	3 018	—	—	—	—	—
3 000	3 012.0	3 028.0	3 092.0	3 127	3 175	3 234	—	—	—	—	—
3 200	3 212.0	3 228.0	3 292.0	3 327	3 385	—	—	—	—	—	—
3 400	3 412.0	3 428.0	3 492.0	3 527	3 595	—	—	—	—	—	—
3 600	3 618.0	3 634.0	3 698.0	3 737	3 808	—	—	—	—	—	—
3 800	3 818.0	3 834.0	3 898.0	3 934	—	—	—	—	—	—	—
4 000	4 018.0	4 034.0	4 098.0	4 134							

1)公差：对于 DN 10～DN 600 为 $^{+1.6}_{0}$ mm；对于 DN 700～DN 4000 为 $^{+3.2}_{0}$ mm；

2)公差：对于 DN 10～DN 600 为 $^{+0.8}_{0}$ mm；对于 DN 700～DN 4000 为 $^{+1.6}_{0}$ mm；

3)公差：对于 DN 10～DN 600 为 $^{0}_{-0.8}$ mm；对于 DN 700～DN 4000 为 $^{0}_{-1.6}$ mm；

4)公差：对于 DN10～DN 600 为±0.8 mm；对于 DN 700～DN 4000 为±1.6 mm。

表 23-19　适用于 C/D 型和 E/F 型法兰密封面的包覆金属夹套垫片尺寸　　mm

公称尺寸	内环内径[1] min	密封元件内径[2] min	密封元件外径[3] max
DN	PN 2.5，PN 6，PN 10，PN 16，PN 25，PN 40，PN 63，PN 100		
10	—	24.0	34.0
15	—	29.0	39.0
20	—	36.0	50.0
25	—	43.0	57.0
32	36.0	51.0	65.0
40	42.0	61.0	75.0
50	54.0	73.0	87.0
65	69.5	95.0	109.0
80	82.5	106.0	120.0

续表 23-19

mm

公称尺寸	内环内径[1) min]	密封元件内径[2) min]	密封元件外径[3) max]
DN	PN 2.5,PN 6,PN 10,PN 16,PN 25,PN 40,PN 63,PN 100		
100	107.5	129.0	149.0
125	131.5	155.0	175.0
150	157.5	183.0	203.0
200	207.5	239.0	259.0
250	260.5	292.0	312.0
300	311.5	343.0	363.0
350	343.5	395.0	421.0
400	394.0	447.0	473.0
450	447.0	497.0	523.0
500	497.0	549.0	575.0
600	597.5	649.0	675.0
700	711	751.0	777.0
800	810	856.0	882.0
900	910	961.0	987.0
1 000	1 003	1 062	1 092
1 200	1 206	1 262	1 292
1 400	1 408	1 462	1 492
1 600	1 610	1 662	1 692
1 800	1 811	1 862	1 892
2 000	2 012	2 062	2 092

1)公差:对于 DN 10～DN 600 为 $^{+1.6}_{0}$mm;对于 DN 700～DN 2000 为 $^{+3.2}_{0}$ mm;

2)公差:对于 DN 10～DN 600 为 $^{+0.8}_{0}$ mm;对于 DN 700～DN 2000 为 $^{+1.6}_{0}$ mm;

3)公差:对于 DN 10～DN 600 为±0.8 mm;对于 DN 700～DN 2000 为+1.6 mm。

23.6.6 标志

定位元件上应标有以下信息的标志:

a)标准编号,即 EN 1514-7;

b)制造厂名或商标;

c)公称尺寸 DN(见表 23-18);

d)PN 标记(见表 23-18);

e)金属夹套材料、填充材料及内环材料(如果适用)用的制造厂代号:见颜色标记

例如:EN 1514-7-AAA/BBB-DN 200-PN 40-×××

垫片应单独地或在包装外壳上进行标志,并标上欧洲标准编号,即 EN 1514-7。

23.6.7 颜色标记

包覆金属夹套垫片应标以可识别金属夹套芯、柔性填充物及覆蓋层的颜色标记。外

定位环的外周边上的连续颜色可用来识别金属夹套芯。外定位环的外周边上的断续色带可用来识别柔软的垫片填充物及覆蓋层。

对于规格小于 DN 40 的垫片，应至少有 2 条间隔 180°的色带；对于规格大于 DN 40 的垫片，应至少有 4 条间隔 90°的色带。

23.6.8　包装

垫片的包装是为了避免垫片在装运过程中和安装前连续移动所造成的对垫片密封表面的损害。大直径的垫片应该牢固固定到搬运工具上或在保护范围之内安装。

表 23-20　包覆金属夹套式垫片的颜色标志和缩写标志

材料(材料牌号)	缩写标志	颜色标志
金属夹套材料		
铝	Al	无色
软铁	—	无色
碳钢	CRS	银色
X4CrNi18-10(1.4301)	304	黄色
X2CrNi19-11(1.4306)	304L	无色
X15CrNiSi20-12(1.4828)	309	无色
X15CrNiSi25-20(1.4841)	310	无色
X5CrNiMo17-12-2(1.4401)	316	绿色
X2CrNiMo17-12-2(1.4404)	316L	绿色
X6CrNiNb18-10(1.4550)	347	蓝色
X6CrNiTi18-10(1.4541)	321	绿蓝色
X6Cr17(1.4016)	430	无色
铜	CUA1/CUB1	无色
CuNi10Fe(2.0872)	Cupro-Nickel 90/10	无色
CuNi30Fe(2.0882)	Cupro-Nickel 70/30	无色
NiCu30Fe(2.4360)	Monel 400	橙黄色
Ni99.2(2.4066)	Nickel	红色
NiMo28(2.4617)	Hastelloy B	褐色
NiMo16Cr15W(2.4819)	Hastelloy C-276	米色

续表 23-20

材料(材料牌号)	缩写标志	颜色标志
金属夹套材料		
NiCr15Fe(2.4816)	Inconel 600	金色
NiCr22Mo9Nb(2.4856)	Inconel 625	金色
X10NiCrA/Ti32-20(1.4876)	Incoloy 800	白色
NiCr21Mo(2.4858)	Incoloy 825	白色
钛	T1	紫色
柔软的垫片填充物及覆蓄材料[1)]		
柔性石墨	F·G	灰色带
原始的及膨胀 PTFE(聚四氟乙烯)	PTFE/PTFE EX	白色带
无石棉例如柔性云母		粉红色带
1)在各种场合下,相同材料适用于软垫片填充物及覆蓄层。		

23.6.9　由用户提供的信息资料

在订购垫片之前,选择垫片型式与材料时建议向垫片供应商进行咨询。选择垫片时应考虑到液体介质、操作条件、垫片材料性能、法兰密封面型式及其表面粗糙度以及法兰螺栓载荷等因素的影响。

在订购垫片时,用户应提供以下信息资料:

a)标准编号,即 EN 1514-7;

b)垫片型式;

c)公称尺寸 DN(见表 23-18);

d)PN 标记(见表 23-18);

e)是否需要内环;

f)当垫片制造商需要选择材料时,对于适用垫片所需要的材料或预期的操作条件。

23.7　有槽法兰用氯丁橡胶 O 形环垫片(BS EN 1514-8:2004)

23.7.1　适用范围

BS EN 1514-8:2004《有槽法兰用氯丁橡胶 O 形环垫片》规定了适用于有槽法兰用氯丁橡胶 O 形环垫片的尺寸。该有槽法兰遵循 EN 1092 标准,法兰适用的公称压力为 PN 10、PN 16、PN 25 和 PN 40。

注 1:对于 EN 1092-1～1092-4 中所使用的其他垫片的型式尺寸,在 EN 1514-1～1514-7 中规定。

注 2:标准附录 A 中规定了当订购垫片时应由用户所提供的信息资料。选择适合于工况的垫片材料的有关事项留给用户解决。

23.7.2　术语和定义

23.7.2.1　O形环垫片

O形橡胶环垫片系由密实的橡胶圆环组成，橡胶圆环被装在配对的法兰密封面内，借助不变的流体作用使垫片压缩并产生变形，实现法兰的密封。

23.7.2.2　DN

DN的内容见EN ISO 6708《管道元件　DN(公称尺寸)的定义与选用》。

23.7.2.3　PN

PN的内容见EN 1333《管道元件　PN的定义与选用》。

23.7.3　一般规定

23.7.3.1　PN(公称压力)标记范围

氯丁橡胶O形环类垫片应标明适用于以下法兰的PN标记中的一个或多个标记：PN 10、PN 16、PN 25和PN 40。

23.7.3.2　DN(公称尺寸)范围

垫片公称尺寸按表23-21中所规定的范围标明。

23.7.3.3　由用户提供的信息资料

制作O形环垫片所需的氯丁橡胶类型的选择，应考虑到流体介质及操作条件。对于任何特殊用途的垫片选择，建议向垫片供应商进行咨询。垫片供应商将会告知特殊工作时所需的垫片材料。

23.7.4　垫片尺寸

氯丁橡胶O形环垫片尺寸见表23-21。

23.7.5　包装

垫片的包装是为了避免在装运过程中和安装前连续移动所造成的对垫片的损害。

表23-21　适用于PN 10～PN 40槽形法兰的氯丁橡胶O形环垫片尺寸　　mm

公称尺寸	内径 d_1	环的直径 d_2	公差	公称尺寸	内径 d_1	环的直径 d_2	公差
10	21	5	±0.4	100	122	6	±0.4
15	26			125	148		
20	33			150	176		
25	40			(175)	206		
32	48			200	232		
40	57			250	285		
50	69			300	335		
65	89			350	385	7	±0.5
80	100			400	435		

续表 23-21

mm

公称尺寸	内径 d_1	环的直径 d_2	公差	公称尺寸	内径 d_1	环的直径 d_2	公差
500	535	7	±0.5	1 600	1 625	8	±0.5
600	635			1 800	1 825		
700	735			2 000	2 020		
800	835			2 200	2 220		
900	940			2 400	2 410		
1 000	1 040	8	±0.5	2 600	2 610		
1 200	1 235			2 800	2 800		
1 400	1 430			3 000	3 000		
注:避免采用带括号的公称直径。							

23.7.6 由用户提供的信息资料

在订购垫片之前,选择垫片型式与材料时,建议向垫片供应商进行咨询。选择垫片时应考虑到流体介质、垫片材料性能、操作温度、法兰型式及其材料等因素的影响。

在订购垫片时,用户应提供以下信息资料:

a)标准编号,即 EN 1514-8;

b)公称尺寸 DN(见表 23-21);

c)PN 标记(见 23.7.3.1);

d)当垫片制造商需要选择氯丁橡胶类别时,应选择所适用的氯丁橡胶的材料或其预期的操作条件。

23.8 非金属 PTFE(聚四氟乙烯)包覆垫片(EN 12560-3:2001)

23.8.1 适用范围

EN 12560-3:2001《非金属 PTFE(聚四氟乙烯)包覆垫片》规定了 IBC(螺栓中心圆内侧)非金属 PTFE(聚四氟乙烯)包覆垫片的尺寸及标记。这种垫片适用于符合 EN 1759-1:2000、EN 1759-3:1994、EN 1759-4:2000 标准的、且压力等级为 Class 150 和 Class 300、公称尺寸为 DN 15～DN 600 的法兰。

注:对于适用于符合 EN 1759-1:2000《法兰及其连接 管道、阀门、管件及附件用圆形法兰 Class 标记 第 1 部分:钢制法兰 NPS 1/2～NPS 24》、EN 1759-3:1994《法兰及其连接 管道、阀门、管件及附件用圆形法兰 Class 标记 第 3 部分:铜合金法兰》及 EN 1759-4:2000《法兰及其连接 管道、阀门、管件及附件用圆形法兰 Class 标记 第 4 部分:铝合金法兰》法兰的其他类型垫片尺寸,在 EN 12560-1:2001《带或带填充物的非金属平垫片》、EN 12560-2:2001《用于钢制法兰的缠绕式垫片》、EN 12560-4:2001《波纹形、平形或齿形金属垫片及带填充物的金属垫片(用于钢制法兰)》、EN 12560-5:2001《钢制法兰用金属环连接垫片》、EN 12560-6:2001《钢制法兰用锯齿金属复合垫片》及 EN 12560-7:2001《钢制法兰用金属夹套式包覆垫片》中规定。

23.8.2　术语和定义

23.8.2.1　DN

DN 的内容见 EN ISO 6708《管道元件　DN(公称尺寸)的定义与选用》。

23.8.2.2　NPS

NPS 的内容见 EN 1759-3:1994《法兰及其连接　管道、阀门、管件及附件用圆形法兰 Class 标记　第 3 部分:铜合金法兰》。

23.8.2.3　Class(磅级)

Class 的内容见 EN 1759-3:1994《法兰及其连接　管道、阀门、管件及附件用圆形法兰　Class 标记　第 3 部分:铜合金法兰》

23.8.3　一般规定

23.8.3.1　Class 标记范围

垫片应标明适用于以下法兰的 Class 标记中的一个或多个标记:

Class 150 和 Class 300。

23.8.3.2　垫片规格或尺寸范围

垫片的公称尺寸见表 23-22。

23.8.3.3　垫片设计类型

按第 23.8.4 的规定以及图 23-13 所示,垫片的类型划分为以下 3 种:

——A 型;

——B 型;

——C 型。

23.8.3.4　由用户提供的信息资料

在订购垫片时,用户应提供以下信息资料:

a)标准编号,即 EN 12560-3;

b)垫片设计类型(见 23.8.3.3);

c)垫片公称尺寸(见表 23-22);

d)Class(磅级)标记(见表 23-22);

e)垫片厚度(见第 23.8.6 的注释);

f)使用垫片的预期工作条件。

注:在订购垫片之前,选择垫片设计类型时,建议向垫片供应商进行咨询。选择垫片设计类型及垫片厚度应考虑到流体介质、工作条件、垫片材料性能、法兰密封面的型式及其表面粗糙度以及法兰螺栓载荷等因素的影响。

例如:符合 EN 12560-3,C 型设计结构,公称尺寸为 DN 100,压力等级为 Class 150,厚度为 2 mm 的垫片,应按以下标注:

垫片　EN 12560-3-C-DN 100-Class 150-2 mm

23.8.4　垫片设计

对于特定尺寸的垫片,其设计结构应为图 23-13 中的一种。

注 1:垫片的填充物通常由含石棉的压缩纤维板粘合制成,也可以采用适合于特殊用途的其他材料。

注2：每一种设计只适用于特定公称尺寸及Class（磅级）标记的法兰，并且受生产制造厂的限制。

注3：选择垫片应考虑到流体介质、操作条件、垫片材料性能、法兰密封面型式及其表面粗糙度以及法兰螺栓载荷等因素的影响。对于特定用途的垫片选择，建议与垫片供应商咨询确定。

警告：按本标准制作的垫片可以含有石棉。含石棉的材料应受到法律的限制，法律要求，当处理这种材料时要采取预防措施以确保不会对健康造成损害。应遵守欧共体的相关指令。

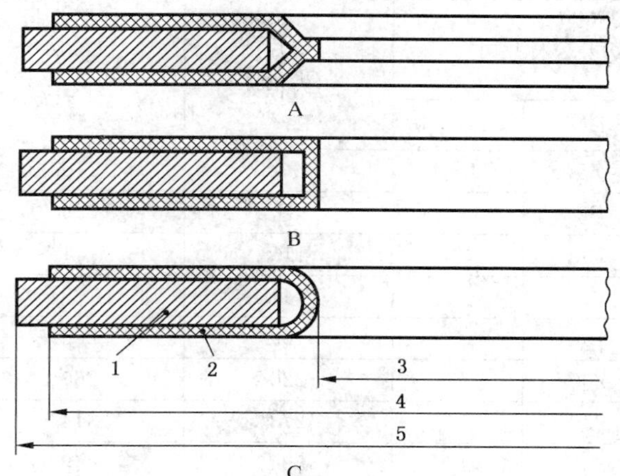

1—填充物；2—包覆层；3—垫片内径；4—包覆层外径；5—垫片外径

图23-13 非金属PTFE（聚四氟乙烯）包覆垫片的典型设计结构

23.8.5 垫片类型

垫片为IBC（螺栓中心圆内侧）类型，适用于A型（全平面）或B型（突面）法兰密封面。

注：A型和B型法兰密封面见prEN 1759-1:2000。

23.8.6 尺寸与公差

23.8.6.1 垫片尺寸

非金属PTFE包覆垫片尺寸见表23-22。

注：表中没有规定垫片的厚度，选择垫片厚度应考虑到垫片材料的性能及预期的应用条件。当选择垫片厚度时，建议向制造商进行咨询（见23.8.3.4）。

23.8.6.2 公差

(1)外径公差：≤DN 300为$_{-1.52}^{0}$ mm；≥DN 350为$_{-3.05}^{0}$ mm。

(2)内径公差：≤DN 300为$_{-1.52}^{0}$ mm；≥DN 350为$_{-3.05}^{0}$ mm。

表23-22 非金属PTFE包覆垫片尺寸 mm

公称尺寸		垫片内径	包覆层外径	垫片外径	
DN	NPS[1)] /in			Class 150	Class 300
15	1/2	22	40	47.5	54.0
20	3/4	27	50	57.0	66.5
25	1	34	60	66.5	73.0
32	1¼	43	70	76.0	82.5
40	1½	49	80	85.5	95.0
50	2	61	92	104.5	111.0

续表 23-22　mm

公称尺寸		垫片内径	包覆层外径	垫片外径	
DN	NPS[1)] /in			Class 150	Class 300
65	2½	73	110	124.0	130.0
80	3	89	126	136.5	149.0
100	4	115	151	174.5	181.0
125	5	141	178	196.5	216.0
150	6	169	206	222.0	251.0
200	8	220	260	279.0	308.0
250	10	273	314	339.5	362.0
300	12	324	365	409.5	422.0
350	14	356	412	450.0	485.5
400	16	407	469	514.0	539.5
450	18	458	528	549.0	597.0
500	20	508	578	606.5	654.0
600	24	610	679	717.5	774.5
1)仅供参考。					

23.8.7　标志

垫片应单独地或在垫片包装外壳上进行标记，或者按照买卖双方的协议在单个垫片的包装上标出以下内容：

a)标准编号，即 EN 12560-3；

b)垫片类型标记(见 23.8.3)；

c)公称尺寸(见表 23-22)；

d)Class(磅级)标记(见表 23-22)；

e)厚度；

f)材料；

g)制造厂名或商标。

例如：EN 12560-3-C 型-DN 100-Class 150-2 mm-×××-AAA/BBB

23.9　钢制法兰用波纹形、平形或齿形金属垫片和带填充物的金属垫片(EN 12560-4:2001)

23.9.1　适用范围

EN 12560-4:2001 规定了 IBC 型(螺栓中心圆内侧)波纹形、平形或齿形金属垫片和带填料的金属垫片尺寸和标记。该垫片适用于符合 EN 1759-1:2000 的法兰。法兰的压力为 Class 150、Class 300、Class 600、Class 900 及 Class 1 500(公称尺寸 DN 15～DN 600)及 Class 2500(公称尺寸 DN 15～DN 300)。

23.9.2 一般有关规定

23.9.2.1 Class(磅级)标记范围

垫片应标明适用于以下法兰标记中的一个或多个标记：

Class 150　　Class 900

Class 300　　Class 1500

Class 600　　Class 2500

23.9.2.2 垫片尺寸范围

垫片公称尺寸按表23-23所规定的范围标示。

23.9.2.3 垫片的类型及设计

垫片的类型及设计按23.9.4规定并按图23-14所示，具体划分如下：

自动对中型：SC/A型；SC/B型；SC/C型；SC/D型；SC/E型。

带定位环型：CR/A型；CR/B型；CR/C型；CR/D型；CR/E型。

23.9.2.4 由用户提供的信息资料

在订购垫片时，用户应提供以下信息资料：

a）标准编号，即EN 12560-4；

b）垫片类型(见23.9.4)；

c）垫片设计(见23.9.3)；

d）公称尺寸(见表23-23)

e）压力等级标示(见表23-23)

用户还应提供以下附加信息资料：

f)垫片使用的预期工作条件。

注：在订购垫片之前，选择垫片设计和型式时，建议向垫片供应商进行咨询。垫片设计和型式的选择，应考虑操作条件、垫片材料性能、法兰密封面型式及其表面粗糙度以及法兰螺栓载荷等因素的影响。

例如：符合EN 12560-4，带定位环(SC型)，波形金属设计(B型设计)，公称尺寸DN 100和压力为Class 150的垫片，应按以下标示：

垫片　EN 12560-4-SC/B-DN 100-Class 150

23.9.3 垫片设计

垫片的设计结构应为图23-14中的一种。

23.9.4 垫片类型

垫片为Z 13 C(螺栓中心圆内侧)类型，适用于A型(全平面)或B型(突面)法兰密封面，见图23-15。

垫片应为下列型式之一：

a）自动定心型：SC/……型(见23.9.2.3)；

b）带定位环型：CR/……型(见23.9.2.3)。

注：A型和B型法兰密封面见prEN 1759-1:2000《法兰及其连接　管道、阀门、管件和附件用圆形法兰　Class标示　第1部分：钢制法兰》。

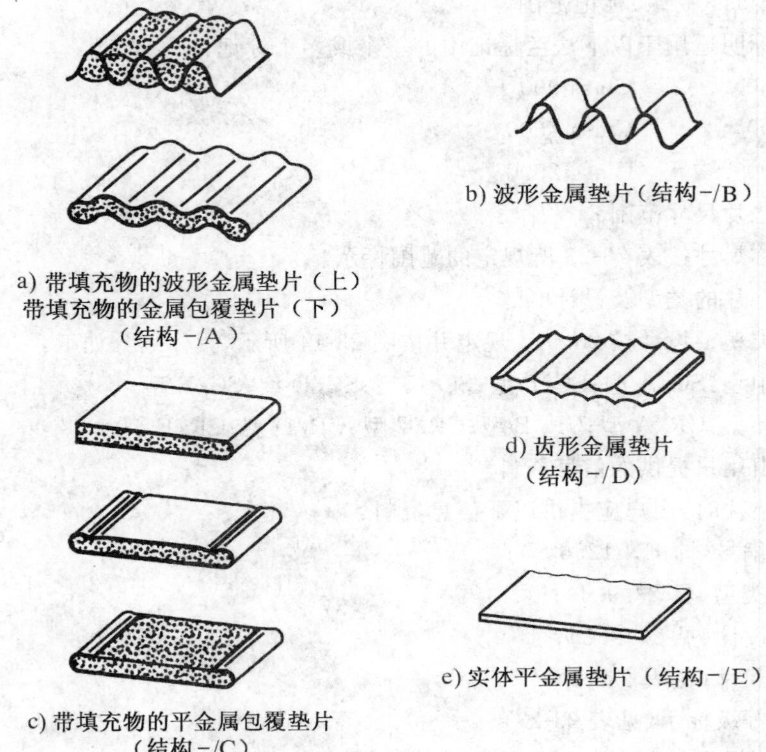

图 23-14　波纹形、平形或齿形金属垫片及带填充物的金属垫片的设计

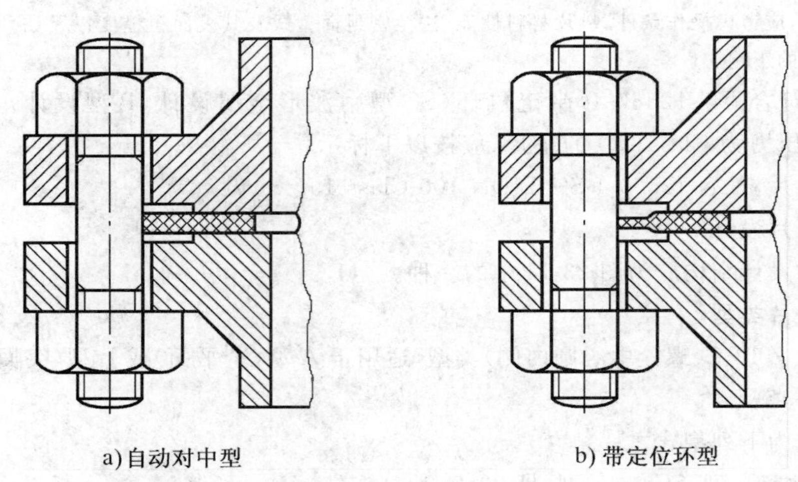

注：图中所示为突面密封面法兰的垫片

图 23-15　用于 A 型或 B 型法兰密封面的垫片

23.9.5 垫片尺寸

23.9.5.1 直径

波纹形、平形或齿形金属垫片及带填充物的金属垫片尺寸见表23-23。

表23-23 波纹形、平形或齿形金属垫片及带填充物金属垫片尺寸 mm

公称尺寸		垫片最小内径	垫片或定位环外径					
DN	NPS[1)]/in		Class 150	Class 300	Class 600	Class 900	Class 1500	Class 2500
15	1/2	22	47.6	54.0	54.0	63.5	63.5	69.9
20	3/4	27	57.2	66.7	66.7	69.9	69.9	76.2
25	1	34	66.7	73.0	73.0	79.4	79.4	85.7
32	1¼	43	76.2	82.6	82.6	88.9	88.9	104.8
40	1½	49	85.7	95.3	95.3	98.4	98.4	117.5
50	2	61	104.8	111.1	111.1	142.96	142.9	146.1
65	2½	73	123.8	130.2	130.2	165.1	165.1	168.3
80	3	89	136.5	149.2	149.2	168.3	174.6	196.9
100	4	115	174.6	181.0	193.7	206.4	209.6	235.0
125	5	141	196.9	215.9	241.3	247.7	254.0	279.4
150	6	169	222.3	250.8	266.7	288.9	282.6	317.5
200	8	220	279.4	308.0	320.7	358.8	352.4	387.4
250	10	273	339.7	362.0	400.1	435.0	435.0	476.3
300	12	324	409.6	422.3	457.2	498.5	520.7	549.3
350	14	356	450.9	485.8	492.1	520.7	577.9	—
400	16	407	514.4	539.8	565.2	574.7	641.4	—
450	18	458	549.3	596.9	612.8	638.2	704.9	—
500	20	508	606.4	654.1	682.6	698.5	755.7	—
600	24	610	717.6	774.7	790.6	838.2	901.7	—
1)仅供参考。								

平金属垫片或带填充物材料的金属包覆垫片的内径见表23-24，而其外径仍然按表23-23的规定。

表 23-24　平金属垫片或带填充物材料的金属包覆垫片内径　mm

公称尺寸		垫片内径		公称尺寸		垫片内径	
DN	NPS[1)]/in	Class 150，Class 300	Class 600，Class 900，Class 1500，Class 2500	DN	NPS[1)]/in	Class 150，Class 300	Class 600，Class 900，Class 1500，Class 2500
15	1/2	22	22	150	6	196	190
20	3/4	29	29	200	8	253	238
25	1	38	38	250	10	294	286
32	1¼	48	48	300	12	356	343
40	1½	57	54	350	14	382	375
50	2	75	73	400	16	434	425
65	2½	90	86	450	18	500	498
80	3	113	108	500	20	540	533
100	4	141	132	600	24	647	641
125	5	165	152				

1)仅供参考

23.9.5.2　厚度

下列规定适用于金属包覆垫片：

a)金属包覆层厚度至少应为 0.38 mm；

b)填充物的厚度至少应为 1.5 mm。

23.9.6　标记

应在单个垫片上或多个垫片的包装上，或根据供需双方的协议在单个垫片的包装上标出以下内容：

a) 标准编号；

b) 垫片类型/设计标示(见第 23.9.2.3)；

c) 公称尺寸(见表 23-23)；

d) Class 标示(见表 23-23)；

e) 材料；

f) 制定厂名或商标。

例如：EN 12560-4-Sc/A-DN 200-Class 600-×××-AAA/BBB。

23.10　钢制法兰用锯齿金属复合垫片(BS EN 12560-6:2003)

23.10.1　适用范围

BS EN 12560-6:2003《钢制法兰用锯齿金属复合垫片》规定了适用于符合 EN 1759-1《法

兰及其连接　管道、阀门、管件及附件用圆形法兰　Class 标记　第 1 部分：钢制法兰　NPS 1/2～NPS 24》的法兰用锯齿金属复合垫片的结构、尺寸及标记，其实用的法兰压力等级为 Class 150、Class 300、Class 600、Class 900、Class 1500 及 Class 2500；公称尺寸为≤NPS 24。

23.10.2　术语及定义

23.10.2.1　锯齿金属复合垫片

锯齿金属复合垫片由带定位环或不带定位环的一种密封元件组成，定位环与密封元件的连接可以是刚性固定的或不是刚性固定的。密封元件由具有锯齿顶的金属芯和较薄的表面覆盖层组成。合适的密封材料粘附在每一锯齿的表面上。金属芯体的锯齿面借助合适的密封材料就会产生高压面作用以保证在工作中所需的紧密程度。操作时，密封材料进入锯齿面中的材料密度，还应该大到足以保证锯齿面的齿尖间的密封特性，以便维持第二次密封。工作时锯齿面上部的密封材料厚度要最小，通常大约为 0.5 mm。锯齿面齿尖的宽度应约为 0.1 mm。

23.10.2.2　DN

DN 的内容见 EN ISO 6708《管道元件　DN(公称尺寸)的定义及选用》。

23.10.2.3　NPS

NPS 的内容见 EN 1759-3《法兰及其连接　管道、阀门、管件及附件　Class 标记　第 3 部分：铜合金法兰》。

23.10.2.4　Class(磅级)

Class 的内容见 EN 1759-3。

23.10.3　一般规定

23.10.3.1　Class 标记范围

垫片应标明适用于以下法兰的 Class 标记中的一个或多个标记：

Class 150　　Class 600　　Class 2500
Class 300　　Class 900
Class 400　　Class 1500

23.10.3.2　垫片尺寸范围

垫片公称尺寸按表 23-25 中所规定的范围标明。

该标准中所描述的一般原则，通过供需双方协定，也适用于表 23-25 中所规定范围以外的垫片。

23.10.3.3　垫片型式

图 23-16 所示的垫片型式，应按以下标明：

NR 型：不带任何定位环的密封元件；

IR 型：带整体式定位环的密封元件；

LR 型：带松动的定位环的密封元件；

NR 型：仅适用于凹凸面法兰或榫槽面法兰。

23.10.3.4　由用户提供的信息资料

垫片材料和型式的选择，应考虑到流体介质、操作条件、垫片材料性能及法兰型式等因素的影响。对于任何特殊用途的垫片选择，建议向垫片供应商进行咨询。垫片供应商

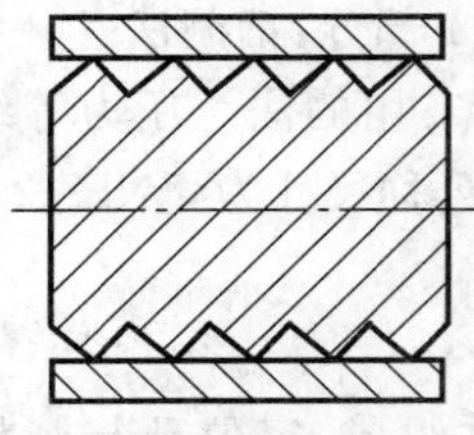

a) NR型：不带定位环的密封元件

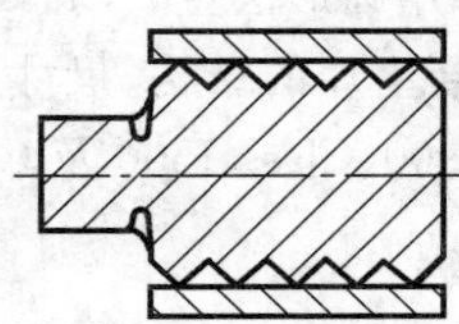

b) IR型：带整体式定位环的密封元件

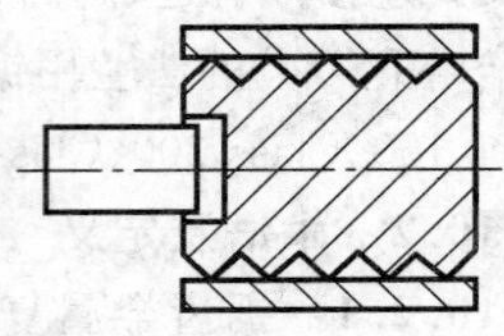

c) LR型：带松动定位环的密封元件

图 23-16 带有密封面层的锯齿金属复合垫片型式

将会告知特殊工作时所需的垫片材料。

23.10.4 结构细节

23.10.4.1 一般细节

图 23-16 规定了芯部结构例图，并规定了 23.10.3.3 中所列出的 3 种金属齿形复合垫片的定位环例图（按合适情况定）。

图 23-17 所示为适用于 EN 1759-1 标准中所规定的 A 型法兰密封面和 B 型法兰密封面用典型金属锯齿形复合垫片。

尺寸单位：mm

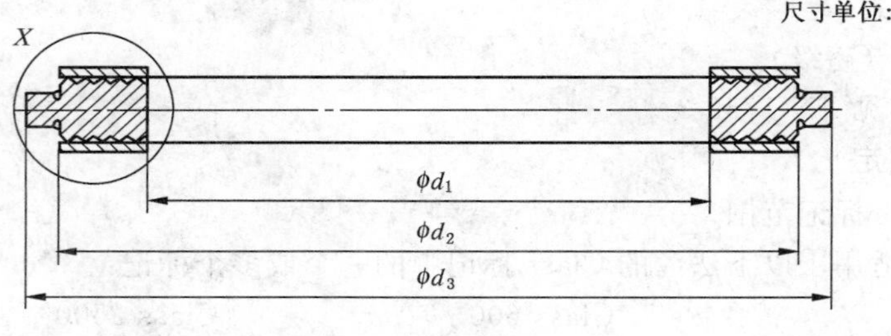

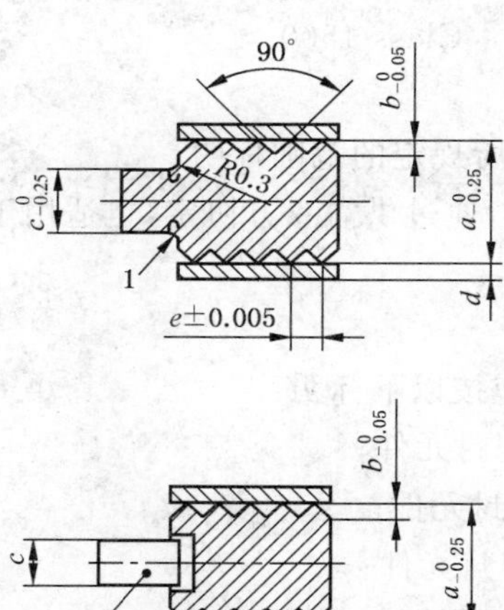

1—整体定位环；2—松动定位环

图 23-17 覆盖密封层的典型锯齿金属复合垫片

23.10.4.2 芯体

(1) 芯体材料:应选择满足预期工作条件的芯体材料。芯体厚度(通过锯齿顶上测量)最小值应为锯齿深度的3倍。

(2) 芯体焊接:如果芯体是焊接结构,那么焊接方法应保证焊缝贯穿芯体的整个厚度,焊点数应不多于2点。

(3) 芯体的不平度:锯齿芯体超出的不平度,在外径300 mm以内应不大于3 mm。

23.10.4.3 锯齿

锯齿的深度最小应为0.4 mm。锯齿节距和锯齿宽度应调整至使齿顶宽度为0.1 mm。锯齿芯体的第一个齿顶和最后一个齿顶应尽可能接近芯体的相应边缘。

根据供需双方协商,可以采用专用齿面及芯部轮廓的齿形。

为降低芯体裂纹而引起的振颤,锯齿槽底部的半径尽可能要大。

23.10.4.4 定位环

(1) 整体定位环:整体环的厚度最小值应为锯齿深度的2倍。至少在定位环的一端应制作切口(即空刀),以便防止密封元件由于温度膨胀而使定位环与法兰螺栓之间产生干扰。

(2) 松动定位环:定位环的厚度最小值应为0.5 mm。当安装定位环时,应保证定位环在芯体定位槽中有足够的松动以便环在定位槽内紧压时决不会产生温度膨胀效应。定位环可以做截口并围绕芯体安装。安装环的截口,或者采用相互焊接型式或相互镶嵌型式。松动定性环的材料可以用碳钢制作。

23.10.4.5 覆盖面或覆盖面层材料

应选择满足预期工作条件和适用于法兰材料的覆盖面材料。适用材料包括非常软的、橡胶粘结的材料及金属箔板材等。

面层材料可用尺寸合适的板材及可适用的具有纹理的胶带切割而成,或采用符合本标准其他要求的其他方法制做。

23.10.4.6 覆盖面层单位面积质量

为了在操作中建立所需的紧固程度,覆盖面的单位面积质量随着覆盖面材料的厚度和密度;锯齿的深度、宽度和节距,覆盖面材料在工作时所需的密度和在芯体上面覆盖面层所需的厚度而变化。每单位面积的质量应使锯齿顶与法兰密封面之间避免金属对金属的接触。

为了指导,将具有厚度为0.5 mm、密度为1.0 g/cm^{3}的柔性石墨作为标准值,当其与芯体(在锯齿深度为0.4 mm,齿顶宽度为0.1 mm时)一起使用时,通常可以达到令人满意的密封程度。

任何粘附的厚度效应及法兰密封面的沟纹可忽略不计。覆盖面层每单位面积的质量由下列公式求得:

$$每单位面积的质量 = P_s[t + (A_G/P)]$$

式中:P_s——工作时覆盖面所需的密度;

t——芯体上面覆盖面工作时所需的厚度;

A_G——与芯体平面相垂直的锯齿横截面积;

P——锯齿节距。

23.10.4.7　覆盖面或贴合面的连接

(1) 连接方法:贴合面可以采用任何方法连接到芯体上以满足23.10.4.8的要求,只要连接方法不导致任何元件产生腐蚀。

(2) 芯体的完全润滑:在使用黏结剂的地方,与贴合面黏结的芯体区域,在使用黏结剂之前应充分润滑,所使用黏结剂量应该是最少。

(3) 拼接接头数量:贴合面材料中的拼接接头数量应最少,应不超过2个。在结合时,贴合面材料应该整张全部覆盖或切削成两部分斜口,对接时,与贴合材料的薄层相互搭接。

(4) 过量贴合:一旦作用于密封表面上,任何过量的贴合材料都应去除,尤其要注意决不能让过剩材料伸进垫片内径的内侧。

23.10.4.8　贴合面连接的牢固性

选择贴合面材料及连接方法时,应使贴合面牢固地固定在应有的位置,并且当法兰中的垫片移动和定位时能经受住使用。

23.10.4.9　典型结构细节

常用的结构细节见图23-17。图23-17中有关尺寸代号、名称及其规定数值为 :

a——芯体厚度:4.0 mm;

b——锯齿深度:0.4 mm;

c——定位环厚度:0.5 mm;

d——贴合面或覆盖面材料厚度:0.5 mm;

e——齿顶宽度:0.1mm。

贴合面或覆盖面层密度为1.0 gm/cm^3

注:选择垫片型式时,应考虑到流体介质、操作条件、垫片材料性能等因素的影响。对于特殊用途的垫片型式的选择,建议向垫片供应商进行咨询。

23.10.5　垫片尺寸

适用于A型和B型法兰密封面的锯齿金属复合垫片的直径尺寸见表23-25。

表23-25　适用于A型和B型法兰密封面的锯齿金属复合垫片尺寸　　mm

公称尺寸 NPS/in	密封元件直径		Class 150	Class 300	Class 400	Class 600	Class 900	Class 1500	Class 2500
	内径	外径	定位环外径						
1/2	23.0	33.3	44.4	50.8	50.8	50.8	60.3	60.3	66.7
3/4	28.6	39.7	53.9	63.5	63.5	63.5	66.7	66.7	73.0
1	36.5	47.6	63.5	69.8	69.8	69.8	76.2	76.2	82.5
1¼	44.4	60.3	73.0	79.4	79.4	79.4	85.7	85.7	101.6
1½	52.4	69.8	82.5	92.1	92.1	92.1	95.2	95.2	114.3
2	69.8	88.9	101.6	108.0	108.0	108.0	139.7	139.7	142.8
2½	82.5	101.6	120.6	127.0	127.0	127.0	161.9	161.9	165.1
3	98.4	123.8	133.4	146.1	146.1	146.1	165.1	171.5	193.7

续表 23-25

mm

公称尺寸 NPS/in	密封元件直径		Class 150	Class 300	Class 400	Class 600	Class 900	Class 1500	Class 2500
	内径	外径	定位环外径						
3½	111.1	136.5	158.8	161.9	158.7	158.7	—	—	—
4	123.8	154.0	171.5	177.8	174.6	190.5	203.2	206.4	231.7
5	150.8	182.6	193.7	212.7	209.5	238.1	244.5	250.8	276.2
6	177.8	212.7	219.1	247.7	244.5	263.5	285.8	279.4	314.3
8	228.6	266.7	276.2	304.8	301.6	317.5	355.6	349.3	384.1
10	282.6	320.7	336.5	358.8	355.6	396.9	431.8	431.8	473.0
12	339.7	377.8	406.4	419.1	415.9	454.0	495.3	517.5	546.1
14	371.5	409.6	447.7	482.6	479.4	488.9	517.5	574.7	—
16	422.3	466.7	511.2	536.6	533.4	561.9	571.5	638.1	—
18	479.4	530.2	546.1	593.7	590.5	609.6	635.0	701.7	—
20	530.2	581.0	603.2	650.9	644.5	679.5	695.3	752.4	—
22	581.0	631.8	657.2	701.7	698.5	730.3	—	—	—
24	631.8	682.6	714.4	771.5	765.2	787.4	835.0	898.5	—

23.10.6 标志

垫片定位环应标有以下内容的标志：

a)制造厂名或商标；

b)公称尺寸(见表 23-25)；

c)Class 标识(见表 23-25)；

d)金属密封元件芯体、软的垫片覆盖层及松动定位环(在合适情况下)，应标有按表 23-26 中所规定的缩写标记。

例如：AAA/BBB-NPS 4-Class 150-×××

垫片应单独或在包装垫片的包装上标有标准编号，即 EN 12560-6。

23.10.7 颜色标记

锯齿金属复合垫片应标有带颜色的标记以识别金属密封元件芯体及软的垫片覆盖层。应采用表 23-26 中所规定的有关颜色。

在定性环厚度足够的地方，围绕着定位环的外周边上应标有可以识别金属密封元件芯体的连续色带及软的垫片覆盖层的间断色带。

对于规格为 NPS 1½以下的垫片，应至少有两条间隔约为 180°的色带，对于规格大于 NPS 1½的垫片，应至少有四条间隔约为 90°的色带。

当厚度不允许在环或芯体的周边作清晰标记时，应在定位环的上端面及下端面作颜色标记。

23.10.8 包装

当垫片发送和垫片安装前贮运时，包装是为了避免垫片的密封面受到损害。大直径垫片应可靠地固定在运输板上或在安全的范围内。

23.10.9 由用户提供的信息资料

在订购垫片之前，选择垫片型式和材料时，建议与垫片供应商商议确定。选择垫片应考虑到流体介质、垫片材料性能、操作温度、法兰型式及法兰材料等因素的影响。

在订购垫片时，用户应提供以下信息资料：

a）标准编号，即 EN 12560-6；

b）垫片型式；

c）公称尺寸 NPS(见表 23-25)；

d）Class 标记(见表 23-25)；

e）垫片使用所需的垫片材料或预期的工作条件(当需要垫片制造商选择垫片的场合)；

f)覆盖面或贴合面的类型、厚度及密度；

g)芯体金属材料及定位环金属材料标志(在合适情况下)。

表 23-26 锯齿金属复合垫片颜色标记及缩写标记

材料	缩写标记	颜色标记
金 属 材 料		
碳钢	CRS	银色
X4CrNi18-10(1.4301)	304	黄色
X2CrNi19-11(1.4306)	304L	无色
X15CrNiSi20-12(1.4828)	309	无色
X15CrNiSi25-20(1.4841)	310	无色
X5CrNiMo17-12-2(1.4401)	316	绿色
X2CrNiMo17-12-2(1.4404)	316L	绿色
X6CrNiNb18-10(1.4550)	347	蓝色
X6CrNiTi18-10(1.4541)	321	绿蓝色
X6Cr17(1.4016)	430	无色
NiCu30Fe(2.4360)	MON	橙色
Ni99.2(2.4066)	Ni	红色
钛	Ti	紫色
NiMo28(2.4617)	HAST B	褐色
NiMo16Cr15W(2.4819)	HAST C	米色
NiCr15Fe(2.4816)	INC 600	金色
NiCr22Mo9Nb(2.4856)	INC 625	金色
X10NiCrA/Ti32-20(1.4876)	IN 800	白色
NiCr21Mo(2.4858)	IN 825	白色
软的垫片覆盖层材料		
柔性石墨	F.G.	灰色带
PTFE(聚四氟乙烯)	PTFE	白色带
非石棉	制造厂的标号	粉红色带
页硅酸盐	制造厂的标号	浅绿色带
注：根据供需双方协商可以采用其他材料。颜色标记建议由供需双方协商确定。		

23.10.10 用Class标记的锯齿金属复合垫片所使用的米制螺栓

23.10.10.1 概述

尽管不推荐采用，但如果用户喜欢或要求采用米制螺栓代替预定的英制螺栓，那么表23-27给出的可对比的两个系列的螺栓尺寸，ISO 7005标准起草工作组认为是很必要的。如果用米制螺栓代替英制螺栓，那么应该注意：23.10.10.3垫片组合导则中的注释(即警告)。23.10.10.4规定了两个系列螺栓之间的精确差值，仅供参考。

23.10.10.2 可对比的英制螺栓与米制螺栓尺寸见表23-27。

表23-27 英制螺栓与米制螺栓尺寸对比

单位制	尺寸							
英制	1/2	5/8	3/4	7/8	1	1⅛	1¼	1½
米制	M14	M16	M20	M24	M27	M30	M33	M39

23.10.10.3 用米制螺栓与垫片组合的导则

警告：用户应注意，安装在螺栓中心圆内侧的垫片定位环(即外环)在与Class标记的法兰组装中，当使用米制螺栓时将会影响法兰连接。在螺栓尺寸≤1½的情况下，米制螺栓直径往往会过大；在螺栓尺寸>1½的情况下，米制螺栓直径往往会较小。因此，一定要注意保证垫片完完全全地对中。但有时还取决于所使用的公差，所以在现有的英制螺栓孔中使用米制螺栓时，应尽可能与公称英制尺寸的垫片相配使用。

2.10.10.4 英制和米制螺栓对比

为了让用户弄清两个系列螺栓之间的精确差值，表23-28中规定了以下信息资料以供参考。

表23-28 英制螺栓与米制螺栓对比

mm

螺栓直径			螺栓孔直径	间隙
英制	米制	差值	英制	英制螺孔中的米制螺栓
12.70	14.00	+1.30	15.88	1.88
15.88	16.00	+0.12	19.05	3.05
19.05	20.00	+0.95	22.23	2.23
22.23	24.00	+1.77	25.40	1.40
25.40	27.00	+1.60	28.58	1.58
28.58	30.00	+1.42	31.75	1.75
31.75	33.00	+1.25	34.93	1.93
38.10	39.00	+0.90	41.28	2.28